Arnold Arni

Grundkurs Chemie

VCH

© VCH Verlagsgesellschaft mbH, D-6940 Weinheim (Bundesrepublik Deutschland), 1993

Vertrieb:

VCH, Postfach 10 11 61, D-6940 Weinheim (Bundesrepublik Deutschland)

Schweiz: VCH, Postfach, CH-4020 Basel (Schweiz)

United Kingdom und Irland: VCH (UK) Ltd., 8 Wellington Court, Cambridge CB1 1HZ (England)

USA und Canada: VCH, 220 East 23rd Street, New York, NY 10010-4606 (USA)

ISBN 3-527-29008-7

Arnold Arni

Grundkurs Chemie

unter Mitarbeit von
Klaus Neuenschwander

Weinheim · New York · Basel · Cambridge

Autor:
Arnold Arni
Eggwaldstr. 62
CH-3076 Worb

1. Auflage 1993

Lektorat: Karin von der Saal, Dr. Thomas Mager
Herstellerische Betreuung: Dipl.-Wirt.-Ing. (FH) Bernd Riedel

Die Deutsche Bibliothek – CIP-Einheitsaufnahme

Arni, Arnold:
Grundkurs Chemie / Arnold Arni. Unter Mitarb. von Klaus
Neuenschwander. – 1. Aufl. – Weinheim ; New York ; Basel ;
Cambridge : VCH, 1993
   ISBN 3-527-29008-7

© VCH Verlagsgesellschaft mbH, D-6940 Weinheim (Federal Republic of Germany), 1993

Gedruckt auf säurefreiem und chlorarm gebleichtem Papier

Satz: Mitterweger Werksatz GmbH, D-6831 Plankstadt
Druck: strauss offsetdruck gmbH, D-6945 Hirschberg 2
Bindung: J. Schäffer GmbH & Co. KG., D-6718 Grünstadt
Printed in the Federal Republic of Germany

Vorwort

Ziel des Grundkurses

Im heutigen „Informationszeitalter", in dem sich das Wissen exponentiell vermehrt, ist die Fähigkeit, sich selbst neue Kenntnisse anzueignen, unabdingbar für ein erfolgreiches Studium und Berufsleben. Die Schulung der Studierfähigkeit sollte daher allen Lehrenden ein erstrangiges Anliegen sein und nicht bloß ein Lippenbekenntnis.

Der *Grundkurs Chemie* ermöglicht das selbständige Erarbeiten solider Grundlagen der Chemie, ohne daß Vorkenntnisse in dieser Disziplin notwendig sind. Als autodidaktisches Lehrmittel ist er geeignet für Schüler an Gymnasien und Berufsschulen, für Studienanfänger und für alle, die chemisches Wissen und Verständnis brauchen, obwohl sie ihre „Schulchemie" vielleicht schon längst hinter sich glaubten.

Das Studium des Grundkurses schult die Arbeitstechnik, die für das Arbeiten mit Fachbüchern notwendig ist. Es ist eine alte Weisheit, daß Sachverhalte nur durch das Bearbeiten von Übungsaufgaben mit der Zeit einigermaßen verstanden werden und im Gedächtnis haften bleiben; daher enthalten viele Lehrbücher Fragen und Übungsaufgaben, die die Lernenden veranlassen sollen, sich intensiv mit dem Stoff auseinanderzusetzen. Die Erfahrung zeigt nun, daß dies den Lernenden in der Regel schwerfällt, weil sie an unseren Schulen nicht an diese Art selbständiger Arbeit systematisch gewöhnt wurden. Richtige Arbeitstechnik kann man sich nämlich nicht in einem Vortrag über Arbeitstechnik aneignen, sondern nur durch gezieltes und andauerndes Training; mit dem „Lernen lernen" ist es nicht anders als mit dem Geigenspiel oder einer sportlichen Disziplin.

Stoffliches Ziel des Grundkurses ist es, mit möglichst einfachen Modellvorstellungen die Grundlagen der Allgemeinen Chemie verständlich darzustellen, indem systematisch auf dem Vorangegangenen aufgebaut wird. Auf das oft angewendete Verfahren, pseudoquantenmechanische Atommodelle mehr oder weniger umfangreich einzuführen und hinterher – weil etwa anderes gar nicht machbar ist – mit den üblichen Valenzstrichformeln mehratomige Gebilde zu beschreiben, wurde bewußt verzichtet, weil für das qualitative Verständnis das simple Tetraedermodell genügt. Vieljährige und fundierte Erfahrungen mit Vorstufen des Grundkurses zeigen, daß die gewissenhafte Durcharbeitung des vorliegenden Büchleins den Anschluß für die Chemievorlesungen propädeutischer Semester an den Hochschulen sicherstellt. Daher ist das Büchlein für Studienanfänger der Medizin und naturwissenschaftlich-technischer Disziplinen ein gutes Hilfsmittel, den eigenen Kenntnisstand in Chemie zielgerichtet zu überprüfen und zu festigen.

Aufbau des Grundkurses

Der Grundkurs besteht aus 100 *Lernschritten* oder *Lektionen* (im folgenden mit L bezeichnet), die gemäß dem Inhaltsverzeichnis 18 verschiedene Kapitel bilden. Jeder Lernschritt besteht aus einem Informations- einem Fragen- und einem Antwortenteil. Information und Fragen eines Lernschritts sind im ersten Teil des Buches auf zwei gegenüberliegenden Seiten untergebracht, der Antwortenteil – eine Seite pro Lernschritt – im zweiten Teil auf gelbem Papier. Der Anhang enthält ein Periodensystem, das für die Bearbeitung der meisten Lernschritte notwendig ist; auch die Tabellen hinten im Buch dienen als Grundlage für die Bearbeitung gewisser Lernschritte.

Am Ende jedes Kapitels enthält der Antwortenteil eine Erfolgskontrolle, mit der der Lernende seinen Kenntnisstand überprüfen kann.

Die dargestellten Sachverhalte werden durch viele Querverweise miteinander in Beziehung gesetzt; hierfür wurden folgende Notationen verwendet:

[L 3]:   Siehe Informationsteil des *Lernschritts 3*.

[F 51-4]:   Siehe *Frage Nummer 4* von Lernschritt *51* (Seite mit *F 51* bezeichnet).

[A 2-6]:   Siehe *Antwort Nummer 6* von Lernschritt *2* (Seite mit *A 2* bezeichnet).

[FK 2-10]: Siehe *Frage Nummer 10* der Erfolgskontrolle von *Kapitel 2* (im gelben Teil des Büchleins, Seite mit *FK 2* bezeichnet).

[AK 11-1]: *Antwort Nummer 1* der Erfolgskontrolle von *Kapitel 11* (Seite mit *AK 11* bezeichnet).

Auch im Sachregister werden diese Notationen verwendet.

„Suchend lesen" lernen

Die hier angewendete Lernmethode fußt auf den Erkenntnissen der lernpsychologischen Versuche, die Robinson et al. in den sechziger Jahren in den USA durchführten. Großen Versuchsgruppen wurden „konstruierte Texte" (damit die Versuchspersonen keine Vorkenntnisse haben konnten) vorgelegt mit der Aufgabe, diese zu lernen; anschließend wurde der Lernerfolg durch Prüfungen ermittelt.

Der Hälfte der Versuchspersonen wurden vor dem Studium der Texte einige Fragen vorgelegt, die sich auf diese Texte bezogen. Selbstverständlich handelte es sich dabei um andere Fragen, als hinterher nach dem Textstudium zu beantworten waren. Trotzdem zeigte sich, daß die Versuchsgruppen, die zuvor mit Fragen konfrontiert worden waren, in den Prüfungen sehr viel besser abschnitten als die anderen. Die zuvor mit Fragen konfrontierten Personen lasen den Text „mit anderen Augen": Sie wollten beim Studium Antworten auf die Fragen! Dieses „suchende Lesen" ist eine viel intensivere Auseinandersetzung mit einem Text als das „konsumierende Lesen", wie wir es etwa von Unterhaltungslektüre her kennen.

Unsere bald 20jährigen Versuche mit sehr vielen Schülern haben die Erkenntnisse von Robinson et al. in jeder Hinsicht bestätigt. Zudem lernen die Schüler richtig lesen, was – wie die Erfahrungen zeigen – alles andere als trivial ist!

Zweckmäßiges Vorgehen beim Studium

Die Bearbeitung eines Lernschrittes beginnt mit der Lektüre der Information, die rund eineinhalb Seiten umfaßt. Dabei sollen Sie den Inhalt des Informationsteils lediglich kennenlernen (Orientierungslektüre). Begehen Sie nicht den üblichen Fehler, alles exotisch Klingende mit Markierstiften anzustreichen und auf diese Weise „lernen" zu wollen. Lassen Sie sich auch nicht beunruhigen, wenn Ihnen Teile der Information vorerst unverständlich sind; dies ist bei erstmaliger Konfrontation ganz normal!

Nach dieser Orientierungslektüre nimmt man die Beantwortung der ersten Frage in Angriff. Man muß nun im Informationsteil das heraussuchen, was für die Beantwortung der Frage notwendig ist, also „suchend lesen"!

Sobald man sich die eigene Antwort zurechtgelegt hat, muß diese – Stichworte oder Zahlenwerte mit Einheiten genügen – am Rand neben der Frage schriftlich festgehalten werden. Diese schriftliche Fixierung ist unbedingt notwendig, um sich nicht selbst zu betrügen. Es ist häufig ein Irrtum, wenn man glaubt, daß durch bloßes Lesen der Antwort der Sachverhalt verstanden sei; nur das Bemühen um eine eigene Antwort führt zu fundiertem Verständnis und Einprägung im Gedächtnis.

Nach dem schriftlichen Festhalten der eigenen Antwort wird diese mit der im Antwortenteil stehenden Antwort verglichen. Dabei ist das, was die eigene Antwort mindestens enthalten muß, im Antwortenteil des Buches hervorgehoben. Der übrige Teil der Buch-Antwort umfaßt Erklärungen und oft zusätzliche Information, die das Lernen etwas auflockert. Ist die eigene Antwort nur teilweise richtig oder gar falsch, so muß man sich mit Hilfe des Textes und der im Buch stehenden Antwort nochmals um das Verständnis des Sachverhalts bemühen.

Frage um Frage ist in der angegebenen Weise zu bearbeiten. Jedesmal ist vor der Konsultation des Antwortenteils die eigene Antwort stichwortartig am Rand neben der Frage zu notieren. Es ist klar, daß der Antwortenteil mit einem Blatt, das man beim Nachlesen Zeile um Zeile nach unten schiebt, abgedeckt werden muß, damit man nicht unwillkürlich die nachfolgende Antwort mitliest.

Nun kommt die allerwichtigste Arbeit, das Aufstellen eines Spickzettels! Zu großem Unrecht sind Spickzettel an unseren Schulen verpönt, da ihnen der Makel des Betrügerischen anhaftet. Aber genaugenommen sollte an allen weiterführenden Schulen das Aufstellen guter Spickzettel zu einem primären Lernziel gemacht werden: Ein guter Spickzettel soll doch – deshalb wurde dieser vielleicht provokative Name gewält – in möglichst knapper und zudem übersichtlicher Form das Wesentliche enthalten, so daß man sich in kürzester Zeit orientieren kann. Das Erstellen einer solchen Zusammenfassung ist ein ganz wesentlicher Teil des Lernprozesses; man wird gezwungen, das Unwesentliche wegzulassen und das Wesentliche in knapper und verständlicher Form festzuhalten.

Ein guter Spickzettel setzt freilich eigene Gedankenarbeit voraus; in eigenen Worten – Definitionen ausgenommen – muß der Inhalt eines Lernschritts so gerafft werden, daß man sich hinterher jederzeit rasch orientieren kann. Nur mit guten Spickerheften kann man sich vor Examen rasch einen Überblick über das Gesamtgebiet verschaffen. Es ist unmöglich, 1000seitige Lehrbücher auswendig zu lernen! (Damit unsere Schüler für die Ausarbeitung guter Spicker motiviert sind, dürfen diese bei uns in Prüfungen verwendet werden, was zudem den Vorteil hat, daß man nicht bloße Wissens-, sondern Verständnisfragen stellen kann, bei denen der nötige Wissensanteil von allen Lernenden notfalls nachgesehen werden kann.)

Aufgrund unserer Erfahrungen empfehlen wir Autodidakten, die Lernschritte der Reihe nach zu bearbeiten (weil stets auf dem Vorangehenden aufgebaut wird), für die Spicker karierte Hefte vom DIN-Format A6 zu verwenden und pro Lernschritt nicht mehr als eine Seite zu benützen (für jeden Lernschritt eine neue Seite beginnen). Diese Spickerhefte dienen neben dem Informationsteil zur Lösung der Fragen der folgenden Lernschritte; selbstverständlich können dafür stets auch das Periodensystem und die Tabellen hinten im Buch benützt werden.

Wie stellt man nun aber die Spicker, die knappe Zusammenfassung des Wesentlichen, her?

Nach der Bearbeitung der Fragen eines Lernschritts wird die Information erneut gründlich durchgelesen. Dabei wird das Wichtigste – durch die Bearbeitung der Fragen weiß man nun, welche Informationsteile relevant sind – mit einem Markierstift gekennzeichnet. Im Text ist absichtlich – dies im Unterschied zu „normalen" Büchern – nichts hervorgehoben; der Lernende soll selber herausfinden, worauf es ankommt. Dies gelingt zwar nicht immer auf Anhieb, aber mit der Zeit wird die Fähigkeit in dieser Hinsicht entwickelt. Auch Wichtiges in den Fragen und vor allem in den Antworten (Zusatzinformationen) ist durch Markierung hervorzuheben. Anschließend ist das „markierte Material" in die übersichtliche (auch gut leserliche!) Form eines guten Spickzettels zu bringen, der rasche Orientierung ermöglicht.

Checkliste für das Selbststudium

1. Durchlesen der Information (Orientierungslektüre).

2. Erste Frage mit Hilfe der Information, des Spickerhefts, des Periodensystems und der Tabellen *schriftlich* (in Stichworten) am Rand neben der Frage beantworten.

3. Eigene Antwort kontrollieren (weitere Antworten abdecken), Fehler überdenken.

4. Frage um Frage auf dieselbe Weise bearbeiten.

5. Sorgfältige Lektüre der Information; Wichtiges markieren.

6. Wichtiges aus Fragen- und Antwortenteil markieren.

7. Markiertes zu einem knappen, übersichtlichen Spicker zusammenfassen.

Großen Dank schulde ich meinem Kollegen Klaus Neuenschwander, der mich während bald 20 Jahren in meiner Arbeit tatkräftig unterstützt hat, indem er mich bei der Stoffauswahl beriet, auf Fehler aufmerksam machte und mit allen seinen Schülern während der ganzen Vorbereitungsperiode den Grundkurs systematisch erprobte. Ebenfalls dankbar bin ich unserem Chemieassistenten Fritz Bütikofer, ohne dessen technische Mithilfe die Realisierung des Grundkurses neben einem vollen Lehrpensum unmöglich gewesen wäre. Zu danken habe ich auch meinem jungen Kollegen Dr. M. Wüthrich, der mit Elan vor einem Jahr mit seinen Schülern ebenfalls voll eingestiegen ist, sowie dem Kollegen Dr. Heinz Köchli, der mich auf Ungereimtheiten aufmerksam machte. „Last but not least" möchte ich meinem

Studienkollegen Prof. Dr. R. Giovanoli von unserer Universität dafür danken, daß er die Lernschritte über Korrosion und Korrosionsschutz begutachtet hat.

Dankbar erwähnen möchte ich die positive Zusammenarbeit mit den Mitarbeitern des Verlags. Besonderer Dank aber gilt unseren Schülern, die Fehler und Mängel schonungslos aufdeckten; ich wäre froh, wenn mich auch weiterhin alle Lernenden auf (immer vorhandene) Ungereimtheiten aufmerksam machten. Etwas Gutes kann nicht am Schreibtisch allein entstehen; ich bin mir wohl bewußt, daß das vorliegende Büchlein durchaus verbessert werden kann, was aber nur mittels Rückmeldungen der Lernenden realisierbar ist.

Gymnasium Kirchenfeld
CH-3000 Bern 6
Dezember 1992   A. Arni

Inhaltsverzeichnis Grundkurs Chemie (Allgemeine Chemie)

I 1

I 2

14

Lernschritte
und Fragen

Kapitel 1: Das Periodensystem der chemischen Elemente

Lernschritt 1: Die wichtigsten Elementarteilchen

Elementar heißt grundlegend. Daher nennt man die kleinsten Bausteine der Materie, d.h. der stofflichen Welt, Elementarteilchen. Heute sind zahlreiche Elementarteilchen bekannt. Wir besprechen aber hier nur die drei wichtigsten; es sind dies die Neutronen (Symbol n^0), die Protonen (Symbol p^+) und die Elektronen (Symbol e^-).

Elementarteilchen sind der direkten Sinneswahrnehmung nicht zugänglich; so wie das Weltall unvorstellbar groß ist, sind die Elementarteilchen unvorstellbar klein. Nur durch sinnreiche Experimente ist man auf die Existenz dieser Teilchen gestoßen und hat deren Charakteristika feststellen können, die nachstehend aufgeführt werden:

Da die Massen der Elementarteilchen dermaßen klein sind, verwendet man zu ihrer Angabe nicht die Masseneinheit kg (Kilogramm), sondern benützt die sog. Atommasseneinheit u (von engl. unit), die den folgenden Wert hat:

$$1\ u = 1{,}66 \cdot 10^{-27}\ kg$$

Die Massen der Elementarteilchen lassen sich sehr genau bestimmen. Für unsere Elementarteilchen gilt:

Name	Symbol	Masse in kg	Masse in u
Neutron	n^0	$1.6749543 \cdot 10^{-27}$ kg	1,008665012 u
Proton	p^+	$1{,}6726485 \cdot 10^{-27}$ kg	1,007276470 u
Elektron	e^-	$9{,}109534 \cdot 10^{-31}$ kg	0,00054858026 u

Für unsere Zwecke genügen aber gerundete Werte: Neutronen (n^0) und Protonen (p^+) haben Massen von ungefähr je 1 u. Die Masse der Elektronen (e^-) ist fast 2000mal kleiner; daher wird die Masse der Elektronen in der Chemie vernachlässigt.

Ein weiteres Charakteristikum haben Protonen und Elektronen; sie besitzen eine elektrische Ladung vom Betrag der elektrischen Elementarladung (kleinste elektrische Ladungsportion, Symbol e). Es gibt zwei verschiedene elektrische Elementarladungen, nämlich eine positive (Symbol $+e$) und eine negative (Symbol $-e$). Das Proton hat die Ladung $+e$, das Elektron die Ladung $-e$.

Das Neutron hat keine elektrische Ladung; es ist ungeladen oder elektrisch neutral.

Elektrisch geladene Körper üben aufeinander Kräfte aus, die man elektrostatische Kräfte nennt. Gleichgeladene Körper (also entweder beide positiv oder beide negativ geladen) stoßen sich ab, entgegengesetzt geladene Körper (also der eine positiv und der andere negativ geladen) ziehen sich an. Der Betrag der Kraft F ist in beiden Fällen gegeben durch das COULOMBsche Gesetz:

$$F = c \cdot \frac{O_1 \cdot O_2}{r^2}$$

Die wirkende elektrostatische Kraft F ist also abhängig von einer Konstanten c, die hier nicht weiter besprochen wird. Q_1 und Q_2 sind die Ladungen der beiden Körper; diese Ladungen sind die Summe aller Elementarladungen der betreffenden Körper. Aus dem COULOMBschen Gesetz folgt, daß die zwischen zwei geladenen Körpern wirkende Kraft F direkt proportional zum Produkt der Ladungen $(Q_1 \cdot Q_2)$ ist, was sowohl für anziehende als auch abstoßende Kräfte gilt!

r ist der Abstand der beiden geladenen Körper. Die wirkende elektrostatische Kraft F ist also umgekehrt proportional zum Quadrat des Abstandes; das bedeutet, daß elektrostatische Kräfte mit wachsenden Abständen stark abnehmen.

Fragen zu L 1

1. Aluminium-Atome bestehen aus 14 n^0, 13 p^+ und 13 e^-.
   Welche (auf ganze Zahlen gerundete) Masse in u haben Aluminium-Atome ungefähr?
2. Welche Ladung haben Aluminium-Atome?
3. Vergleichen Sie die elektrostatischen Kräfte, die zwischen zwei Protonen einerseits und zwischen einem Proton und einem Elektron andererseits auftreten, wenn der Abstand r in beiden Fällen gleich groß ist.
4. Um welchen Faktor wird der Betrag der elektrostatischen Kraft zwischen zwei geladenen Körpern kleiner, wenn der Abstand verdoppelt wird?
5. Welche elektrostatischen Kräfte treten in folgenden Fällen in Erscheinung:
   a) Zwischen zwei Elektronen?
   b) Zwischen zwei Neutronen?
   c) Zwischen einem Proton und einem Neutron?
6. Welche Ladung hat das Oxid-Ion, das aus 8 n^0, 8 p^+ und 10 e^- besteht?

L2 Lernschritt 2: Atome

Atome sind elektrisch neutrale (ungeladene) Teilchen, die aus einem Kern – gebildet aus Protonen und Neutronen – und einer Hülle aus Elektronen bestehen.

Die Kernbausteine (p^+ und n^0) nennt man Nukleonen (nucleus ist der lateinische Name für Kern). Die Nukleonen werden durch sog. Kernkräfte sehr stark zusammengehalten. Die Atomkerne machen weniger als den zehntausendsten Teil des gesamten Atomdurchmessers aus. Die Durchmesser der verschiedenen Atome variieren von etwa $1 \cdot 10^{-10}$ bis $5 \cdot 10^{-10}$ m.

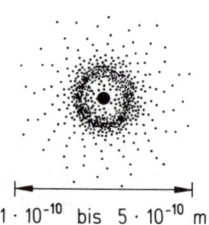

$1 \cdot 10^{-10}$ bis $5 \cdot 10^{-10}$ m

Praktisch das gesamte Atomvolumen wird durch die Elektronenhülle gebildet. Alle Bilder aus der Erfahrungswelt des Alltags, an die unser Denken zwangsläufig gebunden ist, vermögen die Elektronenhülle nicht zutreffend zu beschreiben. (In der submikroskopischen Welt existieren Gegebenheiten, die auf der Ebene unserer Sinneserfahrungen nicht vorliegen). So sind z.B. Modellvorstellungen von Elektronen, die planetengleich um den Kern kreisen, physikalisch völlig falsch. Es läßt sich nur nachweisen, daß die Dichte der negativen Ladung in der Elektronenhülle variiert, was in der obenstehenden Abbildung durch unterschiedliche Punktierung versinnbildlicht ist. Bereiche erhöhter Elektronendichte werden Elektronenschalen genannt. Die obenstehende Abbildung symbolisiert eine Elektronenhülle mit einer Elektronenschale; der Kern ist notgedrungen relativ dazu viel zu groß dargestellt.

An chemischen Reaktionen (Stoffveränderungen) ist stets nur die Elektronenhülle der Atome beteiligt, und zwar nur ihr äußerster Bereich. Weil die Atomkerne bei chemischen Reaktionen keine Veränderungen erfahren, werden diese zur systematischen Erfassung der Atomarten herangezogen. Man reiht die Atomarten hinsichtlich der Anzahl der Protonen im Kern, der sog. Ordnungszahl oder Kernladungszahl (engl. atomic number), ein.

Atome derselben Ordnungszahl bilden ein chemisches Element (Grundstoff). Alle Atome eines bestimmten chemischen Elements haben denselben Namen und dasselbe Atomsymbol (Abkürzung des Namens, bestehend aus einem großen und oft zusätzlich einem kleinen Buchstaben). Die Ordnungszahl kann links unten zum Atomsymbol geschrieben werden. Im Periodensystem der Elemente (Abkürzung: PSE) finden Sie die Namen, die Atomsymbole und die Ordnungszahlen der chemischen Elemente. Vergleichen Sie die folgenden Angaben mit dem PSE:

Atome der Ordnungszahl 16 sind Schwefel-Atome; ihr Atomsymbol ist S oder $_{16}$S.

Atome der Ordnungszahl 26 sind Eisen-Atome; ihr Atomsymbol ist Fe (ferrum) oder $_{26}$Fe.

Die Anzahl der Nukleonen (Kernbausteine, also Neutronen und Protonen) eines Atoms heißt Massenzahl des betreffenden Atoms. Die Massenzahl wird oben links zum Atomsymbol geschrieben. Mit der Schreibweise ^{37}Cl ist dieses Atom hinsichtlich aller Elementarteilchen beschrieben: dem Atomsymbol ist nach dem PSE eindeutig eine Ordnungszahl (hier 17) zugeordnet (man könnte auch $^{37}_{17}$Cl schreiben). Dieses Chlor-Atom besteht – wie jedes Chlor-Atom – aus 17 p$^+$ und 17 e$^-$. Die Anzahl der Neutronen (n^0) des Kerns kann leicht errechnet werden. Weil die Summe der Anzahl von Protonen und Neutronen eines Atomkerns gleich der Massenzahl ist, gilt:

Massenzahl – Ordnungszahl = Neutronenzahl

Somit enthält das Atom ^{37}Cl neben 17 Protonen 20 Neutronen als Kernbausteine.

Ist von einem Atom neben der Ordnungszahl (oder dem Atomsymbol) auch die Massenzahl bekannt, d.h. sein Kern hinsichtlich seiner Bausteine, der Nukleonen, genau beschrieben, so spricht man von einem Nuklid. Das Chlor-Nuklid ^{37}Cl wird abgekürzt auch als Chlor-37 (sprich: Chlor-siebenunddreißig) bezeichnet.

Fragen zu L 2

1. Welche Kräfte müssen betragsmäßig wesentlich größer als die anderen sein, elektrostatische Kräfte oder die sog. Kernkräfte? Begründen Sie Ihre Meinung.
2. Welchen Durchmesser hätte das „Fußballstadion-Atom", wenn dessen Kern ein Fußball von 22 cm Durchmesser wäre?
3. In der Natur findet man die Nuklide ^{1}H, ^{2}H und ^{3}H.
   Aus welchen Elementarteilchen bestehen diese Nuklide?
   Welche Unterschiede treten hinsichtlich Ladung und Masse auf?
   Worin unterscheiden sich die Elektronenhüllen dieser Nuklide?
4. Geben Sie für die folgenden Nuklide die Namen und die vollständigen Atomsymbole (Ordnungs- und Massenzahl) an:
   a) 15 p$^+$ und 16 n^0 b) 18 n^0 und 17 e$^-$
   c) 143 n^0 und 92 p$^+$ d) 9 p$^+$ und 10 n^0
5. Vergleichen Sie die Nuklide ^{50}V und ^{50}Ti (Gemeinsamkeiten, Unterschiede).
6. 25% der Chlor-Atome sind Nuklide Chlor-37, die übrigen Nuklide Chlor-35.
   Welche durchschnittliche Masse haben demzufolge Chlor-Atome ungefähr?

L3   Lernschritt 3: Elementare Stoffe

Enthält ein Körper ausschließlich Atome derselben Ordnungszahl, so handelt es sich um einen elementaren Stoff (auch Elementarstoff oder Elementarsubstanz genannt). Enthält ein Stoff jedoch Atome von mehr als einer Ordnungszahl, so spricht man von einer chemischen Verbindung.

Formeln von Elementarstoffen enthalten demzufolge nur ein Atomsymbol. Beispiele dazu sind Au für elementares Gold (aurum), O_2 für elementaren Sauerstoff und S_8 für elementaren Schwefel. Die Bedeutung der Indizes 2 (bei O_2) und 8 (bei S_8) wird in Kapitel 3 erklärt.

Formeln von Verbindungen enthalten mindestens zwei verschiedene Atomsymbole [L 2]. Wie Sie sicher wissen, hat der Stoff Wasser die chemische Formel H_2O, was bedeutet daß zwei verschiedene Atomarten am Aufbau dieses Stoffs beteiligt sind. Die chemische Verbindung Wasser enthält die beiden Elemente Wasserstoff (H) und Sauerstoff (O); der Stoff Wasser hat aber völlig andere Eigenschaften als elementarer Wasserstoff oder elementarer Sauerstoff [L 6].

Die meisten der in natürlichen Stoffen der Erdkruste, Gewässer und der Lufthülle vorkommenden Elemente (Lebewesen eingeschlossen) bestehen aus mehr als einer Nuklidart. Die verschiedenen Nuklide (Atomarten) eines chemischen Elements unterscheiden sich lediglich in der Neutronenzahl im Kern und damit in ihrer Masse, wie das Beispiel von [A 2–3] zeigt. Alle Nuklide eines bestimmten chemischen Elements haben die gleiche Anzahl Protonen im Kern, also die gleiche Ordnungszahl und damit dasselbe Atomsymbol. Weil sie demzufolge auch an derselben Stelle oder demselben Ort im Periodensystem der Elemente stehen, werden verschiedene Nuklide eines chemischen Elements auch Isotope des betreffenden Elements genannt (iso: gleich, topos: Ort).

Wenn wir in der Folge von „natürlichen chemischen Elementen" sprechen, so meinen wir damit die Elemente, wie sie in den Verbindungen und Elementarstoffen in uns und unserer Umgebung (siehe oben) auftreten, also auch wie sie in vom Menschen „künstlich" hergestellten Stoffarten wie Gläsern, Metallen, Kunststoffen usw. vorliegen. Die natürlichen chemischen Elemente sind in der Regel Isotopengemische, d.h. sie haben mehr als eine Nuklidart; solche Elemente bezeichnet man als Mischelemente. Mischelemente können aus zwei oder auch mehr Isotopen bestehen; so hat z.B. Chlor zwei [A 2–6] und Zinn (Sn) deren acht.

Nun existieren aber auch 20 natürliche chemische Elemente, die nur aus einer Nuklidart bestehen, d.h. keine Isotopengemische darstellen. Solche Elemente werden Reinelement genannt. Nachfolgend sind die natürlichen Reinelemente aufgeführt; durch Angabe der Massenzahl und des Element- oder Atomsymbols sind die Nuklide dieser Reinelemente eindeutig charakterisiert:
^{9}Be, ^{19}F, ^{23}Na, ^{27}Al, ^{31}P, ^{45}Sc, ^{55}Mn, ^{59}Co, ^{75}As, ^{89}Y, ^{93}Nb, ^{103}Rh, ^{127}I, ^{133}Cs, ^{141}Pr, ^{159}Tb, ^{165}Ho, ^{169}Tm, ^{197}Au und ^{209}Bi.
Bezeichnen Sie diese Elemente im PSE mit R (Reinelement).

Neben den natürlichen Nukliden kennt man heute viele künstliche – durch Kernreaktionen hergestellte – Nuklide. Diese sind radioaktiv, d.h. ihre Kerne zerfallen nach gewissen Zeitgesetzen unter Aussendung von sog. Kernstrahlung; dabei entstehen andere Kerne. Es gibt auch natürliche radioaktive Nuklide!

Von den Elementen der Ordnungszahlen 1 bis 83 existiert mindestens je ein beständiges (nicht radioaktives) Nuklid; Ausnahmen machen hier das Technetium $_{43}$Tc („das Künstliche") und das Promethium $_{61}$Pm (Name von Prometheus). Von den Elementen ab der Ordnungszahl 84 sind keine beständigen Nuklide bekannt; sie sind alle radioaktiv.

Fragen zu L 3

1. Wieviele chemische Elemente gibt es, die mindestens ein beständiges Nuklid haben?
2. Woraus bestehen die natürlichen Cobalt-Atome (Bestandteile des Kerns und der Hülle angeben) und wie groß ist deren auf ganze Zahlen gerundete Masse in u?
3. Enthält unser Periodensystem Massenzahlen?
4. Nachstehend sind die Formeln und die Namen einiger Stoffe angegeben. Entscheiden Sie, in welchen Fällen es sich um Elementarstoffe handeln muß und in welchen Fällen chemische Verbindungen vorliegen.
   N_2 (Stickstoff), $C_{12}H_{22}O_{11}$ (Haushaltszucker), P_4 (Phosphor), NaCl (Kochsalz), Al (Aluminiummetall), CH_4 (Methan, „Erdgas"), C (Diamant), C_2H_5OH (Alkohol).
5. Beschreiben Sie die Nuklide, die in den Elementarstoffen Gold und Silber enthalten sind.
6. Handelt es sich bei den Nukliden ^{50}V und ^{50}Ti um Isotope eines Elements?

L4 Lernschritt 4: Die Atommasse chemischer Elemente

Im Periodensystem der Elemente (PSE) steht über den Atomsymbolen eine Zahl mit Dezimalstellen; es handelt sich dabei um die Zahlenwerte der sog. Atommassen der chemischen Elemente in u [L 1].

Bei Reinelementen ist die Atommasse gleich der Masse ihrer (identischen) Atome. Am Beispiel des Reinelements Natrium (Na) soll der Sachverhalt ausführlich behandelt werden, weil sonst erfahrungsgemäß Verständnisschwierigkeiten auftreten:

In [L 3] wurde angegeben, daß das Reinelement Natrium aus den Nukliden ^{23}Na besteht; diese sind aufgebaut auf 11 p^+, 11 e^- und 12 n^0. Addiert man nun die Massen dieser Elementarteilchen (die genauen Werte der Massen dieser drei Grundbausteine sind in [L 1] aufgeführt), so erhält man für die Nuklide ^{23}Na eine Masse von 23,19 u. Nun steht aber im Periodensystem der chemischen Elemente der Wert von 22,99 u. Das bedeutet, daß die tatsächliche Masse der Nuklide ^{23}Na um 0,2 u kleiner ist als die Summe der Massen ihrer Elementarteilchen.

Wie ist es nun möglich, daß die tatsächliche Masse eines Nuklids kleiner ist als die Summer der Massen seiner Elementarteilchen?

Der Grund für diese Tatsache ist, daß bei der Bildung der Atomkerne aus den Nukleonen „Masse verschwindet"; man spricht vom sog. Massendefekt. Nach der speziellen Relativitätstheorie (1905) von Albert EINSTEIN (Nobelpreisträger) kommt jeder Energiemenge eine sehr kleine Masse zu, gemäß seiner berühmten Masse-Energie-Gleichung ($E = m \cdot c^2$), in der E die Energie, m die Masse und c die Lichtgeschwindigkeit im Vakuum ($3 \cdot 10^8$ m/s) sind. Bei der Bildung der Atomkerne aus ihren Nukleonen wird der „Massendefekt" in Form sehr großer Energiemengen „abgestrahlt"; man spricht von der Bindungsenergie der Atomkerne, die ein Maß für die Beständigkeit der Kerne ist: je mehr Energie bei der Bildung abgestrahlt wird, d.h. je größer der Massendefekt ist, umso stabiler ist der jeweilige Kern. – Die Sonnenenergie, wie auch die freiwerdende Energie in Kernkraftwerken und Atombomben, stammt von Kernreaktionen, bei denen Massendefekte auftreten.

Mischelemente enthalten Nuklide unterschiedlicher Massen (Isotope des betreffenden Elements). Der Anteil der verschiedenen Isotope eines Elements in den Stoffen der Erdkruste ist im allgemeinen konstant. So hat das Element Chlor zwei beständige Isotope, das ^{35}Cl (ca. 75% aller Chlor-Atome) und das ^{37}Cl (ca. 25% aller Chlor-Atome). Nach dem PSE beträgt die Atommasse des Chlors 35, 45 u. Dies zeigt, daß die Atommasse eines Mischelements die mittlere Masse aller Atome des betreffenden Elements darstellt (Häufigkeit der einzelnen Isotope wird berücksichtigt).

Als nächstes Beispiel eines Mischelements betrachten wir das Element Wasserstoff, das aus den beiden beständigen Isotopen ^1H (99,985% der H-Atome) und ^2H (sog. Deuterium [A 2–3], 0,015% der H-Atome) besteht. Das ^3H (sog. Tritium) ist radioaktiv; es tritt in der Natur nur in Spuren (d.h. in sehr geringen Mengen) auf. Da die Masse von ^1H 1,007825 u und die Masse von ^2H 2,0140 u ist, muß die Atommasse von H nur unwesentlich größer sein als die Masse von ^1H. In der Tat finden wir im PSE den Wert von 1,008 u (genau: 1,00797 u).

Als letztes Beispiel für ein Mischelement sei das Magnesium besprochen; es besteht aus den drei beständigen Magnesium-Isotopen ^{24}Mg, ^{25}Mg und ^{26}Mg.
^{24}Mg hat eine Masse von 23,98504 u; sein Anteil beträgt 78,7%.
^{25}Mg hat eine Mase von 24,98584 u; sein Anteil beträgt 10,13%.
^{26}Mg hat eine Masse von 25,98259 u; sein Anteil beträgt 11,17%.
Die durchschnittliche Masse aller Mg-Atome ist somit 24,31 u; dieser Wert steht denn auch als sog. Atommasse im Periodensystem.

Fragen zu L 4

1. Von welchen Elementen läßt sich mit Hilfe unseres Periodensystems die genaue Anzahl der Nukleonen ihrer Atome ermitteln? Begründen Sie ihre Angaben.
2. Auf welche Weise läßt sich mit Hilfe des PSE die mittlere Neutronenzahl der natürlichen Isotope eines Mischelements angeben?
3. Welche Veränderungen erfährt das Verhältnis p^+/n^0 der chemischen Elemente mit zunehmender Ordnungszahl?
4. Der Stoff Wasser hat die chemische Formel H_2O; dies bedeutet, daß diese chemische Verbindung doppelt soviele H-Atome wie O-Atome enthält. Wie groß ist der Massenanteil des Sauerstoffs in Wasser?
5. Die Verbindung Kochsalz hat die Formel NaCl. Wie groß ist der Massenanteil des Chlors im Kochsalz (Angabe in %)?
6. Der Edelstein Rubin besteht aus Material der Formel Al_2O_3 und Spuren von „Verunreinigung", denen er seine leuchtend rote Farbe verdankt. Wie groß ist der Massenanteil des Aluminiums im Rubin?

L 5   Lernschritt 5: Metalle

Für die Menschen waren die ihnen zur Verfügung stehenden Werkstoffe immer von erstrangiger Bedeutung, was man daran erkennen kann, daß die Menschheitsepochen (Steinzeit, Bronzezeit, Eisenzeit) nach den solidesten Werkstoffen benannt werden, die damals verfügbar waren. Wegen der überragenden Bedeutung der Stähle – das sind metallische Werkstoffe, die vorwiegend aus Eisen bestehen – leben wir heute noch immer in der „Eisenzeit".

Die Einführung neuer Werkstoffe hatte immer Entwicklungsschübe zur Folge. Bereits mit der sog. Bronze konnten bessere Schneidewerkzeuge (Messer, Äxte, Pflüge) und Wagenachsen hergestellt werden, was die Ernährungssituation (Landwirtschaft, Transportmöglichkeiten) stark verbesserte. Die Einführung des Eisens (Stähle) ergab wiederum zusätzliche Möglichkeiten, da Stähle viel widerstandsfähiger sind als die relativ weiche und sich rasch abnützende Bronze.

Bronze findet heute als Werkstoff kaum noch Verwendung. Heute sind tausende von verschiedenen metallischen Werkstoffen im Gebrauch, je nach Verwendungszweck. Alle metallischen Stoffe haben folgende gemeinsame Eigenschaften:
1. Die saubere Oberfläche zeigt den charakteristischen Metallglanz.
2. Metalle sind gute Leiter für Wärme und den elektrischen Strom.
3. Metalle sind – auch in ziemlich dünnen Schichten – lichtundurchlässig.

Metalle sind zum Teil duktil, d.h. plastisch verformbar. Sie lassen sich zu Blechen walzen, zu Drähten ziehen, schmieden und pressen. Bezüglich der Duktilität können jedoch große Unterschiede auftreten (duktile bzw. spröde Metalle).

Die unedlen Metalle unterliegen mehr oder weniger der Korrosion (corrodere: zernagen, zerfressen), d.h. sie zersetzen sich unter der Einwirkung von Luft und Wasser oder Salzlösungen; ein Beispiel dazu ist das Rosten von Eisen. Die sog. Edelmetalle (Gold, Platin usw.) sind hingegen ziemlich korrosionsbeständig.

Die Metalle können auch hinsichtlich ihrer Härte (Hart- bzw. Weichmetalle) oder ihrer Schmelztemperatur (hoch- bzw. niedrigschmelzende Metalle) klassifiziert werden.

Häufig werden die Metalle nach ihrer Dichte (Masse durch Volumen) oder ihrem spezifischen Gewicht (Gewicht durch Volumen) unterschieden. Die Dichte wird gewöhnlich in kg/dm^3 (Kilogramm durch Kubikdezimeter) angegeben. Da das Liter in der Chemie als Volumeneinheit eine große Bedeutung hat, ersetzten wir in der Folge dm^3 durch L (Liter). Ziemlich willkürlich ist die Dichte von 4,5 kg/L die Grenze zwischen Leicht- und Schwermetallen.

Die meisten Elemente gehören zu den Metallen; metallische Elemente stehen im Periodensystem links von der fett eingezeichneten treppenförmigen Trennungslinie! Als Elementarstoffe [L 3] haben sie alle die allgemeinen Merkmale metallischer Stoffe, die oben erwähnt sind.

Elementare Metalle sind bei Raumtemperatur fest; eine Ausnahme macht das elementare Quecksilber (Hg), das eine silberhell glänzende Flüssigkeit der Dichte 13,6 kg/L ist, sonst aber die allgemeinen Metalleigenschaften hat.

Nur in Ausnahmefällen werden elementare Metalle als Werkstoffe verwendet, da sie zu weich sind. Sie werden in der Elektrotechnik benützt, da elementare Metalle (Cu, Al) den Strom besser leiten als die nachfolgend erwähnten Legierungen.

Bei metallischen Werkstoffen handelt es sich praktisch immer um Legierungen. Legierungen sind Metalle, die Atome von mehr als einer Ordnungszahl [L 2] enthalten. Man erhält sie, indem man die Legierungspartner zusammenschmilzt oder z.B. andere Metalle im flüssigen Quecksilber auflöst. Quecksilberhaltige Legierungen heißen Amalgame; Silberamalgam wird z.B. in der Zahnheilkunde als Füllungsmaterial verwendet.

Fragen zu L 5

1. Welche der nachstehend genannten Elemente gehören zu den metallischen Elementen: Barium, Brom, Wolfram, Iridium, Iod, Uran, Sauerstoff, Schwefel, Xenon, Titan, Vanadium, Molybdän, Ruthenium?
2. Welche Elemente enthält das Silberamalgam?
   Geben Sie zudem die Atommassen und die Ordnungszahlen dieser Elemente an sowie die mittlere Neutronenzahl ihrer Nuklide.
3. Wieviele metallische Elemente gibt es, von denen mindestens ein stabiles Nuklid existiert? Vergleichen Sie dazu mit dem letzten Abschnitt von [L 3].
4. Unter welcher Sammelbezeichnung lassen sich diejenigen Metalle zusammenfassen, die im Flugzeugbau und in der Raumfahrttechnik Verwendung finden?
5. Es gibt einige Metalle, die in der Erdkruste gediegen, d.h. in elementarem Zustand auftreten. Handelt es sich dabei um edle oder unedle Metalle?
6. Messing und Bronze sind Legierungen des Kupfers. Messing enthält noch Zink, die Bronze hingegen Zinn. Welche Legierung ist heute wichtiger?

L 6

Lernschritt 6: Nichtmetalle

Die im Periodensystem rechts von der treppenförmigen Trennungslinie stehenden Elemente werden als Nichtmetalle bezeichnet. Die betreffenden Elementarstoffe haben die typischen Metalleigenschaften [L 5] nicht; es handelt sich um sehr schlechte elektrische Leiter, sie haben keinen Metallglanz und sind mehr oder weniger lichtdurchlässig (durchscheinend).

Bei Raumtemperatur sind elf der nichtmetallischen Elementarstoffe gasförmig, einer flüssig und einige fest. Prägen Sie sich die nachstehenden Angaben ein!

Die Elementarstoffe Helium (He) sowie die der VIII. Hauptgruppe des Periodensystems [also Neon (Ne), Argon (Ar), Krypton (Kr), Xenon (Xe) und Radon (Rn)] nennt man Edelgase. Dieser Name kommt daher, daß diese farb- und geruchlosen Gase chemisch ganz auffallend reaktionsträge („inert") sind, d.h. sich nicht mit anderen Stoffen zu Verbindungen [L 3] umsetzen lassen. Die erste Edelgasverbindung wurde erst 1962 bekannt; seither hat man zwar zahlreiche Verbindungen der Edelgase Kr, Xe und Rn herstellen können, aber diese haben keinerlei praktische Bedeutung. Von den Elementen He, Ne und Ar sind bisher keine Verbindungen bekannt, was nach heutigen Kenntnissen für Neon und vor allem für Helium theoretisch auch nicht möglich ist. – Verwendet werden die Edelgase infolge ihrer Reaktionsträgheit als Glühlampenfüllung (der glühende Wolframdraht verbrennt dann nicht) oder als Schutzgas beim Schweißen (Verhinderung von Luftzutritt); dabei handelt es sich stets um Argon, das häufigste Edelgas, das mit einem Volumenanteil von 0,93% in der Luft vorkommt. Argon wird technisch aus der Luft gewonnen. Die übrigen Edelgase kommen nur in Spuren – d.h. in sehr kleinen Mengen – in der Luft vor. Edelgase dienen auch als Füllung von Leuchtröhren (z.B. Neonröhren), wo sie bei Einwirkung elektrischen Stroms „kaltes Licht" aussenden.

Bei Raumtemperatur stellen die Elementarstoffe Wasserstoff (H), Sauerstoff (O) und Stickstoff (N) ebenfalls farb- und geruchlose Gase dar. Wasserstoff ist ein brennbares Gas, das rund 14mal leichter als Luft ist; es muß durch chemische Reaktionen aus seinen Verbindungen erzeugt werden. Sauerstoff hingegen ist ein wichtiger Luftbestandteil (Volumenanteil 21%); es ist das Gas, das die Verbrennungsreaktionen des Alltags unterhält (brennt selbst nicht) und für die Atmung der Lebewesen notwendig ist. Stickstoff ist der Hauptbestandteil der Luft (Volumenanteil 78%); es handelt sich um ein reaktionsträges (inertes) Gas.

Ebenfalls gasförmig sind die Elementarstoffe Fluor (F), ein sehr giftiges, leicht gelbstichiges Gas, und das gelbgrüne Chlor (Cl, chloros: gr. grün), welche aus ihren Verbindungen hergestellt werden müssen. Chlor ist ein wichtiger Chemierohstoff und dient auch zur Desinfektion von Wasser und als Bleichmittel.

Von den elementaren Nichtmetallen ist das Brom (Br) bei Raumtemperatur flüssig; es handelt sich um eine dunkelbraune Flüssigkeit, welche rotbraune Dämpfe bildet, die aggressiv „chlorähnlich" riechen (bromos: gr. Gestank).

Folgende nichtmetallische Elementarstoffe sind bei Raumtemperatur fest:

Kohlenstoff (C), der als grauschwarzer, lichtundurchlässiger und „metallisch" glänzender Graphit oder als farbloser, lichtdurchlässiger Diamant auftreten kann. Diamant ist der härteste Stoff der Erdkruste (Stoffe der Erdkruste heißen Mineralstoffe oder Mineralien).

Schwefel (S) ist ein gelber Feststoff, der an der Luft mit blauer Flamme zu einem farblosen, stechend riechenden Gas (Schwefeldioxid) verbrennt.

Phosphor (P) kann in drei verschiedenen Modifikationen (Abwandlungen) auftreten, als roter Phosphor (weinrotes Pulver) oder als sehr giftiger weißer Phosphor, der bei Luftzutritt im Dunkeln leuchtet (phosphoros: gr. Lichtträger). Daneben gibt es eine schwarzviolette, metallisch glänzende Phosphor-Modifikation.

Iod (I) ist grauschwarz, metallisch glänzend und lichtundurchlässig. Beim Erwärmen bildet Iod violette Dämpfe (ioeides: gr. veilchenfarben). Die Lösung in Alkohol ist braun und wird als „Iodtinktur" zur Wunddesinfektion verwendet.

Fragen zu L 6

1. Stimmt die Aussage, daß saubere und trockene Luft praktisch ein Gemisch von Elementarstoffen ist?
2. Wie heißen die Kohlenstoff-Modifikationen und aus welchen Atomen bestehen sie?
3. Welche drei der in [L 6] beschriebenen Elementarstoffe sind nicht mehr „100%ige Nichtmetalle"?
4. Ist die treppenförmige Trennungslinie im PSE eine scharfe Grenze zwischen metallischen und nichtmetallischen Elementen?
5. In welcher Hinsicht entsprechen die Eigenschaften der elementaren Halbmetalle eher denjenigen der Metalle und in welcher Hinsicht eher denjenigen der nichtmetallischen Elementarstoffe?
6. Die Stoffe werden in zwei Gruppen unterteilt, in die elementaren Stoffe (Elementarstoffe) einerseits und die chemischen Verbindungen andererseits. Worin unterscheiden sich diese beiden Stoffgruppen?

L 7 Lernschritt 7: Das Schalenmodell der Elektronenhülle

Bei chemischen Reaktionen (Stoffveränderungen) wird ausschließlich der äußerste Bereich der Elektronenhüllen verändert; daher müssen wir uns nun mit dem Bau der Elektronenhülle der Atome befassen.

Wie bereits in [L 2] erwähnt, versagen alle Bilder aus der Erfahrungswelt des Alltags, um das Verhalten von Elektronen richtig zu beschreiben. Da aber unser Denken zwangsläufig mit dem, was unsere Sinne wahrnehmen, verknüpft ist, müssen experimentell erfaßbare Fakten der submikroskopischen Welt mit Bildern aus unserer Erfahrungswelt interpretiert werden; dies sind sog. Modellvorstellungen.

Experimentell läßt sich feststellen, daß nicht alle Elektronen einer Elektronenhülle gleich stark vom Kern gebunden werden, da zur Ablösung der verschiedenen Elektronen unterschiedlich viel Energie benötigt wird. Modellhaft kann man nun sagen, daß sich Elektronen, die stark gebunden werden, im Mittel näher beim Kern aufhalten als solche, die schwächer gebunden werden (vergl. [L 1]).

Bei Atomen mit mehreren Elektronen läßt sich des weiteren feststellen, daß es Gruppen von Elektronen gibt, die vom Kern ähnlich stark gebunden werden. Die Elektronen einer solchen Gruppe müssen daher nach der eben erwähnten Modellvorstellung auch ähnlich große mittlere Abstände vom Kern haben, d.h. sich bevorzugt innerhalb einer Kugelschale aufhalten, die man Elektronenschale nennt.

Die nebenstehende Abbildung stellt einen Schnitt durch ein Schalenmodell eines Atoms dar, welches drei Elektronenschalen hat. Die Elektronen der innersten Schale (1. Schale oder K-Schale genannt) werden vom Kern am stärksten gebunden. Elektronen der Außenschale (hier die 3. Schale oder die sog. M-Schale) werden am schwächsten gebunden.

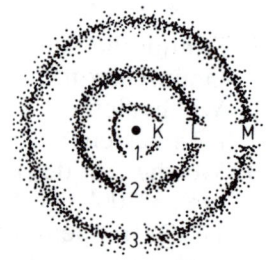

Man kennt Atome mit 7 Elektronenschalen; sie werden von innen nach außen fortlaufend numeriert (1 bis 7) oder mit den großen Buchstaben K bis Q bezeichnet.

Dem Periodensystem der Elemente kann für jedes Element das Schalenmodell seiner Atome entnommen werden; vergleichen Sie das nachstehende mit dem PSE:

1. Natrium-Atome (Na) haben drei Elektronenschalen, entsprechend der obenstehenden Abbildung. Die 1. Schale enthält 2 e⁻, die 2. Schale 8 e⁻ und die 3. Schale 1 Elektron. – Auch Chlor-Atome (Cl) haben 3 Elektronenschalen; die Schalen 1 und 2 sind gleich besetzt wie beim Na-Atom (2 und 8 Elektronen), aber die Außenschale der Chlor-Atome enthält 7 Elektronen.

2. Radon-Atome (Rn) haben sechs Elektronenschalen: die 1. enthält 2 e$^-$, die 2. Schale 8 e$^-$, die 3. Schale 18 e$^-$, die 4. Schale 32 e$^-$, die 5. Schale 18 e$^-$ und die 6. Schale (hier die Außenschale!) 8 e$^-$.

Die Kolonnen des PSE werden Gruppen genannt. Vorläufig werden wir uns nur mit den Elementen der Hauptgruppen befassen, weil hier oft einfache Modellvorstellungen genügen. Bei chemischen Reaktionen der Hauptgruppenelemente wird nur die Außenschale ihrer Atome verändert! Der Rest des Atoms, der sog. Atomrumpf, unterliegt keiner Veränderung. Somit müssen die Elektronenschalen der Atomrümpfe der Hauptgruppenatome besonders stabilen (beständigen) Zuständen entsprechen.

In [L 6] wurden die sog. Edelgase als chemisch auffallend reaktionsträge Stoffe beschrieben, die sich mit anderen Stoffen kaum verbinden. Edelgase treten denn auch atomar auf, d.h. in Form von einzelnen Atomen, die keine Tendenz zeigen, sich mit anderen Atomen zu verbinden. Somit müssen alle Elektronenschalen der Edelgasatome beständigen Zuständen entsprechen! – Im Unterschied zu den übrigen Hauptgruppenatomen entspricht also auch die Außenschale der Edelgasatome einem beständigen Zustand.

Fragen zu L7

1. Welche Gemeinsamkeiten hinsichtlich des Baus der Elektronenhülle haben Atome
   a) einer Periode (waagrechte Zeile) des Periodensystems?
   b) einer Hauptgruppe des Periodensystems?
2. Wieviel Elektronen können die 1. und die 2. Schale der Atome höchstens enthalten?
3. Wie groß ist die maximale Anzahl von Elektronen einer Schale, und bei welcher Schale wird diese Zahl erreicht?
   Versuchen Sie zudem eine modellhafte Interpretation dafür zu geben, daß in der 2. Schale mehr Elektronen auftreten können als in der 1. Schale.
4. Sind die sog. Halbmetalle [A 6–4] Haupt- oder Nebengruppenelemente? Wie steht es in dieser Hinsicht mit den Metallen und Nichtmetallen?
5. Geben Sie detailliert an, woraus der Atomrumpf des Reinelements P besteht. Welche Ladung hat dieser Atomrumpf?
6. Gibt es Hauptgruppenelemente, deren Atomrümpfe Elektronenschalen mit ungeraden Elektronzahlen haben? Wie steht es damit bei den Übergangsmetallen?

L 8

Lernschritt: 8 Die Elektronegativität

Die Elektronen der Außenschalen von Hauptgruppenatomen werden Valenzelektronen genannt (valere: lat. Wert sein), weil sie für das chemische Verhalten von besonderer Wichtigkeit („Wert") sind: bei chemischen Reaktionen der Hauptgruppenelemente erfolgen immer nur Veränderungen in den Valenzschalen!

Die Elektronegativität (EN) ist eine Verhältniszahl, die angibt, wie stark eine Atomart ihre Valenzelektronen zu binden (anzuziehen) vermag. Unter unserem PSE sind die für uns wichtigen Elektronegativitäts-Werte einiger Hauptgruppenelemente aufgeführt (kleine Tabelle). Es lassen sich die folgenden Gesetzmäßigkeiten erkennen:

1. In einer Periode (waagrechte Zeile) nimmt die Elektronegativität von links nach rechts stetig zu, wie das Beispiel der 2. Periode zeigt:

$(EN)_{Li} = 1,0$ $(EN)_{Be} = 1,5$ $(EN)_B = 2,0$ $(EN)_C = 2,5$ $(EN)_N = 3,1$ $(EN)_O = 3,5$ $(EN)_F = 4,1$

Wie läßt sich nur diese stetige Zunahme der Elektronegativität, d.h. der Fähigkeit der Atomrümpfe, Valenzelektronen zu binden, modellhaft erklären?

Valenzelektronen werden durch die positiv geladenen Atomrümpfe gebunden. Nun nehmen die aber die Ladungen der Atomrümpfe in einer Periode von links nach rechts zu. In unserem Fall gilt: Li^+, Be^{2+}, B^{3+}, C^{4+}, N^{5+}, O^{6+}, und F^{7+}. Nach dem COULOMBschen Gesetz [L 1] werden daher Valenzelektronen immer stärker gebunden.

Diese Zunahme der Elektronennegativität hat eine wichtige Konsequenz: wie der Tabelle mit den Atom- und Ionenradien entnommen werden kann, nehmen die Radien der Atome von Li (152 pm) nach F (64 pm) ab, obwohl alle diese Atome gleich viele – nämlich zwei – Elektronenschalen haben! Dies beruht darauf, daß die Valenzschale stets den größten Teil des gesamten Atomvolumens ausmacht (es ist die „dickste Schale"). Je größer nun die Elektronegativität ist, umso mehr wird diese Schale zum Atomrumpf hingezogen („verdichtet").

2. In einer Hauptgruppe nimmt die Elektronegativität von oben nach unten ab, wie das Beispiel der VII. Hauptgruppe, deren Elemente Halogene (Salzbildner) genannt werden, zeigt:

In einer Hauptgruppe haben zwar alle Atomrümpfe dieselbe Ladung (hier $+7e$). Da aber die Atomrümpfe von oben nach unten stets eine Schale mehr haben, werden sie auch größer. Demzufolge nimmt die Dichte der positiven Ladung pro Oberflächeneinheit ab, so daß die Valenzelektronen immer schwächer gebunden werden.

$(EN)_F = 4,1$

$(EN)_{Cl} = 2,8$

$(EN)_{Br} = 2,7$

$(EN)_I = 2,2$

I	II	III	IV	V	VI	VII	VIII	Hauptgruppe
$_3$Li	$_4$Be	$_5$B	$_6$C	$_7$N	$_8$O	$_9$F	$_{10}$Ne	2. Periode
$_{11}$Na	$_{12}$Mg	$_{13}$Al	$_{14}$Si	$_{15}$P	$_{16}$S	$_{17}$Cl	$_{18}$Ar	3. Periode
$_{19}$K	$_{20}$Ca	$_{31}$Ga	$_{32}$Ge	$_{33}$As	$_{34}$Se	$_{35}$Br	$_{36}$Kr	4. Periode
$_{37}$Rb	$_{38}$Sr	$_{49}$In	$_{50}$Sn	$_{51}$Sb	$_{52}$Te	$_{53}$I	$_{54}$Xe	5. Periode
$_{55}$Cs	$_{56}$Ba	$_{81}$Tl	$_{82}$Pb	$_{83}$Bi	$_{84}$Po	$_{85}$At	$_{86}$Rn	6. Periode
$_{87}$Fr	$_{88}$Ra	◄— Übergangsmetalle						7. Periode

Die erwähnten Gesetzmäßigkeiten gelten für die ersten 20 Elemente ($_1$H bis $_{20}$Ca) sowie für die Hauptgruppen I, II, VII und VIII. Da sich ab der 4. Periode zwischen die Hauptgruppen II und III die Übergangsmetalle einschieben, werden die Verhältnisse anschließend komplizierter, was aber für unsere Bedürfnisse keine Bedeutung hat.

Fragen zu L 8

1. Welche der im obenstehenden Periodensystem der Hauptgruppenelemente aufgeführte Atomart hat die kleinste Elektronegativität? Begründen Sie Ihre Meinung.
2. Gibt es einen Zusammenhang zwischen metallischen bzw. nichtmetallischen Elementen und ihrer Elektronegativität?
3. Warum liegt die treppenförmige Trennungslinie, die die Elemente grob in Metalle bzw. Nichtmetalle scheidet, diagonal im PSE?
4. Was muß für die Elektronegativität der sog. Halbmetalle und der Elemente mit teilweisem Halbmetallcharakter gelten (Größenordnung angeben)?
5. Welchen Wert der Elektronegativität müßte das Neon ungefähr haben?
6. Wir haben festgestellt, daß die Atomgröße in einer Periode von links nach rechts abnimmt. Wie aber die Tabelle mit den Atomradien zeigt, erfolgt diese Abnahme nicht linear. Stellen Sie die auftretende Gesetzmäßigkeit fest und versuchen Sie, die Feststellung zu deuten.

Lernschritt 9: Einfache Ionen

Wir haben erfahren, daß Edelgase chemisch auffallend reaktionsträge oder „inert" (untätig) sind. Somit stellen die Valenzschalen der
Edelgasatome stabile Gebilde dar. Mit Ausnahme des Heliums (He),
das mit zwei Elektronen in der ersten Schale besonders beständig ist,
haben die Edelgasatome stets acht Valenzelektronen. Man bezeichnet die besonders stabile Elektronenanordnung von Edelgasatomen
als Edelgaskonfiguration (Konfiguration: Gestalt).

Bemerkenswert ist nun die Tatsache, daß in vielen beständigen
Stoffen des Alltags – das sind solche, die sich „von selbst" nicht verändern, z.B. Zucker, Kochsalz, Glas, Wasser usw. – die Atomarten
Edelgaskonfiguration angenommen haben. Die Valenzschalen der
Atome dieser Verbindungen entsprechen also nicht mehr denen der
zugrundeliegenden Atome, wie dies im PSE steht, sondern denjenigen der im PSE benachbarten Edelgase. Das Bestreben vieler Haupt-
gruppen-Atomarten, durch Veränderungen ihrer Valenzschalen edel-
gasähnliche Elektronenkonfigurationen annehmen, bezeichnet man
als Edelgasregel.

So liegen viele metallische Hauptgruppenelemente in ihren Verbindungen [L 3] in Form ihrer Atomrümpfe [L 7] vor. Dies gilt immer
für die Metalle der Hauptgruppe I (Alkalimetalle) und der Hauptgruppe II (Erdalkalimetalle) sowie für unsere Bedürfnisse für das
Aluminium (Al). Diese Atomrümpfe haben alle die Elektronenkonfiguration der im PSE vorangehenden Edelgase. – Bei den Hauptgrup-
penmetallen hingegen, die auf die Übergangsmetalle folgen (also ab
der 4. Periode, ab der III. Hauptgruppe), werden die Verhältnisse
komplexer: hier gelten für viele Verbindungen zwar häufig die eben
erwähnten Regeln, aber es sind auch Abweichungen davon möglich;
solche Fälle lassen wir vorläufig außer acht.

Geladene Stoffteilchen nennt man ganz allgemein Ionen. Die in
Verbindungen von Metallen auftretenden Atomrümpfe sind Beispiele
positiv geladener Ionen. Da solchen positiven Ionen nur ein Atom
zugrundeliegt, bezeichnet man diese einfachsten Ionen als 1atomig
(sog. einatomige Ionen).

Während also metallische Hauptgruppen-Atome durch Abgabe
aller Valenzelektronen Edelgaskonfiguration annehmen, findet man
bei den Nichtmetall-Atomarten gerade das Gegenteil: Nichtmetall-
Atomarten haben in ihren Verbindungen sehr oft eine Elektronenkonfiguration, die derjenigen des im PSE darauffolgenden Edelgases
entspricht. Die Valenzschale der Nichtmetall-Atomarten wurde also
durch Fremdelektronen ergänzt, was aufgrund der großen Elektronegativitäts-Werte dieser Atome plausibel ist.

So entsteht z.B. aus einem Chlor-Atom (Cl), dessen Valenzschale sieben Elektronen enthält, durch Aufnahme eines Fremdelektrons ein beständiges Stoffteilchen, das einfach negativ geladen ist. Man gibt ihm das Symbol Cl^-. Dieses einfach negativ geladene (enthält 1 e^- mehr als das Atom) einatomige Ion heißt Chlorid-Ion; es hat die Edelgaskonfiguration des Argon-Atoms (Ar)!

Aus den Nichtmetall-Atomen der VI. Hauptgruppe entstehen auf analoge Weise doppelt negativ geladene einatomige Ionen, da für das Erreichen der Edelgaskonfiguration zwei Fremdelektronen aufgenommen werden müssen. Nichtmetall-Atome der V. Hauptgruppe bilden dreifach negativ geladene einatomige Ionen, da drei Fremdelektronen für das Erreichen der Edelgaskonfiguration notwendig sind.

Die Namen einatomiger Nichtmetall-Ionen enden auf -id. Schreiben Sie diese Namen in der Tabelle mit den Atom- und Ionenradien zu den jeweiligen Ionen.

VII. Hauptgruppe:
  F^- (Fluorid-Ion), Cl^- (Chlorid), Br^- (Bromid), I^- (Iodid).
VI. Hauptgruppe:
  O^{2-} (Oxid-Ion), S^{2-} (Sulfid), Se^{2-} (Selenid), Te^{2-} (Tellurid).
V. Hauptgruppe:
  N^{3-} (Nitrid), P^{3-} (Phosphid) (beide nicht eingezeichnet).

Fragen zu L 9

1. Geben Sie die Symbole (Atomsymbol + Ladung) der einatomigen Ionen an, welchen folgende Atomarten zugrundeliegen:
   Aluminium, Sauerstoff, Barium, Fluor, Phosphor und Lithium.
   Geben Sie zudem für jeden Fall an, welchem Edelgasatom die Elektronenkonfiguration dieses Ions entspricht.
2. Die Namen der positiven (Metall-Ionen entsprechen den jeweiligen Element-Namen: Na^+ (Natrium-Ion), Ca^{2+} (Calcium-Ion), Al^{3+} (Aluminium-Ion). Welches sind aber die Benennungsregeln für die einatomigen negativen Ionen?
3. Das gewöhnliche Kochsalz wird chemisch Natriumchlorid genannt. Woraus muß demzufolge die chemische Verbindung Kochsalz bestehen?
4. Vergleichen Sie die Größe der einatomigen Metall-Ionen mit der Größe ihrer Atome und interpretieren Sie den Sachverhalt.
5. Vergleichen Sie die Größe der einatomigen Nichtmetall-Ionen mit der Größe ihrer Atome und interpretieren Sie den Sachverhalt.
6. Wasserstoff bildet die einatomigen Hydrid-Ionen. Welches Symbol müssen diese haben und welchem Edelgasatom entspricht ihre Edelgaskonfiguration?

L 10   Lernschritt 10: Metallsalze

Stoffe, die aus positiven und negativen Ionen aufgebaut sind, nennt man Ionenverbindungen oder Salze. Vorläufig befassen wir uns nur mit solchen Salzen, die (positive) Metall-Ionen enthalten (Metallsalze). Die zwischen den unterschiedlich geladenen Ionen wirkenden anziehenden elektrostatischen Kräfte [L 1], die ein Salz zusammenhalten, nennt man Ionenbindung (binden = zusammenhalten).

Wir haben erfahren, daß Kochsalz den chemischen Namen Natriumchlorid besitzt und aus den Ionen Na^+ und Cl^- aufgebaut ist [A 9-3]. Obschon dieses Salz aus geladenen Teilchen – den Ionen – besteht, ist es in seiner Gesamtheit ungeladen (elektrisch neutral), wie die Alltagserfahrung zeigt. Daraus folgt, daß die Ladungssumme [L 1], [A 1-2] aller Ionen des Kochsalzes Null sein muß. Dieses Gesetz der Ladungsneutralität gilt für alle Salze.

Ladungsneutralität bedingt, daß am Aufbau von Kochsalz genau gleichviel einfach positiv geladene Natrium-Ionen (Na^+) wie einfach negativ geladene Chlorid-Ionen (Cl^-) beteiligt sein müssen, d.h. das kleinste ganzzahlige Verhältnis dieser Ionen 1:1 ist. Dies bringt man mit der Formel NaCl zum Ausdruck.

Salzformeln werden stets so geschrieben, daß die positive Ionenart zuerst hingeschrieben wird, gefolgt von der negativen Ionenart. Man könnte also für das Natriumchlorid Na^+Cl^- schreiben. Dies wird aber in der Praxis nicht gemacht, weil man mit Hilfe des Periodensystems sofort sagen kann, daß es sich um ein Salz handeln muß. Treten nämlich in den Stoff-Formeln (Substanzformeln) metallische und nichtmetallische Elemente (Atomsymbole) auf, so muß es sich nach [L 9] um Metallsalze handeln! Anschließend läßt sich mit dem PSE oder mit der Tabelle der Atom- und Ionenradien leicht ermitteln, welche Ladungen die einatomigen Ionen haben.

Wie ist nun das Salz Magnesiumchlorid zusammengesetzt und welche Formel hat dieser Stoff?

Der Name Magnesiumchlorid besagt, daß dieses Salz aus Magnesium-Ionen (Mg^{2+}) und Chlorid-Ionen (Cl^-) aufgebaut ist. Wegen des Gesetzes der Ladungsneutralität müssen nun doppelt so viele Chlorid-Ionen (Cl^-, einfach geladen) wie Magnesium-Ionen (Mg^{2+}, doppelt geladen) vorliegen, d.h. das kleinste ganzzahlige Verhältnis $Mg^{2+}:Cl^-$ muß 1:2 betragen. Diesen Sachverhalt bringt man mit der Formel $MgCl_2$ zum Ausdruck; man könnte auch Mg_1Cl_2 schreiben, aber der Index 1 wird in der chemischen Formelsprache stets weggelassen.

Die Benennungsregeln für Salze sind einfach. An den Namen der positiven Ionenart (bei Metallsalzen Elementname des Metall-ions) wird der Name der negativen Ionenart (siehe [L 9] oder Tabelle mit den Radien) angehängt.

Welche Formel muß nun der Stoff Aluminiumoxid besitzen?

Aufgrund des Namens ist dieser Stoff aus Aluminium-Ionen (Al^{3+}) und Oxid-Ionen (O^{2-}) aufgebaut. Wegen des Gesetzes der Ladungsneutralität müssen auf zwei Aluminium-Ionen (entsprechend sechs positiven Elementarladungen) drei Oxid-Ionen (entsprechend sechs negativen Elementarladungen) entfallen. Im Stoff Aluminiumoxid gilt also, daß das kleinste ganzzahlige Verhältnis von $Al^{3+}:O^{2-}$ gleich 2:3 sein muß. Dieser Sachverhalt wird mit der Substanzformel Al_2O_3 zum Ausdruck gebracht.

Eine Eselsbrücke für das richtige Setzen der Indizes bei Salzformeln: die Zahl der Ladungen der einen Ionenart ergibt den Index für die andere!

Woraus besteht der Stoff Na_3N und welchen Namen hat er?

Da die Formel das Symbol eines metallischen (Na) und eines nichtmetallischen (N) Elements enthält, muß es sich um ein Metallsalz handeln mit den Ionen Na^+ und N^{3-}. Wegen des Gesetzes der Ladungsneutralität muß das Verhältnis $Na^+:N^{3-}$ gleich 3:1 sein, was mit der Formel Na_3N beschrieben wird. Der Name dieses Stoffes ist Natriumnitrid.

Fragen zu L 10

1. Aus welchen Stoffteilchen besteht Kaliumsulfid und welche Formel hat es?
2. Welche der nachstehend durch die Substanzformeln aufgeführten Stoffe müssen zu den Metallsalzen gehören?: $C_6H_{12}O_6$, CaF_2, H_2O, CO_2, $SrBr_2$.
3. Eine chemische Verbindung enthält nur die Elemente Calcium und Wasserstoff. Welche Formel muß diese Verbindung haben und wie heißt sie?
4. Es gibt einen Stoff mit der Formel $LiAlH_4$. Geben Sie an, aus welchen Ionen dieser Stoff besteht (Symbol und Ladung).
5. Überprüfen Sie die Richtigkeit der folgenden Formeln von Metallsalzen: AlN, $AlBr_2$, Ca_2N_3, SrF_2, Na_2P, Rb_2S
   (Angeben ob richtig oder falsch und die Aussage begründen).
6. Ga_2S_3 ist ein Metallsalz, während SiO_2 keine Salzeigenschaften hat. Was folgern Sie daher über das chemische Verhalten der Halbmetalle, die links bzw. rechts von der treppenförmigen Trennungslinie im Periodensystem stehen?

L 11   Lernschritt 11: Der Kochsalzkristall

In diesem Lernschritt wird mit einer einfachen Modellvorstellung der experimentell gesicherte Aufbau des Feststoffs Kochsalz NaCl beschrieben.

Einatomige Ionen der Hauptgruppenelemente (hier Na$^+$ und Cl$^-$) haben Kugelsymmetrie; ihre elektrostatischen Felder wirken in alle Raumrichtungen genau gleichstark. Daher werden um positive Ionen allseitig negative Ionen angelagert und umgekehrt. Wie Sie der Tabelle mit den Atom- und Ionenradien entnehmen können, sind die Natrium-Ionen wesentlich kleiner als die Chlorid-Ionen. Dies hat zur Folge, daß sich um ein Natrium-Ion nur sechs Chlorid-Ionen anlagern können; man sagt, daß die Koordinationszahl (Zuordnungszahl) der Na$^+$-Ionen im Kochsalz sechs sei, was bedeutet, daß diese Ionen sechs nächste Nachbarn – sog. Liganden – haben.

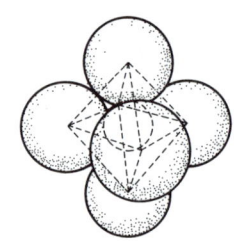

Wie die nebenstehende Abbildung zeigt, wird dabei ein Na$^+$-Ion (gestrichelt gezeichneter Kreis) von seinen (größeren) Cl$^-$-Liganden umhüllt. Die Anordnung dieser Liganden entspricht einem Zustand höchstmöglicher Symmetrie; ihre Zentren liegen in den Ecken eines Oktaeders, in dessen Mitte das „Zentralteilchen" Na$^+$ liegt.

Wegen des Größenverhältnisses der Ionen Na$^+$ und Cl$^-$ hätten um ein Cl$^-$-Ion insgesamt 21 Na$^+$-Ionen Platz! Da nun aber wegen des Gesetzes der Ladungsneutralität das Kochsalz aus gleichvielen Na$^+$ und Cl-Ionen besteht, stehen den Cl$^-$-Ionen auch nur 6 Na$^+$-Liganden zur Verfügung.

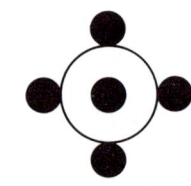

Diese 6 Na$^+$-Liganden (schwarze Kreise) liegen ebenfalls in oktaedrischer Anordnung um ein Cl$^-$-Zentralteilchen, weil sie sich gegenseitig abstoßen und somit den maximalen Abstand voneinander einnehmen. In der nebenstehenden Abbildung fehlt der sechste Na$^+$-Ligand, der hinter dem mittleren (auf der anderen Seite des größeren Cl$^-$-Ions) steht.

Die eben besprochene Koordination (Zuordnung) ergibt einen räumlich hochgeordneten Zustand der Ionen; man spricht von einem Ionengitter. In der nachfolgend linksstehenden Abbildung erkennt man, daß sich die größeren Chlorid-Ionen berühren und daß die kleineren Natrium-Ionen in die Lücken eingebettet sind. Auf diese Weise hat man sich den Aufbau von Kochsalz vorzustellen! Das rechtsstehende Gittermodell gestattet gewissermaßen den Blick ins Innere; die Striche dienen nur zum besseren Erkennen der oktaedrischen Koordination.

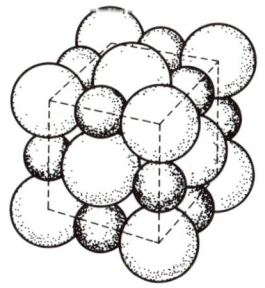

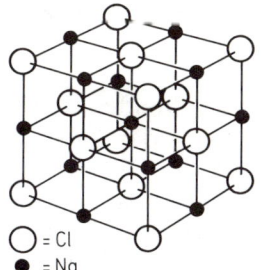

○ = Cl
● = Na

Läßt man z.B. eine wässrige Lösung von Kochsalz stehen, so verdunstet mit der Zeit das Wasser; dabei bilden sich würfelförmige Kochsalzkristalle. Kristalle sind Feststoffe, deren Teilchen einen räumlich hochgeordneten Zustand aufweisen, d.h. ein sog. Gitter bilden. Dieser Name kommt daher, weil sich die Anordnungsweise der Bausteine mit den regelmäßigen Schnittpunkten eines Gitters vergleichen läßt.

Reine Stoffe sind im festen Zustand in der Regel kristallin. Die verschiedenen Kristallformen beruhen auf unterschiedlichen „Gittertypen", d.h. unterschiedlicher Anordnung der Gitterbausteine.

Fragen zu L 11

1. Komplexe bestehen aus dem Zentralteilchen und seinen Liganden. Welche Ladungen haben die beiden denkbaren Komplexe im Innern eines Kochsalzkristalls?
2. Welche Ionenart bestimmt die Koordinationsverhältnisse im Kochsalzkristall?
3. Welche Koordinationszahlen haben die Ionen, die an der Oberfläche des Kochsalzwürfels vorliegen?
4. Welche Ionen sind am schwächsten an den Kochsalzkristall gebunden?
5. Vergleichen Sie die Größe der folgenden Ionen in der nachstehenden Reihenfolge: Sulfid-Ion, Chlorid-Ion, Kalium-Ion und Calcium-Ion (siehe Tabelle). Welche Gesetzmäßigkeit läßt sich erkennen und was ist die Ursache dafür? (Vergleichen Sie dazu die Elektronenhüllen und die Kernladungen).
6. Magnesiumoxid kristallisiert im Kochsalztyp. Beschreiben Sie aufgrund dieser Aussage den Aufbau des Magnesiumoxids.

L 12

Lernschritt 12: Weitere einfache Ionenkristalle

Im vorangehenden Lernschritt wurde der Aufbau des Kochsalzes beschrieben, das auch Steinsalz genannt wird, da es bergmännisch abgebaut wird. In diesem Ionenkristall haben beide Ionenarten die Koordinationszahl 6, wobei die Liganden genau oktaedrisch angeordnet sind. Salze, die denselben Gitterbau aufweisen, gehören zum Steinsalz-Typ. Viele Salze aus einatomigen Ionen der Hauptgruppenelemente haben diesen Gittertyp [A 11-6].

Das Größenverhältnis der Metall- und Nichtmetall-Ionen entscheidet, welche Koordinationszahl das kleinere Metall-Ion erhält. Liegt das Verhältnis der Radien von Metall-Ion zu Nichtmetall-Ion zwischen 0,41 und 0,73, so hat das kleinere Metall-Ion in der Regel die Koordinationszahl 6. Es dürfte einleuchten, daß bei kleineren Radienverhältnissen (wenn also das Metall-Ion wesentlich kleiner als das Nichtmetall-Ion ist), weniger Nichtmetall-Ionen um ein Metall-Ion Platz finden. Ist hingegen das Radienverhältnis größer (Metall-Ion relativ größer), so haben mehr als sechs Nichtmetall-Ionen Platz. – In sehr vielen Fällen kann man die Koordinationszahlen der Metall-Ionen mit der folgenden Tabelle richtig voraussagen:

$\dfrac{\text{Radius Metall-Ion}}{\text{Radius Nichtmetall-Ion}}$	0,23–0,41	0,41–0,73	0,73–1,00	$\geq 1,00$
Koordinationszahl des Metall-Ions	4	6	8	12

Beträgt die Koordinationszahl des Metall-Ions vier, so liegen die Liganden in den Ecken eines Tetraeders um das Zentralteilchen. Diese Koordination läßt sich mit einem vertrauten Bild leicht beschreiben: Man kann drei gleichgroße Fußbälle auf einer ebenen Unterlage zu einem „gleichseitigen Dreieck" (bezogen auf die Kugelzentren) zusammenschieben. In die Lücke in der Mitte läßt sich nun ein vierter (gleichgroßer) Fußball einlegen; nun liegen die Zentren dieser vier Bälle in den Ecken eines Tetraeders. In die Lücke zwischen diesen tetraedrisch angeordneten Bällen läßt sich eine wesentlich kleinere Kugel unterbringen, z.B. ein Tennisball, der von den vier größeren Bällen umhüllt wird.

Ist im eben diskutieren Fall in einem Salz das Ionenverhältnis 1:1, so stehen auch den negativen einatomigen Nichtmetall-Ionen nur vier Koordinationspartner (Liganden) zur Verfügung; diese sind ebenfalls tetraedrisch um das größere Ion angeordnet, weil dies dem größtmöglichen Abstand (gegenseitige Abstoßung) entspricht.

Ist die Koordinationszahl des Metall-Ions acht, so liegen die acht negativen Liganden in den Ecken eines Würfels um das Zentral-Ion. Beim Ionenverhältnis von 1:1 haben natürlich die Nichtmetall-Ionen die gleichen Koordinationsverhältnisse.

Die Koordinationszahl 12 tritt in einfachen Salzen nicht auf; sie hat aber bei Metallkristallen eine große Bedeutung (siehe nächste Lernschritte).

Ist das Ionenverhältnis nicht mehr 1:1, so können die beiden Ionenarten nicht mehr die gleichen Koordinationszahlen haben. Aus diesem Grunde können die Gitter nicht mehr so einfach gebaut sein, wie in den bisher besprochenen drei Fällen. So gibt es z.B. ein Mineral, den Flußspat oder Fluorit, der die Formel CaF_2 hat (Calciumfluorid). Entgegen den „idealen" Angaben der Tabelle dieses Lernschritts haben die Ca^{2+}-Ionen im Fluorit die Koordinationszahl acht. Da dieses Salz doppelt soviel F^--Ionen enthält, stehen den F^--Ionen nur die halbe Anzahl Ca^{2+}-Ionen zur Verfügung, also nur deren vier! Diese vier Ca^{2+}-Ionen sind im Fluorit tetraedrisch um die F^--Ionen angeordnet. Man kann die Koordinationsverhältnisse wie folgt symbolisieren: $[CaF_2]_{8:4}$; das bedeutet, daß jedes Ca^{2+}-Ion acht und jedes F^--Ion vier Liganden hat. – Auch auf diese Weise resultiert ein räumlich hochgeordneter Zustand der Ionen, ein Ionenkristall.

Fragen zu L 12

1. Welche Koordinationszahl müßten die Calcium-Ionen im Fluorit haben, wenn die idealisierten Verhältnisse der Tabelle Gültigkeit hätten?
2. Welche Koordinationsverhältnisse liegen in der Verbindung der Elemente Cäsium und Chlor vor?
3. Welche Koordinationsverhältnisse liegen in der Verbindung Zinksulfid vor?
4. Welche Koordinationszahlen müssen die Gitterbausteine in der Verbindung der Elemente Barium und Chlor haben?
5. Welche Koordinationszahlen haben die Gitterbausteine in der Verbindung der Elemente Cadmium und Chlor und auf welche Weise werden diese Koordinationsverhältnisse durch die Formel zum Ausdruck gebracht?
6. Geben Sie Formeln, die die Koordinationsverhältnisse beschreiben, für die folgenden beiden Fälle an:
   a) Verbindung der Elemente Be und F (Radienquotient auf zwei Stellen runden).
   b) Verbindung der Elemente Cd und I.

L 13 Lernschritt 13: Der Aufbau von Metallen

Ätzt man eine blankgeschliffene Oberfläche eines metallischen Werkstoffs mit einer Säurelösung und betrachtet man anschließend die geätzte Oberfläche unter dem Lichtmikroskop, so erkennt man eine innige Verschachtelung kleinster Kriställchen. Diese – mit bloßem Auge nicht sichtbaren (Durchmesser etwa 10^{-5} m) – Kriställchen nennt man Metallkörner. Die Art der Verschachtelung dieser Körner, die auch von Form und Größe dieser Kriställchen abhängt, nennt man Korngefüge eines Metalls.

Ein metallischer Werkstoff hat in der Regel umso bessere Eigenschaften, je gleichmäßiger das Gefüge seiner (kleinen) Körner ist. Man kann dieses Korngefüge durch sog. Vergütungsprozesse in gewünschtem Sinne verändern um somit die Werkstoffeigenschaften dem jeweiligen Verwendungszweck anpassen. Solche Vergütungsverfahren sind z.B. Erwärmen und anschließendes Abschrecken (d.h. rasche Temperatursenkung) in Öl oder Wasser. Aber auch durch mechanische Bearbeitung kann das Korngefüge verändert werden, wie z.B. beim Schmieden oder Hämmern. Beim Walzen zu Blechen ordnen sich längliche (oft nadelige) Metallkörner vorzugsweise parallel zur Oberfläche des Blechs, beim Ziehen von Drähten längs der Drahtachse, was die Zugfestigkeit gegenüber „normalen Korngefügen" beträchtlich erhöht.

Die Metallkörner haben Gitter mit hohen Koordinationszahlen! So findet man häufig Koordinationszahlen von 12 und auch die Koordinationszahl 8. Diese experimentell gesicherten Fakten haben zu folgender Modellvorstellung geführt: die Gitterbausteine elementarer Metalle müssen Kugeln gleicher Größe sein [L 12].

Ein weiteres gemeinsames Merkmal der Metalle ist ihre elektrische Leitfähigkeit. Fließen elektrisch geladene Teilchen, so liegt ein elektrischer Strom (bewegte elektrische Ladung) vor. In Metallen können Elektronen (e^-) ohne großen Widerstand fließen; man sagt, daß in Metallen leicht bewegliche Elektronen vorliegen. Es dürfte einleuchten, daß diese leicht beweglichen Elektronen die Valenzelektronen der Metallatome sein müssen, da diese am schwächsten gebunden werden.

Diese beiden Fakten, die hohen Koordinationszahlen (die mit Gitterbausteinen aus Kugeln gleicher Größe erklärt werden können) und die elektrische Leitfähigkeit aufgrund leicht beweglicher Elektronen, haben zum folgenden einfachen Modell von Metallkristallen geführt: Metallkristalle bestehen aus einem Gitter aus Atomrümpfen, welche durch die leicht beweglichen Elektronen (oft „Elektronengas" genannt) zusammengehalten werden (Analogie zur Ionenbindung).

Die positiv geladenen Atomrümpfe (gleichgroße Kugeln) werden durch die dazwischenliegenden beweglichen Elektronen zusammengehalten.

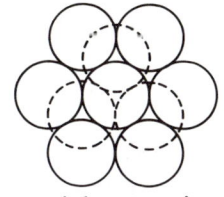

Ist die Koordinationszahl der Atomrümpfe in Metallen 12, so handelt es sich um sog. dichteste Kugelpackungen, d. h. Anordnungen gleichgroßer Kugeln (der Gitterbausteine) in einer Weise, die den Raum maximal nutzt.

Wie die obenstehende Abbildung zeigt, lassen sich um eine Kugel sechs Kugeln derselben Größe in einer Ebene so anordnen, daß sich sämtliche Kugeln berühren. Nun lassen sich in die Löcher dieser Schicht drei weitere Kugeln derselben Größe darüber setzen (gestrichelte Kreise) und darunter ebenfalls. Die Kugeln berühren sich gegenseitig und die zentrale hat die Koordinationszahl 12. Da die drei darunter liegenden Kugeln entweder senkrecht unter den drei gestrichelt gezeichneten oder aber um 60° verdreht in den anderen Vertiefungen liegen können, existieren auch 2 Arten der dichtesten Kugelpackung, die beide eine Raumausnützung (Anteil am Gesamtvolumen) von 74,05% haben.

Hexagonal dichteste Kugelpackung

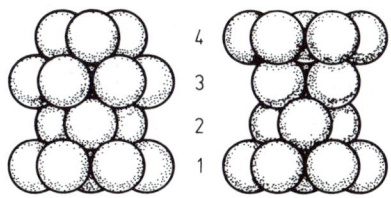

Kubisch dichteste Kugelpackung

Fragen zu L 13

1. Welche Schichten dichtest gepackter Ebenen von Kugeln stehen bei der hexagonal dichtesten Kugelpackung senkrecht übereinander?
2. Beschreiben Sie die Stapelung der ebenen Schichten dichtest gepackter Kugeln bei der kubisch dichtesten Kugelpackung.
3. Geben Sie die unterschiedliche Koordination der beiden dichtesten Kugelpackungen mit Hilfe der Abbildung oben rechts auf dieser Seite an.
4. Wie sind die Koordinationsverhältnisse in Metallkristallen (Körnern), die nicht dichteste Kugelpackungen aufweisen?
5. Was versteht man unter Metallkörnern und dem Korngefüge von Metallen? Warum können wir den kristallinen Bau von metallischen Werkstoffen mit unseren Sinnen nicht direkt wahrnehmen?
6. Welche der bisher erwähnten Fakten erklärt unser einfaches Metallmodell?

L 14 Lernschritt 14: Eigenschaften metallischer Werkstoffe

In [L 5] wurde festgehalten, daß metallische Elementarstoffe nur in Ausnahmefällen (Elektrotechnik) als Werkstoffe Verwendung finden. Bei Werkstoffen handelt es sich in der Regel um Legierungen [AK 1-6]. Da die Metallurgie (Lehre von der Herstellung metallischer Werkstoffe) ein riesiges Wissensgebiet ist, kann hier nur kurz auf einige Grundtypen von Legierungen eingegangen werden.

Weicht die Größe der Atomrümpfe nicht allzustark voneinander ab und kristallisieren die Legierungspartner als Elementarstoffe im gleichen Gittertyp, so lassen sich oft die verschiedenen Atomrümpfe in zufälliger Weise (statistisch) durch andere ersetzen (substituieren), wodurch sog. Substitutionsmischkristalle entstehen. Es ist aber auch möglich, daß verschiedene Atomrümpfe ein wohlgeregeltes Gitter bilden; dann spricht man von intermetallischen Verbindungen, deren Formeln oft ein einfaches ganzzahliges Verhältnis der Elementsymbole aufweisen. Wichtig sind die sog. Einlagerungsmischkristalle, bei denen kleinere Fremdatome (oft Nichtmetall-Atome wie C, H, N oder B und Si) in die „Löcher" zwischen den Kugeln des „Wirtsgitters" eingelagert sind.

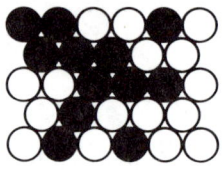
Substitutionsmischkristall

intermetallische Verbindung
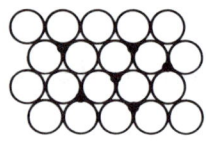
Einlagerungsmischkristall

Der weitaus wichtigste metallische Werkstoff ist der Stahl; er enthält neben dem Hauptbestandteil Eisen (Fe) stets Kohlenstoff (C) (0,5–1,7% der Masse). Technisch werden solche Kohlenstoffstähle, die in großem Umfang als Baustähle usw. Verwendung finden, als „unlegierte Stähle" bezeichnet. Erst bei Anwesenheit weiterer Legierungspartner in Massenanteilen von je mehr als 1% spricht man technisch von legierten Stählen (niedriglegierte bis 5% Legierungspartner, hochlegierte mehr). Wichtige Legierungspartner in Stählen sind z.B. Al und N in den sehr harten Nitrierstählen, Cr (hoher Anteil ergibt rostfreie Stähle), Mn (hohe Verschleißfestigkeit, z.B. für Eisenbahnweichen), Mo (Zugefestigkeit, Korrosionsbeständigkeit), Ni (Zähigkeit, hoher Anteil ergibt „Invarstähle" mit geringer Wärmeausdehnung), Si (Hitze- und Säurebeständigkeit), Ti (Wärmefestigkeit), V und W (Festigkeit, Härte und Wärmebeständigkeit für Schnellarbeits- und Warmarbeitsstähle für Drehbänke).

Legierungen haben zwar die typischen Metalleigenschaften [L 5], aber auch viele andere Eigenschaften als die zugrundeliegenden Elementarstoffe. So sind sie in der Regel härter und schlechtere Leiter für den elektrischen Strom. Glanz, Lichtundurchlässigkeit und elektrische Leitfähigkeit beruhen auf den leichtbeweglichen Elektronen des „Elektronengases" [L 13], die gute Wärmeleitfähigkeit auf dem kristallinen Bau. Ein weiteres Merkmal von Metallen ist deren Duktilität [L 5] in kaltem oder oft nur in erwärmtem Zustand. Ein einfaches Modell erklärt dieses Phänomen durch Übereinandergleiten dichtest gepackter Gitterebenen; da die Elektronen leicht beweglich sind, ändert sich dabei der Bindungszustand nicht:

Dieses Modell von der plastischen Verformbarkeit ist eine grobe Vereinfachung. In Wirklichkeit sind Fehler im Kristallgitter (sog. Versetzungen von Gitterebenen, Leerstellen usw.) dafür entscheidend! Lägen Idealkristalle ohne Gitterfehler vor, so müßten für plastische Verformungen 100 bis 1000mal größere Kräfte einwirken, d.h. der Mensch hätte keine metallischen Werkstoffe zur Verfügung!

Idealkristalle existieren jedoch in Wirklichkeit nicht. Auch in Salzkristallen gibt es Fehler (Leerstellen, d.h. fehlende Ionen) und Verunreinigungen.

Fragen zu L 14

1. Gold und Silber kristallisieren elementar in kubisch dichtester Kugelpackung. Welchen Legierungstyp erwarten sie mit diesen beiden Legierungspartnern?
2. Es gibt eine Legierung mit der Formel Mg_2Al_3. Was besagt diese Formel und welcher Legierungstyp ist zu erwarten?
3. Welcher Legierungstyp ist bei „unlegierten Stählen" zu erwarten? Begründen Sie Ihre Meinung.
4. Welches chemische Element enthalten
   a) die sog. Amalgame?
   b) die Legierungen Messing und Bronze?
5. Einlagerungsmischkristalle sind wesentlich schlechter plastisch verformbar als die zugrundeliegenden Wirtsgitter. Wie läßt sich das erklären?
6. Salzkristalle sind nicht plastisch verformbar sondern spröde, d.h. sie zerbröckeln bei Krafteinwirkung. Worauf beruht der Unterschied zu den Metallen?

Lernschritt 15: Das Tetraedermodell der Valenzschalen

Die bisher besprochenen Ionenverbindungen aus einatomigen Ionen der Hauptgruppenelemente lassen sich mit der Edelgasregel [L 9] verstehen. Alle Gitterbausteine dieser Stoffe sind Teilchen mit Edelgaskonfiguration.

Beide bisher erwähnten Stoffklassen haben entweder die Elementenkombination Metall/Nichtmetall (bei Metallsalzen) oder Metall/Metall bei den Legierungen, wobei wir gelernt haben, daß hier auch Nichtmetalle (aber in kleinen Mengen) eine wichtige Rolle spielen [L 14]. Für unsere Zwecke stellt die treppenförmige Trennungslinie im PSE eine „scharfe Grenze" dar: links stehende Halbmetalle verhalten sich chemisch wie die metallischen Elemente, rechts stehende wie die nichtmetallischen [A 10-6].

Wir müssen nun noch die verbleibende Elementenkombination diskutieren, d.h. Stoffe betrachten, die nur aus Nichtmetallatomarten aufgebaut sind. Zu diesem Zweck muß vorerst eine sehr leistungsfähige Modellvorstellung von den Außenschalen (Valenzschalen) der Nichtmetall-Atomarten eingeführt werden, das sog. Tetraedermodell. Die Symbole dieser Modellvorstellung sind in unserem PSE über den Hauptgruppennummern (römische Zahlen) aufgeführt. So steht z.B. über der V. Hauptgruppe das Symbol $\cdot\overset{\cdot}{\cdot}\cdot$; dieses Symbol hat die folgende Bedeutung:

Wir wissen, daß die Atome der V. Hauptgruppe fünf Valenzelektronen haben. Nach der Tetraedermodellvorstellung sind die Valenzelektronen innerhalb der Außenschale auf vier kugelige Räume – sog. Orbitale – verteilt. Diese Orbitale liegen in den Ecken eines Tetraeders (nebenstehend eingezeichnet) um den Atomrumpf (kleinere Kugel im Zentrum des Tetraeders).

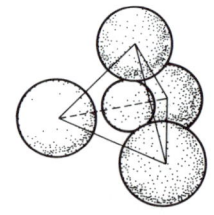

Diese Orbitale können 1 e⁻ enthalten; dann spricht man von einem Einzelelektron oder einem halbbesetzten Orbital, was mit einem Punkt ($\cdot$) symbolisiert wird.

Es ist aber auch möglich, daß zwei Elektronen einen Orbitalraum beanspruchen; dann spricht man von einem Elektronenpaar oder einem besetzten Orbital. – Ein Orbital (nach unserer Modellvorstellung ein kugelförmiger Raum innerhalb der Schale) kann nie mehr als 2 e⁻ enthalten; es ist mit einem Elektronenpaar besetzt! Ein Elektronenpaar (besetztes Orbital) wird mit einem Strich (–) symbolisiert.

Atome der V. Hauptgruppe haben also ein besetztes Orbital in der Außenschale (im Symbol •⁻• mit dem Stich dargestellt) und drei halbbesetzte Orbitale oder Einzelelektronen (im Symbol mit den 3 Punkten dargestellt).

Da die Orbitale nach dieser Modellvorstellung kugelige Gebilde sind, wird das Tetraedermodell etwa auch als „Kugelwolkenmodell" bezeichnet. Der Begriff Tetraedermodell weist aber wesentlich besser auf die räumlichen Verhältnisse hin, die in der Folge von entscheidender Bedeutung werden. Da sich die Orbitale gegenseitig abstoßen, liegen sie ungefähr – bei identischer Abstoßung exakt – in den Ecken eines Tetraeders.

Bei Hauptgruppenatomen treten halbbesetzte Orbitale nur in den Valenzschalen auf. In den übrigen Schalen dieser Atome gibt es nur besetzte Orbitale oder Elektronenpaare! Nebenstehend ist ein Chlor-Atom symbolisch dargestellt. Wie man erkennt, sind auch die beiden Elektronen der ersten Schale gepaart, was für alle Atomarten des PSE gilt. Dieses besetzte Orbital der ersten Schale umhüllt den Kern immer kugelsymmetrisch.

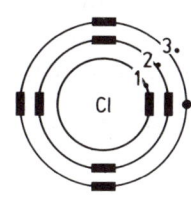

Die acht Elektronen der zweiten Schale verteilen sich in Form von vier besetzten Orbitalen (Elektronenpaaren) in diesem Schalenraum. Nach der Tetraedermodellvorstellung müssen sie genau in den Ecken eines Tetraeders liegen, weil sich vier besetzte Orbitale identisch abstoßen. Die 7 e⁻ der Valenzschale des Cl-Atoms sind wie folgt auf die vier Orbitale verteilt: drei Orbitale sind besetzt (Elektronenpaare, Symbol –) und ein Orbital halbbesetzt (Einzelelektron, Symbol •); dieser Sachverhalt wird mit |⁻• symbolisiert.

Fragen zu L 15

1. Zeichnen Sie analog der obenstehenden Abbildung ein Kohlenstoff-Atom (Kern mit dem Atomsymbol markieren) und geben Sie die räumliche Anordnung aller Orbitale dieses Atoms an.
2. Zeichnen Sie ein Schwefel-Atom und beschreiben Sie seine Valenzschale.
3. Geben Sie die Atomsymbole aller Atomarten an, die nur besetzte Orbitale haben.
4. Welche Orbitale der Valenzschale von Nichtmetallatomen müssen die Ursache der chemischen Reaktionsfähigkeit dieser Atome sein?
5. Welche Gemeinsamkeit haben die Atome von Wasserstoff und Helium und worin unterscheiden sie sich?
6. Wieviel Orbitale kann eine Elektronenschale maximal enthalten?

Lernschritt 16: Die kovalente Bindung

Einzelelektronen (halbbesetzte Orbitale) befinden sich in unbeständigen Zuständen. Aus Gründen, auf die hier nicht eingegangen wird, „suchen" solche halbbesetzten Orbitale „begierig" halbbesetzte Orbitale anderer Atome. Es erfolgt eine gegenseitige Durchdringung der beiden halbbesetzten Orbitale zu einem neuen besetzten Orbital (Elektronenpaar), wodurch ein beständiger Zustand erreicht wird. Diese gegenseitige Durchdringung halbbesetzter Orbitale wird in der Fachsprache als „Überlappung" bezeichnet.

Der Elementarstoff Chlor wurde in [L 6] als aggressiv riechendes, gelbgrün gefärbtes (chloros: grün) und giftiges Gas beschrieben. Es ist experimentell seit langem einwandfrei gesichert, daß die kleinsten Stoffteilchen des elementaren Chlors Cl_2-Einheiten sind. Dieses Symbol besagt, daß diese Einheiten aus zwei Chlor-Atomen bestehen und – da keine Ladung angegeben ist – elektrisch neutral sind; daher muß im Cl_2 die Elektronenzahl gleich der Summe der Elektronen der beiden Chlor-Atome sein.

Das Zustandekommen einer Partikel Cl_2 läßt sich wie folgt verstehen: Die beiden halbbesetzten Orbitale der Chlor-Atome (Valenzschale $|\_•$ – nachstehend dunkler dargestellt – durchdringen (überlappen) sich zu einem besetzten Orbital:

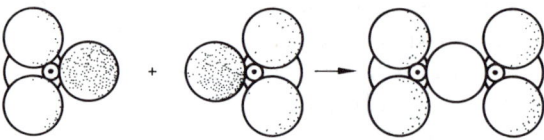

Da nun das neuentstandene besetzte Orbital infolge der großen Elektronegativität (*EN*) [L 8] von beiden Nichtmetallatomen beansprucht wird, halten die beiden Chlor-Atome zusammen; sie bilden ein sog. Molekül der Formel Cl_2.

Mit dem Tetraedermodell der Außenschale läßt sich die Bildung eines Cl_2-Moleküls aus seinen Atomen wie folgt beschreiben:

$|\overline{Cl}• + •\overline{Cl}| \rightarrow |\overline{Cl} - \overline{Cl}|$ oder mit Atomsymbolen: $2\,Cl \rightarrow Cl_2$

Auch im Chlor-Molekül Cl_2 haben die beiden Chlor-Atome Edelgaskonfiguration, nämlich die des Argon-Atoms, weil das neuentstandene besetzte Orbital gleichzeitig in den Valenzschalen beider Atome vorliegt. Man nennt dieses Elektronenpaar gemeinsames oder bindendes Elektronenpaar, weil es beiden Partneratomen gemeinsam angehört und weil es die Bindung (den Zusammenhalt) der beiden Atome bewirkt.

Bindende oder gemeinsame Elektronenpaare werden als waagrechte Striche zwischen die Symbole der Nichtmetallatome geschrieben, was den durch sie bewirkten Zusammenhalt (die Bindung) der beiden Atome symbolisiert. Die sog. nichtbindenden Elektronenpaare (auch „einsame" Elektronenpaare genannt) – in unserem Cl_2-Molekül je drei an den Chlor-Atomen – werden an die Atomsymbole angelehnt.

Der zwischen Nichtmetallatomen in Erscheinung tretende Zusammenhalt durch gemeinsame Elektronenpaare nennt man kovalente Bindung. Dieser Name kommt daher, daß die Partneratome der Bindung gemeinsam (ko: zusammen) Valenzelektronen beanspruchen. Man nennt diese Bindungsart auch Elektronenpaarbindung, weil gemeinsame Elektronenpaare den Zusammenhalt sicherstellen, was darauf beruht, daß Nichtmetallatomarten infolge ihrer großen Elektronegativität die gemeinsamen Elektronenpaare anziehen. Ein weiterer gebräuchlicher Name für diese Bindungsart ist Atombindung, weil auf diese Art und Weise Atome gegenseitig gebunden werden.

In den vorangegangenen Lernschritten haben wir folgende Stoffteilchen kennengelernt: positive und negative einatomige Ionen in einfachen Salzen und Atomrümpfe oder positive einatomige Ionen in Metallen. Nun kommt eine weitere wichtige Art von Stoffteilchen hinzu, nämlich Moleküle. Die allgemeingültige Definition von Molekülen lautet wie folgt:

Moleküle sind elektrisch neutrale Stoffteilchen, deren Atome durch kovalente Bindung zusammengehalten werden.

Fragen zu L 16

1. Aus welchen Stoffteilchen muß elementares Brom [L 6] bestehen? Welche Masse haben diese Stoffteilchen.
2. Aus welchen Partikeln ist der elementare Wasserstoff [L 6] aufgebaut? Haben die H-Atome in diesen Stoffteilchen auch Edelgaskonfiguration?
3. Vergleichen Sie die Moleküle Br_2 und H_2 hinsichtlich nichtbindender (oder „einsamer") Elektronenpaare.
4. Wasser hat die Stoff-Formel (Substanzformel) H_2O. Zeigen Sie, daß das Zustandekommen von Molekülen H_2O mit der Tetraedermodellvorstellung verstanden werden kann. – Welche Gestalt muß das H_2O-Molekül haben?
5. Welches sind die enfachsten Wasserstoffverbindungen der Elemente C und N? Welche Gestalt haben diese beiden Moleküle?
6. Wieviel bindende und nichtbindende Elektronenpaare haben H_2O, NH_3 und CH_4?

Lernschritt 17: Doppelbindungen

Ethen ist ein farbloses Gas von eigenartig süßlichem Geruch; technisch wird es als Ethylen bezeichnet. Ethylen ist heute der wichtigste Rohstoff für die organisch-chemische Industrie, welche in großen Mengen all diejenigen Stoffe herstellt, die wir tagtäglich benötigen, wie Kunststoffe (z.B. Polyethylen für die Lebensmittelverpackung, Haushaltsgegenstände, medizinische Geräte usw.), Waschmittel, Arzneimittel, Farbstoffe, Textilfasern, Pflanzenschutzmittel (die unsere Ernährung sicherstellen) und anderes mehr. Ethylen wird durch Hitzespaltung von Leichtbenzin hergestellt (sog. Cracking).

Die Substanzformel des Ethens ist C_2H_4. Da nur Nichtmetallatome am Aufbau dieses Stoffes beteiligt sind, muß es sich nach unseren bisherigen Kenntnissen um eine Molekularverbindung handeln. Molekularverbindungen sind Stoffe, die aus gleichgebauten Molekülen aufgebaut sind. Welchen Bau haben nun die Ethen-Moleküle C_2H_4?

Die nebenstehende Abbildung zeigt, daß sich zwei Ecken zweier Tetraeder berühren können. Daher ist es auch möglich, daß sich je zwei halbbesetzte Orbitale zweier Atome durchdringen (überlappen) können und zwei gemeinsame Elektronenpaare bilden, wie dies nachstehend dargestellt ist (die gemeinsamen Elektronenpaare sind ausgeweitet und heller dargestellt):

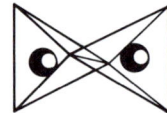

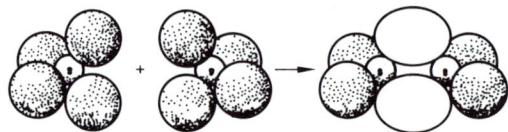

Mit unserem Modell vom Aufbau der Valenzschalen können wir C_2H_4 wie folgt „konstruieren":

$$\begin{matrix} H \cdot \\ H \cdot \end{matrix} \; :C: \; :C: \; \begin{matrix} \cdot H \\ \cdot H \end{matrix} \longrightarrow \begin{matrix} H \\ H \end{matrix} \diagup C = C \diagdown \begin{matrix} H \\ H \end{matrix}$$

(sog. Valenzstrichformel des C_2H_4-Moleküls)

Wie das Tetraedermodell richtig zeigt (vergl. obige Abbildung), liegen alle sechs Atome des Ethen-Moleküls in derselben Ebene.

21 % der Luftteilchen sind Sauerstoff-Moleküle mit der Formel O_2. Dabei handelt es sich um die „gewöhnliche" Modifikation des elementaren Sauerstoffs; das sog. Ozon werden wir im Kapitel 11 kennenlernen. O_2 läßt sich wie folgt „konstruieren":

$$\langle \overset{\bullet}{\underset{\bullet}{O}} \, + \, \overset{\bullet}{\underset{\bullet}{O}} \rangle \longrightarrow \langle O = O \rangle$$

Wir werden mit dieser Modellvorstellung vom Bau des O_2-Moleküls arbeiten, obwohl die Verhältnisse komplizierter [F 60–6] sind, was in unserem Rahmen unwichtig ist. Echte Doppelbindungen weist hingegen das Molekül des Kohlenstoffdioxids CO_2 auf. Dieser Stoff wird gewöhnlich mit dem verkürzten Namen Kohlendioxid bezeichnet; sein Teilchenanteil an der Luft beträgt 0,035%. Obwohl auf 10000 Luftteilchen nur 3,5 CO_2-Moleküle entfallen, ist dieser Luftbestandteil lebenswichtig, da ihn die Pflanzen zum Aufbau organischen Materials benötigen (sog. Photosynthese). – Man kann CO_2-Moleküle mit dem Tetraedermodell „konstruieren":

$$\langle \ddot{o} \; \ddot{c} \; \ddot{o} \rangle \longrightarrow \langle o = c = o \rangle \qquad \text{(Valenzstrichformel des } CO_2\text{-Moleküls)}$$

Kohlendioxid ist ein farb- und geruchloses Gas (wie jeder Bestandteil sauberer Luft!), das auch in Mineralwässern, Wein und Bier enthalten ist. Der erfrischende Geschmack, den es diesen Getränken verleiht, beruht darauf, daß es mit Wasser eine sehr schwache Säure, die sog. Kohlensäure H_2CO_3, bildet.

Kohlendioxidgas CO_2 entsteht bei der Atmung der Lebewesen (in der Ausatmungsluft angereichert) und in großen Mengen bei der Verbrennung C-haltiger Brennstoffe. Da die sog. fossilen („versteinerten") Brennstoffe wie Erdgas (Hauptbestandteil Methan CH_4), Erdölprodukte wie Benzin, Dieselöle, Kerosin, Heizöle und Kohle C enthalten, wird durch menschliche Tätigkeit sehr viel CO_2 an die Atmosphäre abgegeben. Man befürchtet, daß dies zum sog. „Treibhauseffekt" führen kann (Erwärmung der Erdatmosphäre, weil die Wärmeabstrahlung in den Weltraum durch das CO_2 behindert wird).

Fragen zu L 17

1. Zeichnen Sie die Valenzstrichformel des Moleküls CH_2O. Wieviel bindende und nichtbindende Elektronenpaare hat dieses Molekül?
2. Zeichnen Sie das Molekül der Kohlensäure (alle O-Atome hängen am C, kein Ring!).
3. Zeichnen Sie das Molekül CS_2 mit *allen* seinen Elektronenschalen.
4. Das Propadien C_3H_4 ist ein wichtiges Synthesegas. Geben Sie die Valenzstrichformel dieses Moleküls, das zwei Doppelbindungen enthält, an.
5. Welche Wasserstoffverbindungen bilden die Halogene (Elemente der VII. Hauptgruppe)?
6. Welche Hauptgruppenatome können ausschließlich Einfachbindungen bilden?

L 18 Lernschritt 18: Dreifachbindungen

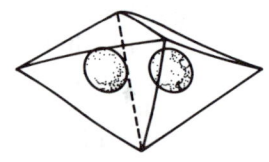

Wie die nebenstehende Abbildung zum Ausdruck bringt, können sich drei Ecken zweier Tetraeder berühren. Daher ist es auch möglich, daß sich je drei halbbesetzte Orbitale (Einzelelektronen) zweier Atome durchdringen (überlappen) und dadurch drei neue gemeinsame Elektronenpaare entstehen. In diesen Fällen spricht man von Dreifachbindungen.

Ein erstes Beispiel für eine Molekülart mit einer Dreifachbindung ist der elementare Stickstoff, der Hauptbestandteil der Luft; 78 % der Luftteilchen sind zweiatomige Stickstoff-Moleküle N_2. Ihr Zustandekommen aus Stickstoff-Atomen kann mit dem Tetraedermodell wie folgt verstanden werden:

$$|\overset{\cdot}{N}\cdot \quad \cdot \overset{\cdot}{N}| \quad \longrightarrow \quad |N \equiv N|$$

Eine weitere einfache Molekülart, in der eine Dreifachbindung auftritt, ist das Gas Ethin, C_2H_2, das in der Praxis unter dem Namen Acetylen bekannt ist. Acetylen war früher der Hauptrohstoff für die Herstellung organischer Verbindungen [L 17]; heute wurde es in dieser Hinsicht vom Ethylen C_2H_4 verdrängt. Immer noch wird es aber zur Erzeugung hoher Temperaturen verwendet (Schneidebrenner), da Gemische von elementarem Sauerstoff O_2 und Acetylen C_2H_2 Flammentemperaturen von 3300 °C erzeugen. Mit solchen Flammen läßt sich Stahl verschweißen und schneiden; daher findet man praktisch in allen mechanischen Werkstätten Stahlflaschen mit Acetylen und reinem Sauerstoff für die Betreibung solcher Brenner.

Auch das Acetylen-Molekül läßt sich mit dem Tetraedermodell „konstruieren":

$$H\cdot \;\; \cdot \overset{\cdot}{\underset{\cdot}{C}}\cdot \;\; \cdot \overset{\cdot}{\underset{\cdot}{C}}\cdot \;\; \cdot H \quad \longrightarrow \quad H - C \equiv C - H$$

Wie das Tetraedermodell richtig zu beschreiben vermag, liegen alle vier Atome dieses Moleküls auf einer Geraden; vergleichen Sie dazu mit der Abbildung oben rechts.

In [F 17-4] wurde ein Molekül mit der Formel C_3H_4 vorgestellt, das zwei Doppelbindungen enthält. Diese Präzisierung war nötig, weil mit dieser Formel auch ein Molekül mit einer Dreifachbindung existiert (Moleküle des Propin-Gases):

$$H\cdot \;\; \cdot \overset{\overset{\textstyle H}{\cdot}}{\underset{\underset{\textstyle H}{\cdot}}{C}} \cdot \;\; \cdot \overset{\cdot}{C} \cdot \;\; \cdot \overset{\cdot}{C} \cdot \;\; \cdot H \quad \longrightarrow \quad H - \overset{\overset{\textstyle H}{|}}{\underset{\underset{\textstyle H}{|}}{C}} - C \equiv C - H$$

Die eben erwähnte Tatsache, daß verschiedene Molekülarten – und damit Stoffe mit unterschiedlichen Eigenschaften – möglich sind, die dieselbe Formel haben, nennt man Isomerie (isos: gleich, meros: Teil, hier Atome betreffend); dies wird in der organischen Chemie eingehend behandelt werden. Konstitutionsisomere, bei denen die Reihenfolge der Atombindungen verschieden ist, können durch Konstitutionsformeln, die die Reihenfolge der Atombindungen angeben, unterschieden werden:

Propadien CH_2CCH_2

$$\begin{array}{c} H \\ \diagdown \\ \diagup \end{array} C = C = C \begin{array}{c} H \\ \diagup \\ \diagdown \end{array}$$
$$H \qquad\qquad\qquad H$$

Propin $CHCCH_3$

$$H - C \equiv C - \overset{\overset{\textstyle H}{|}}{\underset{\underset{\textstyle H}{|}}{C}} - H$$

Mit dem Tetraedermodell lassen sich sehr viele Molekülarten voraussagen und die räumliche Anordnung ihrer Atome beurteilen, auf die die Eigenschaften der jeweiligen Stoffe zurückgeführt werden können. Nun existieren aber auch Moleküle, wie z.B. das farb- und geruchlose, giftige Gas CO (Kohlenstoffmonoxid, abgekürzt als Kohlenmonoxid bezeichnet; mono: 1), welches bei Verbrennungen C-haltiger Stoffe in mehr oder weniger großen Anteilen (je nach Reaktionsbedingungen) anfällt. Zur Erklärung dieses Moleküls versagt das Tetraedermodell, wie in [L 57] gezeigt wird. Allerdings ist die Tatsache bemerkenswert, daß im CO mit der experimentell gesicherten Elektronenstruktur |C $\equiv$ O| die beiden Atomarten Edelgaskonfiguration (die des Neons) besitzen.

Vorläufig werden wir ausschließlich Stoffe betrachten, deren Moleküle mit dem Tetraedermodell erklärt werden können. Erst im Kapitel 11 werden andere Teilchenarten besprochen. – Auch ringförmige Atomanordnungen werden vorläufig außer acht gelassen, obschon diese häufig auftreten und von großer Bedeutung sind [A 28–5].

Fragen zu L 18

1. Warum versagt das Tetraedermodell für die Erklärung des CO-Moleküls?
2. Zeichnen Sie die beiden Isomere (keine Ringe) der Formel HCNO.
3. Welches ist das einfachste Molekül, das nur C-, H- und N-Atome enthält?
4. Welches ist das einfachste Molekül, das nur aus C- und N-Atomen besteht?
5. Zeichnen Sie alle Elektronenschalen des Moleküls der Konstitutionsformel HSCN.
6. Geben Sie die Zusammensetzung sauberer Luft an ([L 6], [L 17] und [L 18]; Formeln der Teilchen und ihr Anteil in Prozent).

Lernschritt 19: Die Aggregatzustände

Stoffe, wie wir sie bisher besprochen haben (Salze aus einatomigen Ionen, Molekularverbindungen) können – sofern es sich nicht um hitzeempfindliche organische Molekularverbindung, wie z.B. Zucker, handelt – in den drei Aggregatzuständen fest, flüssig oder gasförmig vorliegen. Dasselbe gilt für metallische Stoffe, die wir aber in der Frage nicht besonders berücksichtigen.

Aggregieren heißt anhäufen; die drei verschiedenen Aggregatzustände unterscheiden sich in der Art der Zusammenlagerung der kleinsten Stoffteilchen, der Ionen oder Moleküle. Diese Stoffteilchen sind nachstehend zur Vereinfachung der Betrachtungen als Kügelchen dargestellt:

 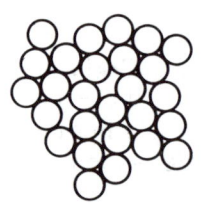 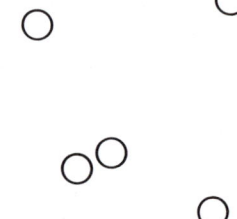

Feststoff:
Gitterkräfte bewirken die Fernordnung der Teilchen (hochgeordnet beisammenliegend)

Flüssigkeit:
Kohäsionskräfte halten die Teilchen beisammen (kein Gitter)

Gas:
Nur sehr kleine Kräfte zwischen den Teilchen; maximale Unordnung

Reine Stoffe (Salze oder Stoffe aus gleichen Molekülen) sind im festen Aggregatzustand kristallin; die Teilchen bilden ein Gitter. Man spricht von einer Fernordnung, wenn sich der geordnete Gitterverband über hunderte und mehr Bausteine in alle Raumrichtungen erstreckt. Die Kräfte, die den hochgeordneten Zustand des Kristallgitters aufrechterhalten, nennt man Gitterkräfte; sie halten die sich berührenden Teilchen beisammen und verhindern, daß diese unter dem Einfluß der Schwerkraft aneinander abgleiten können.

Im flüssigen Aggregatzustand wirken zwischen den Stoffteilchen sog. Kohäsionskräfte (Zusammenhaltskräfte); sie sorgen dafür, daß die Partikeln wie im Feststoff beisammenliegen; daher ist das Volumen einer Flüssigkeitsportion bei gegebener Temperatur konstant. Allerdings können die Stoffteilchen einer Flüssigkeit bereits unter dem Einfluß der Schwerkraft aneinander abgleiten. Daher kann man mit einer Flüssigkeitsportion verschieden geformte Gefäße füllen.

Im Gaszustand endlich wirken nur noch sehr kleine Kräfte zwischen den Stoffteilchen; diese Kräfte vermögen die Teilchen weder zusammenzuhalten noch gegenseitig zuzuordnen. Eine Gasportion erfüllt jedes ihr zur Verfügung gestellte Gefäß gleichmäßig.

Wie Sie aus Erfahrung wissen, hängen die Aggregatzustände der Stoffe (bei bestimmtem Druck) von der Temperatur (Wärmezustand) ab. So ist festes Wasser (Eis) bei normalem Atmosphärendruck nur unterhalb und bis 0 °C beständig; bei höheren Temperaturen schmilzt es. Oberhalb 100 °C existiert Wasser bei Normaldruck nur noch als Gas.

Oft gibt man die Aggregatzustände (auch Phasen genannt) mit in Klammern gesetzten kleinen Buchstaben hinter den Stoff-Formeln an. So bedeutet $H_2O(s)$ Eis (s von engl. solid), $H_2O(l)$ flüssiges Wasser (l von engl. liquid) und $H_2O(g)$ gasförmiges Wasser (g von engl. gaseous). Gasphasen von Stoffen, die bei Normaldruck und Raumtemperatur nicht ausschließlich im Gaszustand vorliegen, bezeichnet man als Dämpfe; Wasserdampf ist unsichtbar, z.B. als Luftfeuchtigkeit; sichtbar sind nur die sog. Nebel (kleinste Flüssigkeitströpfchen). Die Phasenwechsel heißen wie folgt:

feste Phase (fester Aggregatzustand)	schmelzen $\rightleftarrows$ erstarren (gefrieren)	flüssige Phase
flüssige Phase	verdampfen (verdunsten) $\rightleftarrows$ kondensieren	Gasphase
feste Phase	sublimieren (verflüchtigen) $\rightleftarrows$ resublimieren (zum Feststoff kondensieren)	Gasphase

Fragen zu L 19

1. In welchen Phasen sind Form (Gestalt) und Volumen von Stoffportionen bestimmt oder unbestimmt?
2. Warum gilt [A 19–1] nur bei gleichbleibender Temperatur?
3. Rauhreif kann an kalten Wintertagen „verschwinden", ohne daß flüssiges Wasser heruntertropft. Wie heißt dieser Phasenwechsel?
4. Kondensieren heißt Verdichten. Welche Phasenwechsel nennt man so?
5. Was versteht man unter Dämpfen?
6. Warum lassen sich feste und flüssige Stoffe kaum zusammendrükken?

L 20

Lernschritt 20: Die Wärmebewegung

Stoffteilchen wie Ionen oder Moleküle lassen sich infolge ihrer Kleinheit (siehe Tabelle mit den Atom- und Ionenradien) visuell (mit den Augen) nicht erfassen. Trotzdem gibt es viele Fakten – nachstehend werden einige erwähnt –, die unmißverständlich zeigen, daß diese kleinen Stoffteilchen in fortwährender, ungeordneter Eigenbewegung sein müssen!

Öffnet man z.B. in einem Zimmer eine Flasche, die eine stark riechende Stoffart enthält, so stellt man nach und nach diesen Geruch im ganzen Zimmer fest, auch wenn keine feststellbare Luftbewegung vorhanden ist. Dabei bemerkt man den Geruch zuerst in der Nähe der Flasche, später aber auch in weiterer Entfernung.

Riechen kann man einen Stoff nur dann, wenn dessen Teilchen auf die Sinneszellen der Nasenschleimhaut gelangen; sie provizieren dort Reaktionen, welche über die Nervenbahnen ins Gehirn „gemeldet" werden; dieses erzeugt dann die von uns wahrgenommene Geruchsempfindung.

Ohne Eigenbewegung der Stoffteilchen wäre es völlig undenkbar, daß diese „von selbst" die Flasche verlassen, sich durch die Luft hindurch ausbreiten und auf die Nasenschleimhaut gelangen könnten!

Auf diesem Verdampfen oder Verdunsten beruht auch das Trocknen von Wäsche. Nasse Wäsche trocknet mit der Zeit, weil die Wassermoleküle nach und nach die flüssige Phase verlassen, obwohl zwischen den Molekülen der Flüssigkeit Kohäsionskräfte wirken. Wären nämlich keine Kohäsionskräfte wirksam, so würde der Wind, der über einen See bläst, gleich alle Wassermoleküle wegblasen. Aus welchen Gründen zwischen Molekülen anziehende Kräfte auftreten, werden wir im nächsten Kapitel kennenlernen. Vorläufig ist für uns nur wichtig, daß Teilchen, die nicht in Bewegung sind, unmöglich entgegen der Kohäsion die flüssige Phase verlassen könnten.

Auch der Gasdruck läßt sich ohne die fortwährende Eigenbewegung der Gasteilchen nicht erklären. Eingeschlossene Gase üben auf die Gefäßwände eine Druck-Kraft aus, was ohne weiteres an prallen Bällen oder Autoreifen erkannt wird. In Gasen liegen aber die Teilchen nicht beisammen! Beweis: könnte man denn einen Ball oder einen Autoreifen (deren Volumen vorgegeben sind) noch stärker aufpumpen, d.h. noch mehr Gasmoleküle einfüllen, wenn kein Platz mehr da wäre?

Wenn nun also Gasteilchen, die nicht beisammenliegen, trotzdem fortwährend (auch „oben"!) auf die Gefäßwände drücken, so müssen sie infolge ihrer Eigenbewegung „wie ein Hagelwetter" auf die Gefäßwände prasseln, an der sie zurückprallen; diese fortwährenden Stöße erzeugen die beobachtbare und meßbare Druck-Kraft.

Die Intensität der Eigenbewegung der Stoffteilchen hängt von der Temperatur (Wärmezustand) ab; daher spricht man von der Wärmebewegung oder thermischen Bewegung (thermos: Wärme) der Stoffpartikeln. Erwärmt man z.B. ein Gefäß, das ein Gas enthält, so wird die Druck-Kraft größer (Bälle oder Autoreifen werden praller). Da also bei höherer Temperatur die gleiche Gasteilchenzahl im vorgegebenen Volumen eine größere Druck-Kraft erzeugt, heißt dies, daß die Gasteilchen heftiger auf die Gefäßwände prallen. – Kühlt man hingegen ab, so nimmt auch der Gasdruck ab, was zeigt, daß die Intensität der Wärmebewegung der Stoffteilchen mit sinkender Temperatur abnimmt.

Die Stoffteilchen sind nicht nur im gasförmigen Aggregatzustand (Gasdruck, selbsttätige Ausbreitung von Geruchstoffmolekülen) und im flüssigen Aggregatzustand (Verdunstung) in fortwährender Bewegung, sondern auch in der festen Phase. So kann die Tatsache, daß sich Feststoffe beim Erwärmen ausdehnen, nur wie folgt gedeutet werden: Die Stoffteilchen schwingen fortwährend auf ihren Gitterplätzen hin und her; wird erwärmt, so vergrößert sich die Schwingweite (sog. Amplitude) der Gitterbausteine. Weil infolge der größeren Amplituden die Gitterbausteine mehr Platz benötigen, dehnt sich der Feststoff aus. Kühlt man wiederum ab, d.h. verringert man die Bewegungsintensität der Gitterbausteine (Abnahme der Amplituden), so zieht sich der Feststoff wieder zusammen.

Fragen zu L 20

1. Pumpt man einen Ball oder Autoreifen stärker auf, d.h. preßt man zusätzliche Gasteilchen in ein Gefäß mit vorgegebenem Volumen, so steigt der Gasdruck auch dann an, wenn die Temperatur unverändert bleibt (z.B. Umgebungstemperatur). Wie läßt sich diese Tatsache deuten?
2. Warum sinkt der Gasdruck beim Abkühlen?
3. Feststoffe werden beim Erwärmen weicher. So kann man auf Eis von 0 °C kaum noch schlittschuhlaufen, weil die Kufen zu stark einsinken. Demgegenüber ist Eis von –70 °C hart wie Glas. Wie läßt sich diese Tatsache deuten?
4. Warum wird bei zunehmender Erwärmung eines Feststoffs eine Temperatur (Wärmezustand) erreicht, bei der der Stoff zu schmelzen beginnt?
5. Welcher Stoff muß die höhere Schmelztemperatur haben, NaCl oder MgO?
6. Wo sind die Kräfte zwischen den Stoffteilchen größer, im NaCl oder im H_2O?

Lernschritt 21: Teilchenbewegung und absolute Temperatur

Die Temperatur (Wärmezustand) eines Körpers ist ein Maß für die mittlere kinetische Energie („Bewegungswucht") seiner Teilchen.

$$E_{kin} = \tfrac{1}{2} \, m \cdot v^2$$
$$(m = \text{Teilchenmasse}, \; v = \text{Geschwindigkeit des Teilchens})$$

Von mittlerer kinetischer Energie muß man deshalb sprechen, weil in einem bestimmten, unendlich kleinen Zeitintervall die Teilchengeschwindigkeiten v eines Körpers nicht einheitlich sind. Wegen den in allen Aggregatzuständen fortwährend erfolgenden gegenseitigen Stößen ändert jedes Teilchen in unvorstellbar rascher Folge Betrag und Richtung seiner Geschwindigkeit. Die nachstehende Abbildung zeigt die Geschwindigkeitsverteilung der Teilchen eines Gases gewissermaßen als „Momentaufnahme" (d.h. in einem unendlich kleinen Zeitintervall) für drei verschiedene Temperaturen T. Die Fläche unter der Kurve stellt die gesamte Teilchenzahl dar, da jede Säule (eine ist eingezeichnet) einer Teilchenzahl entspricht (Teilchen, die die gleiche Geschwindigkeit haben). Hier gilt: $T_1 < T_2 < T_3$.

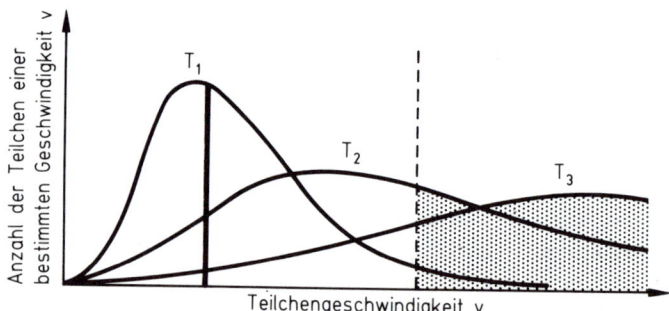

Man erkennt, daß die Verteilungskurven mit steigenden Temperaturen flacher werden und der Anteil von Teilchen mit größerer Geschwindigkeit (und damit größererer kinetischer Energie!) zunimmt (punktierter Flächenteil). Aber auch bei niedrigen Temperaturen (hier T_1) hat es besonders energiereiche Teilchen! Daher können Feststoffe sublimieren oder Flüssigkeiten unterhalb ihrer Siedetemperatur verdunsten. Erhält nämlich ein Oberflächenteilchen (bei Feststoffen die der Ecken [A 11–4]) durch Stöße genügend kinetische Energie, so kann es die Anziehungskräfte zu seinen Nachbarn überwinden (d.h. sich wegen der Eigenbewegung losreißen). Wir werden sehen, daß diese energiereichen Teilchen nicht nur die eben beschriebenen Vorgänge ermöglichen, sondern ganz allgemein für die chemischen Reaktionen (Lösungsvorgänge inklusive) verantwortlich sind.

Die bei T_1 eingezeichnete Säule entspricht der Teilchenzahl, die die mittlere Geschwindigkeit bei dieser Temperatur hat (die Kurve ist nicht spiegelbildsymmetrisch). Diese mittlere Geschwindigkeit ist für O_2-Moleküle bei 0 °C 450 m/s, was größer als die Schallgeschwindigkeit ist!

Kühlt man einen Feststofff immer mehr ab, d.h. entzieht man ihm nach und nach Wärmeenergie, so sinkt die mittlere kinetische Energie seiner Teilchen und damit die Temperatur (Wärmezustand) des Stoffs. Daher muß ein Zustand erreicht werden, bei dem die Stoffteilchen praktisch stillstehen; dies ist bei der Temperatur des absoluten Nullpunkts der Fall, einer Temperatur, die aus prinzipiellen Gründen nur annäherungsweise erreicht werden kann (heute auf 1/5000 °C erreicht). Der absolute Nullpunkt ist eine untere Schranke für die Temperatur; nach oben existiert keine solche Schranke!

Der absolute Nullpunkt liegt auf der Celsius-Temperaturskala bei –273,15 °C; wir werden mit dem gerundeten Wert von –273 °C arbeiten. Gibt man Temperaturen in Celsius-Graden ab dem absoluten Nullpunkt gemessen an, so spricht man von der absoluten Temperatur. Die Einheit der absoluten Temperatur ist das Kelvin (Symbol K, zu Ehren des englischen Physikers Lord Kelvin). So hat ein Körper von –273 °C 0 K (Null Kelvin) und die Schmelztemperatur von Eis (0 °C) die absolute Temperatur von 273 K (sprich 273 Kelvin).

Fragen zu L 21

1. Welche absolute Temperatur hat ein Körper von 20 °C?
2. Wir betrachten die Gase Wasserstoff und Sauerstoff bei derselben Temperatur. Sind die mittleren Geschwindigkeiten der beiden Stoffteilchenarten gleichgroß oder nicht? Begründen Sie Ihre Meinung.
3. Berechnen Sie aufgrund von [A 21-2] (Gleichheit der mittleren kinetischen Energien der Stoffteilchen bei einer bestimmten Temperatur) und der Angabe dieser mittleren Geschwindigkeit für O_2-Moleküle in [L 21] die mittlere Geschwindigkeit der Wasserstoff-Moleküle (H_2) bei 273 K.
4. Wir betrachten zwei gleichgroße, offene Schalen, in denen sich gleichgroße Wasserportionen befinden. Die eine Wassermenge habe Umgebungstemperatur, die andere werde durch Heizen auf einer höheren konstanten Temperatur gehalten. Welche Wasserportion verdampft rascher? Begründen Sie Ihre Aussage.
5. Reihen Sie sämtliche Teilchen sauberer Luft, die Luftfeuchtigkeit enthält, nach zunehmender mittlerer Geschwindigkeit bei gleicher Temperatur ein. Luftbestandteile: [A 18–6].
6. Wie groß ist die mittlere Geschwindigkeit von Sauerstoff-Molekülen bei 273 K in Kilometer durch Stunde (km/h)?

L 22 Lernschritt 22: Die „Verdunstungskälte"

Aus Erfahrung wissen Sie, daß man ein Kältegefühl empfindet, wenn man nasse Kleider am Leib hat oder nach dem Baden aus dem Wasser steigt. Dieses Gefühl wird bei windigem Wetter verstärkt. Ebenso ist bekannt, daß man bei Prellungen im Sport „Kältesprays" verwendet; hier wird die schmerzende Stelle mit einer leicht verdampfbaren Flüssigkeit, dem Chlorethan C_2H_5Cl (auch „Chloräthyl" oder „Äthylchlorid" genannt), besprüht. Die dadurch erzeugte Kühlung wirkt schmerzlindernd.

Wie läßt sich nun dieses Phänomen, das im Alltag als „Verdunstungskälte" bezeichnet wird, erklären?

Bevor wir darauf eingehen, soll kurz beschrieben werden, wie man auf einfache Weise experimentell nachweisen kann, daß bei der Verdunstung die Temperatur der zurückbleibenden Flüssigkeit abnimmt. Gibt man eine leicht verdampfbare Flüssigkeit wie das oben erwähnte Chlorethan oder den sog. Diethylether (gewöhnlicher „Äther", der u.a. zur Narkose verwendet wird und der die Formel $(C_2H_5)_2O$ hat) in einen Kolben, in dem ein Thermometer in die Flüssigkeit taucht, und saugt man mit einer Pumpe die verdunstenden Teilchen ab, so stellt man fest, daß die Temperatur der verbleibenden Flüssigkeit abnimmt (siehe Abbildung).

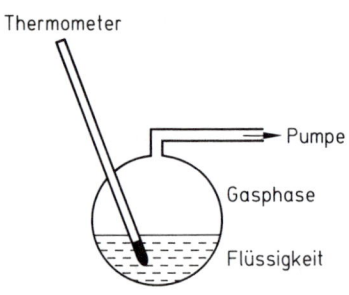

Das eben beschriebene Phänomen der „Verdunstungskälte" läßt sich mit dem in [L 21] Gesagten leicht verstehen: Nur die besonders energiereichen Teilchen können verdunsten, d.h. sich aus dem Flüssigkeitsverband „losreißen" (Teilchen der punktierten Flächen unter den Verteilungskurven von [L 21]). Werden nun diese besonders energiereichen Teilchen durch Abpumpen entfernt, so muß notgedrungen die mittlere kinetische Energie der in der Flüssigkeit verbleibenden Teilchen abnehmen, d.h. die Temperatur der verbleibenden Flüssigkeit sinken.

Diese Tatsache macht man sich zunutze bei der Erzeugung tieferer Temperaturen in Kühlschränken und Tiefkühltruhen, aber auch bei sog. Wärmepumpen für energiesparende Heizung. In beiden Fällen ist das Prinzip dasselbe: „Auf der einen Seite wird es kälter, auf der anderen Seite wärmer" (Wärme wird auf die eine Seite gepumpt). Dies soll nun am Beispiel eines Kühlschranks besprochen werden:

Eine außerhalb des gut wärmeisolierten Kastens angebrachte Pumpe, die durch einen Elektromotor angetrieben wird, saugt die sich in einem geschlossenen Röhrensystem befindlichen Dämpfe einer leichtverdampfbaren Flüssigkeit (oft sog. Fluor-Chlor-Kohlenwasserstoffe FCKW wie CF_2Cl_2, auch Freone genannt) nach außen ab. Die im Kühlschrank zurückbleibende kalte Flüssigkeit kühlt das Innere.

Die herausgepumpten besonders energiereichen Teilchen werden von der Pumpe, die gleichzeitig als Kompressor wirkt (daher die Bezeichnung „Kompressorkühlschränke"), komprimiert, d.h. zusammengedürckt. Dabei bildet sich „gewaltsam" eine Flüssigkeit höherer Temperatur. Wir können dies vorläufig so deuten (Genaueres in [L 38]), daß es sich um die besonders energiereichen Teilchen handelt, die verdichtet [A 19-4] werden. Diese warme Flüssigkeit wird nun außerhalb des Kühlschranks in einem Röhrchensystem an der Zimmerluft abgekühlt; dann wird diese abgekühlte Flüssigkeit wieder ins Kühlschrankinnere geleitet, wo die besonders energiereichen Teilchen erneut abgepumpt werden.

Solche Wärmepumpen können beidseitig genutzt werden; man kann in einem Arbeitsgang sowohl Wärme als auch Kälte erzeugen. Daher ist es sinnvoll, neben Kühlhäusern Hallenschwimmbäder zu bauen oder Eisbahnen mit Schwimmbädern oder Raumheizung zu koppeln. Für Raumheizungen kann der „kalte Teil" auch in den Erdboden verlegt oder mit Flußwasser „aufgeheizt" werden.

Fragen zu L 22

1. Zeichnen Sie die Valenzstrichformeln der Moleküle von Chlorethan, Diethylether und dem in [L 22] erwähnten Freon.
2. Wozu benötigt ein Kühlschrank elektrischen Strom (Energie)?
3. Hält man eine Nähnadel in eine Kerzenflamme, so verbrennt man sich nach kurzer Zeit die Finger. Wie kommt diese Wärmeleitung zustande?
4. Ein erhitzter Stein wird in ein Gefäß gegeben, das Wasser von 20 °C enthält. Was passiert mit den Temperaturen der Wasserportion und des Steins und was ist die Ursache dafür?
5. Welche Möglichkeiten haben wir bisher kennengelernt, nach denen man die Temperatur eines Körpers senken kann?
6. Südliche Völker haben seit alter Zeit ihre Getränke in schwach feuchtigkeitsdurchlässigen Gefäßen (Tonkrüge, Lederbeutel) aufbewahrt, bevor sie genossen wurden. – Was wird durch dieses Verfahren erreicht?

Lernschritt 23: Flüssigkeitsdampfdruck und Siedetemperatur

Zuvor sollen einige Begriffe, die wir in diesem Kapitel kennengelernt haben, noch einmal erwähnt, präzisiert und dadurch erhärtet werden:

Verdampfen und verdunsten bezeichnen dasselbe, nämlich den Phasenwechsel in die Gasphase. Meistens werden diese Begriffe für den Übergang (l)→(g) (flüssig→gasförmig) verwendet; wenn die Flüssigkeit siedet, wird allerdings nur noch von Verdampfen gesprochen. – Die Sublimation [L 19] wird auch Verflüchtigung genannt.

Gas und Dampf bezeichnen dasselbe, nämlich den gasförmigen Aggregatzustand. Von Dämpfen spricht man gewöhnlich dann, wenn die betreffenden Stoffe bei Normaltemperatur und -druck nicht bereits im Gaszustand vorliegen [A 19-5]. Noch einmal sei darauf hingewiesen, daß Dämpfe farbloser Stoffe unsichtbar sind; so enthält auch saubere Luft stets Luftfeuchtigkeit, d.h. gasförmiges Wasser oder Wasserdampf. In Dämpfen sind stets Einzelmoleküle oder unsichtbar kleine Molekülaggregate vorhanden. Das Sichtbare, das im Alltag (etwa bei verdampfendem Wasser im Haushalt) als „Dampf" bezeichnet wird, besteht aus feinsten Flüssigkeitströpfchen, die aus unvorstellbar vielen H_2O-Molekülen [L 33] bestehen. Solche sichtbaren Gebilde nennt man Nebel oder Aerosole [L 31].

Befindet sich in einem Gefäß nur eine flüssige Stoffart und ihr Dampf (z.B. nur H_2O(l) und H_2O(g) im Dampfkochtopf), so läßt sich mit einem Manometer (Druckmesser) feststellen, daß bei konstant gehaltener Temperatur auch der Druck des sich über der Flüssigkeit befindenden Dampfes konstant bleibt. Aus Erfahrung wissen wir, daß dieser Dampfdruck bei einer höheren Temperatur einen größeren Wert hat; das Federventil eines Dampfkochtopfs ist ein Manometer; es verändert seine Stellung bei gleichbleibender (konstanter) Temperatur nicht.

Steigert man durch Wärmezufuhr die Temperatur einer Flüssigkeit, die sich in einem offenen Gefäß befindet, immer mehr (offene Pfanne mit Wasser auf dem Kochherd), so nimmt auch der Dampfdruck der Flüssigkeit zu, bis sie zu sieden beginnt. Beim Sieden läßt sich beobachten, daß in der Flüssigkeit Dampfkugeln existieren, die beim Emporsteigen durch die Flüssigkeit größer werden. Das Austreten dieser Dampfkugeln (Durchbrechen der Flüssigkeitsoberfläche) verursacht das „Brodeln" der Flüssigkeit.

Dampfkugeln im Flüssigkeitsinnern können nur existieren, wenn der Dampfdruck der Flüssigkeit größer wird als die Summe der Drücke, die diesen Dampfraum

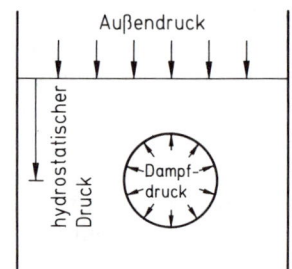

zusammenzudrücken versuchen. Es sind dies der auf der Flüssigkeit lastende Außendruck (normalerweise der Luftdruck) und der normalerweise geringe hydrostatische Druck (da eine Wassersäule von 10 m nötig ist, um gleichviel Druck wie die Atmosphäre zu erzeugen). Für die Existenz eines Dampfhohlraums im Flüssigkeitsinnern muß also die folgende Bedingung erfüllt sein:

Flüssigkeitsdampfdruck ≥ Außendruck auf der Flüssigkeit
+ hydrostatischer Druck

Wird durch Absaugen der Gasphse über der Flüssigkeit, die sich in einem geschlossenen Gefäß befindet, der Außendruck vermindert, so wird dadurch die Siedetemperatur der Flüssigkeit herabgesetzt; es genügt dann ein kleinerer Flüssigkeitsdampfdruck, um in der Flüssigkeit Dampfhohlräume zu erzeugen. Diese Tatsache macht man sich zunutze, um bei niedrigeren Temperaturen Flüssigkeiten zu verdampfen, immer dann, wenn es sich um hitzeempfindliche Stoffgemische handelt, was bei organischen Verbindungen die Regel ist. So wissen wir aus Erfahrung, daß beim Braten und Backen die Stoffe bleibend chemisch verändert werden (beim Abkühlen wird ein Brot nicht in Teig zurückverwandelt und ein gebratenes Fleischstück nicht in Frischfleisch). Will man also z.B. aus Milch die sog. Kondensmilch machen, so kann man sie nicht in offenen Gefäßen erhitzen, um das Wasser abzudampfen, da sie „anbrennen" würde. Durch Absaugen läßt sich aber Milch schon bei etwa 40 °C zum Sieden bringen und so auf schonende Weise eindicken. Bei der Herstellung von Milchpulver wird vorerwärmte Milch in große Vakuumtürme eingespritzt, in denen das Wasser rasch verdampft und das Milchpulver nach unten fällt.

Fragen zu L 23

1. Wann sind Dämpfe sichtbar?
2. Kuchenteig ist leicht verformbar; in dieser Hinsicht hat er gewissermaßen ein „Flüssigkeitsmerkmal".
   Wie heißt die Aggregatzustandänderung, die beim Backen auftritt?
3. Aus welchem Grunde nimmt der Dampfdruck von Flüssigkeiten mit steigenden Temperaturen zu?
4. Haben Salatöl und Wasser bei derselben Temperatur denselben Dampfdruck?
5. Wovon muß der Dampfdruck einer Flüssigkeit neben der Temperatur abhängen?
6. Welche Voraussetzung muß erfüllt sein, damit die Angabe von Siedetemperaturen verschiedener Stoffe Rückschlüsse auf die zwischenpartikularen Kräfte gestattet?

Lernschritt 24: Schmelz- und Siedeverhalten

Die Siedetemperatur von Flüssigkeiten hängt einerseits von dem auf der Flüssigkeitsoberfläche lastenden Außendruck und andererseits von den Kohäsionskräften zwischen den Flüssigkeitspartikeln ab. Siedetemperaturen von Stoffen gibt man stets für den Standarddruck von 1,013 bar an, der dem mittleren Atmosphärendruck auf Meereshöhe entspricht; unter dieser Voraussetzung ist der Siedepunkt ein Maß für die Kohäsionskräfte in der Flüssigkeit. Die Ursache dieser Kohäsionskräfte wird im nächsten Kapitel besprochen.

Reine Stoffe haben eine konstant bleibende Siedetemperatur (auch bei fortwährender Wärmezufuhr durch Heizen steigt die Siedetemperatur nicht an); daher spricht man oft auch vom Siedepunkt. Die Siedetemperatur des Wassers beträgt bei 1,013 bar 100 °C. Demgegenüber zeigen Lösungen von Feststoffen ein anderes Siedeverhalten: So beginnt eine Salzlösung erst bei einer etwas höheren Temperatur zu sieden als das reine Wasser. Weil nun Wasser verdampft, nimmt die Konzentration des gelösten Salzes zu und mit ihr die Siedetemperatur. Ist die sog. Sättigung der Lösung erreicht, so bleibt zwar bei weiterer Wärmezufuhr die Siedetemperatur der Lösung konstant, aber es scheidet sich festes Salz aus.

Die Beobachtung des Siedeverhaltens ist ein experimentell leicht feststellbares Reinheitskriterium: Verändert sich die Siedetemperatur während des Siedens, so kann es sich nicht um einen reinen Stoff handeln.

Die Schmelztemperatur eines kristallinen Feststoffs gibt Auskunft über die Gitterstabilität; je höher die Schmelztemperatur ist, umso besser hält der betreffende Gitterverband zusammen. Reine Stoffe (Molekularverbindungen, Salze) haben einen „scharfen Schmelzpunkt". Damit bringt man zum Ausdruck, daß die Phasenänderung (s)→(l) innerhalb eines sehr kleinen Temperaturhintervalls erfolgt; unterhalb des Schmelzpunktes bleibt der Stoff fest, oberhalb schmilzt er. Demgegenüber zeigen verunreinigte Feststoffe ein anderes Schmelzverhalten: Der Phasenwechsel (s)→(l) erfolgt innerhalb eines Temperaturintervalls von mehreren Graden. Die Beobachtung des Schmelzverhaltens ist eine experimentell leicht durchführbare Methode, um einen ersten Hinweis auf die Reinheit eines Stoffes zu erhalten oder um abzuklären, welcher von in Frage kommenden Feststoffen vorliegt, da diese Daten der bekannten Verbindungen in Tabellenwerken nachgeschlagen werden können.

Wie die nachstehenden Ausführungen zeigen sollen, hängt aber die Gitterstabilität nicht nur von der Größe der an und für sich möglichen Kräfte zwischen zwei Gitterbausteinen ab, sondern in hohem Maß davon, wie gleichmäßig solche Kräfte in allen Raumrichtungen zum Zuge kommen. Ist der Gittertyp gleich, so entscheiden die unterschiedlichen Anziehungskräfte zwischen zwei Gitterbausteinen, wie stabil der Gitterverband gegenüber der Wärmebewegung ist.

Dies läßt sich am Beispiel der Salze NaCl und MgO, die beide im Steinsalztyp [A 11-6] kristallisieren und somit gleiche Kräfteverhältnisse in den Raumrichtungen haben, schön zeigen: Die viel höhere Schmelztemperatur des Magnesiumoxids (MgO) von 2800 °C gegenüber der des Kochsalzes (NaCl) von 801 °C beruht darauf, daß zwischen den doppelt geladenen Ionen Mg^{2+} und O^{2-} größere COULOMBsche Kräfte auftreten als zwischen den einfach geladenen Ionen Na^+ und Cl^- [L 1].

Nun schmilzt aber das Salz Magnesiumchlorid $MgCl_2$ bei 714 °C und hat damit ein weniger stabiles Gitter als das Kochsalz NaCl, obwohl zwischen den Ionen Mg^{2+} und Cl^- die größeren elektrostatischen Anziehungskräfte auftreten als zwischen den Ionen Na^+ und Cl^-. Dies beruht nun darauf, daß beim komplizierter gebauten Gitter des $MgCl_2$ (Schichtstruktur analog [A 12–5]) die Kräfte nicht gleichmäßig in allen Raumrichtungen wirken. In den „sandwichartigen" Schichten, bestehend aus einer Mittellage von Mg^{2+}-Ionen und zwei Lagen von Cl^--Ionen, halten die Ionen zwar stärker zusammen als im Kochsalz; aber zwischen diesen in ihrer Gesamtheit elektrisch neutralen Schichten (haben das Ionenverhältnis $Mg^{2+}:Cl^- = 1:2$) wirken viel kleinere Kräfte, so daß sich beim Schmelzen zuerst die Schichten voneinander lösen. In der Tat läßt sich heute experimentell zeigen, daß in Schmelzen von $MgCl_2$ solche Schichtpakete auftreten, die mit zunehmenden Temperaturen kleiner werden, weil sie wie eine Eisdecke in immer kleinere Stücke zerbrochen werden.

Fragen zu L 24

1. Was versteht man unter reinen Stoffen und woran erkennt man sie?
2. Man löst 120 g (Gramm) Kochsalz in einem Liter Wasser auf. Vergleichen Sie die Temperatur des beginnenden Siedens dieser Lösung mit der einer Lösung, die durch Auflösen von 200 g Kochsalz in 3 Liter Wasser erhalten wird.
3. Alle Salze liegen bei Raumtemperatur im festen Aggregatzustand vor, während Molekularverbindungen, die aus kleinen Molekülen bestehen, gasförmig oder flüssig sind. Worauf muß der Unterschied beruhen?
4. MgO bleibt fest bis 2800 °C, Al_2O_3 bis etwa 2050 °C. Interpretation?
5. Erklären Sie: $[KCl]_{6:6}$ schmilzt bei 770 °C, $[NaCl]_{6:6}$ bei 801 °C.
6. Ist der Dampfdruck einer Kochsalzlösung größer oder kleiner als der von reinem Wasser, wenn die Temperatur in beiden Fällen gleich ist?

Lernschritt 25: VAN DER WAALSsche Bindung

Die zwischen Molekülen – also zwischen einem Molekül und seinen Nachbarmolekülen – in Erscheinung tretenden anziehenden Kräfte nennt man zwischenmolekulare Kräfte. Da die Eigenschaften von Molekularverbindungen (Stoffe, die aus gleichen Molekülen bestehen) wie Härte, Schmelz- und Siedetemperaturen, Löslichkeitsverhalten usw. von diesen zwischenmolekularen Kräften abhängen, müssen wir solche Kräfte mit einfachen Modellvorstellungen verstehen und beurteilen lernen.

Eine der Ursachen zwischenmolekularer Kräfte kann mit kurzfristiger Elektronenverschiebung im Molekülinnern gedeutet werden. Diese Art zwischenmolekularer Kräfte nennt man zu Ehren des niederländischen Physikers JOHANNES VAN DER WAALS (Nobelpreis 1910) VAN DER WAALSsche Bindung; die Ursache solcher Anziehungskräfte – die zwischen allen Molekülarten auftreten! – soll am Beispiel eines Edelgasatoms erklärt werden (Edelgasatome werden oft als „einatomige Moleküle" bezeichnet, weil sie wie Moleküle ungeladen sind und beständige Valenzschalen haben):

Die Elektronenhülle einer Partikel daf nicht als statisches (ruhendes) Gebilde betrachtet werden. obwohl die in Kapitel 3 eingeführte Tetraeder-Modellvorstellung dazu verleiten könnte. Elektronensysteme können „verschoben" werden was mit Bildern aus der Erfahrungswelt des Alltags (Modellen) nur teilweise beschrieben werden kann. Man kann sich nun vorstellen, daß die Symmetrie der Ladungsverteilung (Abbildung links) fortwährend gestört wird;

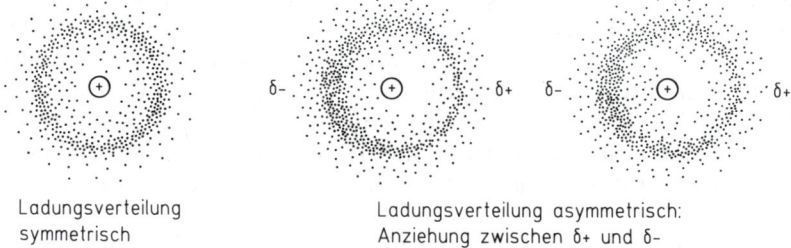

Ladungsverteilung
symmetrisch

Ladungsverteilung asymmetrisch:
Anziehung zwischen δ+ und δ-

spontan entstehen kurzlebige Gebilde, wie sie in der Mitte dargestellt sind. Man spricht von kurzlebigen Dipolen (di: Zahlwort für 2), weil sie einen negativen (δ–) und einen positiven (δ+) Pol aufweisen, beruhend auf angereicherter negativer Ladung bei δ– und entsprechend (also gleichgroßer!) verminderter negativer Ladung bei δ+. Solche kurzlebigen Dipole bewirken eine Polarisierung der Nachbarteilchen (in unserer Abbildung das rechtsstehende Edelgasatom): der positive Pol des in der Mitte stehenden Edelgasatoms zieht die Elektronen des rechtsstehenden Atoms an, wodurch auch dieses zu einem kurzlebigen Dipol wird. Da die Wechselwirkung auf elektromagnetischen Gegebenheiten beruht, bezeichnet man diesen Vorgang als Induktion. Ausgehend von sich spontan bildenden „Induktionskeimen" pflanzen sich „Induktionswellen" in allen Raumrichtungen fort. Immer wieder entstehen spontan neue Induktionskeime und darauffolgend Induktionswellen, was zur Folge hat, daß zwischen den entgegengesetzt geladenen Polen der kurzlebigen Dipole (also zwischen $\delta+$ und $\delta-$) Anziehung auftritt, was man als VAN DER WAALSsche Bindung bezeichnet.

VAN DER WAALSsche Kräfte (Bindungen) hängen von der Polarisierbarkeit der Partikeln ab, d.h. vom Ausmaß der innermolekularen Ladungsverschiebung. Ein gutes Beurteilungskriterium für die relative Größe der VAN DER WAALSschen Kräfte ist die Gesamtelektronenzahl der jeweiligen Moleküle (entsprechend der Summe der Ordnungszahlen der das Molekül bildenden Atome). Je größer nämlich das Elektronensystem einer Partikel ist, umso „gewichtiger" kann auch die Elektronenverschiebung werden. Damit werden die Partialladungen $\delta+$ und $\delta-$ (Teilladungen, weil es sich nur um Teile von Elementarladungen [L 1] handelt) betragsmäßig umso größer, je mehr Elektronen die Partikel aufweist. Diese Regel läßt sich anhand der Siedetemperaturen (Maß für die Kohäsionskräfte) der elementaren Edelgase schön illustrieren:

He: 4 K   Ne: 27 K   Ar: 87 K   Kr: 120 K   Xe: 166 K   Rn: 208 K

Fragen zu L 25

1. Reihen Sie die elementaren Halogene (Elementarstoffe der VII. Hauptgruppe) nach steigenden Siedepunkten ein und begründen Sie Ihre Meinung.
2. Ordnen Sie die Siedetemperaturen von $-42\ °C$ und 109 K den Stoffen Methan (CH_4) und Propan (C_3H_8) zu.
3. Methan CH_4 schmilzt bei $-184\ °C$, Propan C_3H_8 bei $-190\ °C$! – Wie läßt sich dieser Sachverhalt unter Berücksichtigung von [A 25–2] verstehen?
4. Welches Edelgas ist bei $-50\ °C$ und Normaldruck flüssig?
5. Von den Stofen mit den Formeln C_4H_{10}, S_8 und C_6H_{14} ist einer bei Standard-Bedingungen (25 °C, 1,013 bar) fest, einer flüssig und einer gasförmig. Ordnen Sie diesen Stoffen die Aggregatzustände zu und begründen Sie Ihre Auffassung.
6. Natriumfluorid NaF siedet bei 1695 °C. – Vergleichen Sie diesen Wert mit dem Siedepunkt des Edelgases, welches hinsichtlich der Elektronenkonfiguration den Teilchen des Natriumfluorids entspricht und geben Sie den Grund für die große Differenz an.

L 26 Lernschritt 26: Dipol-Dipol-Bindung

Wir vergleichen die Stoffe HCl (Chlorwasserstoff) und F_2 (elementares Fluor). Da beide Molekülarten 18 Elektronen haben, müssen ähnlich große VAN DER WAALSsche Kräfte erwartet werden. Nun siedet aber HCl (Siedetemperatur –85 °C) bei signifikant höherer Temperatur als F_2 (Siedetemperatur –188 °C). Die deutlich größeren zwischenmolekularen Kräfte im HCl lassen sich nur so verstehen, daß zwischen HCl-Molekülen neben VAN DER WAALSschen Kräften zusätzliche Anziehungskräfte in Erscheinung treten; diese zusätzlichen Anziehungskräfte nennt man Dipol-Dipol-Bindung.

Da sich die Bindungspartner H und Cl hinsichtlich ihrer Elektronegativität [L 8] unterscheiden (H: 2,2 und Cl: 2,8), wird das gemeinsame Elektronenpaar vom elektro-

$$\delta+ \text{ H } \rightarrow \overline{\underline{\text{Cl}}}| \quad \delta-$$

negativeren Cl-Atom stärker beansprucht; es wird zum Cl-Atom hin verschoben, was mit der Pfeilspitze an diesem Elektronenpaar zum Ausdruck gebracht wird. Diese Verlagerung des bindenden Elektronenpaars nach der Seite des Cl-Atoms hat zur Folge, daß diese Seite eine permanente (dauernde) negative Partialladung ($\delta-$) erhält und die entgegengesetzte Seite – da Moleküle als Gesamtheit elektrisch neutral sind – eine entsprechend große positive Partialladung ($\delta+$).

Beim Fluor-Molekül F_2 liegen keine permanenten Partialladungen vor, da infolge der identischen Elektronegativität der beiden Atome das bindende Elektro-

$$|\overline{\underline{\text{F}}} - \overline{\underline{\text{F}}}|$$

nenpaar nicht nach der einen Seite hin verschoben ist. Zwischen Fluor-Molekülen sind also nur VAN DER WAALSsche Kräfte möglich, die auf kurzfristiger, vorübergehender Polarisierung [L 25] beruhen.

Zwischen HCl-Molekülen sind aber neben den VAN DER WAALSschen Kräften anziehende Kräfte zwischen den permanenten Polen $\delta+$ und $\delta-$ wirksam, weswegen die zwischenmolekularen Kräfte größer (höhere Siedetemperatur) sind als zwischen Fluor-Molekülen. Man nennt die zwischen permanenten (also fortwährend vorhandenen) Polen auftretenden zwischenmolekularen Kräfte Dipol-Dipol-Bindung.

Moleküle, die permanente Dipole darstellen, werden oft als „polare Moleküle" bezeichnet, während Moleküle wie F_2, bei denen dies nicht der Fall ist, „unpolare Moleküle" genannt werden. Bei zweiatomigen Molekülen ist nach dem Gesagten der Entscheid leicht zu fällen, ob es sich um ein polares oder um ein unpolares Molekül handelt. Wie steht es aber in dieser Hinsicht bei größeren Molekülen?

Moleküle sind immer dann permanente Dipole (polare Moleküle), wenn polare Atombindungen so angeordnet sind, daß die Schwerpunkte aller positiven Ladungen (Kerne) und aller negativen

Ladungen (Elektronen) nicht zusammenfallen, was nachstehend erklärt wird:

Unter einer Atombindung versteht man zwei durch gemeinsame Elektronenpaare (kovalente Bindung) zusammengehaltene Atome. Haben die beiden Atome unterschiedliche Elektronegativität, so liegt eine polare Atombindung vor (gemeinsame Elektronen nach dem Atom mit der größeren Elektronegativität hin verschoben). Atombindungen sind stark polar, wenn $\Delta(EN) \geq 0,9$ ist. Andernfalls spricht man von schwach polaren Atombindungen.

Wir betrachten nun das linear gebaute CO_2-Molekül: $\langle O \rightleftharpoons C \Rightarrow O \rangle$ Obwohl dieses Molekül 2 stark polare Atombindungen ($\Delta(EN) = 1,0$) enthält, ist das Gesamtmolekül kein permanenter Dipol, da die Schwerpunkte aller positiven und aller negativen Ladungen in der Mitte (im Kern des C) zusammenfallen. Hingegen ist das Molekül des Formaldehyds CH_2O ein permanenter Dipol: Die stark polare Bindung C=O und die beiden schwach polaren Bindungen C–H ($\Delta(EN) = 0,3$) bewirken, daß das O-Ende des Moleküls eine negative Partialladung erhält und die gegenüberliegende Seite eine positive.

Wichtig ist, daß bei tetraedrischer Anordnung von 4 gleichstarker polaren Atombindungen die Schwerpunkte aller positiven und negativen Ladungen im Zentrum des Tetraeders zusammenfallen. So ist z.B. CF_4 ein unpolares Molekül, obwohl es 4 stark polare Atombindungen C–F ($\Delta(EN) = 1,6$) enthält!

Fragen zu L 26

1. Enthält das Methan-Molekül CH_4 polare Atombindungen?
2. Ist das Ethen-Molekül C_2H_4 ein polares oder ein unpolares Molekül?
3. Trichlormethan (sog. Chloroform) hat die Formel $CHCl_3$. Welche der drei Eigenschaften trifft auf $CHCl_3$ zu: unpolar, stark polar oder schwach polar?
4. Aceton ist ein wichtiges Lösungsmittel der Konstitutionsformel CH_3COCH_3. Handelt es sich hier um ein polares oder um ein unpolares Molekül?
5. Ist das Dichlormethan-Molekül CH_2Cl_2 ein permanenter Dipol oder nicht?
6. Welcher Stoff muß die höhere Siedetemperatur haben, das Fluormethan CH_3F oder das elementare Fluor? Begründen Sie Ihre Meinung ausführlich.

Lernschritt 27: Wasserstoffbrücken

Wir vergleichen die beiden polaren Moleküle der Formel C_2H_6O, den gewöhnlichen Alkohol C_2H_5OH (Ethanol) und den Dimethylether CH_3OCH_3:

Ethanol C_2H_5OH

Dimethylether CH_3OCH_3

Es ist klar, daß hier gleichgroße VAN DER WAALSsche Kräfte zu erwarten sind und zusätzlich Dipol-Dipol-Bindung. Der Vergleich der Siedepunkte zeigt nun aber, daß zwischen Ethanol-Molekülen (+78 °C) wesentlich größere Kohäsionskräfte vorliegen als zwischen Dimethylether-Molekülen (–23 °C). Da die beiden Moleküle vergleichbar starke Dipole sind, beruht die unterschiedliche Kohäsion auf der Besonderheit des H-Atoms, das im Ethanol-Molekül ans O-Atom gebunden ist (das Dimethylether-Molekül hat kein solches H-Atom!).

Bei der Atombindung O–H handelt es sich um eine stark polare Bindung [L 26], da $\Delta(EN) = 1{,}3$ ist. Die Besonderheit stark polarer Bindungen, an denen H-Atome beteiligt sind, beruht darauf, daß H-Atome keine weiteren Elektronenschalen haben. Wird nun in solchen stark polaren Bindungen das gemeinsame (bindende) Elektronenpaar stark vom Partneratom beansprucht („herübergezogen"), so wird dadurch der (sehr kleine! [L 2]) Kern des H-Atoms, der meistens nur aus einem Proton besteht [L 4], von Elektronen weitgehend entblößt. Das sehr kleine Proton (H-Kern) verhält sich wie eine „stark positiv geladene Spitze" nach außen, da es eine große Ladungsdichte aufweist. Demzufolge sind solche stark positiv polarisierten H-Atome fähig, starke COULOMBsche Kräfte [L 1] mit nichtbindenden Elektronenpaaren negativer Pole auszuüben, was man Wasserstoffbrückenbindung nennt.

Bei Ethanol-Molekülen liegen am negativ polarisierten O-Atom zwei nichtbindende („einsame") Elektronenpaare vor, an denen die stark positiv polarisierten H-Atome „anhängen" können, wie dies nebenstehend angegeben ist. Da Dimethylether-Moleküle keine stark positiv polarisierten H-Atome haben, können sich zwischen solchen Molekülen keine Wasserstoffbrücken ausbilden!

Wasserstoffbrücken werden gewöhnlich durch punktierte Linien symbolisiert($\cdots$).

Wie unser Beispiel zeigt, sind Wasserstoffbrücken ein Spezialfall von (besonders starken) Dipol-Dipol-Bindungen. Da diese Art zwischenmolekularer Kräfte eine sehr große Bedeutung hat, sollen nachstehend Regeln angegeben werden, mit denen Sie entscheiden können, ob Wasserstoffbrücken möglich sind oder nicht:

1. Hängen H-Atome an F ($\Delta(EN) = 1,9$), O ($\Delta(EN) = 1,3$) oder N ($\Delta(EN) = 0,9$), so handelt es sich um genügend starke „positive Spitzen", weil es sich um stark polare Atombindungen handelt. Solche H-Atome werden als „aktive Stellen" für H-Brücken bezeichnet.

2. „Passive Stellen" für H-Brücken nennt man diejenigen Orte, an denen sich aktive Stellen unter Ausbildung von H-Brücken anlagern können. Es handelt sich dabei um nichtbindende (einsame) Elektronenpaare an O- oder N-Atomen, sofern diese Atome permanent negative Pole der Moleküle darstellen.

Die zwischen einer aktiven und einer passiven Stelle für H-Brücken auftretende besonders starke Dipol-Dipol-Bindung nennt man Wasserstoffbrücke (H-Brücke) oder Wasserstoffbrückenbindung (oft auch Wasserstoffbindung genannt).

Bereits in diesem Kapitel werden wir sehen, welche Bedeutung Wasserstoffbrücken für die Löslichkeitseigenschaften und die Besonderheiten des Wassers haben. Diese Bindungsart ist aber auch in der belebten Natur von überragender Bedeutung. So beruht die Organisation von lebenden Zellen wesentlich auf H-Brücken, und Stoffwechsel und Vererbungsvorgänge werden durch diese Bindungsart gesteuert.

Fragen zu L 27

1. Wieviel aktive und passive Stellen für H-Brücken haben die folgenden Moleküle: H_2O, NH_3, N_2, CO_2, CH_3OCH_3?
2. Wieviel H-Brücken kann ein NH_3-Molekül mit (genügend) H_2O-Molekülen bilden?
3. Nachstehend sind Formeln und Siedetemperaturen von Molekularverbindungen angegeben: ClF ($-101\,°C$), CH_3OH ($+65\,°C$). Interpretieren Sie diese Daten.
4. Aceton CH_3COCH_3 siedet bei $+56\,°C$, 1-Propanol $CH_3CH_2CH_2OH$ siedet bei $+97\,°C$. Interpretieren Sie diese Angaben.
5. Wieviel H-Brücken können die Moleküle [F 27–4] mit genügend H_2O-Molekülen bilden?
6. Von den drei Stoffen $(NH_2)_2CO$, C_4H_{10} und $C_3H_7NH_2$ ist der eine bei Raumtemperatur fest, einer flüssig und einer gasförmig. Ordnen Sie diesen Stoffen die Aggregatzustände zu und begründen Sie Ihre Meinung.

L 28 Lernschritt 28: Das Löslichkeitsverhalten von Flüssigkeiten

Gibt man gleichgroße Volumina der beiden farblosen Flüssigkeiten Tetrachlormethan CCl_4 und Wasser H_2O in ein Reagenzglas und durchmischt man durch kräftiges Schütteln, so erscheint das zuvor farblose System weiß; dieser Effekt beruht darauf, daß kleinste Tröpfchen von CCl_4 und H_2O nebeneinander liegen; an der nun sehr großen Phasengrenzfläche wird (weißes) Tageslicht reflektiert; derselbe Effekt ist uns von feinverteiltem farblosen Eis, dem Schnee, bekannt.

Läßt man nun das eben beschriebene, weiß erscheinende System stehen, so stellt man fest, daß es sich sofort zu entmischen beginnt. Zuerst vereinigen sich kleinste Wassertröpfchen zu größeren, was auch für die Tröpfchen von CCl_4 gilt; anschließend perlen die Tröpfchen der beiden Flüssigkeiten aufgrund ihres unterschiedlichen Gewichts aneinander ab (Dichte $CCl_4 = 1,6$ kg/L, $H_2O = 1$ kg/L). Im Endzustand erscheinen zwei klare, farblose Flüssigkeiten, die übereinander geschichtet sind; dabei ist die Phasengrenzfläche zwischen ihnen sichtbar (Lichtreflexion), wie übrigens auch Flüssigkeitsoberflächen an der Luft.

Die Bildung von Tröpfchen von H_2O einerseits und CCl_4 andererseits beruht darauf, daß sich Wasser-Moleküle intensiv suchen; wegen der vielen Wasserstoffbrücken, die zwischen Wasser-Molekülen möglich sind (jedes Molekül H_2O kann vier H-Brücken mit Nachbarmolekülen ausbilden, wie nebenstehend ersichtlich ist), bilden sich Verbände von H_2O-Molekülen, die der Wärmebewegung bei Raumtemperatur (im Mittel) standhalten. Dadurch werden die CCl_4-Moleküle aus dem Wasserverband verdrängt; sie bilden anschließend wegen der zwischen ihnen wirkenden VAN DER WAALSschen Kräfte Tröpfchen von Tetrachlormethan CCl_4.

Das Abperlen der Tröpfchen der beiden Phasen setzt aber erst dann ein, wenn die Gewichtsdifferenz die Reibungskräfte zu überwinden vermag; dazu müssen die Tröpfchen genügend groß werden! Wie Sie wissen, können allerfeinste Wassertröpfchen in der Luft schweben (Nebel), obwohl die Dichte von Wasser fast 1000mal größer ist als die der Luft. Bei sehr kleinen Tröpfchen ist eben die Oberfläche – an der die Reibung erfolgt – im Verhältnis zum Gewicht des Tröpfchens groß. Mit größer werdendem Tropfendurchmesser nimmt der Reibungswiderstand im Verhältnis zum Gewicht ab, da die Oberfläche proportional zum Quadrat des Radius (r^2), das Volumen (und damit das Gewicht) hingegen proportional zu r^3 wächst. Daher fallen große Gewitterregentropfen rascher als kleine und Nebeltröpfchen sinken nur sehr langsam ab.

Mischt man hingegen die beiden farblosen Flüssigkeiten CCl_4 und C_6H_{12} (Cyclohexan, dessen unpolare Moleküle aus ringförmig angeordneten CH_2-Gruppen bestehen), so beobachtet man eine Schlierenbildung. Schlieren erkennt man auch beim Aufsteigen warmer Luft („Flimmern"); sie sind stets ein Kennzeichen dafür, daß sich die Stoffe ineinander lösen; dies läßt sich auch beim Mischen von Sirup und Wasser beobachten. Nach kurzem Schütteln entsteht aus den Flüssigkeiten CCl_4 und C_6H_{12} ein einheitlich erscheinendes, klar durchsichtiges flüssiges System, eine sog. Lösung (die Schlieren sind verschwunden!). In der Lösung sind die beiden Molekülsorten gleichmäßig verteilt, was auf der Wärmebewegung beruht. Die beiden Flüssigkeiten trennen sich nicht mehr, obwohl die Dichte von CCl_4 mit 1,6 kg/L doppelt so groß ist wie die des Cyclohexans C_6H_{12} (0,78 kg/L)!

Der Unterschied gegenüber dem eingangs besprochenen System H_2O/CCl_4 ist der, daß im System C_6H_{12}/CCl_4 keine der beiden Molekülarten mit ihresgleichen H-Brücken ausbilden kann (weder aktive noch passive Stellen vorhanden) und sich somit keine Verbände der einen Molekülart ausbilden können, welche der Wärmebewegung bei Raumtemperatur standhalten. Daher sorgt die regellose Eigenbewegung der Moleküle für eine gleichmäßige und andauernde Verteilung der beiden Molekülarten im gesamten Volumen der Lösung.

Fragen zu L 28

1. Mischt man den gewöhnlichen Alkohol C_2H_5OH (Ethanol) mit Wasser, so entsteht eine (farblose) Lösung. Warum findet hier – im Unterschied zum System H_2O/CCl_4 – keine Entmischung statt?
2. Mischt man die Flüssigkeiten CCl_4 (Dichte 1,6 kg/L) und Aceton CH_3COCH_3 (Dichte 0,79 kg/L), so beobachtet man Schlierenbildung und es entsteht ein einheitliches Stoffsystem (Lösung). Warum trennen sich die beiden Stoffe nicht?
3. Lösen sich Stoffe in jedem beliebigen Verhältnis, so spricht man von Mischbarkeit. – Warum sind Aceton CH_3COCH_3 und Wasser mischbar?
4. Diethylether $(C_2H_5)_2O$ ist nur wenig wasserlöslich (Massenanteil etwa 8 %). Warum ist dieser Stoff mit Wasser nicht mischbar und trotzdem teilweise löslich?
5. Zeichnen Sie die Valenzstrichformel des Cyclohexan-Moleküls und beurteilen Sie die Löslichkeit dieser Flüssigkeit in Wasser und Aceton CH_3COCH_3.
6. Ethanol C_2H_5OH ist mit Wasser mischbar, 1-Pentanol $C_5H_{11}OH$ jedoch nur noch wenig wasserlöslich (Massenanteil etwa 2 %). Worauf beruht der Unterschied?

L 29

Lernschritt 29: Die Wasserlöslichkeit von Salzen

Kochsalz ist – wie alle Salze – bei Raumtemperatur fest. Die Gitterkräfte vermögen also bei dieser Temperatur der Eigenbewegung der Teilchen standzuhalten. – Gibt man nun aber Wasser von Raumtemperatur hinzu, so beginnt sich das Salz aufzulösen, d.h. der Gitterverband zerfällt, obwohl die Intensität der Wärmebewegung unverändert ist (konstante Temperatur). Daraus folgt zwingend, daß das anwesende Wasser die Bindungskräfte von Ionen der Oberfläche an den restlichen Kristall auf irgendeine Weise schwächen muß, so daß anschließend ein Ablösen dieser Ionen aufgrund ihrer Eigenbewegung erfolgen kann.

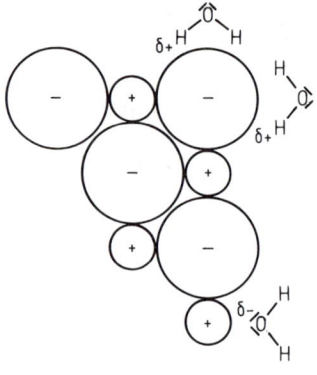

In [A 11-4] wurde gezeigt, daß die Ionen der Kristallecken am schwächsten an den Kristall gebunden sind. Kommen nun die würfelförmigen Kochsalzkristalle mit Wasser in Berührung, so lagern sich die Wasser-Moleküle mit ihren permanenten Polen an die entgegengesetzt geladenen Ionen der Kochsalzoberfläche an, wie dies nebenstehend ersichtlich ist. Es resultiert ein starker zwischenpartikularer Zusammenhalt, den man als Ion-Dipol-Bindung bezeichnet (Bindung zwischen einem Ion und einem Dipol-Molekül, hier Wasser H_2O).

Die Pole der Wasser-Moleküle, welche sich an jeweils entgegengesetzt geladene Ionen angelagert haben, üben nun auf die Nachbarionen abstoßende Kräfte aus; dadurch wird die Bindung des Ions an die Nachbarn geschwächt! Dies soll anhand der obigen Skizze für das negative Ion an der Kristallecke erläutert werden: die beiden angelagerten Wasser-Moleküle (ein drittes muß man sich vor dem negativen Ion stehend denken) haften infolge der Ion-Dipol-Bindung fest an diesem Ion; da aber die permanent positiven Pole ($\delta+$) dieser Moleküle auf die positiven Nachbarionen abstoßende Kräfte ausüben, wird die Bindung des negativen Eck-Ions an den Kristall geschwächt, so daß es sich infolge seiner Eigenbewegung ablösen kann. – Analoges gilt natürlich für positive Eck-Ionen.

Ist ein Eckteilchen abgelöst, so entstehen neue Eckteilchen, im Falle des Kochsalzwürfels deren drei. Rechnungen zeigen, daß Teilchen der Kristallkanten [A 11-3] etwa 10000mal schlechter ablösbar sind und die Wahrscheinlichkeit, daß ein Oberflächenteilchen einer Kristallfläche austreten kann, verschwindend klein ist. Daher ist es einleuchtend, daß das Auflösen von Kristallen immer von den Ecken her erfolgt!

Damit der Auflösevorgang weiterschreiten kann, müssen erneut Wassermoleküle an die neuentstandenen Eck-Ionen adsorbiert (angelagert) werden, was wiederum die Bindung dieser Ionen an den restlichen Kristall schwächt. Dies ist aber aus Platzgründen nur dann möglich, wenn die abgelösten Ionen die Phasengrenze verlassen und somit neue Wassermoleküle angreifen können. Dies geschieht bereits durch Diffusion, der Durchmischung von Stoffen aufgrund der Eigenbewegung der Stoffteilchen, ohne weiteres Dazutun. Das „Wegschaffen" gelöster Ionen und das Heranbringen neuer Wassermoleküle kann durch Umrühren stark gefördert und damit der Auflösevorgang stark beschleunigt werden.

Unter der Voraussetzung, daß die beiden Ionenarten eines Salzes mit Wasser nicht reagieren, d.h. neue (andersartige) Stoffteilchen bilden, gelten für Salze der Hauptgruppenelemente die folgenden Löslichkeitsregeln: Gut löslich sind Salze der Hauptgruppenelemente dann, wenn beide Ionenarten je einfach geladen sind oder dann, wenn die eine Ionenart einfach und die andere doppelt geladen ist. Wie jede Regel hat auch diese Ausnahmen; so sind oft Fluoride (F^--enthaltende Salze) schlechter löslich, was mit der Kleinheit dieses negativen Ions (große Dichte der negativen Ladung pro Oberflächeneinheit) erklärt werden kann. Analoges gilt für Lithiumsalze (kleines Li^+-Ion).

Fragen zu L 29

1. In wässriger Lösung sind gelöste Ionen hydratisiert, d.h. allseitig von H_2O-Molekülen umgeben (Ion-Dipol-Bindung); man spricht von Aquakomplexen (aqua: Wasser). Welche Formeln müssen die beiden Aquakomplexe einer Kochsalzlösung haben, wenn in beiden Fällen die Koordinationszahl 6 ist (siehe [A 11-1])?
2. Warum löst sich ein Salz in warmem Wasser rascher als in kaltem?
3. Sind Wasser und Kochsalz mischbar [F 28–3]?
4. Wir betrachten die Salze, die die folgenden Elemente enthalten:
   a) Al und O, b) Mg und Cl, c) Ca und F
   Welche dieser Salze sind gut, welche hingegen schlecht wasserlöslich?
5. LiF ist sehr schlecht, NaF etwas besser und KF bereits gut wasserlöslich. Wie läßt sich dieser Sachverhalt verstehen?
6. Beim sorgfältigen Eindampfen einer wäßrigen Lösung (d.h. Verdampfen des Wassers) von $MgCl_2$ kristallisiert ein weißer Feststoff der Zusammensetzung $MgCl_2 \cdot 6\,H_2O$ aus. Diese Formel besagt, daß pro Formeleinheit $MgCl_2$ sechs Wasser-Moleküle im Kristallgitter eingebaut sind (sog. Kristallwasser). An welche Ionenart sind diese Kristallwassermoleküle im Kristall stärker gebunden?

L 30

Lernschritt 30: Die Besonderheiten des Wassers

Wir vergleichen die nachstehend erwähnten Stoffe, deren Moleküle je zehn Elektronen haben (also ähnlich große VAN DER WAALSsche Kräfte), hinsichtlich den in Erscheinung tretenden Kohäsionskräften (Siedetemperaturen in Klammern): Methan CH_4 (−164 °C), Ammoniak NH_3 (−33 °C), H_2O (+100 °C) und Fluorwasserstoff HF (−20 °C).

Der tiefste Siedepunkt des Methans erstaunt nicht, da CH_4-Moleküle unpolar sind. Worauf aber sind die großen Unterschiede der Kohäsionskräfte der drei anderen Stoffe zurückzuführen, deren Moleküle H-Brücken untereinander bilden können?

Die am stärksten polare Bindung liegt im HF-Molekül vor ($\Delta (EN) = 1,9$); trotzdem hat dieses Molekül mit 1,82 Debye [A 27-4] praktisch dasselbe Dipolmoment wie Wasser (1,85 Debye); das beruht darauf, daß sich im H_2O-Molekül die beiden O-H-Bindungen ($\Delta (EN) = 1,3$) wegen der gewinkelten Anordnung ergänzen, entsprechend einer Vektoraddition. Der große Unterschied der Kohäsion beruht also nicht auf der unterschiedlichen Dipolnatur, sondern auf der unterschiedlich großen Zahl von H-Brücken, die zwischen den beiden Molekülarten möglich sind! Wasser hat sowohl zwei aktive als auch zwei passive Stellen pro Molekül; somit können H_2O-Moleküle bis zu vier H-Brücken mit ihren Nachbarmolekülen ausbilden [L 28]. Da HF-Moleküle zwar drei passive, aber nur eine aktive Stelle haben, können sie im Mittel nur zwei H-Brücken mit ihren Nachbarn bilden.

Bei NH_3 liegen pro Molekül zwar drei aktive, aber nur eine passive Stelle vor [A 27-1], so daß analog zu HF im Mittel nur zwei H-Brücken mit Nachbarmolekülen möglich sind. Da zudem die N-H-Bindungen schwächer polar ($\Delta (EN) = 0,9$) als bei HF sind (Dipolmoment von NH_3 = 1,47 Debye), sind die Kohäsionskräfte in NH_3 kleiner.

Eine weitere Besonderheit des Wassers ist die Veränderung des Volumens der kondensierten Phasen [(s), (l)] mit sich ändernden Temperaturen. So erfolgt beim Erstarren eine Volumenzunahme von rund 9 %, im Gegensatz zu fast allen anderen Stoffen (kleine Volumenabnahme). Daher ist Eis spezifisch leichter als Wasser. Diese Volumenzunahme beruht auf der Ausbildung einer sog. Hohlraumstruktur. Wegen der vier H-Brücken, die jedes Wasser-Molekül mit seinen Nachbarn bildet, sind die Moleküle nicht dichtest gepackt; es liegen sechseckige Hohlraumkanäle vor, in denen Luftmoleküle eingelagert sind.

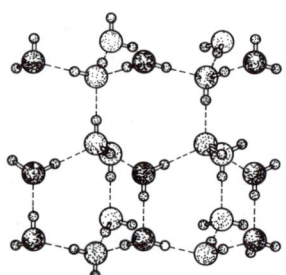

Anordnung der Wassermoleküle im Eiskristall. Die gestrichelten Linien symbolisieren die Wasserstoffbindungen.

Im Eis ist jedes Sauerstoff-Atom tetraedrisch von vier Wasserstoff-Atomen umgeben: zwei dieser H-Atome sind mittels kovalenter Bindung fest an dieses O-Atom gebunden (Molekül H_2O), während die beiden anderen H-Atome von zwei benachbarten H_2O-Molekülen stammen und schwächer (knapp 10 %) durch H-Brücken gebunden werden.

Beim Erwärmen von Wasser von 0 °C verändert sich das Volumen wie folgt: zuerst nimmt das Volumen bis 4 °C geringfügig ab; hier hat das Wasser unter Normaldruck die größte Dichte. Dann nimmt das Volumen bis zur Siedetemperatur stetig zu. Folgende Dichteangaben sollen dies illustrieren: 0 °C (0,99984 kg/L), 4 °C (0,99997 kg/L), 10 °C (0,9997 kg/L) und 100 °C (0,9583 kg/L).

Diese Besonderheit des Wassers beruht darauf, daß beim Schmelzen nur etwa 50 % der Holraumstruktur des Eises abgebaut wird. Auch im flüssigen Wasser liegen eisähnliche Bereiche vor, sog. Cluster von Wasser-Molekülen. Bei 0 °C umfassen solche Cluster im Mittel etwa 450 H_2O-Moleküle, bei 50 °C nur noch etwa 100 und bei 100 °C noch rund 40 H_2O-Moleküle. Beim Erwärmen werden also einerseits diese kristallinen Bereiche abgebaut (Volumenabnahme); andererseits bewirkt die zunehmende Wärmebewegung die normale Wärmeausdehnung, also eine Volumenzunahme.

Fragen zu L 30

1. Warum nimmt das Volumen von Wasser von 0 °C bis 4 °C ab?
2. Welcher volumenverändernde Effekt überwiegt im Wasser zwischen 4 °C und 100 °C?
3. Mischt man Wasser und eine mit Wasser mischbare Flüssigkeit (z.B. Alkohol C_2H_5OH oder Aceton CH_3COCH_3), so stellt man neben der Schlierenbildung, die auf Löslichkeit hinweist, fest, daß kleine farblose Gasbläschen gebildet werden. Zudem läßt sich feststellen, daß das entstehende Lösungsvolumen kleiner ist als es der Summe der beiden ursprünglichen Flüssigkeitvolumina entspricht (sog. Volumenkontraktion). Versuchen Sie, diese Tatsachen zu interpretieren.
4. Ist die Volumenkontraktion [F 30-3] bei Mischvorgängen mit Wasser bei 50 °C größer oder kleiner als bei 0 °C?
5. Warum darf „Abfallwärme" von Kernkraftwerken oder thermischen Kraftwerken nicht in beliebiger Menge an Fluß- oder Seewasser abgeführt werden (Kühlung)?
6. Stellen Sie graphisch die Volumenveränderung dar, die eine Wasserportion im Temperaturintervall von –20 °C bis +100 °C durchläuft, indem Sie das Volumen auf der Ordinate (senkrecht) und die Temperatur auf der Abszisse (waagerecht) auftragen.

Lernschritt 31: Ein- und Mehrphasensysteme

Unter einem Stoffsystem versteht man einen definierten Bereich der Materie; dabei muß von jeder Materiepartikel feststehen, ob sie dazugehört oder nicht. Die gedachten oder materiellen Grenzen des Stoffsystems nennt man Systemgrenzen; sie grenzen das Stoffsystem von seiner Umgebung ab. So läßt sich eine verschlossene Flasche samt Inhalt als Stoffsystem definieren; in diesem Fall ist die Oberfläche der Außenwände eine materielle Systemgrenze. Man kann aber auch eine unverschlossene Flasche als Stoffsystem definieren; dann wäre die Fläche über der Öffnung eine gedachte Systemgrenze.

Von einem homogenen (gleichartigen) Stoffsystem spricht man dann, wenn dieses überall innerhalb seiner Grenzen die gleichen Eigenschaften aufweist (Luft, Wasser, Salzlösung).

Ein heterogenes (ungleichartiges) Stoffsystem hingen enthält Bezirke mit unterschiedlichen Eigenschaften. Oft erscheinen solche Stoffsysteme bereits dem bloßen Auge als uneinheitlich (Gesteine, Ackererde, trübe Flüssigkeiten). Aber erst die Betrachtung unter dem Lichtmikroskop (Definition) läßt unterscheiden, ob es sich um ein homogenes oder um ein heterogenes Stoffsystem handelt.

Alle Gebiete eines heterogenen Stoffsystems, welche dieselben Eigenschaften aufweisen und in sich homogen sind, nennt man eine Phase des Stoffsystems. Ein Stoffsystem, bestehend aus einer farblosen Glasflasche, die mit einem Stopfen aus farblosem Glas verschlossen ist, noch Splitter von farblosem Glas enthält und zur Hälfte mit Rotwein gefüllt ist, enthält drei Phasen, nämlich die Glas-Phase (Flasche, Stopfen und alle Glassplitter bilden die feste Glasphase), die flüssige Phase Rotwein und eine Gas-Phase über der Flüssigkeit.

Sowohl homogene als auch heterogene Stoffsysteme können aus einem oder mehreren Stoffen, den Bestandteilen oder Komponenten, bestehen. So kann der Stoff Wasser homogen (flüssiges Wasser) oder heterogen (Wasser, in dem Eisstücke schwimmen, also ein Zweiphasensystem) auftreten. Liegen homogene Stoffsysteme vor, die aus mehr als einer Stoffart (Bestandteil, Komponente) bestehen, so spricht man von Lösungen! Im Alltag versteht man unter Lösungen flüssige Stoffsysteme; solche Lösungen erkennt man daran, daß sie klar durchsichtig sind, mögen sie auch intensiv gefärbt sein (dünne Schichten). Erscheint eine Flüssigkeit trübe, so handelt es sich nicht um ein Einphasensystem (Lösung). (Der Begriff Lösung wird aber auch bei festen homogenen Phasen verwendet; so gehören viele Legierungen, insbesondere Substitutionsmischkristalle [L 14] zu den „festen Lösungen".)

Gasgemische sind immer homogen, da sich in Gasen (Dämpfen) keine größeren (und somit sichtbaren) Teilchenverbände (Assoziate) ausbilden, die der Wärmebewegung standhalten. Alle Gase (Dämpfe) durchmischen sich infolge der Wärmebewegung ohne äußere Einwirkung vollständig. Die selbständig verlaufende Durchmischung verschiedener Stoffe infolge der Eigenbewegung der Stoffteilchen nennt man Diffusion.

Wichtige Zweiphasensysteme haben die folgenden Namen:

Zwei feste Phasen	feste Mischung (Gesteine, Gartenerde)
feste + flüssige Phase	Suspension („Aufhängung", wenn Feststoffteilchen in der Flüssigkeit schweben) Schlamm oder Brei (wenn die feste Phase überwiegt)
feste + gasförmige Phase	Rauch oder Staub (Feststoffteilchen schweben im Gas) fester Schaum (Gashohlräume im Feststoff)
Zwei flüssige Phasen	Emulsionen (Salatsauce, Mayonnaise, Milch)
flüssige + gasförmige Phase	Nebel oder Aerosol (Flüssigkeitströpfchen schweben im Gas) Schaum (Flüssigkeitsblasen sind mit Gas gefüllt)

Fragen zu L 31

1. Wolken in großer Höhe bestehen oft aus feinsten Eiskriställchen. Wie muß dieses heterogene Stoffsystem genannt werden und wieviele Bestandteile (Stoffe, Komponenten) enthält es?
2. Haben Emulsionen eine gewisse Steifheit, so spricht man von Cremen und Salben. Im einen Fall sind Fetttröpfchen in der wäßrigen Phase verteilt, im anderen Fall wäßrige Tröpfchen in der Fettphase. – Was gilt wohl für die Salben?
3. Wirft man einen Salzkristall in Wasser und läßt man das mit einem Deckel verschlossene System stehen, so vergehen Wochen und Monate, bis die Ionen des Salzes homogen verteilt sind. Worauf beruht der Unterschied zur Gasdiffusion?
4. Wieviele Phasen hat ein Schaumgummi?
5. Woran erkennt man flüssige Lösungen?
6. Wieviel Komponenten hat reines Wasser, das in Kontakt mit der Luft steht?

L 32   Lernschritt 32: Einige Hinweise zur Stofftrennung

Die Abtrennung und Reinherstellung der Bestandteile heterogener und homogener Stoffsysteme ist eine Basisaufgabe der Chemie, da in der Natur – aber auch in Labor und Technik, wo in großen Mengen Stoffe für unsere täglichen Bedürfnisse hergestellt werden – praktisch immer Stoffgemische auftreten, die in oft mühsamen Verfahren voneinander abgetrennt werden müssen. So wurde denn auch früher die Chemie als „Scheidekunst" bezeichnet, als Kunst des Scheidens oder Abtrennens der Stoffe.

In unserem Rahmen sind nur Hinweise auf die Verfahren der heutigen „Scheidekunst" möglich. So kann man zum Beispiel unterschiedliche Eigenschaften der Bestandteile oder der Phasen eines Stoffsystems zu dessen Trennung ausnützen:

Unterschiede	Name der Trennmethode
Teilchengröße	Sieben, Filtrieren
spezifisches Gewicht	Sedimentieren (Absetzenlassen) von Suspensionen, Rauch- oder Nebelteilchen, Emulsionen; durch Zentrifugieren kann die Sedimentation stark beschleunigt werden
Flüchtigkeit	Destillieren, Sublimieren
Löslichkeit	Extrahieren (Ausziehen) mit geeigneten Lösungsmitteln

Sehr wichtig sind die verschiedenen Verfahren der Chromatographie, bei denen das unterschiedliche Adsorptionsverhalten [A 11-3] ausgenützt wird. Fließt eine Lösung (bei der Gaschromatographie ein Gasgemisch) durch eine Schicht feinstverteilten Materials, so werden die verschiedenen zu trennenden Teilchenarten mit unterschiedlicher Geschwindigkeit mittransportiert. Partikeln, die von der stationären (ruhenden) Phase schlecht adsorbiert werden, wandern in der beweglichen Phase, dem Lösungs- oder Fließmittel, rascher als solche, die besser adsorbiert werden. Der Grund dafür ist, daß sich adsorbierte Teilchen wegen der Wärmebewegung stets wieder lösen und vom Fließmittel mitgeschwemmt werden. Je länger nun eine Teilchenart im Durchschnitt adsorbiert bleibt, umso langsamer wandert sie durch die stationäre Phase. Es ist klar, daß das unterschiedliche Adsorptionsverhalten auf unterschiedlichen zwischenpartikularen Kräften der im Fließmittel gelösten Teilchen und den Teilchen der stationären Phase beruht. – Die stationären Phasen können auf Platten in dünnen Schichten (Dünnschichtchromatographie), in Säulen (Säulenchromatographie) oder in dünnen Röhrchen (Gaschromatographie) angeordnet sein.

Chromatographieverfahren sind außerordentlich leistungsfähige Trennmethoden, die auch mit sehr kleinen Substanzmengen durchgeführt werden können. Sie werden zur routinemäßigen Kontrolle von Produktionsverfahren, Reinheitsprüfungen und Identitätsnachweisen (eine bestimmte Stoffart zeigt bei gleichen Bedingungen immer dasselbe Wanderungsverhalten) verwendet. Koppelt man gaschromatographische Verfahren – bei denen im Trägergas (meist Edelgase) die Dämpfe der anderen Stoffarten nacheinander das Chromatographieröhrchen verlassen – mit Massenspektrometern [L 33], so kann im Anschluß an die Stofftrennung auch noch eine Strukturaufklärung der Moleküle vorgenommen werden.

Wichtig ist auch die Ionenaustausch-Chromatographie, mit denen man Ionen-Arten durch andere ersetzen und z.B. Wasser entsalzen kann.

In vielen Fällen müssen Stoffe eines Stoffgemisches, z.B. einer Lösung, zuerst chemisch verändert werden, damit anschließend eine Trennung vorgenommen werden kann. Eine wichtige Trennoperation der Chemie wäßriger Lösungen ist die Überführung eines Bestandteils der Lösung mittels sog. Fällungsmittel in einen schlecht löslichen Feststoff. Der Feststoff (sog. Fällung) kann anschließend durch Filtration abgetrennt und weiterverarbeitet werden. – Oft läßt sich durch chemische Reaktionen auch die Flüchtigkeit von Bestandteilen verändern, so daß Destillationsmethoden oder gaschromatographische Verfahren anwendbar werden.

Fragen zu L 32

1. Wie ließe sich aus einem Gemisch von Glassplittern und Kochsalz das Kochsalz rein herstellen?
2. Natriumsulfat ist ein wasserlösliches Salz der Formel Na_2SO_4; es enthält neben den Na^+-Ionen Sulfat-Ionen. SO_4^{2-}-Ionen sind tetraedrisch gebaute Gebilde, die doppelt negativ geladen sind und in [L 58] erklärt werden. Mischt man eine wäßrige Lösung von Natriumsulfat mit einer wäßrigen Lösung von $BaCl_2$, so entsteht eine weiße Fällung. Woraus muß dieser Feststoff bestehen?
3. Worauf beruht die Adsorption?
4. Um welches Trennverfahren handelt es sich bei der Teezubereitung?
5. Weswegen sind Diethylether (Siedetemperatur $+35\,°C$) und Methylenchlorid CH_2Cl_2 (Dichlormethan, Siedetemperatur $+40\,°C$) wichtige Extraktionsmittel für organische Verbindungen?
6. Wie ließe sich ein Gemisch von Sand und Sägespänen trennen?

Lernschritt 33: Die Stoffmengeneinheit

Das Wort Stöchiometrie leitet sich ab von gr. stoicheion = Grundstoff und metron = Maß. Man versteht darunter die Lehre von der Aufstellung chemischer Stoff-Formeln (Substanz-Formeln) aufgrund von Analysenergebnissen und der Berechnung der Massenverhältnisse bei chemischen Reaktionen. Repetieren Sie nun – bevor Sie diesen Lernschritt weiterbearbeiten – den Lernschritt 4 gründlich, damit Ihnen der Begriff „Atommasse" wieder gegenwärtig wird.

Zwar kann man heute die Massen der verschiedenen Nuklide, von Molekülen und Ionen mit sehr großer Genauigkeit mit sog. Massenspektrometern bestimmen, direkt wägbar sind jedoch – infolge der unvorstellbaren Kleinheit – nur riesige Populationen von Atomen oder Molekülen. Aus diesem Grunde hat man für die Einheit der Teilchenmenge die Stückzahl von $6{,}022 \cdot 10^{23}$ gewählt, die man als 1 mol bezeichnet. Leider wurde dafür der Begriff Stoffmengeneinheit gewählt, obwohl es sich um die Einheit einer Teilchenmenge handelt. – Diese auf den ersten Blick befremdliche – weil nicht eine runde Zahl darstellende – Einheit für die Stoff(teilchen)menge wurde aus praktischen Gründen gewählt, da der Zahlenwert der in g (Gramm) angegebenen Masse von 1 mol Stoffteilchen – die sog. molare Masse, d. h. Masse durch mol – gleich dem Zahlenwert der in u [L 1] angegebenen Masse eines dieser Stoffteilchen ist. Dieser Sachverhalt soll anhand zweier Beispiele veranschaulicht werden:

1. Die Atommasse des Elements Eisen ist 56 u. Die Masse von 1 mol dieser Atome ($6{,}022 \cdot 10^{23}$ Stück Fe-Atome) beträgt 56 g (abwägbare Stoffportion elementaren Eisens). Hier ist die Zahl 56 sowohl der Zahlenwert der Teilchenmasse in u (56 u) als auch der Masse von 1 mol dieser Teilchen in g (56 g) (die molare Mase von Fe ist also 56 g/mol.).

2. Wasser-Moleküle H_2O haben die Masse von 18 u, da sie 2 H-Atome der Masse von je 1 u und 1 O-Atom der Masse von 16 u enthalten. Die Masse von 1 mol dieser Teilchen ($6{,}022 \cdot 10^{23}$ Stück H_2O-Moleküle) beträgt 18 g (abwägbare Stoffportion Wasser). Hier ist die Zahl 18 sowohl der Zahlenwert der Teilchenmasse in u (18 u) als auch der Masse von 1 mol dieser Teilchen in g (18 g) (die molare Masse von H_2O ist also 18 g/mol).

Die Einheit der Stoff(teilchen)menge Mol ist also gewissermaßen das „Chemiker-Dutzend". Definiert ist diese Stückzahl als Anzahl der Atome in genau 12 g des reinen Nuklids ^{12}C (Stoff, der nur die Nuklide ^{12}C enthält); diese Anzahl hat den Wert von $6{,}022045 \cdot 10^{23}$.

Es versteht sich aber von selbst, daß die Teilchenart (bei Salzen „Formeleinheiten") stets genau angegeben werden muß. So kann man nicht einfach von 1 mol Sauerstoff sprechen, sondern muß angeben, ob man 1 mol O-Atome (Masse 16 g) oder 1 mol O_2-Moleküle (Masse 32 g) meint!

Bei Salzen gibt die Substanzformel nicht tatsächlich existierende kleinste Einheiten an, sondern nur kleinste ganzzahlige Verhältnisse der den Stoff aufbauenden Ionen. Vorläufig erkennen wir Salzformeln daran, daß Metall- und Nichtmetallatomsymbole in vergleichbarer Menge (sonst auch Legierungen möglich, wenn geringer Nichtmetallanteil! [L 14]) in der Formel auftreten. 1 mol Salz hat immer diejenige Masse in g, welche denselben Zahlenwert hat, wie die Masse der gesamten Formeleinheit in u. So hat 1 mol Kochsalz (NaCl) die Masse von 58 g (abwägbare Kochsalzportion), weil eine Formeleinheit NaCl die Masse von 58 u hat. 58 g Kochsalz enthalten $6{,}022 \cdot 10^{23}$ Stück „Formeleinheiten" NaCl. Da nun jede Formeleinheit NaCl aus einem Ion Na^+ und einem Ion Cl^- besteht, enthält die Stoffportion von 58 g Kochsalz sowohl 1 mol Na^+-Ionen als auch 1 mol Cl^--Ionen, d.h. insgesamt 2 mol Ionen!

Die Stoffmengeneinheit Mol kann für beliebige Teilchen oder Teilchengruppen verwendet werden: so kann man von 1 mol Elektronen sprechen, wenn man $6{,}022 \cdot 10^{23}$ Elektronen meint, was in der Elektrochemie von Bedeutung ist. Ebenso wird der Begriff von 1 mol Protonen (H^+, Kerne von Wasserstoff-Atomen) bei der Behandlung von wäßrigen Lösungen wichtig werden.

Fragen zu L 33

1. Welche Masse hat 1 mol des gewöhnlichen Haushaltszuckers (Rohr- oder Rübenzucker), der die Substanzformel $C_{12}H_{22}O_{11}$ hat?
2. Wieviel mol Atome enthält 1 mol Haushaltszucker?
3. Welche Massen haben 1 mol elementares Magnesium und 1 mol elementares Gold?
4. Warum haben 1 mol elementares Magnesium und 1 mol elementares Gold nicht die gleichgroßen Massen?
5. Der sehr harte und wasserunlösliche Stoff Korund hat die Formel Al_2O_3. Ist er mit wenig Chrom-Ionen „verunreinigt", so liegt der kräftig rote Edelstein Rubin vor.
   a) Warum ist Rubin hart und nicht wasserlöslich?
   b) Welche Masse hat 1 mol Korund?
   c) Wieviel mol Ionen enthält eine Stoffportion von 51 g Korund?
6. Welche Masse in g (nur eine Stelle hinter dem Komma angeben) hat 1 mol Luft? (Luft besteht zu 78 % aus N_2-Molekülen, zu 21 % aus O_2-Molekülen, zu 0,93 % aus Ar-Atomen und zu 0,035 % aus CO_2-Molekülen.

Das farb- und geruchlose Gas Methan (CH_4) ist der Hauptbestandteil der Erdgase (>90 %); es ist ein wichtiger und umweltfreundlicher Energieträger, da es nahezu vollständig verbrannt werden kann. Bei gut eingestellten Brennern (ausreichend Luft beigemischt) entstehen praktisch nur Wasserdampf und Kohlenstoffdioxidgas als Reaktionsprodukte. Für den idealisierten Fall einer vollständigen Verbrennung von Methan mittels Luftsauerstoff gilt also, daß aus den Ausgangsstoffen (sog. Edukten) $CH_4(g)$ und $O_2(g)$ die Endstoffe (sog. Reaktionsprodukte) $H_2O(g)$ und $CO_2(g)$ entstehen.

Bei jeder Reaktion werden Bindungen der Ausgangsstoffe gespalten (hier die C-H-Bindungen der CH_4-Moleküle und die O=O-Bindungen der O_2-Moleküle) und (andere!) Bindungen der Produkte gebildet (hier O-H-Bindungen der H_2O-Moleküle und C=O-Bindungen der CO_2-Moleküle). Warum hier neue Bindungen entstehen und nicht die ursprünglichen rückgebildet werden, wird im nächsten Kapitel besprochen. Vorläufig genügt die Angabe, daß die hier neuentstehenden Bindungen hitzebeständiger sind. Sowohl Wasser als auch $CO_2(g)$ sind wichtige Feuerlöschmittel, weil diese Stoffe bei den Temperaturen normaler Brände nicht reagieren.

Obwohl bei chemischen Reaktionen immer bestehende Bindungen gespalten und neue (andersartige!) Bindungen gebildet werden – Definition chemischer Reaktionen! –, ändert sich bei einer Reaktion die Stoffmenge (Summe aller Elementarteilchen) nicht. Alle Protonen (p^+), Neutronen (n^0) und Elektronen (e^-) der Ausgangsstoffe liegen letzten Endes in den Reaktionsprodukten vor. Man spricht vom „Gesetz der Erhaltung der Masse bei chemischen Reaktionen", das kurz vor der französischen Revolution vom genialen Chemiker LAVOISIER [L 69] gefunden wurde (die Abweichung durch den Massendefekt [L 4] ist dermaßen gering, daß sie durch Wägung nicht erfaßbar ist).

Gewöhnlich beschreibt man chemische Reaktionen durch Reaktionsgleichungen („Reaktionssymbole"). Dabei werden die Formeln der Ausgangsstoffe links hingeschrieben und mittels Pluszeichen verknüpft. Auf die rechte Seite setzt man die Formeln der Reaktionsprodukte, die ihrerseits durch Pluszeichen verknüpft werden. Anstelle des algebraischen Gleichheitszeichens – im angelsächsischen Sprachbereich (und damit international) ist es zwar üblich – setzt man den Reaktionspfeil ($\rightarrow$) mit der Bedeutung „wird überführt in" bzw. „reagiert zu".

Verbrennt 1 Molekül CH_4, so entstehen 1 CO_2- und 2 H_2O-Moleküle. Dafür werden 4 O-Atome oder – der Sauerstoff liegt als O_2 vor – 2 Moleküle O_2 benötigt:

$$CH_4 + 2\,O_2 \rightarrow CO_2 + 2\,H_2O$$

Setzt man die Massen für 1 CH_4, 2 O_2, 1 CO_2 und 2 H_2O in u ein, so enthält man das Massenverhältnis der an dieser Reaktion beteiligten Stoffe:

$$CH_4 + 2\,O_2 \rightarrow CO_2 + 2\,H_2O$$
$$16\,u + 64\,u = 44\,u + 36\,u$$

Die Masseneinheit u kann durch jede beliebige Masseneinheit (g, kg usw.) ersetzt werden. Wird z.B. die Masseneinheit g gewählt, so würde die obenstehende Massengleichung in u mit dem „Chemikerdutzend" mulipliziert.

Soll zum Beispiel die Frage beantwortet werden, wieviel kg Sauerstoff für die Verbrennung von 357 kg Methan notwendig ist und wieviel Wasser und Kohlenstoffdioxid dabei entstehen, so wählt man die Masseneinheit kg:

$$CH_4 + 2\,O_2 \rightarrow CO_2 + 2\,H_2O$$
$$16\,kg + 64\,kg = 44\,kg + 36\,kg \quad \cdot\ 357/16$$

Durch Multiplikation mit dem Faktor 357/16 erhält man die Massen aller Stoffe:

$$16 \cdot \frac{357}{16}\ kg\ (CH_4) + 64 \cdot \frac{357}{16}\ kg\ (O_2) \rightarrow 44 \cdot \frac{357}{16}\ kg\ (CO_2)$$
$$+ 36 \cdot \frac{357}{16}\ kg\ (H_2O)$$

Für die vollständige Verbrennung von 357 kg CH_4 werden also 1428 kg Sauerstoff benötigt, wobei 981,75 kg Kohlenstoffdioxid und 803,25 kg Wasser gebildet werden.

Fragen zu L 34

1. Stellen Sie die Reaktionsgleichung für eine vollständige Verbrennung von Oktan (ein Benzinbestandteil mit der Formel C_8H_{18}) auf.
2. Wieviel CO_2 entsteht bei der vollständigen Verbrennung von 50 kg Oktan?
3. Stellen Sie die Reaktionsgleichung für die vollständige Verbrennung von Ethanol mit der Formel C_2H_5OH auf.
4. Wieviel Kilogramm elementares Brom werden benötigt, um 2 kg elementares Aluminium in die Verbindung Aluminiumbromid überzuführen?
5. Ist zuwenig Sauerstoff vorhanden und/oder die Durchmischung ungenügend, so verlaufen Verbrennungen „unvollständig". Stellen Sie die Reaktionsgleichung für eine Verbrennung von Butan C_4H_{10} auf, bei der aus den C-Atomen zu gleichen Teilen C(s) (Ruß), CO (Kohlenstoffmonoxid) und CO_2 (Kohlenstoffdioxid) entstehen.
6. Wieviel Ruß entsteht bei der Verbrennung von [A 34–5] aus 10 kg Butan?

L 35

Lernschritt 35: Die Stoffmengenkonzentration

Unter der Konzentration eines Stoffes versteht man dessen Gehalt am Volumen einer Mischphase [L 31], meistens einer Lösung. Die sog. Massenkonzentration ist der Quotient aus der Masse dieser Komponente und dem Volumen; sie wird in Einheiten wie g/L (Gramm durch Liter) oder mg/L (Milligramm durch Liter) angegeben. Die sog. Volumenkonzentration ist der Quotient aus dem Volumen der Komponente und dem Volumen der Mischphase; sie wird gewöhnlich in mL/L (Milliliter durch Liter) oder – wie bei Spirituosen – in Prozent angegeben; so ist z.B. für einen Alkoholgehalt von 400 mL/L die Angabe von 40 % üblich.

Für die Chemie ist aber die Stoff(teilchen)mengenkonzentration von sehr großer Bedeutung, die in mol/L angegeben wird; das Symbol der Stoffmengenkonzentration – in der Folge wie üblich nur noch als Konzentration bezeichnet – ist $c(X)$, wobei X das Symbol der betreffenden Teilchenart oder -gruppe ist. Charakterisiert man z.B. eine Lösung mit $c(NaCl, aq) = 1$ mol/L, so bedeutet das, daß die Stoffmengenkonzentration c einer wäßrigen Lösung von Kochsalz (NaCl, aq) 1 mol/L beträgt. Eine solche Lösung stellt man her, indem man 1 mol NaCl(s) (58 g) in Wasser auflöst und mit dem Lösungsmittel auf genau 1 L Endvolumen ergänzt, was in sog. Meßkolben, die eine genaue Volumenbestimmung ermöglichen, geschieht.

Will man aber z.B. nur 500 mL einer Lösung mit $c(NaCl, aq) = 1$ mol/L herstellen, so müssen 0,5 mol NaCl(s) (29 g) in Wasser gelöst und mit Wasser auf das Endvolumen von 500 mL ergänzt werden. Diese Kochsalzlösung hat selbstverständlich genau die gleiche Stoffmengenkonzentration (Teilchenmenge oder -zahl durch Volumen) wie die oben beschriebene.

Wegen der großen Bedeutung der Stoffmengenkonzentration für die Charakterisierung von Mischphasen müssen wir hier andere (bisher übliche) Symbole und Bezeichnungen für diese Größe angeben, weil sie in der Literatur und in der Praxis immer noch sehr häufig verwendet werden. Als Symbol für $c(X)$ wird häufig [X] verwendet, also z.B. für $c(NaCl)$ die Schreibweise [NaCl]. Die letztgenannte Schreibweise sollte aber vermieden werden, da eckige Klammern für die Charakterisierung von Komplexen (siehe [A 11-1] und [L 79]) verwendet werden.

Die Stoffmengenkonzentration wird oft auch als „Molarität" oder „molare Konzentration" bezeichnet, wobei die Einheit mol/L mit M abgekürzt wird. Eine Lösung mit $c(NaCl, aq) = 0,2$ mol/L kann also auch als [NaCl] = 0,2 M beschrieben werden; in diesem Fall sagt man, die Lösung sei „0,2molar", was bedeutet, daß ihre Konzentration 0,2 mol/L beträgt. Diese Begriffe erschweren jedoch stöchiometrische Rechnungen und werden nicht mehr empfohlen. Auch wir werden in der Folge völlig auf sie verzichten.

In wäßrigen Lösungen von Kochsalz [Symbol NaCl(aq)] liegen die in Wasser gelösten und hydratisierten, d.h. von einer Wasserhülle umgebenen [F 29–1], Natrium-Ionen [Symbol Na^+(aq)] und Chlorid-Ionen [Symbol Cl^-(aq)] vor. Ist in dieser Lösung c(NaCl, aq) = 1 mol/L, so ist auch c(Na^+, aq) = 1 mol/L und ebenfalls c(Cl^-, aq) = 1 mol/L. Daher hat diese Lösung eine Gesamtteilchenkonzentration von 2 mol/L, was man mit c(Ionen, aq) = 2 mol/L bezeichnen kann.

Zum Schluß wollen wir eine wäßrige Calciumchlorid-Lösung [Symbol $CaCl_2$(aq)] betrachten, welche 0,65 mol $CaCl_2$ (71,5 g) im Liter enthält; in diesem Falle ist c($CaCl_2$, aq) = 0,65 mol/L. Da jede Formeleinheit $CaCl_2$ aus einem Calcium-Ion (Ca^{2+}) und zwei Chlorid-Ionen (Cl^-) besteht, ist die Konzentration der Chlorid-Ionen doppelt so groß wie die der Calcium-Ionen. Für c($CaCl_2$, aq) = 0,65 mol/L gilt daher:

$$c(Ca^{2+}, aq) = 0,65 \text{ mol/L und } c(Cl^-, aq) = 1,3 \text{ mol/L}$$

Somit ist die Gesamtkonzentration der gelösten Ionen (Summe der einzelnen Ionenkonzentrationen) dieser Lösung:

$$c(\text{Ionen, aq}) = 1,95 \text{ mol/L}$$

Fragen zu L 35

1. Es gibt Meßkolben in üblichen Größen von 1 bis 5000 mL. Wie hat man vorzugehen, um 2 Liter einer Lösung mit c($MgCl_2$, aq) = 0,15 mol/L herzustellen?
2. Wieviel g $MgCl_2$ enthalten 50 mL einer Lösung mit c($MgCl_2$, aq) = 0,15 mol/L?
3. Wie groß sind c(Mg^{2+}, aq) und c(Cl^-, aq) einer Lösung mit c($MgCl_2$, aq) = 0,15 mol/L in:
   a) 2000 mL dieser Lösung?
   b) 50 mL dieser Lösung?
4. Die Analyse (Stoffuntersuchung) einer Lösung von Natriumsulfid (Na_2S) ergibt, daß 1 mL Lösung 2,6 mg Natrium-Ionen (Na^+) enthält.
   Wie groß muß demzufolge die Stoffmengenkonzentration der gelösten Natrium-Ionen, also c(Na^+, aq), sein?
5. Wieviel g Na_2S enthält ein halber Liter einer Natriumsulfid-Lösung, in der c(Na^+, aq) = 0,1 mol/L ist?
6. 5 g $BaCl_2$ werden in Wasser gelöst und mit Wasser auf das Endvolumen von 250 mL ergänzt. Wie groß ist die gesamte Ionenkonzentration dieser Lösung?

L 36

Lernschritt 36: Das molare Volumen von Gasen

Eine wichtige Gesetzmäßigkeit hinsichtlich des Verhaltens der Gase wurde im Jahre 1811 von Avogadro (Professor in Turin, Mitbegründer der modernen Molekulartheorie) formuliert. Dieser Satz von Avogadro lautet:

Gleichgroße Volumina von Gasen oder Gasgemischen enthalten bei gleicher Temperatur und gleichem Druck die gleiche Anzahl von Molekülen.

Konkret bedeutet das, daß z.B. bei 0 °C und 1,013 bar (sog. Normalbedingungen) in einem Liter Wasserstoffgas gleichviele H_2-Moleküle vorliegen wie in einem Liter Sauerstoffgas O_2-Moleküle. Aber auch ein Liter Luft enthält bei diesen Bedingungen die gleichgroße Zahl von Luftteilchen. Wegen dieser bemerkenswerten Eigenheit der Gase kann man die Zusammensetzung von Gasgemischen in Volumenanteilen (analog [A 4-4]) angeben, was die gleichen Zahlenwerte bzw. Prozentwerte wie für die Teilchenanteile (sog. Stoffmengenanteile [L 33]) ergibt. Merken Sie sich diese Anteile für das wichtigste Gasgemisch, die Luft (sauber, trocken): 78 % N_2, 21 % O_2, 0,93 % Ar, 0,035 % CO_2 und Spuren der übrigen Edelgase (Ar bereits erwähnt).

Die Art der Gasteilchen scheint also für das Verhalten der Gase wenig ins Gewicht zu fallen; dies beruht darauf, daß zwischen Gasmolekülen nur sehr kleine Anziehungskräfte auftreten und somit die Gasteilchen praktisch frei beweglich sind. Streng genommen trifft diese Voraussetzung für kein reales (wirklich existierendes) Gas vollständig zu, sondern nur für den Modellfall des „idealen Gases" (punktförmige Gasteilchen, keine Kraftwirkungen, ideal elastische Stöße). Je geringer nun der Druck (Teilchen im Mittel weiter auseinanderliegend, also vernachläßigbare Anziehungskräfte) und je höher die Temperatur über dem Siedepunkt des jeweiligen Stoffs liegt (Anziehungskräfte gegenüber der Eigenbewegung immer weniger ins Gewicht fallend), umso genauer stimmt das Verhalten der jeweiligen Gase mit dem (nicht existierenden!) Modellfall des idealen Gases überein; nahezu ideales Verhalten zeigen bei Normalbedingungen (siehe oben) die Edelgase, Wasserstoff, Stickstoff, Sauerstoff und Fluor.

Für das ideale Gas gilt die allgemeine Zustandsgleichung der Gase:

$$p \cdot V = n \cdot R \cdot T$$

Dabei steht p für den Druck, V für das Volumen und T für die absolute Temperatur [L 21]. Mit n bezeichnet man die Stoffmenge in mol (früher Molzahl genannt) und R ist die sog. universelle Gaskonstante, die den Wert von 0,083144 L·bar/(K·mol) hat, wenn p in bar, V in L, n in mol und T in K (Kelvin) angegeben werden.

Das Volumen, das 1 mol Gas einnimmt, heißt molares Gasvolumen; man gibt es in der Einheit L/mol an. Bisher war die Angabe dieser Größe für „Normalbedingungen", d.h. 0 °C (273,15 K) und 1,011325 bar (1 atm, die „physikalische Atmosphäre") üblich. Aus der allgemeinen Zustandsgleichung der Gase (siehe oben) erhält man:

$$\frac{V}{n} = \frac{R \cdot T}{p} \quad \text{und} \quad \frac{V\,L}{1\,\text{mol}} = \frac{0,083144 \cdot 273,15}{1,01325} \ \frac{L \cdot bar \cdot K}{K \cdot mol \cdot bar}$$

Aus der Gleichung kann das molare Gasvolumen bei Normalbedingungen errechnet werden, das den Wert von 22,414 L/mol hat. Gebräuchlich ist der gerundete Wert von 22,4 L/mol.

Mit der allgemeinen Zustandsgleichung der Gase läßt sich selbstverständlich das molare Gasvolumen bei anderen Drücken und Temperaturen berechnen. Wichtig sind die sog. Standardbedingungen, d.h. 25 °C und 1,01325 bar.

Von großer Bedeutung für Labor und Technik ist die Tatsache, daß man aufgrund der allgemeinen Zustandsgleichung für Gase (oder direkt über das molare Volumen) durch Volumenmessung (bei bekanntem Druck und bekannter Temperatur) die Stoffmenge (in mol) einer Gasportion bestimmen kann!

Fragen zu L 36

1. Nachstehend sind experimentell ermittelte Werte für die molaren Volumina einiger Gase bei Normalbedingungen angegeben. Vergleichen Sie diese Werte mit dem Wert für das ideale Gas und versuchen Sie, den Sachverhalt zu interpretieren. N_2: 22,40 L/mol, O_2: 22,39 L/mol, HCl: 22,25 L/Mol, NH_3: 22,08 L/mol
2. Wie groß ist das molare Gasvolumen bei Standardbedingungen?
3. Zinkmetall (Zn) reagiert mit wäßriger Schwefelsäure (H_2SO_4, aq) gemäß: $Zn(s) + H_2SO_4(aq) \rightarrow H_2(g) + ZnSO_4(aq)$ (betreffend (s), (l), (g) siehe [L 19]). Wieviel L $H_2(g)$ entstehen bei Normalbedingungen, wenn 6,5 g Zink reagieren?
4. 1 m^3 Zimmerluft enthält ungefähr 250 g Sauerstoff.
   Wieviel m^3 solcher Luft sind nötig, um 45 kg Benzin (Tankfüllung eines mittleren Personenwagens) vollständig zu verbrennen. Annahme: Benzin, ein Gemisch aus sehr vielen Molekülsorten, bestehe nur aus Oktan C_8H_{18}.
5. Wieviel mol Gas enthält 1 Liter bei Standardbedingungen?
6. Wieviel L Sauerstoffgas sind bei Standardbedingungen nötig, um 2 kg Methan (CH_4) vollständig zu verbrennen?

Lernschritt 37: Reaktionen in der Lufthülle

Bei chemischen Reaktionen entstehen aus Ausgangsstoffen (Edukten) Reaktionsprodukte (Endstoffe); dabei bleibt die Stoffmenge (Elementarteilchen, [L 34]) konstant. Wir definieren in der Folge Edukte plus Produkte als Stoffsystem [L 31] (also alle Teilchen vor und nach der Reaktion) und als Umgebung [L 31] die Luft, da normalerweise Reaktionen in der Lufthülle ablaufen.

Es gibt viele Reaktionen, bei denen eine Erwärmung festgestellt wird, wie z.B. bei den sog. Verbrennungen. Die vorerst wärmeren Reaktionsprodukte nehmen aber mit der Zeit die Temperatur der Lufthülle an, d.h. sie geben Wärme (Energie) an die Lufthülle ab (die Arten der Wärmeübertragung wurden in [A 22–4] besprochen). Da dabei Energie (Wärme) vom Stoffsystem aus gesehen nach außen fließt, spricht man von exothermen Vorgängen (exo: nach außen, außerhalb, thermos: Wärme). Bei exothermen Vorgängen wird das Stoffsystem energieärmer!

```
                            STOFFSYSTEM              = = = = =    EXOTHERM         UMGEBUNG
gedachte                    wird durch die Reaktion vorerst   = = = = = = = = = >  (Lufthülle)
Systemgrenzen               wärmer als die Umgebung bzw.        (Wärmefluß)
                            als die Ausgangsstoffe
```

Umgekehrt gibt es viele Vorgänge, bei denen eine Abkühlung festgestellt wird [L 22]. Ein weiteres Beispiel solcher Vorgänge ist die sog. Eis-Kochsalz-Mischung. Mischt man feinkörniges Eis (2 Volumenteile) mit Kochsalz (1 Volumenteil), so stellt man fest, daß die Temperatur bis gegen $-20\,°C$ absinkt; dabei bildet sich eine Kochsalzlösung. In der Umgebung Lufthülle wird aber dieses vorerst kältere Stoffsystem mit der Zeit auf Lufthüllentemperatur erwärmt. Hier fließt also Energie (Wärme) vom Stoffsystem aus betrachtet nach innen; daher spricht man von einem endothermen (endo: nach innen) Vorgang; dabei wird das System energiereicher!

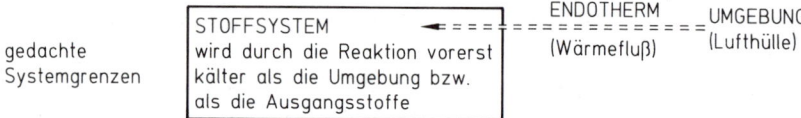

```
                            STOFFSYSTEM              < = = = =  ENDOTHERM          UMGEBUNG
gedachte                    wird durch die Reaktion vorerst   = = = = = = = = = =  (Lufthülle)
Systemgrenzen               kälter als die Umgebung bzw.        (Wärmefluß)
                            als die Ausgangsstoffe
```

Die Lufthülle sorgt also einerseits für konstante Temperatur, d.h. dafür, daß letzten Endes die Temperatur von Ausgangs- und Endstoffen gleich ist. Andererseits sorgt sie aber auch dadür, daß der Druck von Ausgangs- und Endstoffen letzten Endes (z.B. nach Explosionen) gleich ist, d.h. dem der Lufthülle entspricht. Die Energiemenge (Wärme), die bei Reaktionen unter konstantem Druck durch die Systemgrenzen fließt, heißt Reaktionsenthalpie (Symbol ΔH, von engl. heat).

Reaktionsenthalpien (ΔH) können in sog. Kalorimetern sehr genau gemessen werden. Man gibt sie in kJ/mol (Kilojoule durch mol) an, wobei genau festgehalten werden muß, auf welche Stoffart sich die Mengenangabe in mol bezieht. So muß z. B. bei der Knallgasreaktion $2\,H_2(g) + O_2(g) \rightarrow 2\,H_2O(g)$ (eine stark exotherme Reaktion), präzisiert werden, ob es sich um die Reaktionsenthalpie für den Umsatz von 1 mol $H_2(g)$ oder um den Umsatz von 1 mol $O_2(g)$ handelt.

Einer Konvention folgend erhält ΔH bei exothermen Reaktionen ein negatives Vorzeichen ($\Delta H < 0$), weil die Reaktionsenthalpie an die Umgebung abfließt und demzufolge das System „enthalpieärmer" wird (Subtraktion von Enthalpie). Bei endothermen Vorgängen fließt hingegen ΔH ins Stoffsystem, wodurch das Stoffsystem „enthalpiereicher" wird; daher erhält in diesen Fällen ΔH ein positives Vorzeichen ($\Delta H > 0$, Addition von Enthalpie).

Im Alltag wird ΔH als Reaktionswärme bezeichnet. Der Begriff Reaktionsenthalpie präzisiert, daß es sich um die durch die Systemgrenzen fließende Energiemenge handelt, wenn die Drücke von Ausgangs- und Endstoffen gleich sind. Angaben von ΔH beziehen sich normalerweise auf Standardbedingungen, d.h. Ausgangs- und Endstoffe von 25 °C und 1,013 bar.

Fragen zu L 37

1. Beim Verbrennen von 48 g Kohlenstoff C(s) zu $CO_2(g)$ werden bei Standardbedingungen 1580 kJ frei. Wie groß ist die Reaktionsenthalpie pro mol verbranntem Kohlenstoff?
2. Wir betrachten eine Reaktion in der Lufthülle, bei der letzten Endes die Enthalpie H des Stoffsystems größer ist als vorher.
   Welche Temperaturveränderung stellt man in diesem Fall bei der Reaktion fest?
3. Warum erhält ΔH einer exothermen Reaktion ein negatives Vorzeichen?
4. Ist das Schmelzen von Eis eine exo- oder endotherme Reaktion?
5. Was muß man machen, um $H_2O(l)$ in $H_2O(s)$ überzuführen?
   Handelt es sich dabei um eine exo- oder um eine endotherme Reaktion?
6. Wir betrachten die Phasenänderungen Verdampfen und Kondensieren.
   Welche dieser Phasenänderungen ist endotherm, welche hingegen exotherm? Gibt es eine Analogie zu den Phasenänderungen (s) $\rightarrow$ (l) und (l) $\rightarrow$ (s)? Haben die Begriffe exotherm und endotherm etwas mit der Spaltung bzw. der Bildung von Bindungen zu tun?

L 38   Lernschritt 38: Bindungsspaltung und Bindungsbildung

Bei jeder chemischen Reaktion werden bestehende Bindungen gespalten und neue (andersartige!) Bindungen gebildet.

Die Spaltung irgendwelcher Bindungen (Gitterkräfte beim Schmelzen, Kohäsionskräfte beim Verdampfen, kovalente Bindungen in Molekülen) ist stets ein Überwinden dieser Anziehungskräfte, d.h. eine Arbeitsverrichtung (Arbeit = Kraft · Weg); daher benötigen Bindungsspaltungen Energie (Energie = gespeicherte Arbeit). Es handelt sich also um endotherme Vorgänge, wie das Modell eines Ionenpaars zeigt:

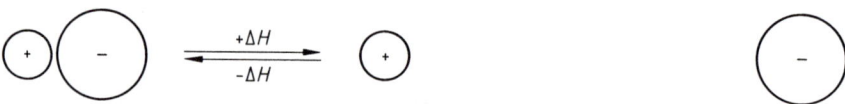

Der Vorgang von links nach rechts benötigt Energie (Überwindung der anziehenden Kräfte). Bei gleicher Temperatur, d.h. gleicher mittlerer kinetischer Energie, ist rechts die potentielle Energie der Teilchen (in den Kraftfeldern der chemischen Bindungskräfte) um den Betrag ΔH größer. Größere potentielle Energie bedeutet auch, daß die Stärke der Bindungskräfte geringer ist!

Was geschieht nun aber, wenn das getrennte Ionenpaar (Zustand rechts) sich selbst überlassen wird? – Ist die Intensität der Wärmebewegung nicht zu groß, d.h. die Temperatur nicht zu hoch, so „stürzen" die Ionen infolge der zwischen ihnen wirkenden Anziehungskräfte aufeinander zu, d.h. sie werden beschleunigt; dabei wird potentielle Energie in kinetische verwandelt, was gleichbedeutend mit einer Erwärmung ist; es erfolgt eine Bindungsbildung. Bindungsbildungen verlaufen also immer exotherm!

Je mehr Energie bei der Bildung einer Bindung frei wird, umso stärker (hitzebeständiger) ist die betreffende Bindung. Da bei der Knallgasreaktion [L 37] viel Energie frei wird, sind die O-H-Bindungen im Wasser-Molekül hitzebeständig; daher kann man Wasser als Feuerlöschmittel verwenden.

Nachstehend sollen die energetischen Verhältnisse bei Bindungsspaltung (endotherm) und Bindungsbildung (exotherm) an zwei Beispielen erhärtet werden:

1. Gasexpansion und Gaskompression. Läßt man ein komprimiertes (zusammengedrücktes) Gas expandieren (sich ausdehnen, z.B. in die Luft ausströmen), so stellt man eine Abnahme der Temperatur fest. Dies beruht darauf, daß sich die Gasmoleküle, die aufgrund ihrer Eigenbewegung auseinanderfliegen, wegen der zwischen ihnen wirkenden zwischenmolekularen Kräfte gegenseitig bremsen, d.h. selbsttätig kinetische in potentielle Energie umgewandelt

wird. Wird anschließend das expandierte Gas durch die Umgebung auf die Ursprungstemperatur erwärmt, so wird die ursprüngliche kinetische Energie wieder erreicht (die größere potentielle Energie bleibt dabei erhalten).

Auf dieser Tatsache, daß sich reale (d.h. wirklich existierende) Gase bei der Expansion abkühlen, beruht eine wichtige Methode zur Erzeugung tiefer Temperaturen, das sog. LINDE-Verfahren (nach Carl von LINDE, 1842–1934). Luft wird in Kompressoren auf 200 bar verdichtet, wobei sie sich stark erwärmt. Mit Kühlwasser wird nun die komprimierte Luft abgekühlt, also Energie aus dem System abgeführt. Nun läßt man diese komprimierte Luft expandieren, wodurch eine Abkühlung von etwa 45 °C erfolgt. Wiederholt man dieses Verfahren schrittweise (Kühlung komprimierter Luft auf noch tiefere Temperaturen durch die vorangehende Expansionsstufe, so gelingt es, einen Teil der Luft zu verflüssigen (Siedetemperaturen N_2: –196 °C und O_2: –183 °C). Durch Absaugen der Dämpfe verflüssigter Luft können noch tiefere Temperaturen erzeugt werden [L 22].

2. Aggregatzustandsänderungen. Hier treten große energetische Veränderungen auf, wie das nachstehende Schaubild für den Stoff Wasser zeigt:

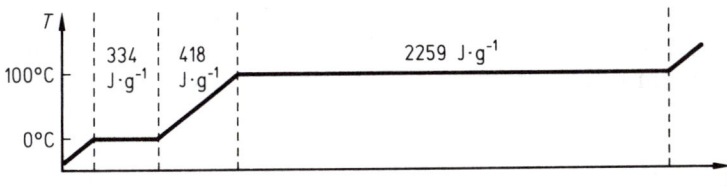

Fragen zu L 38

1. Warum kann man mit Wasser Brände löschen?
2. Bei 0 °C kann Wasser sowohl als Eis als auch als flüssiges Wasser vorliegen. Wieviel Energie muß man 1 mol $H_2O(s)$ von 0 °C zuführen, damit $H_2O(l)$ von 0 °C entsteht?
3. Auf welche Temperatur ließe sich $H_2O(l)$ von 0 °C aufheizen, wenn man den Energiebetrag der Schmelzenthalpie zuführt?
4. Um welchen Faktor ist der Betrag der Verdampfungsenthalpie (bei 100 °C) größer als der der Schmelzenthalpie des H_2O (bei 0 °C)? Wie läßt sich der große Unterschied dieser Energiebeträge erklären?
5. Wieviel Energie ist notwendig, um 1 mol $H_2O(s)$ von 0 °C in 1 mol $H_2O(g)$ von 100 °C zu überführen?
6. Die Enthalpieänderungen, die bei den Phasenwechseln des Wassers auftreten, sind für die Klimatologie von außerordentlicher Bedeutung. Überlegen Sie sich, weswegen dies so ist und halten Sie Ihre Gedanken dazu in Stichworten fest.

Lernschritt 39: Bindungsenthalpien

Der für die Spaltung von 1 mol einer bestimmten Atombindung (kovalente Bindung, Elektronenpaarbindung) notwendige Enthalpiebetrag wird Bindungsenthalpie genannt. Gewöhnlich werden Bindungsenthalpien für Standardbedingungen (25 °C, 1,013 bar) angegeben. Nachstehend sind einige Werte für Bindungsenthalpien 2atomiger Moleküle in kJ/mol angegeben:

$F_2 = 155$ $Cl_2 = 248$ $Br_2 = 193$ $I_2 = 151$ $N_2 = 949$ $O_2 = 500$
$H_2 = 437$ $CO = 1075$ $HF = 567$ $HCl = 432$ $HBr = 365$ $HI = 298$

Um also bei Standardbedingungen 1 mol $F_2(g)$ in 2 mol $F(g)$, d.h. F-Atome überzuführen, müssen 155 kJ zugeführt werden. Bildet sich aus 2 mol $F(g)$ wiederum 1 mol $F_2(g)$, so wird nach dem Energieerhaltungssatz der genau gleiche Enthalpiebetrag wiederum freigesetzt:

$$|\overline{F} - \overline{F}| \quad \frac{+155 \text{ kJ/mol}}{\xrightleftharpoons{} -155 \text{ kJ/mol}} \quad |\overline{F}\bullet \quad \bullet\overline{F}|$$

Für größere Moleküle können pro Atombindung nur Mittelwerte angegeben werden, weil die Bindungsenthalpien von weiteren Atomen oder Atomgruppen, die an der betreffenden Atombindung hängen, beeinflußt werden. Einige dieser Durchschnittswerte, die im Einzelfall mehr oder weniger gut stimmen, sind nachstehend angegeben

$C-H = 415$ $C-F = 462$ $C-Cl = 336$ $C-Br = 290$ $C-I = 231$ $N-H = 392$
$C-C = 347$ $C=C = 612$ $C\equiv C = 838$ $C-O = 357$ $C=O = 748$ $O-H = 465$

Die Bindungsenthalpie der $C=O$-Doppelbindung im Kohlendioxid CO_2 ist merklich größer als der Durchschnittswert dieser Bindung in anderen Molekülen, nämlich 806 kJ/mol; dies müssen wir wegen der großen Bedeutung des CO_2 (Endstoff bei Verbrennungen und beim Atmungsprozeß) in Berechnungen berücksichtigen. Ferner ist die sog. Sublimationsenthalpie von Kohlenstoff wichtig (die Organische Chemie ist die Chemie der Kohlenstoffverbindungen!): Für $C(s) \rightarrow C(g)$ gilt: $\Delta H = 718$ kJ/mol.

Mit den Werten der Bindungsenthalpien lassen sich Reaktionsenthalpien von Molekularreaktionen berechnen (mit den durchschnittlichen Werten natürlich nur näherungsweise), sofern es sich um Einphasenreaktionen handelt, d.h. wenn alle Stoffe im gleichen Aggregatzustand sind. Dies ist bei Gasreaktionen der Fall (aus gasförmigen Ausgangsstoffen entstehen gasförmige Endstoffe, z.B. Verbrennungen von Gasen) und bei den sehr wichtigen Molekularreaktionen in Lösung (aus Gelöstem entsteht Gelöstes, viele Stoffwechselvorgänge in Lebewesen, aber auch Reaktionen in Labor und Industrie). Erfolgen Aggregatzustandsänderungen, so treten bei den Phasenwechseln zusätzlich große Enthalpieänderungen auf, wie das Beispiel Wasser in [L 38] deutlich machte (Schmelzen und Verdampfen sowie die Umkehrvorgänge).

F39

Rechenbeispiel: Wie groß ist ΔH für die vollständige Verbrennung von $CH_4(g)$? Die Reaktionsgleichung lautet: $CH_4(g) + 2\,O_2(g) \rightarrow CO_2(g) + 2\,H_2O(g)$. Es handelt sich um eine Einphasenreaktion, da Wasser als Dampf anfällt (es regnet nicht, wenn man in der Küche den Gasherd brennen läßt). Die Enthalpiebilanz ist:

Bindungsspaltung:

4 mol C-H (des CH_4) $\quad$ +1660 kJ
2 mol O_2 $\quad$ +1000 kJ

+2660 kJ

Bindungsbildung:

2 mol C=O (des CO_2!) $\quad$ –1612 kJ
4 mol O–H (der 2 H_2O) $\quad$ –1860 kJ

–3472 kJ

Die Summe dieser Enthalpiebeträge beträgt somit –812 kJ. Weil z.T. mit Durchschnittswerten der Bindungsenthalpien gerechnet wurde, ist ΔH nur ein Nährungswert: $\Delta H = -812$ kJ/mol $CH_4(g)$

Fragen zu L 39

1. Berechnen sie ΔH für die sog. Chlorknallgasreaktion (ein gleichteiliges Gemisch von $H_2(g)$ und $Cl_2(g)$ explodiert nach Zündung mit lautem Knall), bei der Chlorwasserstoffgas HCl(g) gebildet wird. Handelt es sich hierbei um einen exakten oder um einen angenäherten Wert?
2. Wie groß ist ΔH für die vollständige Verbrennung von Acetondampf ungefähr? Aceton hat die Konstitutionsformel $(CH_3)_2CO$.
3. Acetylengas $C_2H_2(g)$ ist unter Druck explosiv; es kann schlagartig in $H_2(g)$ und C(s) zerfallen. Wie groß ist ΔH ungefähr?
4. Kohlenmonoxidgas CO verbrennt unter Bildung einer bläulichen Flamme zu Kohlendioxidgas CO_2. Wie groß ist ΔH pro mol $O_2(g)$?
5. Wir betrachten die Einphasenreaktion der vollständigen Verbrennung von $CH_4(g)$. Bilden Sie aufgrund der Reaktionsgleichung von [L 39] die Summe aller Differenzen der Elektronegativitäten $\Delta(EN)$ der Atombindungen der Ausgangsstoffe. Dasselbe ist für die Atombindungen der Endstoffe zu machen.
6. In vielen Fällen (Gleichgewichtslehre, [L 48]) genügt es, für die qualitative Beurteilung von Vorgängen lediglich zu wissen, ob ein Vorgang exo- oder endotherm verläuft, ohne daß der (z.T. ungefähre) Wert von ΔH berechnet wird. Dies kann bei Einphasenreaktionen mit der „Polaritätsfaustregel" gemacht werden: Je größer die Bindungspolarität ist, desto enthalpieärmer ist das Stoffsystem. Erklären Sie diese Regel anhand der vorangegangenen Antwort [A 39–5] am Beispiel der vollständigen Verbrennung von Methan $CH_4(g)$.

L40

Lernschritt 40: Lösungsenthalpien von Salzen

Bei jeder chemischen Reaktion ist ΔH von Null verschieden, weil es sich um verschiedenartige Bindungen handelt, die bei Reaktionen gespalten bzw. neugebildet werden. Auch Lösungsvorgänge sind echte chemische Reaktionen; es werden bestehende Bindungen gelöst und neue gebildet, so daß auch bei Lösungsvorgängen Enthalpieänderungen in Erscheinung treten.

Löst man z.B. das Salz Kaliumchlorid KCl(s) (Ionen K^+ und Cl^-) bei Raumtemperatur in Wasser auf, so stellt man vorerst eine Abnahme der Temperatur fest. Es handelt sich dabei also um einen endothermen Vorgang. Wie läßt sich nun in diesem Fall die Abnahme der mittleren kinetischen Energie der Stoffteilchen erklären?

Analog der Deutung der Temperaturabnahme bei der Gasexpansion [L 38] kann man die hier festgestellte Temperaturabnahme so deuten, daß die von der Kristalloberfläche wegdiffundierenden abgelösten Ionen [L 29] durch die im Kristall verbleibenden Ionen gebremst werden, da sich die Ionen anziehen. Man kann auch sagen, daß die Gitterkräfte überwunden werden müssen, was einer Arbeitsverrichtung [L 38] gleichkommt. So oder so wird kinetische in potentielle Energie verwandelt.

Der Energiebetrag, der notwendig ist, um 1 mol eines Salzkristalls in seine (genau: unendlich weit auseinanderliegenden) Ionen zu zerlegen, wird Gitterenthalpie des betreffenden Salzes genannt. Beim Entstehen von verdünnten Lösungen muß praktisch die gesamte Gitterenthalpie aufgewendet werden, da die Ionen in solchen Lösungen bereits große Abstände haben. Da COULOMBsche Kräfte mit wachsenden Abständen stark abnehmen [L 1], benötigt eine weitere Abstandsvergrößerung kaum noch Energie.
Nachstehend sind Gitterenthalpien der Alkalihalogenide in kJ/mol angegeben (Alkalimetalle: Elemente der I. Hauptgruppe, Halogene: Elemente der VII.):

	F^-	Cl^-	Br^-	I^-
Li^+	1034	845	808	753
Na^+	917	778	741	695
K^+	812	707	678	640
Rb^+	774	678	653	615
Cs^+	728	649	624	590

Löst man hingegen $CaCl_2(s)$ in Wasser auf, so stellt man eine Erwärmung fest. Auch hier wird natürlich die Gitterenthalpie benötigt. Da aber die Gesamtreaktion exotherm verläuft, müssen offensichtlich neue Bindungen gebildet werden, deren Bindungsenthalpien größer als die Gitterenthalpie sind. Es handelt sich dabei um die Bildung von Aquakomplexen [A 29–1], [A 29–6] aufgrund der Ion-Dipol-Bindung [L 29]; man spricht von Hydratisierungsenthalpien. Beim Auflösen von $CaCl_2$ wird also die Gitterenthalpie benötigt und es wird die Hydratisierungsenthalpie frei für $Ca^{2+} + 6\ H_2O \rightarrow [Ca(H_2O)_6]^{2+}$ und $2\ Cl^- + 12\ H_2O \rightarrow 2\ [Cl(H_2O)_6]^-$.

Auch beim zuvor erwähnten Auflösen von KCl wird natürlich Hydratisierungsenthalpie frei; nur ist der Betrag kleiner als der der Gitterenthalpie. Nachstehend sind die Werte einiger Hydratisierungsenthalpien angegeben (in kJ/mol):

Li^+(aq)	–508	Mg^{2+}(aq)	–1908	F^-(aq)	–551
Na^+(aq)	–398	Ca^{2+}(aq)	–1578	Cl^-(aq)	–376
K^+(aq)	–314	Sr^{2+}(aq)	–1431	Br^-(aq)	–342
Rb^+(aq)	–289	Ba^{2+}(aq)	–1289	I^-(aq)	–298

Fragen zu L 40

1. Berechnen Sie mit den in [L 40] angegebenen Werten die Reaktionsenthalpie (Lösungsenthalpie) für den Auflösungsvorgang $KCl(s) \rightarrow KCl(aq)$.
2. Die Gitterenthalpie von $MgCl_2$ beträgt 2491 kJ/mol, seine Schmelztemperatur 714 °C. Kochsalz schmilzt bei 801 °C und hat eine Gitterenthalpie von 778 kJ/mol. Erklären Sie diese Fakten mit Hilfe des letzten Abschnitts von [L 24].
3. Es gibt ein Salz mit der Formel $CaCl_2 \cdot 6\ H_2O$. Dabei handelt es sich um ein sog. kristallwasserhaltiges Salz [F 29–6], das hier aus den Aquakomplexen $[Ca(H_2O)_6]^{2+}$ und den Chlorid-Ionen Cl^- aufgebaut ist. Löst man dieses Salz in Wasser, so sinkt die Temperatur, im Unterschied zu der in [L 40] erwähnten Temperaturerhöhung beim Auflösen von $CaCl_2$. – Worauf beruht die unterschiedliche Lösungsenthalpie?
4. Al^{3+} hat eine Hydratisierungsenthalpie von –4604 kJ/mol. Vergleichen Sie diesen Wert mit denen von Na^+ und Mg^{2+} und geben Sie die Ursache der Differenzen an.
5. Wie groß ist die Lösungsenthalpie für $NaCl(s) \rightarrow NaCl(aq)$?
6. Vergleichen Sie die Gitterenthalpien von RbCl und KBr und erklären Sie den Sachverhalt.

L41 Lernschritt 41: Freiwillig verlaufende Vorgänge

Wir wissen, daß ein Eisennagel bei Feuchtigkeit rostet oder eine Kerze nach Zündung abbrennt. Dies sind Beispiele für freiwillig verlaufende Reaktionen. Es wurde noch nie beobachtet, daß ein rostiger Eisennagel von selbst wieder zu metallischem Eisen wird oder daß die Reaktionsprodukte, die beim Verbrennen einer Kerze anfallen, von selbst wieder zu einer Kerze werden. – Diese Umkehrvorgänge der freiwillig verlaufenden Reaktionen sind zwar schon machbar, aber nur unter Arbeitsverrichtung am System; sie verlaufen also nicht freiwillig (von selbst). Welches sind nun die Kriterien dafür, ob ein Vorgang freiwillig verläuft?

In Analogie zu den uns vertrauten Gesetzmäßigkeiten im Gravitationsfeld der Erde möchte man meinen, daß Vorgänge immer im Sinne einer Verminderung der potentiellen Energie verlaufen: Ein Stein fällt immer nach unten; der Umkehrvorgang ist ohne Arbeitsverrichtung am System nicht möglich. Würde nun für chemische Reaktionen auch dieses Prinzip von der Abnahme der potentiellen Energie zutreffen, so würden nur exotherme Vorgänge freiwillig verlaufen. Wir wissen aber, daß auch endotherme Vorgänge von selbst verlaufen (Expansion von Gasen, endotherme Lösungsvorgänge, Verdunsten von Flüssigkeiten), bei denen die potentielle Energie immer zunimmt.

Aus diesen Betrachtungen folgt, daß offenbar nicht nur die Tendenz der Stoffsysteme, stärkere Bindungen (exotherme Vorgänge) auszubilden, für den freiwilligen Ablauf bestimmend ist, obwohl diese Tendenz stets mitspielt! So entsteht bei der Explosion eines Knallgasgemisches [L 37] stets Wasser (stärkere Bindungen), wenn die Temperaturen nicht zu hoch sind [A 38-1]. Bei normalen Temperaturen verläuft der Umkehrvorgang, die Bildung von $H_2(g)$ und $O_2(g)$ aus H_2O, nie freiwillig.

Bei endothermen Vorgängen hingegen entstehen immer schwächere Bindungen (größere potentielle Energie der Partikeln). Durch die Eigenbewegung der Partikeln kann die potentielle Energie von selbst zunehmen. Die Eigenbewegung ist Ursache für die Tendenz der Stoffteilchen, sich entgegen der Anziehungskräfte voneinander zu entfernen, d.h. kinetische in potentielle Energie zu verwandeln.

Diese beiden – einander entgegenlaufenden – Naturprinzipien bestimmen, ob ein Vorgang freiwillig verläuft oder nicht. Einerseits bewirken Bindungskräfte eine gegenseitige Annäherung der Teilchen (Abnahme der potentiellen Energie), andererseits bewirkt die Wärmebewegung das Gegenteil (Zunahme potentieller Energie, Auseinanderdriften der Teilchen). Es dürfte einleuchten, daß mit steigenden Temperaturen der Einfluß der Wärmebewegung zunimmt; ab 3000 °C verlaufen nur noch solche Vorgänge freiwillig, bei denen die potentielle Energie zunimmt, also endotherme Vorgänge!

Betrachten wir nun zur Illustration der eben erwähnten Gegebenheiten die Veränderungen hinsichtlich kinetischer und potentieller Energie beim Erwärmen eines Feststoffs. Der größte Teil der zugeführten Energie erhöht die mittlere kinetische Energie (Temperaturerhöhung); aber auch die potentielle Energie nimmt zu, was anhand der Volumenzunahme zu erkennen ist (Teilchen im Mittel weiter auseinanderliegend, Lockerung der Gitterkräfte; Eis von 0 °C ist weicher als Eis von –20 °C).

Bei der Schmelztemperatur halten sich die beiden Tendenzen (Aufrechterhaltung der Gitterordnung wegen der Bindungskräfte, Tendenz zur Erhöhung der potentiellen Energie, also Überwindung der Gitterkräfte) gerade die Waage; hat die Umgebung Schmelztemperatur, so bleibt der Feststoff fest. Für den Schmelzvorgang muß die Schmelzenthalpie ins System fließen können, was nur dann möglich ist, wenn die Umgebung eine etwas höhere Temperatur hat (Wärmeleitung ist nur bei Temperaturdifferenzen möglich).

Hinweis: Eis $H_2O(s)$ läßt sich auch unterhalb von 0 °C verflüssigen, und zwar durch Zusammendrücken; dadurch wird die Hohlraumstruktur des Eises gewaltsam zerstört. Auch in diesem Fall fließt – wie beim Schmelzen – Energie ins Stoffsystem, da Arbeit am System verrichtet wird (Wasserstoffbrücken des Eises werden gespalten und damit die potentielle Energie erhöht, obwohl die Moleküle im Mittel näher zusammenrücken (Besonderheiten des Wassers [L 30]). Auf diesem Effekt beruht übrigens das Schlittschuhlaufen; der hohe Kufendruck (kleine Auflagefläche) bringt das darunterliegende Eis zum Schmelzen, so daß das Gleiten auf einer Flüssigkeitsschicht (Schmiermittel) erfolgt.

Fragen zu L 41

1. Vergleichen Sie die mittlere kinetische und die potentielle Energie der Partikeln von $H_2O(l)$ und $H_2O(s)$ bei 0 °C, wo beide Phasen beständig sind.
2. Welche „Tendenz" überwiegt bei der Expansion eines realen Gases?
3. Warum ist der Erstarrungsvorgang bei Normaldruck erst dann möglich, wenn die Umgebungstemperatur etwas tiefer als die Schmelztemperatur wird?
4. Kann auch ein „normaler Feststoff" wie festes Wasser unterhalb der Schmelztemperatur durch Druck verflüssigt werden?
5. Vergleichen Sie die „Unordnung" der Partikeln in den Phasen (s), (l) und (g).
6. Welche der beiden „Tendenzen" bewirkt eine Zunahme, welche hingegen eine Abnahme der Unordnung der Partikeln?

Lernschritt 42: Entropie und Freie Enthalpie

Die Entropie (Symbol S) ist ein Maß für die Unordnung von Partikeln in einem Stoffsystem. Wir beschränken uns hier auf qualitative Betrachtungen.

Definitionsgemäß hat ein Idealkristall (ohne Fehler im Kristallgitter, der real nicht existiert) beim absoluten Nullpunkt (0 K) die Entropie Null (maximal geordnetes Stoffystem). Wird der Kristall erwärmt, so beginnen die Teilchen auf ihren Gitterplätzen zu schwingen, was gleichbedeutend mit einer Zunahme von S ist; man gibt in diesen Fällen der Entropiedifferenz ΔS ein positives Vorzeichen (ΔS >0). Es gilt allgemein, daß S mit steigenden Temperaturen größer wirdNun kann aber die Reaktionsentropie ΔS auch bei gleichbleibender Temperatur positiv sein, d.h. die Entropie zunehmen. Dies ist z.B. bei den Phasenänderungen Schmelzen und Verdampfen der Fall, wo S sprunghaft wächst. Die Verhältnisse sind nebenstehend für Quecksilber (Hg) dargestellt. Wie man erkennt, erfolgt die Entropiezunahme in der festen und flüssigen Phase nicht linear, was darauf beruht, daß pro Grad Temperaturerhöhung nicht immer gleichviel Wärmeenergie benötigt wird.

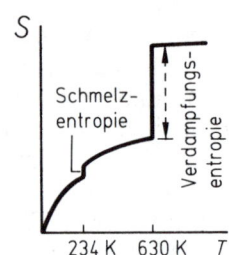

Bei chemischen Reaktionen nimmt bei konstanter Temperatur die Entropie S dann zu, wenn die Partikelzahl größer wird, d.h. wenn aus größeren Molekülen kleinere gebildet werden. So ist z.B. die Zerlegung des Gases Ammoniak (NH_3) in seine Elementarstoffe gemäß $2\,NH_3(g) \rightarrow 3\,H_2(g) + N_2(g)$ mit einer Entropiezunahme (ΔS >0) verbunden, weil in den NH_3-Molekülen vier Atome einander zugeordnet sind; in den Elementarstoffen sind es hingegen nur noch je zwei!

Auch bei Gasexpansionen erfolgt eine Entropiezunahme, weil im größeren Gasvolumen mehr verschiedenartige Teilchenpositionen möglich sind, was einem ungeordneteren Zustand entspricht.

Die Thermodynamik (Lehre von der Wärme und der daraus gewinnbaren Bewegungsenergie) vermag zu zeigen, daß im geschlossenen Stoffsystem (Grenzen energie- aber nicht materiedurchlässig) Reaktionen nur dann freiwillig ablaufen können, wenn die sog. Freie Enthalpie G des Systems abnehmen kann. Dies ist dann der Fall, wenn in der nachstehenden GIBBS-HELMHOLTZ-Gleichung die sog. Freie Reaktionsenthalpie ΔG ein negatives Vorzeichen hat ($\Delta G < 0$); T ist die absolute Temperatur in K:

$$\Delta G = \Delta H - T\Delta S$$

ΔG heißt Freie Reaktionsenthalpie, weil dieser Energiebetrag (bezogen auf die Stoffmenge Mol) bei einer Reaktion als Arbeit des Systems an seiner Umgebung genutzt werden kann (sog. maximale Nutzarbeit), d.h. „frei verfügbar" ist. Wir wollen ΔG aber nur anhand seiner beiden Summanden (ΔH und $-T\Delta S$) qualitativ diskutieren. – Man kann ΔG auch berechnen: die Berechnung von ΔH haben wir in [L 39] und [L 40] kennengelernt; Werte von ΔS lassen sich mittels Tabellen, in denen die Standardentropien der Verbindungen aufgelistet sind, leicht ermitteln und die Standardtemperatur beträgt 298 K (273 °C + 25 °C $\triangleq$ 298 K).

Warum tritt z.B. das Schmelzen erst oberhalb einer bestimmten Temperatur, der Schmelztemperatur (Schmelzpunkt), ein? – Für den endothermen Schmelzvorgang ist $\Delta H > 0$, was ungünstig für den freiwilligen Verlauf dieser Reaktion ist, weil ΔG negativ sein sollte. Da aber beim Schmelzen eine Entropiezunahme erfolgt ($\Delta S > 0$), bleibt der Summand $-T\Delta S$ der Gibbs-Helmholtz-Gleichung negativ (T, die absolute Temperatur ist immer positiv!), was zur Verkleinerung des ΔG-Wertes beiträgt (günstig für den freiwilligen Ablauf). Unterhalb der Schmelztemperatur ist $|T\Delta S|$ kleiner als $|\Delta H|$, d.h. für die Gleichung ergibt sich ein positiver Wert von ΔG und der Vorgang verläuft nicht freiwilig. Nimmt nun die Temperatur zu, so wird beim Schmelzpunkt $|\Delta H| = |T\Delta S|$ und $\Delta G = 0$; die Reaktion läuft noch nicht freiwillig ab. Sobald aber bei weiterer Temperaturerhöhung $|T\Delta S| > |\Delta H|$ wird, wird die Summe ΔG negativ und der Vorgang kann freiwillig ablaufen.

Fragen zu L 42

1. Welche Einheiten haben die Größen ΔH, ΔG und ΔS?
2. Warum beginnt die Kondensation erst unterhalb einer bestimmten Temperatur? Erklären Sie diese Tatsache mit $\Delta G = \Delta H - T\Delta S$.
3. Gibt es Reaktionen, bei denen beide Summanden der Gibbs-Helmholtz-Gleichung (also sowohl ΔH als auch $-T\Delta S$) „günstig" für den freiwilligen Verlauf sind?
4. Im Winter wird auf Straßen oft Salz gestreut (z.B. Kochsalz), um Glatteis zum Schmelzen zu bringen; dabei entstehen von selbst Salzlösungen. Warum tritt dieser Vorgang bei zu kleinem T nicht mehr ein? Mit $\Delta G = \Delta H - T\Delta S$ begründen.
5. Bei Feststoffen nimmt die Entropie (bezogen auf ein mol Atome) mit zunehmender Härte ab; dies zeigen die folgenden Standardentropien: Blei [65 J/(K·mol)], Wolfram [33 J/(K·mol)], Diamant [2,4 J/(K·mol)]. Interpretieren Sie diesen Sachverhalt.
6. Einatomige Gase (Edelgase) haben Standardentropien von rund 150 J/(K·mol), zweiatomige von rund 100 J/(K·mol Atome), dreiatomige von rund 80 J/(K·mol Atome) und vieratomige von rund 60 J/(K·mol Atome). Interpretieren Sie diesen Sachverhalt.

Lernschritt 43: Aktivierung und Katalyse

Wir haben erfahren, daß im geschlossenen Stoffsystem Reaktionen nur dann prinzipiell möglich sind, wenn die Freie Enthalpie G abnehmen kann (G kann man als „chemisches Potential" bezeichnen). Für solche Reaktionen hat die Freie Reaktionsenthalpie ΔG ein negatives Vorzeichen ($\Delta G < 0$).

Nun treten aber viele prinzipiell mögliche Reaktionen nicht „von selbst" (spontan) ein; so muß man eine Kerze an der Luft anzünden, damit die freiwillig verlaufende Verbrennungsreaktion abläuft; auch die Detonation eines Sprengstoffs muß durch Zündung ausgelöst werden.

Stoffsysteme, die wie die eben erwähnten Fälle zwar stabil sind (keine Veränderung ohne Zündung feststellbar), obwohl sie nicht dem Zustand kleinster Freier Enthalpie G entsprechen, nennt man metastabil; der Eintritt der an und für sich möglichen Reaktion ist gehemmt. Durch Zufuhr von Aktivierungsenergie (-enthalpie) wird diese Hemmung überwunden und die prinzipiell mögliche Reaktion läuft freiwillig ab, bis der Zustand des „G-Minimums" erreicht wird; hier ist das System „thermodynamisch stabil"; es ist nun keine weitere Veränderung freiwillig möglich.

Zur Veranschaulichung ist nebenstehend eine Darstellung der energetischen Veränderung bei einer exotherm verlaufenden Reaktion skizziert. Wie man erkennt, muß gewissermaßen ein Energieberg für den Übergang von Ausgangs- zu Endstoffen überwunden werden. Der Energiebetrag, der für die Überführung der Ausgangsstoffe in den aktivierten Zustand benötigt wird, heißt Aktivierungsenergie (-enthalpie). Diese Aktivierungsenthalpie wird für die

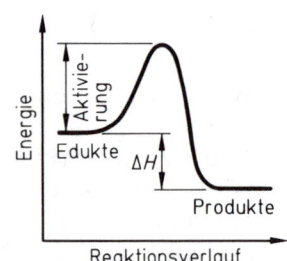

Spaltung (bzw. Lockerung) bestehender Bindungen der Ausgangsstoffe benötigt; sie wird anschließend samt der Reaktionsenthalpie ΔH frei und die Summe dieser Energiemengen dient zur weiteren Aktivierung von Ausgangsstoffen, so daß die Reaktionen ablaufen können.

Neben der Zündung (Energiezufuhr durch Wärme, elektrische Energie oder Strahlungsenergie wie Licht usw.) gibt es eine weitere – sehr wichtige! – Möglichkeit zur Aktivierung metastabiler Stoffsysteme: Man kann sog. Katalysatoren einsetzen. Katalysatoren sind (in kleinen Mengen wirksame) Stoffe, die die Aktivierungsenergie einer Reaktion vermindern. Dies beruht darauf, daß diese Stoffe mit den Reaktionspartnern Zwischenverbindungen bilden, in denen gelockerte Bindungen vorliegen. – Der Name Katalysator stammt von gr. katalyein, was losbinden oder aufheben bedeutet.

Katalysatoren werden nicht verbraucht; sie liegen nach der Reaktion unverändert vor und können immer wieder zur Aktivierung eingesetzt werden, sofern sie nicht „vergifet", d.h. durch Reaktionen mit Verunreinigungen unwirksam gemacht, werden.

Im Jahre 1823 entdeckte JOHANN WOLFGANG DÖBEREINER (1780–1849, Chemieprofessor in Jena, Freund und chemischer Berater GOETHES), daß beim Ausströmen von Wasserstoffgas auf feinstverteiltes Platin (Pt) das durch die Beimischung von Luft gebildete Gemisch sich fast augenblicklich entzündet. Die Vorführung dieses Experimentes während der Tagung deutscher Naturforscher und Ärzte in Halle machte einen gewaltigen Eindruck (das Streichholz war noch nicht erfunden!). – Bei der eben erwähnten Reaktion aktiviert das Platin die Ausgangsstoffe; es vermag H_2 in atomarer Form zu lösen, d.h. die Bindung in den H_2-Molekülen aufzuheben und auch O_2 zu aktivieren. Dabei wird Platin nicht verändert; es kann immer und immer wieder als Katalysator eingesetzt werden.

Katalysatoren sind nicht nur bei der Stoffherstellung in Labor und Industrie wichtig, sondern unentbehrlich für die Stoffwechselreaktionen der Lebewesen, wo sämtliche Vorgänge durch sog. Enzyme (auch Fermente genannt) katalysiert und gesteuert werden, so daß sie bei normalen Temperaturen und Drücken ablaufen können.

Fragen zu L 43

1. Wir betrachten das in [L 43] stehende Enthalpiediagramm für den Verlauf einer exothermen Reaktion. Wie muß die Kurve verlaufen, wenn Katatalysatoren anwesend sind?
2. Antioxidanzien sind Stoffe, welche unerwünschte Oxidationen, d.h. meist Reaktionen mit Sauerstoff, verhindern (z.B. Zusatzstoffe für Lebensmittel, sog. Antioxidans). Sind solche Antioxidanzien Katalysatoren?
3. Welche Aufgabe haben die Katalysatoren bei Kraftfahrzeugen?
4. Wir betrachten einen trockenen Holzhaufen und die ihn umgebende Luft. Ist dieses Stoffsystem thermodynamisch stabil oder metastabil?
5. Viele exotherme Vorgänge müssen aktiviert werden, damit sie eintreten. Ist bei endothermen Vorgängen ebenfalls Aktivierung nötig?
6. Was halten Sie von folgender Definition: „Katalysatoren sind Stoffe, die durch ihre Anwesenheit Reaktionen auslösen und/oder erleichtern; sie liegen am Ende unverändert vor, nehmen also an der Reaktion nicht teil."?

L44 Lernschritt 44: Die Reaktionsgeschwindigkeit

Unter der Reaktionsgeschwindigkeit (Symbol v) einer chemischen Reaktion versteht man die pro Zeit- und Volumeneinheit umgesetzte Stoffmenge.

Bei Mehrphasenreaktionen (Reaktionen in heterogenen Stoffsystemen [L 31]) hängt die Reaktionsgeschwindigkeit stark vom Verteilungsgrad der Phasen ab. So löst sich ein feinpulverisiertes Salz in Wasser viel rascher auf als ein entsprechend großer kompakter Kristall, wenn die übrigen Bedingungen (Temperatur, Umrühren) gleich sind. Bei Feststoffen ist eben die Zahl der am schwächsten gebundenen Eckteilchen [A 11-4], die am bereitwilligsten reagieren, entscheidend. Für Reaktionen von Feststoffen mit Gasen gilt ähnliches; Holzwolle verbrennt sehr viel rascher als eine entsprechende Menge eines kompakten Holzstücks und feinstverteilter Holzstaub kann mit Luft sogar explosive Gemische bilden! Auch wenn Feststoffe miteinander reagieren, ist der Verteilungsgrad entscheidend; so mußten z.B. bei der Herstellung von Schwarzpulver (früher als rasch brennbares, gaserzeugendes Gemisch für die Beschleunigung von Geschossen verwendet) die Komponenten $C(s)$, $S_8(s)$ und KNO_3 („Kalisalpeter", ein Salz) in Pulvermühlen sehr fein gemahlen werden.

In der Folge wollen wir uns aber nur mit Einphasenreaktionen befassen, bei denen keine Phasengrenzflächen auftreten; es sind dies Reaktionen zwischen gasförmigen oder gelösten Reaktionspartnern. Solche Reaktionen haben große Bedeutung bei Synthesen. Da Lebewesen wäßrige Systeme sind, haben Reaktionen in wäßriger Lösung zudem eine besonders große Bedeutung.

Wir betrachten den Modellfall einer Reaktion zweier Molekülarten A und B (Ausgangsstoffe) zu zwei Molekülarten C und D (Endstoffe):

$$A + B \rightarrow C + D$$

Damit die Reaktion von links nach rechts eintreten kann, müssen bestehende Bindungen innerhalb der Moleküle A und B gespalten werden. Man kann sich vorstellen, daß dies durch genügend starke Zusammenstöße – sog. reaktionswirksame Zusammenstöße – geschieht. Reaktionswirksame Zusammenstöße nehmen mit steigenden Temperaturen aus zwei Gründen zu: erstens werden die innermolekularen Bindungen in A und in B lockerer (die Atome schwingen auch innerhalb der Moleküle!) und zweitens gibt es bei höheren Temperaturen mehr besonders energiereiche Teilchen [L 21], so daß zahlreichere reaktionswirksame Zusammenstöße erfolgen. Weil steigende Temperaturen die Reaktionsgeschwindigkeit in zweierlei Hinsicht fördern, nimmt v mit zunehmenden Temperaturen exponentiell zu. Dies findet seinen Niederschlag in der sog. Reaktionsgeschwindigkeit-Temperatur-Faustregel, wonach eine Temperaturzunahme von 10 °C die Reaktionsgeschwindigkeit verdoppelt (bis vervierfacht)!

Die Reaktionsgeschwindigkeit von Einphasenreaktionen zweier Teilchenarten A und B ist direkt proportional zum Produkt der Stoffmengenkonzentrationen $c(A) \cdot c(B)$ (Wahrscheinlichkeit reaktionswirksamer Zusammenstöße bei einer gegebenen Temperatur). Somit kann die Reaktionsgeschwindigkeit v einer Einphasenreaktion mit der folgenden Beziehung erfaßt werden:

$$v(A+B) = k(A+B) \cdot c(A) \cdot c(B)$$

$k(A+B)$ heißt Reaktionsgeschwindigkeitskonstante der Reaktion von A mit B. Sie hat für jedes Teilchenpaar A/B einen – temperaturabhängigen! – charakteristischen Wert, der von der Stärke der zu spaltenden Bindungen abhängt (je leichter die Bindungen zu spalten sind, umso größer ist auch k). Da Katalysatoren [L 43] durch Bildung von Zwischenverbindungen bestehende Bindungen lockern, wird k auch von anwesenden Katalysatoren beeinflußt.

Das Konzentrationsprodukt $c(A) \cdot c(B)$ ist ein Maß für die reaktionswirksamen Zusammenstöße bei einer bestimmten Temperatur, wie die Wahrscheinlichkeitsrechnung zu zeigen vermag.

Fragen zu L 44

1. Um welchen Faktor nimmt v von Zersetzungsreaktionen verderblicher Nahrungsmittel mindestens ab, wenn man diese im Kühlschrank bei 5 °C statt im Sommer bei 25 °C aufbewahrt?
2. Gilt für das Aufbewahren verderblicher Nahrungsmittel im Tiefkühlfach bei –20 °C auch die Reaktionsgeschwindigkeit-Temperatur-Faustregel?
3. Unedle Metalle reagieren mit wäßrigen Säurelösungen unter Entwicklung von H_2. Gibt man gleichgroße Zinkbleche in wäßrige Säurelösungen unterschiedlicher Konzentration, so stellt man fest, daß im Falle der konzentrierteren Lösung die Gasentwicklung heftiger verläuft.
Worauf muß der Unterschied der Reaktionsgeschwindigkeiten beruhen?
4. Im ersten Fall sei $c(A) = 0,1$ mol/L und $c(B) = 1$ mol/L und im zweiten Fall $c(A) = 0,55$ mol/L und $c(B) = 0,55$ mol/L. In welchem Fall ist $v(A+B)$ größer, wenn alle übrigen Bedingungen gleich sind?
5. Warum glüht Holzkohle intensiver, wenn man hineinbläst?
6. Sagt ΔG etwas darüber aus, wie rasch ein Vorgang abläuft?

Lernschritt 45: Das dynamische Gleichgewicht

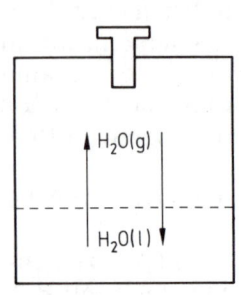

Wir betrachten ein geschlossenes Gefäß, in dem sich nur $H_2O(l)$ und $H_2O(g)$ befinden. Ein solches System kann man z.B. so erzeugen, indem man in einem Dampfkochtopf Wasser sieden läßt (Verdrängung der Luft durch den Wasserdampf) und anschließend mit dem Deckel verschließt. Das Federventil am Deckel ist ein Manometer (Druckmesser); es zeigt an, um wieviel der Wasserdampfdruck im Gefäß größer als der Atmosphärendruck ist (sog. Überdruck).

Aus Erfahrung wissen wir, daß bei konstant gehaltener Temperatur auch ein konstant bleibender Wasserdampfdruck resultiert; da das System keine Veränderung mehr zeigt, sagen wir, es sei im Gleichgewicht. Allerdings handelt es sich dabei nicht um ein statisches (ruhendes) Gleichgewicht, wie z.B. bei einer stillstehenden Balkenwaage. An der Phasengrenzfläche (l)/(g) laufen fortwährend (und mit sehr großen Reaktionsgeschwindigkeiten) die Vorgänge des Verdampfens und des Kondensierens ab, wie die folgenden Ausführungen zeigen:

Besonders energiereiche Wasser-Moleküle verlassen fortwährend die flüssige Phase (sie reißen sich infolge ihrer Eigenbewegung von den übrigen Flüssigkeitsteilchen los). Die Reaktionsgeschwindigkeit der Verdampfung ändert sich bei gleichbleibender Temperatur nicht (bleibt konstant). Nun stoßen die in der Gasphase herumschwirrenden Moleküle nicht nur fortwährend gegenseitig zusammen, sonern sie prallen auch auf die Grenzflächen des Gasraums, wo der Gasdruck gemessen werden kann. Die auf die Flüssigkeitsoberfläche prallenden Dampfmoleküle geben durch Stöße auf die beweglichen Moleküle der Flüssigkeit einen Teil ihrer kinetischen Energie ab (werden gebremst) und werden anschließend infolge der Kohäsionskräfte in den Flüssigkeitsverband integriert.

Die Tatsache, daß gleichzeitig zwei gegenläufige Reaktionen ablaufen, bringt man mit einem Doppelpfeil ($\rightleftharpoons$) zum Ausdruck. Für unseren Fall gilt:

$$H_2O(l) \underset{\text{Kondensation}}{\overset{\text{Verdampfung}}{\rightleftharpoons}} H_2O(g)$$

Da bei konstanter Temperatur das System keine äußerlich feststellbare Veränderung zeigt (sich im Gleichgewicht befindet), liegt es auf der Hand, daß die Reaktionsgeschwindigkeiten der Verdampfung und der Kondensation genau gleichgroß sind! Weil also „etwas in Bewegung ist", spricht man von einem dynamischen Gleichgewicht.

Abmachungen zufolge bezeichnet man die Reaktion von links nach rechts als Hinreaktion und die gegenläufige als Rückreaktion.

Für $H_2O(l) \rightleftharpoons H_2O(g)$ ist also die Verdampfung die Hinreaktion und die Kondensation die Rückreaktion. Schreibt man dieses dynamische Gleichgewicht in umgekehrter Reihenfolge, also $H_2O (g) \rightleftharpoons H_2O(l)$, so ist die Kondensation die Hinreaktion und die Verdampfung die Rückreaktion.

Für jedes dynamische Gleichgewicht gilt: v(Hinreaktion) = v(Rückreaktion)

Ein dynamischer Gleichgewichtszustand kann sich nur in einem geschlossenen Gefäß (geschlossenes Stoffsystem) einstellen. Die Erfahrung zeigt z.B., daß ein Gefäß mit Wasser, das nicht dicht geschlossen ist, mit der Zeit austrocknet. In solchen Fällen kann sich deswegen kein Verdampfungs-Kondensations-Gleichgewicht einstellen, weil Dampfteilchen entweichen können. Dadurch ist die $c(H_2O, g)$ immer etwas kleiner als im geschlossenen Gefäß und damit die Auftreffwahrscheinlichkeit auf die Flüssigkeitsoberfläche geringer; demzufolge überwiegt v(Verdampfen) fortwährend.

Die zweite Bedingung für das Vorliegen eines dynamischen Gleichgewichts ist eine gleichbleibende (konstante) Temperatur. Selbstverständlich dürfen die Reaktionen nicht gehemmt sein.

Fragen zu L 45

1. Wir betrachten unseren Dampfkochtopf bei einer Temperatur T_1. Nun werde dieses System auf eine höhere Temperatur T_2 erwärmt.
   a) In welcher Weise verändert sich dabei der Wasserdampfdruck?
   b) Wie verändern sich v(Verdampfung) und v(Kondensation)?
   c) Was ist bei T_1 gleich wie bei T_2 und was ist verschieden?
2. Sind in einem dynamischen Gleichgewichtszustand auch die Konzentrationen der Ausgangs- und Endstoffe gleich?
3. Haben verschiedene Flüssigkeiten bei gleicher Temperatur den gleichen Dampfdruck?
4. Welche Bedingungen müssen erfüllt sein, damit sich ein dynamischer Gleichgewichtszustand einstellen kann?
5. Wie verändern sich v(Verdampfung) und v(Kondensation) beim Abkühlen?
6. In einem Zylinder mit einem dicht schließenden Kolben befinde sich nur $H_2O(l)$ und $H_2O(g)$ im dynamischen Gleichgewicht. Nun wird durch Hinunterdrücken des Kolbens das Dampfvolumen halbiert. Was geschieht während des Hinunterdrückens mit den Reaktionsgeschwindigkeiten, wenn die Temperatur konstant gehalten wird? Vergleichen sie Anfangs- und Endzustand.

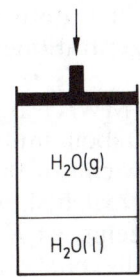

L 46   Lernschritt 46: Das Massenwirkungsgesetz

Das in [L 45] beschriebene Verdampfungs-Kondensations-Gleichgewicht ist ein Zweiphasengleichgewicht (flüssige und gasförmige Phase vorhanden). Da wir uns aber vorwiegend mit Einphasengleichgewichten (Gasphase, Lösung) befassen werden. soll die quantitative Erfassung von dynamischen Gleichgewichten an solchen Beispielen aufgezeigt werden.

Wir betrachten dazu den allgemeinen Fall eines Einphasengleichgewichtes mit den Ausgangsstoffmolekülen A und B sowie den endstoffmolekülen C und D (analog [L 44]). Sind weder Hin- noch Rückreaktion gehemmt, so stellt sich bei konstanter Temperatur im geschlossenen Gefäß ein dynamischer Gleichgewichtszustand.

$$A + B \rightleftharpoons C + D$$

ein. Nun wissen wir, daß im dynamischen Gleichgewichtszustand die Reaktionsgeschwindigkeiten von Hin- und Rückreaktionen genau gleichgroß sind; es gilt also:

$$v(A+B) = v(C+D)$$

Setzt man nun für v die Beziehung von [L 44] ein, so erhält man:

$$k(A+B) \cdot c(A) \cdot c(B) = k(C+D) \cdot c(C) \cdot c(D)$$

Diese Gleichung läßt sich umformen zu:

$$\frac{k(A+B)}{k(C+D)} = \frac{c(C) \cdot c(D)}{c(A) \cdot c(B)}$$

Der hier rechtsstehende Quotient, der das Produkt der Konzentrationen der Endstoffe (definitionsgemäß!) im Zähler und das Produkt der Konzentrationen der Ausgangsstoffe (definitionsgemäß!) im Nenner enthält, heißt Massenwirkungsausdruck (MWA). Dieser Name kommt daher, daß man damals, als die beiden Norweger GULDBERG und WAAGE (GULDBERG war Mathematiker und WAAGE Chemiker) im letzten Jahrhundert das dynamische Gleichgewicht quantitativ erfaßten, man noch nicht von Stoff(teilchen)mengenkonzentrationen c, sondern von „der wirksamen Masse" sprach.

Es versteht sich von selbst, daß der Massenwirkungsausdruck (MWA) für einen Gleichgewichtszustand einen konstanten Wert haben muß, da sich die Stoffkonzentrationen in einem Gleichgewichtszustand nicht mehr verändern. Diesen Wert nennt man Gleichgewichtskonstante (Symbol K). Wie die obenstehende Gleichung zeigt, ist K gleichzeitig der Quotient der beiden Reaktionsgeschwindigkeitskonstanten k!

Die vorangehende Gleichung läßt sich also wie folgt schreiben:

$$K = \frac{c(C) \cdot c(D)}{c(A) \cdot c(B)}$$

Dies ist das sog. Massenwirkungsgesetz (Abkürzung MWG) für ein Gleichgewicht

$$A + B \rightleftharpoons C + D$$

K ist immer temperaturabhängig! Dies beruht darauf, daß die Veränderung von $k(A+B)$ mit sich ändernden Temperaturen (Beeinflussung der Lockerheit der Bindungen) nie direkt proportional zur Veränderung von $k(C+D)$ sein kann, da es sich in den Ausgangsstoff-Molekülen um andere Bindungen handelt als in den Endstoff-Molekülen.

Der Wert von K wird von anwesenden Katalysatoren nicht beeinflußt! Das mag auf den ersten Blick paradox erscheinen, weil doch Katalysatoren die Reaktionsgeschwindigkeitskonstanten k verändern. Es ist nun aber so, daß wegen der sich bildenden Zwischenverbindungen [L 43] $k(A+B)$ und $k(C+D)$ direkt proportional wachsen, so daß K – ihr Quotient – unverändert bleibt.

Der Katalysator beschleunigt also Hin- und Rückreaktion gleichermaßen, allerdings dürfte einleuchten, daß sich infolge der erhöhten Reaktionsgeschwindigkeiten der dynamische Gleichgewichtszustand mit Katalysatoren rascher einstellt!

Fragen zu L 46

1. Wie lautet das MWG für das Gleichgewicht $H_2O(l) \rightleftharpoons H_2O(g)$?
2. Wie verändert sich K des Gleichgewichts [A 46-1] mit steigenden Temperaturen?
3. Wie verschiebt sich das Verdampfungs-Kondensations-Gleichgewicht mit steigenden Temperaturen, im Sinne der Förderung des exothermen oder im Sinne der Förderung des endothermen Vorgangs?
4. Formulieren Sie das Massenwirkungsgesetz (MWG) für das Gleichgewicht der Ausgangsstoffe $C_2H_4(g)$ und $H_2(g)$ und des Endstoffs $C_2H_6(g)$.
5. Das giftige, farb- und geruchlose Kohlenstoffmonoxid $CO(g)$ verbrennt mit blauer Flamme zu $CO_2(g)$, gemäß $2\,CO(g) + O_2(g) \rightarrow 2\,CO_2(g)$. Diese Gleichung kann auch als $CO(g) + CO(g) + O_2(g) \rightarrow CO_2(g) + CO_2(g)$ geschrieben werden.
Wie lautet das MWG für dieses Gasgleichgewicht im geschlossenen System?
6. Wie lautet das MWG für die Entstehung von $NH_3(g)$ aus seinen Elementarstoffen?

L 47

Lernschritt 47: Störungen der Gleichgewichte

Aus Gründen des Umweltschutzes muß die industrielle Produktion der Stoffe, die wir täglich benötigen, in geschlossenen Systemen stattfinden. Darin würden sich – wie wir gesehen haben – dynamische Gleichgewichte ausbilden. Wir wollen uns nun der Frage zuwenden, mit welchen Maßnahmen man den raschen Ablauf von Reaktionen erzwingen kann.

Entfernt man z.B. vom Dampfkochtopf, in dem sich $H_2O(l)$ und $H_2O(g)$ im dynamischen Gleichgewicht befinden, den Deckel, so trocknet das Gefäß mit der Zeit aus. Dies beruht darauf, daß Wasserdampfmoleküle aus dem Gefäß entweichen, wodurch $c(H_2O, g)$ über der flüssigen Phase kleiner wird, als es dem Gleichgewichtszustand entspricht ($H_2O(g)$ wird dem Gleichgewicht entzogen). Da nun weniger Dampfmoleküle auf die Flüssigkeitsoberfläche auftreffen, wird die Reaktionsgeschwindigkeit der Kondensation kleiner. Bleibt die Temperatur der Flüssigkeit gleich (Umgebungstemperatur), so verändert sich die Reaktionsgeschwindigkeit der Verdampfung nicht. Daher läuft der Vorgang $H_2O(l) \rightarrow H_2O(g)$ mit der Zeit vollständig von links nach rechts ab.

Es gilt allgemein, daß der Ablauf einer Reaktion von links nach rechts dadurch erzwungen werden kann, daß ein Endstoff aus der Reaktionsmischung entfernt wird. Im Fall eines Gleichgewichtes $A + B \rightleftharpoons C + D$ müssen also entweder C oder D (oder gar beide Teilchenarten) fortwährend aus dem System entfernt werden, was die Reaktionsgeschwindigkeit der Rückreaktion verkleinert. – Im Gleichgewichtszustand gilt nach [L 46]:

$$k(A+B) \cdot c(A) \cdot c(B) = k(C+D) \cdot c(C) \cdot c(D)$$

Da v(Rückreaktion) $= k(C+D) \cdot c(C) \cdot c(D)$, nimmt sie mit sinkenden $c(C)$ oder $c(D)$ ab und wird kleiner als v(Hinreaktion), d.h. es erfolgt ein Stoffumsatz von links nach rechts. Können C oder D vollständig entfernt werden, so wird v(Rückreaktion) gleich Null und der Vorgang läuft vollständig nach rechts ab.

Am Beispiel der Synthese von Ammoniak (NH_3) soll das Gesagte illustriert werden: Ammoniak ist die Basis für die Synthese wichtiger Stickstoffverbindungen wie Düngemittel, Spreng- und Farbstoffe, Arzneimittel usw., Ammoniak wird aus dem sehr reaktionsträgen Luftstickstoff N_2 gewonnen. Dabei werden Gemische von Stickstoff- und Wasserstoffgas durch Reaktoren, die Katalysatoren enthalten, geleitet. Im Reaktor stellt sich das Gasgleichgewicht

$$3\,H_2(g) + N_2(g) \rightleftharpoons 2\,NH_3(g)$$

ein. Bei der Herstellung von reinem NH_3 wird das Gemisch in sog. Kühlfallen geleitet, wo Ammoniak kondensiert (Siedetemperatur

–33 °C) (d.h. dem Reaktionsgemisch entzogen wird), während die beiden anderen Gase (Siedetemperaturen N_2: –196 °C, H_2: –253 °C) mit zusätzlichen Ausgangsstoffen wiederum in den Reaktor geleitet werden.

Man hat aber nicht nur Interesse daran, daß eine Reaktion in gewünschtem Sinn vollständig von links nach rechts abläuft, sondern auch daran, daß dies in möglichst kurzer Zeit geschieht. Daher versucht man, die Reaktionsgeschwindigkeit der Hinreaktion während der ganzen Reaktionsdauer hoch zu halten. Dies läßt sich mit den folgenden Maßnahmen realisieren:

1. Hohe Temperaturen ([L 44]).
2. Einsatz von Katalysatoren (siehe [L 43]).
3. Kontinuierliche Zufuhr von Ausgangsstoffen.

Reagieren nämlich Ausgangsstoffe A und B zu ihren Reaktionsprodukten, so ist dies mit einer Abnahme von $c(A)$ und $c(B)$ verbunden; damit wird $c(A) \cdot c(B)$ kleiner, d.h. auch die Reaktionsgeschwindigkeit der Hinreaktion. Führt man nun kontinuierlich A und B zu, so läßt sich $c(A) \cdot c(B)$ konstant halten und damit auch die Reaktionsgeschwindigkeit der Hinreaktion. – Diese Maßnahme läßt sich natürlich nur realisieren, wenn auch die Endstoffe C und D kontinuierlich abgeführt werden (analog der oben erwähnten Synthese von Ammoniak NH_3).

Fragen zu L 47

1. Gibt man eine wäßrige Säurelösung zu Kalk $CaCO_3(s)$, so entsteht unter anderem $CO_2(g)$. Warum läuft dieser Vorgang in einem offenen Gefäß vollständig ab?
2. Wir betrachten ein Gleichgewicht in wäßriger Lösung der Form

$$A(aq) + B(aq) \rightleftharpoons C(aq) + D(aq)$$

Nun fügt man eine Portion des Feststoffs A(s) zu und rührt zwecks Auflösung um. Wie wird durch diese Maßnahme v(Hinreaktion) verändert? Begründen Sie Ihre Meinung.
3. Welche Konsequenz hat die Maßnahme [F 47-2] für $c(B, aq)$?
4. Welche Konsequenz hat die Maßnahme [F 47-2] für v(Rückreaktion)?
5. Vergleichen Sie $c(A, aq)$, $c(B, aq)$, $c(C, aq)$ und $c(D, aq)$ des Gleichgewichts vor der Maßnahme [F 47-2] und des sich nach dieser Maßnahme neu einstellenden Gleichgewichts. Ebenso sind die Reaktionsgeschwindigkeiten der Hin- und Rückreaktionen in beiden Fällen zu vergleichen.
6. Interpretieren Sie die Fakten von [A 47-5] mit Hilfe des Massenwirkungsgesetzes für das Gleichgewicht von [F 47-2].

L 48

Lernschritt 48: Verschiebungen von Gleichgewichtslagen

Durch Zugabe oder Wegnahme von am Gleichgewicht beteiligten Stoffen werden die Gleichgewichte gestört [L 47]. Nach einer Störung stellt sich im geschlossenen Gefäß wieder ein Gleichgewichtszustand ein; wird die Temperatur konstant gehalten, so bleibt auch K konstant. Bei kontinuierlicher Störung kann sich kein Gleichgewicht ausbilden, weil dann die Geschwindigkeit der Hin- oder der Rückreaktion fortwährend überwiegt.

Demgegenüber lassen sich durch Änderungen von Temperatur und/oder Druck Gleichgewichte „verschieben". Mit dieser Umschreibung bringt man zum Ausdruck, daß dabei die Stoff(teilchen)menge der einen Seite zunimmt und die der anderen abnimmt!

In [A 46-2] wurde bereits auf die Verschiebung des Verdampfungs-Kondensations-Gleichgewichts mit steigenden Temperaturen hingewiesen. Erhöht man die Temperatur des Gleichgewichts $H_2O(l) \rightleftharpoons H_2O(g)$, so nimmt die Stoff(teilchen)menge des Dampfes zu und die der Flüssigkeit ab; man sagt, daß sich dieses Gleichgewicht nach rechts verschiebt. Bereits in [A 46-3] wurde folgende allgemeingültige Aussage gemacht: Temperaturerhöhungen verschieben Gleichgewichtslagen stets im Sinne einer Vermehrung des enthalpiereicheren Materials, also im Sinne der endothermen Vorgänge; bei sinkenden Temperaturen ist natürlich das Gegenteil der Fall!

In unserem Rahmen können wir dies nicht quantitativ beschreiben, d.h. „um wieviel" sich die Gleichgewichtslagen verschieben. Will man also lediglich qualitativ prognostizieren, ob sich ein Gleichgewicht nach rechts oder links verschiebt, so genügt es zu wissen, welche Reaktion exotherm (bzw. endotherm) ist. Bei Einphasenreaktionen genügt es, mit der Polaritätsfaustregel [A 39-6] zu operieren; eine Berechnung von ΔH ist nicht notwendig.

Gleichgewichte lassen sich aber auch durch Druckänderungen verschieben, was in der Praxis nur für Reaktionen mit Gasen von Bedeutung ist, weil Flüssigkeiten und Feststoffe kaum kompressibel (zusammendrückbar) sind. Gasgleichgewichte erfahren aber durch Druckänderungen nur dann eine Verschiebung, wenn die Gasteilchenzahlen von Ausgangs- und Endstoffen nicht gleichgroß sind! So zeigen Messungen, daß bei Erhöhung des Drucks das Gleichgewicht $3 H_2(g) + N_2(g) \rightleftharpoons 2 NH_3(g)$ nach rechts verschoben wird, d.h. die Stoff(teilchen)menge des Ammoniaks NH_3 zunimmt. Daher arbeitet man bei der wichtigen Ammoniaksynthese (Weltjahresproduktion 100 Millionen Tonnen!) bei möglichst hohen Drücken (200 bar; die Beständigkeit der Werkstoffe setzt hier Grenzen).

Es gilt allgemein, daß sich Gasgleichgewichte mit zunehmenden Drücken im Sinne einer Verminderung der Gasteilchenzahl verschieben!

Aufgrund der eben besprochenen Fakten hat LE CHATELIER (1850–1936, Chemieprofessor in Paris) das Prinzip vom kleinsten Zwang formuliert: Ein sich im Gleichgewicht befindendes System verschiebt sich durch Einwirkung eines Zwangs (Veränderung von Temperatur und/oder Druck) stets so, daß dieser Zwang kleiner wird!

Die mit steigenden Temperaturen erfolgende Verschiebung von Gleichgewichtslagen zugunsten des enthalpiereicheren Materials läßt sich nun so deuten: Temperaturerhöhung kann nur durch den Zwang Energiezufuhr realisiert werden. Dieser Zwang wird dadurch vermindert, daß das System mehr enthalpiereicheres Material produziert (Verbrauch von zugeführter Energie).

Ist zunehmender Gasdruck der Zwang, so kann das System diesen Zwang durch Verminderung der Gasteilchenzahl verkleinern, wie aus dem Satz von AVOGADRO [L 36] folgt. Je weniger Gasteilchen in einem bestimmten Volumen bei einer bestimmten Temperatur vorhanden sind, umso kleiner wird dadurch auch der Zwang Gasdruck.

Weil nach AVOGADRO Gasteilchenanteil und Volumenanteil gleich sind, wird oft gesagt, daß sich Gasgleichgewichte mit zunehmenden Drücken im Sinne einer Volumenverkleinerung verschieben. Dies ist insofern verwirrend, als beim Zusammendrücken eines Gasgemisches das Volumen ohnehin verkleinert wird. – Es ist also besser, mit der Gasteilchenzahl zu argumentieren!

Fragen zu L 48

1. Wir betrachten das Gleichgewicht der sog. Chlorknallgas-Reaktion $H_2(g) + Cl_2(g) \rightleftharpoons 2\,HCl(g)$.
   a) Wie verschiebt sich die Gleichgewichtslage mit steigenden Temperaturen?
   b) Wie verschiebt sich die Gleichgewichtslage mit steigenden Drücken?
2. „Flüssiggas" – z.B. als Füllung von Gasfeuerzeugen verwendet – ist ein Gemisch der Gase C_4H_{10} (Butan) und C_3H_8 (Propan). Deuten Sie mit dem Prinzip vom kleinsten Zwang, warum sich diese Gase beim Zusammendrücken verflüssigen.
3. Was passiert mit dem Verdampfungs-Kondensations-Gleichgewicht, wenn die Temperatur gesenkt wird. Deuten Sie den Effekt mit dem LE CHATELIERschen Prinzip.
4. Wir betrachten das Gasgleichgewicht
   $CS_2(g) + 4H_2(g) \rightleftharpoons CH_4(g) + 2\,H_2S(g)$. Wie verschiebt sich dieses Gleichgewicht mit steigenden Drücken?
5. Wie verschiebt sich das Gleichgewicht [F 48-4] mit steigenden Temperaturen?
6. Wie müssen Druck und Temperatur gewählt werden, damit die Ammoniakausbeute bei der Synthese aus seinen Elementarstoffen möglichst groß wird?

Lernschritt 49: Das Protolysengleichgewicht des Wassers

Wie in [L 13] kurz erwähnt wurde, bezeichnet man bewegte elektrische Ladung als elektrischen Strom. Bei Metallen und Graphit (Elektrodenkohle, [L 76]) handelt es sich dabei um fließende Elektronen (Elektronenleiter, Leiter erster Klasse).

Nun vermögen aber auch Stoffsysteme, die bewegliche Ionen enthalten, den elektrischen Strom zu leiten (Ionenleiter, Leiter zweiter Klasse). Solche Stoffsysteme sind z.B. wäßrige Systeme mit gelösten Ionen oder Schmelzen von Salzen (flüssige Salze). Wir werden später ([L 70]) sehen, daß sich solche Stoffsysteme bei der Leitung im Gegensatz zu den Elektronenleitern chemisch verändern, was von großer Bedeutung für die Herstellung zahlreicher Elementarstoffe (z.B. Aluminium) ist.

Mit empfindlicher Meßgeräten läßt sich aber feststellen, daß auch allerreinstes Wasser den Strom – wenn auch nur sehr schwach – leitet (es wird daher oft als sog. Leitfähigkeitswasser bezeichnet). Bei konstanter Temperatur ist diese Leitfähigkeit ebenfalls konstant, was auf eine konstante (geringe) Ionenkonzentration hinweist. Die Ursache hierfür ist, daß durch Protolyse, d.h. durch Protonenübergänge bewirkte Stoffzersetzung (Lyse: Zersetzung, Zerlegung) aus den Wasser-Molekülen fortwährend Ionen gebildet werden; dieser Sachverhalt soll anhand von zwei benachbarten Wasser-Molekülen erklärt werden:

Wir betrachten das fetter gezeichnete Proton H^+ (Kern des H-Atoms, [L 27]) des obenstehenden Wasser-Moleküls auf der linken Seite. Dieses Proton ist mit zwei Elektronenpaaren verbunden, einmal kovalent als Bestandteil des obenstehenden Wasser-Moleküls, und einmal – schwächer – in Form einer Wasserstoffbrücke [L 27] (gestrichelt gezeichnet). Wegen der Eigenbewegung – Atome schwingen auch innerhalb der Moleküle fortwährend! – kann nun ein solches Proton den Platz wechseln (hinüberhüpfen), was zu den rechtsstehend gezeichneten Ionen führt. Mit einer Reaktionsgleichung kann man diesen Vorgang wie folgt beschreiben:

$$H_2O(l) + H_2O(l) \rightarrow H_3O^+(aq) + OH^-(aq)$$

Diese Ionenarten liegen in allen wäßrigen Systemen vor! Merken Sie sich die Namen:

H_3O^+ heißt Hydroxonium-Ion und OH^- heißt Hydroxid-Ion! Das Hydroxonium-Ion H_3O^+ ist übrigens ein erstes Beispiel eines positiven Ions, das aus Nichtmetallatomen besteht.

Würde nur die eben beschriebene Reaktion, die Entstehung von Ionen, ablaufen, so würde Wasser von selbst zu einem Salz erstarren (Salze sind bei Raumtemperatur fest), was der Erfahrung widerspricht. Es muß also auch die Rückreaktion

$$H_3O^+(aq) + OH^-(aq) \rightarrow H_2O(l) + H_2O(l)$$

ablaufen, und zwar mit gleicher Reaktionsgeschwindigkeit; nur in diesem Falle nämlich resultiert bei konstanter Temperatur eine konstante Ionenkonzentration, wie die gleichbleibende Leitfähigkeit zeigt. Dieser Gleichgewichtszustand wird als Protolysengleichgewicht des Wassers bezeichnet:

$$H_2O(l) + H_2O(l) \rightleftharpoons H_3O^+(aq) + OH^-(aq)$$

Ein anderer Name für diesen Gleichgewichtszustand lautet Dissoziationsgleichgewicht des Wassers (Dissoziation: Zerfall). Wir werden im Verlauf des Lehrgangs die große Bedeutung dieses Gleichgewichts kennenlernen. Merken Sie sich daher bereits jetzt die gebräuchlichen Namen der beiden gegenläufigen Reaktionen: Die Reaktion von links nach rechts nennt man Wasserdissoziation und die Rückreaktion Neutralisation (aus geladenen Ionen entstehen neutrale Wasser-Moleküle).

Fragen zu L 49

1. Bei Raumtemperatur (genau bei 22 °C) ist $c(H_3O^+, aq) = 10^{-7}$ mol/L.
   Wie groß ist demzufolge $c(OH^-, aq)$?
2. Wie groß ist die Stoff(teilchen)mengenkonzentration von Wasser von 4 °C?
3. Berechnen Sie K, die Gleichgewichtskonstante, für das Protolysengleichgewicht des Wassers bei 22 °C.
4. Vergleichen Sie die Reaktionsgeschwindigkeitskonstanten k für die Wasserdissoziations- und Neutralisationsreaktion.
5. Die Stoff(teilchen)mengenkonzentrationen von Hydroxonium-Ionen $H_3O^+(aq)$ und Hydroxid-Ionen $OH^-(aq)$ in reinem Wasser hängen wie folgt von der Temperatur ab: 0 °C ($c = 3,6 \cdot 10^{-8}$ mol/L), 20 °C ($c = 0,93 \cdot 10^{-7}$ mol/L), 22 °C ($c = 10^{-7}$ mol/L), 50 °C ($c = 2,37 \cdot 10^{-7}$ mol/L) und 100 °C ($c = 8,6 \cdot 10^{-7}$ mol/L).
   Auf welche Seite verschiebt sich demzufolge das Protolysengleichgewicht des Wassers mit steigenden Temperaturen?
6. Geben Sie an, ob die Neutralisationsreaktion exo- oder endotherm verläuft (mit dem LE CHATELIERschen Prinzip vom kleinsten Zwang begründen).

Aus Erfahrung wissen wir, daß sich beim Auflösen von zwei Zucker-würfeln in einer Tasse mit Kaffee oder Tee das Volumen der Flüssig-keit kaum ändert, d.h. die Volumenveränderung vernachlässigbar ist. Dies gilt für Wasser ganz allgemein: Beim Auflösen kleinerer Mengen von Fremdstoffen ist praktisch keine Volumenveränderung festzustel-len, was auf der Hohlraumstruktur des Wassers beruht (es hat noch Platz für Fremdstoffteilchen, [L 30], [A 30-3]).

Beim Auflösen kleiner Mengen von Fremdstoffen in Wasser ent-stehen sog. verdünnte wäßrige Lösungen. Ist die Gesamtkonzentra-tion nicht zu großer Stoffteilchen kleiner oder gleich 0,1 mol/L, so gilt, daß die Stoff(teilchen)mengenkonzentration des Wassers in sol-chen Lösungen gleichgroß wie in reinem Wasser ist, also bei Raum-temperatur 55,4 mol/L. Mit sehr guter Näherung dürfen aber auch Lösungen mit Gesamtkonzentrationen von bis 2 mol/L als verdünnte Lösungen betrachtet werden. – Diese Näherung gilt auch für Kör-perflüssigkeiten von Lebewesen recht gut; den Eigenschaften ver-dünnter wäßriger Lösungen kommt deshalb eine weitreichende Bedeutung zu.

In jeder wäßrigen Lösung laufen fortwährend Dissoziation und Neutralisation ab, und zwar mit großen Reaktionsgeschwindigkeiten. Protolysen verlaufen wegen der hohen Geschwindigkeiten der klei-nen Protonen H^+ [L 21 und A 21-3] außerordentlich rasch. Nun kann man aber eine Portion einer verdünnten wäßrigen Lösung – auch wenn sie sich in einem offenen Gefäß befindet – während der Beob-achtungsdauer als geschlossenes Stoffsystem betrachten, weil in einer kurzen Zeitspanne nur wenig Material verdampft. Unter dieser Vor-aussetzung gilt, daß sich in wäßrigen Lösungen immer dynamische Gleichgewichte einstellen, was auch für das Protolysengleichgewicht gilt.

Im Gleichgewicht $H_2O(l) + H_2O(l) \rightleftharpoons H_3O^+(aq) + OH^-(aq)$ sind die Reaktionsgeschwindigkeiten von Hin- und Rückreaktion gleich; es gilt also:

$$k(H_2O+H_2O) \cdot c(H_2O, l) \cdot c(H_2O, l) = k(H_3O^+ + OH^-) \cdot$$
$$c(H_3O^+, aq) \cdot c(OH^-, aq)$$

Bei gleichbleibender Temperatur bleiben auch die beiden Reaktions-geschwindigkeitskonstanten k konstant; ihr Verhältnis ist in [A 49-4] angegeben. Da nun die Wasserkonzentration $c(H_2O, l)$ von verdünn-ten wäßrigen Lösungen praktisch gleich der des reinen Wassers ist, muß auch das Produkt der Konzentrationen der Hydroxonium- und Hydroxid-Ionen, d.h. $c(H_3O^+, aq) \cdot c(OH^-, aq)$ gleichgroß sein wie in reinem Wasser. Dieser Wert beträgt bei Raumtemperatur (genau-genommen bei 22 °C) 10^{-14} mol^2/L^2.

Dieses Produkt der Stoffmengenkonzentrationen von Hydroxonium- und Hydroxid-Ionen einer verdünnten wäßrigen Lösung nennt man Ionenprodukt des Wassers (Symbol K_W). Für jede verdünnte wäßrige Lösung gilt bei 22 °C die folgende fundamentale Beziehung:

$$K_W = c(H_3O^+, aq) \cdot c(OH^-, aq) = 10^{-14}\ mol^2/L^2$$

Auch aus dem Massenwirkungsgesetz MWG für das Protolysengleichgewicht des Wassers [A 49-3]:

$$K = \frac{c(H_3O^+, aq) \cdot c(OH^-, aq)}{c^2(H_2O, l)}$$

folgt, daß K_W in jeder verdünnten wäßrigen Lösung [$c(H_2O, l)$ gleichgroß wie in reinem Wasser] den konstanten Wert von $10^{-14}\ mol^2/L^2$ haben muß. Entspricht nämlich $c(H_2O, l)$ einer solchen Lösung der des reinen Wassers, so ist der Nenner des Massenwirkungsausdrucks MWA, also $c^2(H_2O, l)$, gleichgroß wie in reinem Wasser. Da K, die Gleichgewichtskonstante, nur von der Temperatur abhängt, muß auch der Zähler des MWA gleichgroß sein wie in reinem Wasser und dieser Zählerwert ist nichts anderes als das Ionenprodukt des Wassers K_W.

Fragen zu L 50

1. Es gibt sehr viele Feststoffe, welche Hydroxid-Ionen OH^- enthalten; man nennt solche Stoffe Hydroxide. – Welche molare Masse hat das Natriumhydroxid?
2. Man löst 4 g Natriumhydroxid in einem Liter Wasser auf. Welche Reaktionsgeschwindigkeit des Protolysengleichgewichts wird dadurch beeinflußt?
3. Wie groß ist $c(OH^-, aq)$ der Lösung von [F 50-2] im neu sich einstellenden Protolysengleichgewicht?
4. Wie groß ist $c(H_3O^+, aq)$ in der Lösung von [F 50-2]?
5. Im Unterschied zu den Hydroxiden, in denen die Ionen OH^- in den Feststoffen auftreten, sind feste Hydroxoniumverbindungen (die das H_3O^+-Ion enthalten) selten, weil die H_3O^+Ionen nur in einer Umgebung längere Zeit existieren können, die keine Protonen aufzunehmen vermag. – Ein Beispiel dafür ist das Salz Hydroxoniumperchlorat, das aus den Ionen H_3O^+ und den Perchlorat-Ionen ClO_4^- [A 58-1] besteht. Wie hat man vorzugehen, um einen Liter einer Lösung dieses Salzes herzustellen, die eine Hydroxonium-Ionen-Konzentration von 1 mol/L aufweist?
6. Wie groß ist die Hydroxid-Ionen-Konzentration der Lösung von [A 50-5]?

Lernschritt 51: Der pH-Wert wäßriger Säurelösungen

Zahlreiche Stoffe verleihen ihren wäßrigen Lösungen einen sauren Geschmack; wegen dieses Merkmals heißen solche Stoffe Säuren. Noch zu Beginn des letzten Jahrhunderts waren ausschließlich O-haltige Stoffe als Säuren bekannt. Daher glaubte man, daß dieses Element das saure Prinzip darstelle. LAVOISIER – der große französische Chemiker – gab daher gegen Ende des 18. Jahrhunderts dem Element O, der bisherigen „Feuerluft", den Namen oxygène (lat. oxygenium, d.h. Säurebildner); davon stammt auch der deutsche Name Sauerstoff.

1816 wies H. DAVY und später vor allem JUSTUS VON LIEBIG (1840) nach, daß das saure Prinzip auf dem Element Wasserstoff beruhen muß. Kurz vor der Jahrhundertwende konnte der schwedische Chemiker SVANTE ARRHENIUS zeigen, daß Säuren in Wasser die (elektrisch geladenen!) $H^+(aq)$ erzeugen. 1923 definierte der dänische Chemiker BRØNSTED Säuren als Protonenspender, d.h. Teilchen, die Protonen H^+ abgeben können. Nach dieser heute noch gebräuchlichen Definition sind im Prinzip alle H-haltigen Stoffe Säuren. Von praktischer Bedeutung als Säuren sind freilich nur diejenigen Stoffe, die fähig sind, an das Wasser Protonen H^+ abzugeben!

Wählt man für einfache Fälle von Säuremolekülen das allgemeine Symbol HB, wobei H das Symbol für Wasserstoff, der als H^+ abgebbar ist, und B das restliche Molekül (oft als „Säurerest" bezeichnet) bedeuten, so stellen sich in wäßrigen Lösungen stets die nachfolgend angegebenen dynamischen Gleichgewichte ein:

$$H_2O(l) + HB(aq) \rightleftharpoons H_3O^+(aq) + B^-(aq)$$

Man bezeichnet HB dann als starke Säure, wenn dieses Gleichgewicht stark rechts liegt, d.h. HB sein Proton H^+ nur schwach bindet. Man kann also auch sagen, eine starke Säure HB sei ein guter (bereitwilliger) Protonenspender.

Alle in diesem Lehrgang folgenden Aussagen über verdünnte wäßrige Säurelösungen beziehen sich auf Lösungen mit $c(HB, aq) \geq 10^{-2}$ mol/L. In diesen Fällen können die von der Autoprotolyse des Wassers [L 49] stammenden Hydroxonium-Ionen $H_3O^+(aq)$ und Hydroxid-Ionen $OH^-(aq)$ stets vernachlässigt werden (bei kleineren Säurekonzentrationen ist dies nicht immer zulässig).

Ein Beispiel einer starken Säure ist das farblose, aggressiv stechend riechende Gas Chlorwasserstoff (HCl). Seine wäßrigen Lösungen nennt man Salzsäure [Symbol: HCl(aq)]. In der Salzsäure liegt das Gleichgewicht

$$H_2O(l) + HCl(aq) \rightleftharpoons H_3O^+(aq) + Cl^-(aq)$$

extrem stark auf der rechten Seite, d.h. $c(HCl, aq)$ ist vernachlässigbar klein!

Eine Salzsäure mit $c(HCl, aq) = 1$ mol/L hat somit folgende Stoffmengenkonzentrationen (Teilchenkonzentrationen), da $c(HCl, aq)$ vernachlässigbar ist:

$c(H_3O^+, aq) = 1$ mol/L und $c(Cl^-, aq) = 1$ mol/L

Aus dem Ionenprodukt des Wassers (K_W, [L 50]) kann bei bekannter $c(H_3O^+, aq)$ sofort auf die $c(OH^-, aq)$ geschlossen werden. Für $c(H_3O^+, aq) = 1$ mol/L wird $c(OH^-, aq) = 10^{-14}$ mol/L [A 50-6].

Löst man 0,1 mol HCl(g) in einem Liter Wasser, so gilt in dieser Salzsäure:

$c(H_3O^+, aq) = 10^{-1}$ ml/L; $c(OH^-, aq) = 10^{-13}$ mol/L;
$c(Cl^-, aq) = 10^{-1}$ mol/L

Aus praktischen Gründen wird $c(H_3O^+, aq)$ durch den sog. pH-Wert angegeben. Dieser Zahlenwert ist definiert als negativer Zehnerlogarithmus (lg) des Zahlenwertes der Konzentration der gelösten Hydroxonium-Ionen $H_3O^+(aq)$:

$$pH = -lg\, c(H_3O^+, aq)$$

Das Kürzel pH leitet sich ab von pondus hydrogenii, also vom „Gewicht" der H-Ionen-Konzentration $H^+(aq)$ oder $H_3O^+(aq)$. Die beiden letzterwähnten Symbole $H^+(aq)$ und $H_3O^+(aq)$ bedeuten dasselbe, nämlich in wäßriger Lösung vorliegende Protonen.

Mit p als Präfix bezeichnet man in der Chemie negative Zehnerlogarithmen.

Fragen zu L 51

1. Welchen pH hat die Salzsäure von [L 51], die die Stoffmengenkonzentration $c(Cl^-, aq) = 0,1$ mol/L hat?
2. Welchen pH hat eine HCl(aq) mit $c(OH^-, aq) = 10^{-14}$ mol/L?
3. Welchen pH hat reines Wasser von 22 °C?
4. In welchem Bereich müssen die pH-Werte verdünnter wäßriger Säurelösungen liegen? Nach [L 50] darf eine verdünnte wäßrige Lösung nicht mehr als insgesamt 2 mol/L gelöste Stoffteilchen enthalten.
5. Man leitet 3,6 g HCl(aq) in 500 mL (Milliliter) Wasser ein. Welchen pH hat die entstandene Salzsäure HCl(aq)?
6. Analog dem pH-Wert läßt sich ein pOH-Wert als Maß für $c(OH^-, aq)$ definieren. Welchen pOH hat demzufolge eine wäßrige Lösung, die 4 g NaOH(aq) in einem Liter enthält?
   Geben Sie zudem an, welchen pH diese Lösung hat.

L 52   Lernschritt 52: Die Essigsäure

Essigsäure hat die Konstitutionsformel CH$_3$COOH. Mit dieser Schreibweise ist die nebenstehende Valenzstrichformel eindeutig festgelegt. Es gibt eben noch andere Möglichkeiten, zwei C-, vier H- und zwei O-Atome zu einem Molekül zu verknüpfen; in diesen Fällen handelt es sich aber um Moleküle von Stoffen, die ganz andere Eigenschaften haben als die Essigsäure (siehe Organische Chemie).

Reine Essigsäure (nur Moleküle CH$_3$COOH vorliegend) ist bei Raumtemperatur eine klare, farblose Flüssigkeit mit stechenden, die Augen zu Tränen reizenden Dämpfen. Da sie unterhalb von 16,7 °C zu einer eisähnlichen Masse erstarrt, wird reine Essigsäure auch als Eisessig bezeichnet. Eisessig ist eine großtechnische Chemikalie; sie wird in tausenden von Tonnen jährlich verwendet für die Herstellung aller möglichen Produkte wie Kunstseide, Farbstoffe, Arzneimittel.

Essigsäure ist (in Form von Essig) unter allen Säuren am frühesten entdeckt worden; sie war schon im Altertum bekannt (Herstellung von Weinessig durch Essigsäuregärung von Wein). Der Haushaltsessig ist eine Essigsäure-Lösung mit c(CH$_3$COOH, aq) von etwa 1 mol/L; er wird zum Würzen von Speisen und für Konservierungszwecke gebraucht.

Obwohl Essigsäure-Moleküle vier Wasserstoffatome enthalten, ist die Substanz nur eine sog. einprotonige Säure. Nur das an O gebundene H-Atom kann als Proton ans Wasser abgegeben werden (sog. saures Proton). Demzufolge liegen in wäßrigen Essigsäure-Lösungen Protolysengleichgewichte der folgenden Art vor:

$$H_2O(l) + CH_3COOH(aq) \rightleftharpoons H_3O^+(aq) + CH_3COO^-(aq)$$

Das durch Deprotonierung (Protonenabgabe) des Essigsäure-Moleküls entstehende Ion CH$_3$COO$^-$ heißt Acetat-Ion. Das obenstehende Gleichgewicht liegt stark links; für verdünnte Essigsäure-Lösungen (c zwischen 1 und 10^{-2} mol/L) gilt mit guter Näherung, daß 100 Moleküle CH$_3$COOH(aq) im Mittel nur je ein Ion H$_3$O$^+$(aq) und CH$_3$COO$^-$(aq) erzeugen. Essigsäure ist also eine schwache Säure. – Trotzdem wird c(H$_3$O$^+$, aq) einer Essigsäure-Lösung größer als 10^{-7} mol/L, weil zusätzlich H$_3$O$^+$-Ionen gebildet werden. Daß auch in solchen Fällen die durch Autoprotolyse des Wassers gebildeten Hydroxonium-Ionen vernachläßigt werden können, zeigen die nachfolgenden beiden Beispiele. Merken Sie sich aber zuvor die angegebene Faustregel, wonach etwa 100 gelöste Essigsäure-Moleküle nur eine zusätzliches Hydroxonium-Ion erzeugen! Die Essigsäure ist nämlich ein erstes Beispiel der zahlreichen und wichtigen organischen Säuren, bei denen hinsichtlich der Säurestärke ähnliches gilt.

1. In einer Essigsäure-Lösung mit $c(CH_3COOH, aq) = 1$ mol/L wird die durch die Essigsäure erzeugte Hydroxonium-Ionen-Konzentration $c(H_3O^+, aq)$ ungefähr 10^{-2} mol/L. In reinem Wasser ist $c(H_3O^+, aq) = 10^{-7}$ mol/L, d.h. hundertausendmal kleiner! Die Autoprotolyse (Selbst-Protolyse) des Wassers kann also glatt vernachlässigt werden. Somit hat die Essigsäure-Lösung mit $c(CH_3COOH, aq) = 1$ mol/L, was etwa dem Haushaltsessig entspricht, einen pH von rund 2.

2. Auch in einer Essigsäure-Lösung mit $c(CH_3COOH, aq) = 10^{-2}$ mol/L spielt die Autoprotolyse des Wassers nur eine vernachlässigbare Rolle. Mit der Faustregel

$$c(CH_3COOH, aq): c(H_3O^+, aq) = 100:1$$

läßt sich errechnen, daß die durch die Essigsäure erzeugte Hydroxonium-Ionen-Konzentration etwa 10^{-4} mol/L wird. Die im Wasser bereits vorhandenen Hydroxonium-Ionen machen mit $c(H_3O^+, aq) = 10^{-7}$ mol/L nur etwa ein Promille davon aus.

Es ist klar, daß bei noch verdünnteren Lösungen – die aber den Namen Säurelösungen kaum mehr verdienen (sie schmecken z.B. nicht mehr sauer) – die Autoprotolyse des Wassers nicht mehr vernachlässigt werden darf. Solche Fälle besprechen wir aber in diesem Lehrgang nicht.

Fragen zu L 52

1. Wir haben in [L 51] erfahren, daß beim Einleiten von HCl(g) in Wasser die sog. Salzsäure HCl(aq) entsteht. – Entsteht beim Einleiten von Methangas $CH_4(g)$ in Wasser ebenfalls eine saure Lösung?
2. Welchen pH hat eine Essigsäure-Lösung mit $c(CH_3COOH, aq) = 0,1$ mol/L ungefähr?
3. Wie groß ist pOH der Lösung [F 52-2] und was bedeutet das?
4. Zu einem Volumenteil Haushaltsessig gibt man neun Volumenteile Wasser. Welchen pH hat die entstehende Lösung ungefähr?
5. In Lösungen von pH < 4 ist das Wachstum von Mikroorganismen gehemmt. In welcher Weise wird diese Tatsache ausgenützt?
6. Buttersäure – in Spuren in ranziger Butter vorhanden – ist eine farblose, stark überriechende Flüssigkeit. Buttersäure hat die Formel $CH_3(CH_2)_2COOH$; hinsichtlich der Säurestärke entspricht sie ungefähr der Essigsäure.
Welchen pH hat eine wäßrige Lösung etwa, die im Liter 8,8 g Buttersäure enthält.

L 53   Lernschritt 53: Alkalische Lösungen

Für unsere Geschmackssinne sind sauer und süß Gegensätze; während die Empfindung sauer immer auf einer erhöhten $c(H_3O^+, aq)$ beruht [A 51-4], wird der süße Geschmack durch eine Unzahl von Stoffarten hervorgerufen, die chemisch oft keine Ähnlichkeit haben. Das chemische Gegenstück saurer Lösungen sind jedoch alkalische; der Name alkalisch stammt vom arabischen Wort „al kalja" für die aus der Asche von See- und Strandpflanzen ausgelaugten Stoffe, die Natrium- und Kalium-Verbindungen enthalten und Säurelösungen neutralisieren können. Diese beiden eigentlichen Alkalimetalle Natrium und Kalium haben den Elementen der I. Hauptgruppe des PSE die Gruppenbezeichnung Alkalimetalle gegeben.

Eine wichtige alkalische Lösung für Labor und Technik ist die sog. Natronlauge, die wäßrige Lösung der Ionenverbindung Natriumhydroxid (NaOH). Natronlauge wird in großen Umfang für die Seifenherstellung, aber auch in der Farbstoff- und Textilindustrie verwendet; sie dient auch zur Reinigung von Fett, Öl und Petroleum. Natronlauge NaOH(aq) fühlt sich – wie alle alkalischen Lösungen! – seifig-schlüpfrig an und ätzt Haut und Schleimhäute (gefährlich fürs Auge!); daher wird NaOH(s), ein weißer Feststoff, Ätznatron genannt.

Durch das Auflösen von Hydroxiden (Ionenverbindungen mit Hydroxid-Ionen OH^-) wird $c(OH^-, aq)$ erhöht, was nach K_W [L 50] eine Verkleinerung von $c(H_3O^+, aq)$ zur Folge hat. Daher haben alkalische Lösungen pH-Werte größer als 7!

Nun können aber alkalische Lösungen (pH >7) auch dadurch entstehen, daß Stoffteilchen in Lösung gebracht werden, die dem Wasser Protonen H^+ entziehen und auf diese Weise $c(OH^-, aq)$ erhöhen. Ein sehr wichtiges Beispiel einer solchen Stoffart ist Ammoniak NH_3, dessen Weltjahresproduktion über 100 Millionen Tonnen beträgt. Leitet man das farblose, charakteristisch stechend riechende Gas $NH_3(g)$ in Wasser ein, so entsteht eine alkalische Lösung, weil sich das Protolysengleichgewicht

$$NH_3(aq) + H_2O(l) \rightleftharpoons NH_4^+(aq) + OH^-(aq)$$

einstellt. Ammoniak-Moleküle vermögen an ihrem nichtbindenden Elektronenpaar an N [A 16-5] ein Proton anzulagern, wodurch das genau tetraedrisch gebaute Ammonium-Ion NH_4^+ entsteht. Das Ammonium-Ion ist ein weiteres Beispiel für ein positiv geladenes Ion, das nur aus Nichtmetallatomen besteht (wie auch H_3O^+); während aber Hydroxonium-Salze nur in Ausnahmefällen beständig sind [F 50-5], existieren viele Ammonium-Salze; sie sind übrigens analog den Rubidium-Salzen gebaut, weil Rubidium-Ion Rb^+ etwa gleichgroß wie das Ammonium-Ion NH_4^+, ist.

Da das Salz Ammoniumchlorid (NH_4Cl, Ionen NH_4^+ und Cl^-) in der Nähe eines Tempels des AMMON vorkam, wurde es als „Sal ammoniacum" (Salz des AMMON) bezeichnet, woraus sich das Wort Salmiak entwickelte. Versetzt man Salmiak mit Natronlauge, so entweicht beim Erwärmen das charakteristisch stechend riechende Ammoniakgas, das als Salmiakgeist bezeichnet wurde (der Geist, der aus dem Salmiak entweicht).

Ammoniak ist ein Beispiel einer schwachen Base. Basen sind – im Gegensatz zu den Säuren – nach BRØNSTEDscher Definition [L 51] – Protonenfänger, d.h. Partikeln, die H^+ anzulagern vermögen. Das Protolysengleichgewicht von NH_3 in Wasser

$$NH_3(aq) + H_2O(l) \rightleftharpoons NH_4^+(aq) + OH^-(aq)$$

liegt stark links. Von 100 gelösten Ammoniak-Molekülen $NH_3(aq)$ liegt in verdünnten wäßrigen Lösungen nur etwa eines in Form des Ammonium-Ions $NH_4^+(aq)$ vor, d.h. 100 gelöste NH_3-Moleküle erzeugen im Mittel etwa ein zusätzliches Hydroxid-Ion OH^-. Da Abkömmlinge (sog. Derivate) des Ammoniaks, die sog. Amine, als organische Basen große Bedeutung haben und deren Basenstärke in etwa der des Ammoniaks entspricht, müssen Sie sich diese Faustregel merken!

Es ist bemerkenswert, daß die (schwachen) organischen Säuren [L 52] etwa gleichviel $H_3O^+(aq)$ erzeugen wie die (schwachen) organischen Basen $OH^-(aq)$ bilden!

Fragen zu L 53

1. Welchen pH hat eine wäßrige Lösung von Kaliumhydroxid, welche 2,8 g KOH im Liter enthält?
2. Welchen pH hat eine Aminomethanlösung mit $c(CH_3NH_2, aq) = 0,1$ mol/L ungefähr?
3. Welche Reaktion spielt sich bei der Entwicklung von Salmiakgeist ab, wenn Salmiak mit Natronlauge versetzt und anschließend erwärmt wird?
4. Auf welche Weise können wir mit unseren Sinnen alkalische und saure Lösungen unterscheiden?
5. Wie heißen die nachstehend aufgeführten Salze?
   a) NH_4CH_3COO b) NH_4Br c) $(NH_4)_2S$ d) $Ba(OH)_2$
   e) $LiOH$ f) $Al(CH_3COO)_3$
6. Geben Sie aufgrund der obenstehenden Formeln [F 53-5] an, wann bei Salzformeln, die mehratomige Ionen enthalten, diese in runde Klammern gesetzt werden. Die Regel, wonach die positive Ionenart an erster Stelle geschrieben wird, hat übrigens bei allen Salzen Gültigkeit.

Mischt man 0,5 L einer Salzsäure mit $c(HCl, aq) = 0,2$ mol/L (diese Stoffportion enthält 0,1 mol H_3O^+-Ionen und 0,1 mol Cl^--Ionen!) mit 0,5 L einer Natronlauge mit $c(NaOH, aq) = 0,2$ mol/L (diese Stoffportion enthält 0,1 mol Na^+-Ionen und 0,1 mol OH^--Ionen), so erhält man eine neutrale Lösung (pH 7), was in [AK 9–12] kurz erwähnt, nachstehend aber ausführlich besprochen wird.

Wenn wir annehmen, daß sich während des Mischens keine Reaktion abspielt, so müssen sich die gelösten Stoffteilchen im vorliegenden Fall auf das Volumen von einem Liter verteilen. In unserer fiktiven Mischung hätten wir demzufolge die nachstehend angegebenen Stoff(teilchen)mengenkonzentrationen:

$c(H_3O^+, aq) = 0,1$ mol/L und $c(Cl^-, aq) = 0,1$ mol/L

$c(Na^+, aq) = 0,1$ mol/L und $c(OH^-, aq) = 0,1$ mol/L

In dieser Mischung gälte also: $c(H_3O^+, aq) \cdot c(OH^-, aq) = 10^{-2}$ mol^2/L^2. Dieser Wert ist aber um zwölf Zehnerpotenzen zu groß, da sich in jeder verdünnten wäßrigen Lösung $K_W = 10^{-14}$ mol^2/L^2 (sehr rasch) einstellt [L 50]. Somit muß die Neutralisationsreaktion $H_3O^+(aq) + OH^-(aq) \rightarrow 2\ H_2O(l)$ ablaufen und zwar praktisch vollständig, wie die nachstehenden Betrachtungen zeigen:

In der fiktiven Mischung (ohne Neutralisation) wären die Konzentrationen von $H_3O^+(aq)$ und $OH^-(aq)$ je 0,1 mol/L gewesen. In der tatsächlichen Mischung (nach der Neutralisation) betragen sie aber nur noch je 10^{-7} mol/L. Das bedeutet, daß sich durch die Neutralisation die Konzentrationen beider Ionenarten um sechs Zehnerpotenzen vermindert haben, d.h. nur noch je ein millionstel Teil übrigbleibt! – Es ist also eine Kochsalzlösung mit $c(NaCl, aq) = 0,1$ mol/L entstanden; die Partikelgleichung [A 53-3] dieser Reaktion ist die im vorangehenden Abschnitt stehende Gleichung für die Neutralisationsreaktion. Als Reaktionsgleichung erfaßt man diese Reaktion so:

$HCl(aq) + NaOH(aq) \rightarrow NaCl(aq) + H_2O(l)$

Mischt man 0,5 L einer Essigsäure mit $c(CH_3COOH, aq) = 0,2$ mol/L (enthaltend ungefähr 0,099 mol $CH_3COOH(aq)$, 0,001 mol CH_3COO^- und 0,001 mol $H_3O^+(aq)$ [L 52!]) mit 0,5 L einer Natronlauge mit $c(NaOH, aq) = 0,2$ mol/L [enthaltend 0,1 mol $Na^+(aq)$ und 0,1 mol $OH^-(aq)$], so gälte für eine fiktive Mischung (ohne Reaktion): $c(CH_3COOH, aq) = 0,099$ mol/L, $c(CH_3COO^-, aq) = 10^{-3}$ mol/L und $c(H_3O^+, aq) = 10^{-3}$ mol/L (von der Essigsäure stammend) sowie $c(Na^+, aq) = 0,1$ mol/L und $c(OH^-, aq) = 10^{-1}$ mol/L (von der Natronlauge stammend).

Ohne Reaktion gälte also $c(H_3O^+, aq) \cdot c(OH^-, aq) =$
10^{-3} mol/L $\cdot$ 10^{-1} mol/L, was 10^{-4} mol^2/L^2 ergibt. Dieser Wert ist aber um zehn Zehnerpotenzen größer als der Wert von K_W (10^{-14} mol^2/L^2), der sich in jeder verdünnten wäßrigen Lösung sehr rasch einstellt; daher läuft die Neutralisationsreaktion ab.

Nun stört die ablaufende Neutralisationsreaktion fortwährend das Protolysengleichgewicht der Essigsäure in Wasser! Weil die Neutralisation H_3O^+(aq) verbraucht, ist die Geschwindigkeit der Rückreaktion des nachstehenden Gleichgewichts

$$H_2O(l) + CH_3COOH(aq) \rightleftharpoons H_3O^+(aq) + CH_3COO^-(aq)$$

fortwährend kleiner als die der Hinreaktion, womit die Reaktion von links nach rechts abläuft (Entfernung eines Endstoffs [L 47]!). Somit geht die gesamte gelöste Essigsäure (CH$_3$COOH, aq) in ihre deprotonierte Form CH$_3$COO$^-$(aq) (Acetat-Ion) über, sofern genügend OH$^-$(aq)-Ionen vorhanden sind, um entstehende H$_3$O$^+$(aq) zu neutralisieren. Da in unserem Fall je 0,1 mol NaOH(aq) und CH$_3$COOH(aq) miteinander reagieren, läßt sich die Reaktionsgleichung wie folgt schreiben:

$$CH_3COOH(aq) + NaOH(aq) \rightarrow NaCH_3COO(aq) + H_2O(l)$$

Die entstehende Lösung von Natriumacetat mit c(NaCH$_3$COO, aq) reagiert (im Unterschied zu einer Kochsalzlösung) schwach alkalisch. Dies beruht darauf, daß die Acetat-Ionen, die von der schwachen Esigsäure stammen, in kleinem Ausmaß Protonen einfangen, d.h. im Wasser als schwache Basen wirken.

Fragen zu L 54

1. Wie lautet die Partikelgleichung [A 53-3] für das Protolysengleichgewicht von Acetat-Ionen in Wasser?
2. Von 10000 CH$_3$COO$^-$(aq) liegt im Gleichgewicht [A 54-1] etwa eines in Form von CH$_3$COOH(aq) vor. Welchen pH hat damit eine Lösung mit c(NaCH$_3$COO) = 0,1 mol/L?
3. Warum wirkt Cl$^-$(aq) in Wasser nicht als Base [Unterschied zu CH$_3$COO$^-$(aq)]?
4. Man mischt je 0,5 L einer Ammoniak-Lösung mit c(NH$_3$, aq) = 0,2 mol/L und einer Salzsäure mit c(HCl, aq) = 0,2 mol/L. Zeigen Sie, daß sich die Neutralisation vollständig abspielen muß und geben Sie an, woraus die Mischung besteht.
5. Lösungen von NH$_4$Cl reagieren schwach sauer. Die dafür verantwortlichen Säurepartikeln erzeugen pro rund 10000 Stück nur ein zusätzliches H$_3$O$^+$(aq). Welchen pH hat demzufolge eine Ammoniumchlorid-Lösung mit c(NH$_4$Cl, aq) = 0,1 mol/L ungefähr?
6. Welchen pH müssen verdünnte Lösungen von Ammoniumacetat ungefähr haben?

Lernschritt 55: Wäßrige Säurelösungen und unedle Metalle

Schon in [L 5] wurde von edlen und unedlen Metallen gesprochen und ausgesagt, daß sich die edlen Metalle durch größere Beständigkeit gegenüber Zersetzungsreaktionen (Korrosion) von den unedlen unterschieden. Definiert ist die Grenze zwischen edlen und unedlen Metallen, wie wir in [A 90-6] sehen werden, wie folgt: unedle Metalle werden von verdünnten wäßrigen Säurelösungen (genau von Lösungen mit $c(H_3O^+, aq) = 1$ mol/L) unter Entwicklung von Wasserstoffgas aufgelöst, während edle Metalle von solchen Lösungen nicht angegriffen werden.

Die Reaktion mit unedlen Metallen ist – wie der saure Geschmack – ein allgemeines Merkmal wäßriger Säurelösungen. Aufgrund dieses Merkmals wurde in der ersten Hälfte des 19. Jahrhunderts das saure Prinzip dem Wasserstoff zugeschrieben [L 51].

Gibt man z.B. ein Blech von elementarem Magnesium (Mg) in Salzsäure, so beobachtet man, daß sich an ihm Bläschen eines farblosen Gases bilden. Das entweichende Gas ist geruchlos und brennbar. Hält man die Mündung des Reagenzglases, in dem sich die Reaktion abspielt, in eine Flamme, so verbrennt dieses Gas (oft unter jaulendem Geräusch, je nach Mischungsverhältnis mit der Luft). Dieses brennbare, farb- und geruchlose Gas ist elementarer Wasserstoff $H_2(g)$.

Nach einiger Zeit hat sich das Mg-Blech im wäßrigen System vollständig aufgelöst. – Welche Reaktion muß sich demzufolge abgespielt haben?

Das metallische (elementare) Magnesium muß vollständig in eine Magnesium-Verbindung überführt worden sein. Seit [L 9] ist uns bekannt, daß Mg in seinen Verbindungen in Form von Mg^{2+}-Ionen vorliegen muß. Bei der Entstehung von Mg^{2+}-Ionen aus Mg-Atomen müssen die Mg-Atome zwei Elektronen abgeben, was im Fall des Mediums wäßrige Lösung mit folgender Partikelgleichung erfaßbar ist:

$$Mg(s) - 2\ e^- \rightarrow Mg^{2+}(aq)$$

Die beiden Elektronen (e^-) müssen von einem Reaktionspartner aufgenommen werden; sonst wäre eine Elektronenabgabe nicht möglich. Es liegt auf der Hand, daß es sich dabei um die sich im Wasser befindenden Protonen $H^+(aq)$ handeln muß ($H^+(aq)$ und $H_3O^+(aq)$ bedeuten dasselbe, nämlich hydratisierte Protonen). Mit der einfacheren Schreibweise $H^+(aq)$ lautet die Partikelgleichung für die Elektronenaufnahme:

$$2\ H^+(aq) + 2\ e^- \rightarrow H_2(g)$$

Durch Addition der Teilpartikelgleichungen erhält man die Gesamtpartikelgleichung:

$$Mg(s) + 2\ H^+(aq) \rightarrow Mg^{2+}(aq) + H_2(g)$$

Die Chlorid-Ionen Cl^-(aq) der Salzsäure nehmen also an der Reaktion nicht teil; sie liegen im Reaktionsprodukt neben den Ionen Mg^{2+}(aq) vor. Weil H_2(g) entweicht, läuft im offenen Gefäß der Vorgang vollständig ab. Als Reaktionsgleichung (nur die Formeln der Ausgangs- und Endstoffe enthaltend) läßt sich somit schreiben:

$$Mg(s) + 2\ HCl(aq) \rightarrow MgCl_2(aq) + H_2(g)$$

Engt man nun die Magnesiumchlorid-Lösung $MgCl_2$(aq) vorsichtig ein – unter „Einengen einer Lösung" versteht man das teilweise Abdampfen des Lösungsmittels –, so kristallisiert das farblose Salz der Zusammensetzung $MgCl_2 \cdot 6\ H_2O$ aus (siehe [F 29-6]).

Andererseits beobachtet man keine Reaktion, wenn Bleche von edlen Metallen wie Kupfer (Cu), Silber (Ag), Gold (Au) oder Platin (Pt) in Salzsäure gelegt werden. Offensichtlich finden hier keine Übergänge von Elektronen auf die H_3O^+(aq)-Ionen statt. (siehe später, Kapitel 18, Elektrochemie).

Unedel sind die elementaren Metalle der Hauptgruppen sowie einige wichtige Übergangsmetalle (Nebengruppenelemente) wie Eisen (Fe, bildet unter Luftausschluß mit H_3O^+(aq) Fe^{2+}-Ionen), Zink (bildet Zn^{2+}-Ionen), Cadmium (Cd^{2+}) u.a.m.

Fragen zu L 55

1. Wie lauten die Teilpartikelgleichungen, die Partikelgleichung und die Reaktionsgleichung für die Reaktion von Zinkmetall (Zn) mit Essigsäure-Lösung CH_3COOH(aq)?
2. Wieviel mol HCl(aq) werden umgesetzt, wenn 6,5 g Zinkmetall in Salzsäure aufgelöst werden?
3. Bei Standardbedingungen werden bei der Reaktion von Cadmiummetall (Cd) mit Essigsäure-Lösung 2,45 Liter H_2(g) freigesetzt. Wieviel Gramm Cadmiummetall wurden dabei aufgelöst (siehe [F 36-2])?
4. In Essigsäure-Lösungen sind nach [L 52] nur etwa 1 % der abgebbaren Protonen im Gleichgewicht als H^+(aq) vorhanden. Trotzdem laufen die Reaktionen von Essigsäure-Lösungen mit unedlen Metallen im offenen Gefäß vollständig ab. Erklären Sie diesen Sachverhalt.
5. Wie lauten Partikel- und Reaktionsgleichung für $Al(s)$ + CH_3COOH(aq)?
6. Man mischt einen Liter Essigsäure mit $c(CH_3COOH, aq) = 2$ mol/L mit einem Liter Ammoniak-Lösung mit $c(NH_3, aq) = 2$ mol/L. Woraus besteht das Reaktionsprodukt?

Lernschritt 56: pH-Indikatoren

Bisher haben wir zwei allgemeine Merkmale wäßriger Säurelösungen kennengelernt, den sauren Geschmack [L 51] und die Reaktion mit unedlen Metallen [L 55]. Ein weiteres Merkmal wäßriger Säurelösungen ist die Tatsache, daß sie die Farbe vieler Farbstoffe in charakteristischer Weise zu verändern vermögen; solche Farbstoffe nennt man pH-Indikatoren (pH-Anzeiger).

Alkalische Lösungen können die durch Säurelösungen bewirkte Farbänderung von pH-Indikatoren rückgängig machen; erneuter Säurezusatz läßt wiederum die für Säuren charakteristische Farbe erscheinen usw. – Das bedeutet, daß die Partikeln der Indikatorfarbstoffe Protonen aufnehmen bzw. abgeben können. Wir wollen in der Folge als allgemeines Symbol der protonierten (der mit Protonen beladenen) Form eines pH-Indikators HIn verwenden. In Wasser bildet diese Partikelart das folgende Protolysengleichgewicht:

$$H_2O(l) + HIn(aq) \rightleftharpoons H_3O^+(aq) + In^-(aq)$$

Ein Farbstoff HIn ist nur dann ein pH-Indikator, wenn seine Farbe anders ist als die der deprotonierten Form In⁻. Der Grund für die Farbänderung zwischen protonierter und deprotonierter Form wird später (Kapitel 16, [L 78]) kurz besprochen.

Je saurer nun eine Lösung ist, d.h. je größer $c(H_3O^+, aq)$ ist, umso größer wird auch $c(HIn, aq)$ im Gleichgewicht, weil $In^-(aq)$ zunehmend protoniert wird [L 47]. Bei gleicher Farbintensität der protonierten und deprotonierten Form gilt, daß man mit bloßem Auge nur noch die Farbe derjenigen Form wahrnimmt, deren Konzentration zehnmal (oder mehr) größer als die der anderen Form ist. In stark saurem Milieu wird man also nur die Farbe von HIn(aq) sehen. Erhöht man aber den pH durch Zusatz einer alkalischen Lösung kontinuierlich, so tritt ab einem für jeden Indikator charakteristischen pH auch $In^-(aq)$ in wahrnehmbarer Konzentration auf; damit erscheint, wenn beide Formen gefärbt sind, eine Mischfarbe. Weitere kontinuierliche pH-Erhöhung verstärkt die Farbintensität von $In^-(aq)$, weil $c(In^-, aq)$ zunimmt, bis endlich nur noch die Farbe von $In^-(aq)$ sichtbar ist.

Der pH-Bereich von nicht mehr als zwei pH-Einheiten, in welchem die Farbe der einen Form nach und nach in die Farbe der anderen Form übergeht, heißt Umschlagsgebiet des pH-Indikators. pH-Indikatoren sind schwache organische Säuren; je nach Säurestärke unterscheiden sie sich hinsichtlich der Lage ihrer Umschlagsgebiete!

In der nachstehenden Abbildung sind vier Beispiele gebräuchlicher pH-Indikatoren angegeben; die Mitte des Umschlagsgebiets ist jeweils mit einem senkrechten Strich angegeben:

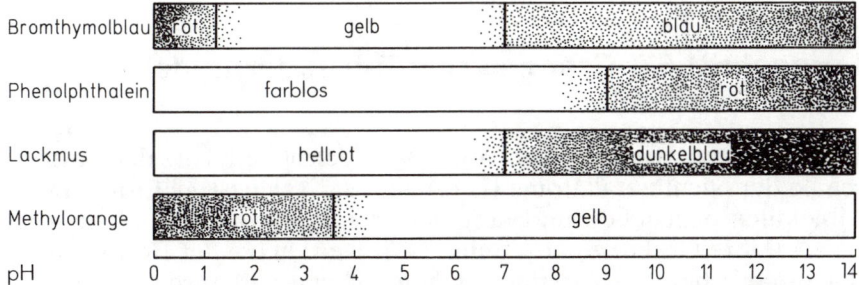

Die unterschiedlichen Umschlagsgebiete zahlreicher pH-Indikatoren werden für eine rasche pH-Bestimmung ausgenützt. Geeignete Mischungen von pH-Indikatoren ergeben sog. Universalindikatoren, die für verschiedene pH-Werte unterschiedliche Färbungen zeigen. Papiere oder Stäbchen, die mit solchen Universalindikatoren getränkt und anschließend getrocknet wurden, müssen nur kurz in die zu prüfende Lösung getaucht werden; die Farbe, die sie dadurch annehmen, kann mit einer beiliegenden Farbskala, die die dazugehörenden pH-Werte enthält, verglichen werden. Universalindikatoren, die einen pH-Bereich von 10 bis 12 Einheiten abdecken, gestatten eine rasche pH-Messung auf etwa eine Einheit genau. Spezielle Universalindikatoren, die nur kleine pH-Bereiche umfassen, ermöglichen die Messung bis auf einige Zehntel einer pH-Einheit.

Fragen zu L 56

1. Phenolphthalein (sprich: Fenol-fta-le-in) ist eine sog. einfarbiger Indikator. Was bedeutet dieser Ausdruck und welche Mischfarbe tritt im Umschlagsgebiet auf?
2. Bei welchen Indikatoren von [L 56] handelt es sich um zweifarbige? Welchen davon würden Sie wählen um abzuklären, ob eine Lösung sauer oder alkalisch ist?
3. Eine wäßrige Lösung läßt Bromtymolblau rot erscheinen. Was kann über den pH dieser Lösung ausgesagt werden?
4. Eine Mischung der pH-Indikatoren Methylorange und Bromthymolblau erscheint in wäßriger Lösung gelb. Welchen pH hat diese Lösung?
5. Bei welchem pH erscheint Bromthymolblau grün?
6. Welche Farbe hat eine Mischung von Phenolphthalein und Bromthymolblau bei pH 4, pH 7 und pH 10?

Lernschritt 57: Grenzen des Tetraedermodells

Bisher kamen wir mit dem sog. Tetraedermodell von der Außenschale der Nichtmetallatome [L 15] aus, um Valenzstrichformeln von Molekülen anzugeben und aufgrund der Elektronenpaarabstoßung [A 16-4] ihre Gestalt zu ermitteln. – Wir werden bei der Besprechung der organischen Verbindungen sehen, welche außerordentliche Leistungsfähigkeit diese einfachen Modellvorstellungen haben; so lassen sich viele Stoffe, die in der lebenden Natur vorkommen, mit diesen einfachen Vorstellungen verstehen.

Nun gibt es aber auch Substanzen mit Stoffteilchen (deren Existenz experimentell gesichert ist), die mit dem Tetraedermodell nicht mehr erklärt werden können. Die Existenz solcher Stoffteilchen kann man nicht aufgrund von Regeln vorhersagen! Man muß von irgendwoher (Mitteilung, Literatur, Datenbanken oder natürlich durch den experimentellen Befund, der stets am Anfang steht!) wissen, daß die jeweilige Partikelart existiert. Kennt man nun die Formel solcher Teilchen, so kann man deren Valenzstrichformeln und daraus (Elektronenpaarabstoßung) die Gestalt prognostizieren, wenn man die in diesem Kapitel erwähnten Regeln anwendet. Dies ist wichtig, weil die Gestalt der Stoffpartikeln in hohem Maße die Stoffeigenschaften mitbestimmt, wie wir am Beispiel des Wassers in [L 30] gesehen haben.

Ein erstes Beispiel dazu ist das seit langem bekannte, farb- und geruchlose, sehr giftige Gas Kohlenstoffmonoxid CO (abgekürzt gewöhnlich Kohlenmonoxid genannt). Die Giftigkeit des CO(g) beruht darauf, daß es das Hämoglobin des Blutes belegt, wodurch dieses den Sauerstoff O_2 nicht mehr zu den Körperzellen zu transportieren vermag. Kohlenmonoxid-Moleküle werden vom Hämoglobin rund 300mal stärker gebunden als Sauerstoff-Moleküle. Werden aber die Körperzellen nicht ausreichend mit Sauerstoff versorgt, so tritt der Tod ein. Schon ein Teilchenanteil von 0,01 % in der Atemluft kann die Leistungsfähigkeit beeinträchtigen. Die Giftwirkung von Zigarettenrauch beruht zum Teil auch auf dem CO(g)! Kohlenmonoxidgas bildet sich bei Verbrennungen C-haltiger Stoffe, vor allem bei hohen Temperaturen, weil dann das Gleichgewicht [A 46-5] nach links (im Sinne des endothermen Vorgangs) verschoben wird. Daher ist es gefährlich, Automotoren in geschlossenen Garagen laufen zu lassen. Auch Feuerwehrleute, die in brennende Gebäude eindringen, müssen wegen des CO(g) mit (geschlossenen) Kreislaufgeräten ausgerüstet werden, die sie mit reinem Sauerstoff versorgen, da Aktivkohlefilter von Gasmasken [A 32-3] das CO nicht zu adsorbieren vermögen.

CO(g) ist nicht nur ein Gas von hohem Heizwert (es verbrennt mit bläulicher Flamme), es ist auch ein wichtiger Ausgangsstoff für die Synthese organisch-chemischer Verbindungen (z. B. das Synthesegas [FK 9-7]).

Welche Valenzstrichformel hat nun das CO-Molekül? – Es ist offensichtlich, daß eine Konstruktion mit der Tetraedermodellvorstellung kein Molekül ergibt, in dem beide Atomarten Edelgaskonfiguration haben:

$$\overset{\cdot}{\underset{\cdot}{C}}\cdot \;+\; \overset{\cdot}{\underset{\cdot}{O}}\rangle \;\longrightarrow\; \overset{\cdot}{\underset{\cdot}{C}} = O\rangle$$

Gelingt es nicht, mit dem Tetraedermodell ein Molekül zu konstruieren, so muß wie folgt vorgegangen werden: Die Summe der Valenzelektronen wird durch zwei dividiert; damit erhält man die Anzahl der Valenzelektronenpaare. Diese sind durch Ausprobieren so zu verteilen, daß jedes Atom Edelgaskonfiguration erhält!

Im CO-Molekül ist die Summe der Valenzelektronen zehn; daher sind fünf Elektronenpaare gemäß der Edelgasregel zu verteilen, was nur auf die obenstehende Weise möglich ist:

$$|C \equiv O|$$

Experimentelle Befunde beweisen, daß im CO-Molekül tatsächlich die eben angegebene Konfiguration der Valenzelektronen vorliegt (Dreifachbindung zwischen den Atomen). Obschon das Tetraedermodell für die Erklärung dieses Moleküls versagt, gilt hier immer noch die Edelgasregel!

Fragen zu L 57

1. Überprüfen Sie, ob in den nachstehenden Stoffteilchen alle beteiligten Atome Edelgaskonfiguration haben oder nicht: H_2O, H_3O^+, OH^-, NH_3, NH_4^+.
2. Ist das Kohlendioxid-Molekül (Kohlenstoffdioxid) mit dem Tetraedermodell erklärbar?
3. Das Salz Kaliumcyanid hat die Formel KCN; es ist aus der Kriminalliteratur als Cyankali – ein sehr starkes Gift – bekannt. Aus welchen Ionen muß dieses Salz bestehen? Bei mehratomigen Ionen ist deren Valenzstrichformel anzugeben.
4. Sind die Ionen des Kaliumcyanids [A 57-3] mit Tetraedermodell und Edelgasregel erklärbar?
5. Es gibt zwei Salze, die das sog. Nitrosyl-Ion NO^+ enthalten. Welche Valenzstrichformel hat dieses Ion? Läßt sich dieses Ion mit dem Tetraedermodell erklären?
6. Die Partikeln CO, N_2 und NO^+ werden als isoelektronische Teilchen bezeichnet. Was bringt man damit zum Ausdruck (zum Präfix iso siehe [L 3])?

L 58

Unter einem Komplex versteht man ein aus Zentralteilchen und die es umgebenden Liganden zusammengesetztes Gebilde [F 11-1]. Dazu gehören auch die in wäßrigen Lösungen von Ionen vorliegenden Aquakomplexe ([L 40], aber auch H_3O^+(aq) usw.). Wir wollen nun aber eine Anzahl wichtiger Ionenarten kennenlernen, bei denen die eine Atomart Zentralteilchen und die anderen Atomarten Liganden sind.

Ein Beispiel eines solchen Komplex-Ions ist uns schon bekannt, das Ammonium-Ion NH_4^+. Hier ist N das Zentralteilchen und die vier H-Atome sind die Liganden. Das Ammonium-Ion ist exakt tetraedrisch gebaut, da sich die Elektronenpaare der vier identischen Bindungen N—H gegenseitig gleichstark abstoßen.

Wir wollen nun das sog. Sulfat-Ion besprechen, das die Formel SO_4^{2-} hat. Es tritt in wäßrigen Lösungen der wichtigen Schwefelsäure [L 61] sowie in zahlreichen Salzen auf. Sein Bau kann mit den nachstehenden Regeln vorausgesagt werden:

1. Symmetrieregel: Es ist auffällig, daß die Natur symmetrische Anordnungen bevorzugt. Dies erkennt man an lebenden Organismen (Pflanzenblätter und Tiere haben Symmetrieebenen, die den Körper in zwei nahezu spiegelbildliche Hälften teilen) wie auch an den regelmäßigen Formen von Kristallen. Nach der Symmetrieregel bevorzugen Atome Anordnungen größter Symmetrie. Für SO_4^{2-} heißt das, daß das S-Atom das Zentralteilchen ist und die vier O-Atome die Liganden bilden.

2. Edelgasregel: Die Valenzelektronenpaare sind gemäß der Edelgasregel (alle Atome sollen Edelgaskonfiguration haben) zu verteilen. Im SO_4^{2-} ist die Valenzelektronenzahl 32, da sowohl S- als auch O-Atome je sechs Valenzelektronen haben und wegen der doppelt negativen Ladung zwei zusätzliche Elektronen vorliegen müssen. Die 16 Valenzelektronenpaare sind nun unter Berücksichtigung der nachstehenden Ringregel auf die Atome zu verteilen.

3. Ringregel: Ringgebilde [A 28-5!] gibt es praktisch nur dann, wenn mindestens die Hälfte der am Ring beteiligten Atome C-Atome sind (keine Regel ohne Ausnahmen, z.B. [A 25-5]).

4. Elektronenpaarabstoßung: Die Gestalt mehratomiger Partikeln kann fast immer mit der einfachen Modellvorstellung richtig vorausgesagt werden, wonach sich bindende (gemeinsame) Elektronenpaare (besetzte Orbitale, [L 15]) gegenseitig abstoßen und daher den größtmöglichen Abstand voneinander einnehmen.

Die Anwendung dieser Regeln ergibt für das Sulfat-Ion SO_4^{2-} die nachstehende Valenzstrichformel:

Die Symmetrieregel fordert, daß das S-Atom das Zentralteilchen ist und die vier O-Atome die Liganden bilden. Die 16 Elektronenpaare können nur wie nebenstehend verteilt werden, damit alle Atome Edelgaskonfiguration erreichen (S Argon-Konfiguration, die vier O Neon-Konfiguration). Nach der Ringregel sind zwischen den O-Atomen keine gemeinsamen Elektronenpaare zu erwarten.

F 58

Die vier Sauerstoff-Liganden sind im Sulfat-Ion SO_4^{2-} genau tetraedrisch um das Zentralatom S angeordnet, d.h. sie liegen in den Ecken eines Tetraeders, in dessen Zentrum sich das S-Atom befindet. Dies ist eine Folge der gegenseitigen Abstoßung der Elektronenpaare der (identischen) Bindungen S—O (4. Regel). Wegen der genau gleichgroßen Abstoßungskräfte nehmen diese Elektronenpaare den größtmöglichen Abstand voneinander ein.

Das Sulfat-Ion SO_4^{2-} liegt dem Molekül der technisch außerordentlich wichtigen Schwefelsäure H_2SO_4 zugrunde, das als doppelt protoniertes Sulfat-Ion aufgefaßt werden kann. Auch die Sulfate (Salze, die SO_4^{2-} enthalten) sind von großer Bedeutung. So gibt es in der Erdkruste mächtige Lager des wasserundurchlässigen Anhydrits, des Calciumsulfats $CaSO_4$, die als Endlagerstätten radioaktiver Abfälle diskutiert werden. Gebrannter Gips ist ein Material der Zusammensetzung $CaSO_4 \cdot \frac{1}{2} H_2O$; mit Wasser angerührt erstarrt er nach kurzer Zeit unter Ausbildung eines Kristallgitters der Zusammensetzung $CaSO_4 \cdot 2H_2O$ (Gips).

Fragen zu L 58

1. Phosphat-Ionen haben die atomare Zusammensetzung PO_4. Sie sind isoelektronisch [A 57-6] mit SO_4^{2-}. Welche Gestalt und welche Ladung haben Phosphat-Ionen?
2. Welche Gestalt und welche Ladung haben Perchlorat-Ionen (1 Cl- und 4 O-Atome) und Silicat-Ionen (1 Si- und 4 O-Atome), die isoelektrisch mit PO_4^{3-} sind?
3. Welche Gestalt hat das Sulfit-Ion SO_3^{2-}?
4. Welche Gestalt und Ladung haben die mit Sulfit-Ion [F 58-3] isoelektronischen Chlorat-Ionen, die die atomare Zusammensetzung ClO_3 haben?
5. Geben Sie die Valenzstrichformeln und die Gestalt der Ionen ClO^- (Hypochlorit-Ion) und ClO_2^- (Chlorit-Ion) an.
6. Welche Formeln haben die folgenden Salze:
   a) Ammoniumsulfat   b) Natriumsulfit   c) Aluminiumsulfat
   d) Natriumchlorat

Lernschritt 59: Mesomerie

Ein wichtiger Gesteinsbildner ist der Kalk, der in gut kristallisierter Form als Marmor bekannt ist. Reiner Kalk ist farblos (weiß); wegen verschiedenartigster Begleitstoffe können jedoch Kalkgesteine und Marmor in den mannigfaltigsten Färbungen auftreten.

Die chemische Formel $CaCO_3$ läßt erkennen, daß es sich bei Kalk um eine Ionenverbindung handeln muß, da metallische (Ca) und nichtmetallische Elemente (C und O) an seinem Aufbau beteiligt sind. Vom Element Ca ist uns bekannt, daß es als Erdalkalimetall (II. Hauptgruppe des PSE) nur in Form von doppelt positiven Ionen (Ca^{2+}) in seinen Verbindungen auftreten kann. Daher muß die negative Ionenart aus den doppelt negativ geladenen Carbonat-Ionen (CO_3^{2-}) bestehen.

Nach der Symmetrieregel [L 58] ist zu erwarten, daß in diesem Komplex-Ion das C-Atom das Zentralteilchen ist. Die Gesamtzahl der Valenzelektronen beträgt 24, weil die C-Atome deren vier und die drei O-Atome je deren sechs haben und infolge der doppelt negativen Ladung zwei zusätzliche Elektronen vorliegen müssen. Diese zwölf Elektronenpaare kann man nur in der nebenstehenden Weise so verteilen, daß alle Atome formal Edelgaskonfiguration haben.

Teilt man nun die gemeinsamen Elektronenpaare dieser Valenzstrichformel in Gedanken zu gleichen Teilen auf die Partneratome auf, so erhält das zuoberst stehende O-Atom sechs Valenzelektronen (seine zwei nichtbindenden Elektronenpaare plus zwei halbe Elektronenpaare der Doppelbindung), während die beiden unteren O-Atome sieben Valenzelektronen hätten (je drei Paare plus ein halbes Paar der Einfachbindung); damit haben diese O-Atome formal eine negative Ladung, weil O-Atome (neutral) nur sechs Valenzelektronen haben. – Ist es aber wahrscheinlich, daß in diesem Komplex, in dem doch alle Sauerstoff-Liganden die gleiche Elektronegativität [L 8] haben, diese Liganden unterschiedliche Anteile an der Valenzschale des C-Atoms beanspruchen?

Experimentelle Befunde (Elektronendichtekarten, die bei der Röntgenbeugungsanalyse anfallen) beweisen, daß alle drei Atombindungen zwischen C und O im Carbonat-Ion identisch sind! Dies läßt sich so interpretieren, daß wegen der gleichen Elektronegativität der Liganden diese identische Anteile der Valenzschale beanspruchen. Daher wäre eigentlich die rechtsstehende Valenzstrichformel am besten geeignet, um die symmetrische Elektronenverteilung im Carbonat-Ion zu beschreiben.

Diese letzterwähnte Valenzstrichformel wird nun – obschon sie die hochsymmetrische Elektronenverteilung am besten beschreiben würde – nicht verwendet, weil damit eine lieb und teuer gewordene heilige Kuh der Chemiker geschlachtet werden müßte, die Edelgasregel (das C-Atom hätte nur drei Valenzelektronenpaare!). Daher versuchte man sich wie folgt aus dieser Zwickmühle herauszuwinden: um die Edelgasregel formal nicht aufgeben zu müssen, wurden die drei nachstehend gezeichneten Valenzstrichformeln als sog. Grenzstrukturen bezeichnet; keine dieser Grenzstrukturen beschreibt die tatsächliche Elektronenverteilung; diese liegt inmitten („meso") dieser Grenzstrukturen (oder Teilchen, „meros"), weswegen man auch von der sog. Mesomerie spricht. Als Symbol für diesen Zustand dient der Zweifachpfeil:

Der Begriff „Mesomerie" ist also ein Eingeständnis dafür, daß die Edelgasregel für die Erklärung der Elektronenverteilung in gewissen (es gibt zahlreiche) Stoffteilchen nicht ausreicht. Eine Grenzstruktur ist eine falsche Valenzstrichformel; sie gibt die Elektronenverteilung unrichtig wieder! Man erkennt Grenzstrukturen immer daran, daß gleichen Liganden (in unseren Fällen meist Sauerstoffatomen) unterschiedliche Elektronenmengen zugeordnet sind; dies kann wegen der identischen Elektronegativität dieser Ligandenatome nicht richtig sein. Im Englischen wird eine Grenzstruktur als „resonance structure" bezeichnet, was zur irrigen Auffassung verleiten könnte, daß die Elektronen von einer Grenzstruktur zur anderen hin- und herschwingen, was nicht der Fall ist. Leider bürgert sich der Ausdruck „Resonanz" anstelle Mesomerie auch im deutschen Sprachgebrauch ein.

Fragen zu L 59

1. Nitrat-Ion (atomare Zusammensetzung NO_3) ist isoelektronisch mit CO_3^{2-}. Welche Ladung hat das Nitrat-Ion?
2. Welche Gestalt haben Carbonat- und Nitrat-Ionen?
3. Schwefel reagiert mit O_2 zu Schwefeldioxid SO_2. Welche Gestalt hat dieses Molekül?
4. $SO_2(g)$ kann mit Hilfe von Katalysatoren mit O_2 zu $SO_3(g)$ reagieren, was für die Schwefelsäureproduktion wichtig ist. Welche Gestalt hat das SO_3-Molekül?
5. Welche Gestalt hat das Ozon-Molekül O_3?
6. Sind Sulfit-Ionen [A 58-3] „mesomer"?

Lernschrift 60: Stickstoffoxide

Stickstoffoxide (abgekürzt als Stickoxide bezeichnet) sind Verbindungen des Stickstoffs und des Sauerstoffs. Wegen der Reaktionsträgheit des Luftstickstoffs $N_2(g)$ entstehen sie in der Luft nur bei hohen Temperaturen, etwa durch Blitzschläge. Durch menschliche Tätigkeit (motorisierter Verkehr, Feuerungsanlagen) werden sehr große Mengen von Stickstoffoxiden an die Atmosphäre abgegeben, was eine starke Umweltbelastung bedeutet.

Es sind viele verschiedene Stickstoffoxide bekannt, welche die Formeln N_2O, NO, NO_2 (weniger wichtige N_2O_2, N_2O_3, N_2O_4, N_2O_5 und N_2O_6) haben. Daher bezeichnet man Stickoxide oft mit der allgemeinen Formel NO_x, wobei x als Zahlenwert für die auf ein N-Atom entfallenden O-Atome steht. Stickstoffoxide bilden mit Luftfeuchtigkeit aggressive Säuren (Salpetrige Säure HNO_2 und Salpetersäure HNO_3) und tragen damit neben anderen Schadstoffen zu den sog. sauren Regen bei, die die Pflanzen schädigen. Eine weitere Schadwirkung von NO_x-Gasen tritt auf, wenn sie unter Einfluß von Licht mit dem Sauerstoff der Luft nach und nach das giftige Ozon O_3 [A 59-5] bilden, das nicht nur die Atemwege tierischer Organismen inklusive des Menschen, sondern auch das Pflanzenwachstum schädigt.

So unerwünscht also Ozon O_3 in der Troposphäre (bis 12 km Höhe, in der Wind und Wetter stattfinden) ist – der NO_x-Ausstoß muß massiv vermindert werden –, so erwünscht ist Ozon im Gegensatz dazu in höheren Schichten (25–30 km). Es vermag dort nämlich die lebensschädigende harte UV-Strahlung der Sonne zu absorbieren. Nun haben menschliche Einwirkungen (Treibgase von Spraydosen, sog. Fluor-Chlor-Kohlenwasserstoffe FCKW, aber auch Abgase des Flugverkehrs, welche mit Ozon reagieren) die Ozon-Schutzschicht zum Teil abgebaut (sog. Ozonloch über der Antarktis). Daher müssen Vorkehrungen getroffen werden, damit dieser Schutzschild nicht weiter schrumpft; leider kann das (unerwünschte) Ozon der Troposhäre die obere Schicht nicht regenerieren, da der Materieaustausch zwischen Troposphäre und der darüberliegenden Schicht sehr geringfügig ist.

Wir wollen nun mit den bisherigen Regeln [L 58 und L 59] die Valenzstrichformel des giftigen, rotbraunen und aggressiv chlorähnlich riechenden Stickstoffdioxids NO_2 ermitteln.

Nach der Symmetrieregel muß das N-Atom das Zentralatom sein. Die Zahl der Valenzelektronen ist ungerade, nämlich 17! Damit begegnen wir zum ersten Male einer elektrisch neutralen Partikel mit einem halbbesetzten Orbital; solche Teilchen sind in der Regel sehr reaktionsfähig; man nennt sie Radikale!

Das halbbesetzte Orbital (Einzelelektron, ·) muß dabei der Atomart mit der kleineren Elektronegativität zugeordnet werden.

Die acht Elektronenpaare können nicht mehr gleichmäßig auf die beiden O-Atome verteilt werden, ohne
das N-Atom noch mehr von Elektronen zu entblößen,
was mit der nebenstehenden – nicht gebräuchlichen! –
Schreibweise der Fall wäre. Man kann also nur die beiden obenstehenden Grenzstrukturen angeben. In der Tat sind die beiden Atombindungen zwischen N und O nachweisbar identisch (gleiche Elektro-
nendichten, völlig symmetrisch).

Die experimentell gesicherte gewinkelte Gestalt des NO_2-Mole-
küls ist eine Folge der Elektronenpaarabstoßung: Da sich die Elektronen der beiden kovalenten Bindungen zwischen N und O und das
halbbesetzte Orbital an N (•) gegenseitig abstoßen, sind diese drei
„Elektronenwolken" nach den Ecken eines Dreiecks gerichtet.

Mit sinkenden Temperaturen beginnt das Stickstoffdioxid zu
dimerisieren (di: 2, meros: Teil), d. h. „Doppelteile" mit der Formel
N_2O_4 zu bilden:

(alle Bindungen zwi-
schen N und O sind im
Dimer identisch!)

Moleküle von $N_2O_4(g)$ (Distickstofftetraoxid) sind planar
(Gesamtsystem mesomer [L 59]. Mesomere Gesamtsysteme erkennt
man daran, daß bei Valenzstrichformeln Einfach- und Doppelbindungen abwechseln!)

Fragen zu L 60

1. Geben Sie die Valenzstrichformel für das farblose, giftige Stickstoffmonoxid (mono: Zahlwort für 1) an.
2. Ist das Dimer des Stickstoffmonoxids linear (alle Atome auf einer
Geraden liegend) oder nicht?
3. Welchen Namen muß das Dimer des Stickstoffmonoxids haben?
4. N_2O (Distickstoffmonoxid) ist ein schwach süßlich riechendes,
farbloses Gas, das in kleinen Mengen eingeatmet einen rauscharti-
gen Zustand (Lachlust) hervorruft (sog. Lachgas, auch als Narko-
tikum verwendet). N_2O hat entgegen der Symmetrieregel die
Atomreihenfolge NNO. Welche Gestalt hat dieses Molekül?
5. Distickstofftrioxid (tri: drei) kann als Produkt einer Zusammenlagerung der Radikale NO und NO_2 aufgefaßt werden. Welche
Gestalt muß das Molekül daher haben?
6. Die experimentell ermittelte Elektronenstruktur des O_2-Moleküls
[L 17] ist $|\underline{\overline{O}} - \overline{O}•$. Handelt es sich bei diesem Teilchen um ein Radi-
kal?

Lernschritt 61: Die Schwefelsäure

Schwefelsäure, eine der wichtigsten Grundchemikalien, hat die Formel H_2SO_4. Sie wird für die Herstellung zahlreicher Stoffe, die wir tagtäglich benötigen, verwendet. Weltweit werden über 150 Millionen Tonnen im Jahr erzeugt; davon wird der größere Teil für die Herstellung von Düngemitteln verwendet, ohne deren Einsatz auch die Menschen in den Industrieländern mit dem Hungerproblem konfrontiert wären.

Schwefelsäure wird heute meistens nach dem sog. Kontakt-Verfahren hergestellt. Man verbrennt dazu elementaren Schwefel [F 59-3], der in großen Mengen bei der Erdölraffination anfällt („Entschwefelung" der Erdölbestandteile) oder aus Lagerstätten der Erdkruste mit überhitztem Wasserdampf „herausgespült" wird; das entstehende Schwefeldioxidgas $SO_2(g)$ wird an Kontakt-Katalysatoren mit O_2 in SO_3 überführt [A 59-4], welches mit Wasser zu Schwefelsäure reagiert:

$$SO_3(aq) + H_2O(l) \rightarrow H_2SO_4(l)$$

Stoffe, wie hier SO_3, die mit Wasser Säuren bilden, werden Säureanhydride genannt. Das Präfix a- bzw. an- (vor Vokalen und h) ist verneinend; somit bedeutet Säureanhydrid wörtlich übersetzt „Säure ohne Wasser".

Handelsübliche konzentrierte Schwefelsäure enthält noch rund 2 % Wasser. Sie ist eine farblose Flüssigkeit öliger Konsistenz, die eine Dichte von 1,84 kg/L aufweist und bei 338 °C siedet. Beim Verdünnen mit Wasser kommt es zu einer stark exothermen Reaktion (Bildung von H_3O^+ und Hydratisierung [L 40] dieser Ionen, wobei 1084 kJ/mol freiwerden!). Die Mischungen können sich dabei auf 130 °C erhitzen, wenn von Raumtemperatur ausgegangen wird; dabei kann sich Wasserdampf bilden und Säure verspritzen. Aus diesem Grunde muß beim Mischen stets die spezifisch schwerere Säure in dünnem Strahl ins Wasser gegossen werden. Geht man umgekehrt vor, so bleibt das spezifisch leichtere Wasser in der Oberflächenschicht, erhitzt sich über seine Siedetemperatur und reißt Säurespritzer mit (Laborregel: „Erst das Wasser, dann die Säure, sonst geschieht das Ungeheure").

Konzentrierte Schwefelsäure zeigt eine ausgesprochene Fähigkeit, „Wasser zu binden". So kann man Gase – die mit Schwefelsäure nicht reagieren – von Feuchtigkeit befreien, indem man sie in konzentrierte Schwefelsäure einleitet; dabei wird das Wasser protoniert und in Form der Ionen H_3O^+ zurückgehalten (absorbiert). Konzentrierte

Schwefelsäure zerfrißt organische Materialien wie Papier, Textilien, Leder und Holz. Aus diesem Grunde muß die Substanz sorgfältig gehandhabt werden.

Das Molekül der Schwefelsäure H_2SO_4 kann als doppelt protoniertes Sulfat-Ion [L 58] aufgefaßt werden, da sich an die nichtbindenden Elektronenpaare der Sauerstoff-Liganden Protonen H^+ anlagern können. Man bezeichnet die Schwefelsäure H_2SO_4 als sog. zweiprotonige Säure; damit bringt man zum Ausdruck, daß das Schwefelsäure-Molekül fähig ist, zwei Protonen H^+ abzugeben.

Von zweiprotonigen Säuren leiten sich immer „zwei Reihen von Salzen" ab, was an unserem Beispiel besprochen werden soll:

Gibt das Schwefelsäure-Molekül nur ein H^+ ab, so entsteht das Ion mit der Formel HSO_4^-. Dieses Ion heißt Hydrogensulfat-Ion, weil ihm das Sulfat-Ion SO_4^{2-} zugrundeliegt und es noch ein Wasserstoff-Atom H (Hydrogenium) enthält. Salze, die Hydrogensulfat-Ionen als negative Ionenart enthalten, heißen Hydrogensulfate. Ein Beispiel dazu ist das farblose (weiße) Kaliumhydrogensulfat $KHSO_4$.

Salze, die Sulfat-Ionen SO_4^{2-} enthalten, heißen Sulfate. Sulfate sind auch als Mineralien (Stoffe der Erdkruste) von Bedeutung. So gibt es große Lager von Anhydrit $CaSO_4$. Als Rohstoff für Baumaterialien dient der Gips $CaSO_4 \cdot 2\,H_2O$ [L 58].

Fragen zu L 61

1. Eine Kaliumhydrogensulfat-Lösung mit $c(KHSO_4, aq) = 0,1$ mol/L hat etwa pH 1. Was bedeutet dies für die Säurestärke des Hydrogensulfat-Ions?
2. Welchen pH muß eine Schwefelsäure-Lösung mit $c(H_2SO_4, aq) = 0,1$ mol/L haben? Berücksichtigen Sie bei der Beantwortung die Konsequenzen von [A 61-1].
3. Welchen pH hat eine Natriumsulfatlösung mit $c(Na_2SO_4, aq) = 0,1$ mol/L? Begründen Sie Ihre Auffassung mit Hilfe der beiden vorangehenden Antworten.
4. Zerreibt man festes Natriumacetat $NaCH_3COO(s)$ [L 52] mit festen Kaliumhydrogensulfat $KHSO_4(s)$, so stellt man Essigsäuregeruch, d.h. $CH_3COOH(g)$ fest.
   a) Warum riechen die beiden Ausgangsstoffe nicht?
   b) Wie kommt der Geruch beim Zerreiben (Mischen) der beiden Salze zustande?
5. Gibt man zu festem Kochsalz konzentrierte Schwefelsäure, so stellt man den aggressiv stechenden Geruch des farblosen $HCl(g)$ fest.
   a) Formulieren Sie die Reaktion (Reaktionsgleichung aufstellen).
   b) Warum läuft dieser Vorgang im offenen Gefäß ab?
6. Man mischt gleichgroße Volumina von Lösungen mit $c(NaOH, aq) = 1$ mol/l und $c(H_2SO_4, aq) = 1$ mol/L. Welcher pH stellt sich ein?

L 62

Lernschritt 62: Die Phosphorsäure

Phosphorsäure hat die Formel H_3PO_4. Die konzentrierte Phosphorsäure enthält noch rund 10 % Wasser; es handelt sich um eine farblose, ölige Flüssigkeit der Dichte 1,7 kg/L. Salze der Phosphorsäure haben große Bedeutung als Pflanzendünger. Phosphorsäure-Derivate (Abkömmlinge) spielen in allen Lebewesen eine zentrale Rolle. So enthalten die Moleküle, die die Erbinformation enthalten, Phosphorsäure-Bausteine. Diese fadenförmigen Moleküle können mehr als eine Milliarde Atome umfassen; sie sind Thema der Organischen Chemie.

Das Molekül der Phosphorsäure H_3PO_4 kann als dreifach protoniertes Phosphat-Ion [A 58-1] aufgefaßt werden. So wird denn auch die technische Phosphorsäure aus Mineralien, die reich an Calciumphosphat $Ca_3(PO_4)_2$ sind (Phosphatit und Apatit), durch Aufschluß mit Schwefelsäure hergestellt. Unter Aufschließen versteht man Reaktionen, die unlösliche Verbindungen in lösliche überführen. Der Aufschluß von Calciumphosphat läßt sich wie folgt formulieren:

$$Ca_3(PO_4)_2(s) + 3\ H_2SO_4(l) \rightarrow 3\ CaSO_4(s) + 2\ H_3PO_4(l)$$

Wichtig ist der Aufschluß zum Phosphatdünger „Superphosphat", einer Mischung der Ionenverbindungen $CaSO_4$ und $Ca(H_2PO_4)_2$:

$$Ca_3(PO_4)_2(s) + 2\ H_2SO_4(l) \rightarrow 2\ CaSO_4(s) + Ca(H_2PO_4)_2(s)$$

Die Phosphorsäure ist eine dreiprotonige Säure; daher leiten sich von ihr drei Reihen von Salzen ab, die Phosphate (enthaltend die Ionen PO_4^{3-}), die Hydrogenphosphate (enthaltend HPO_4^{2-}) und die Dihydrogenphosphate (enthaltend $H_2PO_4^-$).

An dieser Stelle sei in Erinnerung gerufen, daß bei Salzformeln mehratomige Ionen dann in runde Klammern gesetzt werden, wenn sie mehr als einmal in der Formeleinheit auftreten [A 53-6]. Somit hat Calciumphosphat (Ionen Ca^{2+} und PO_4^{3-}) die Formel $Ca_3(PO_4)_2$. Oft wird Calciumphosphat – die mineralische Substanz der Knochen – unnötigerweise als „Tricalciumdiphosphat" bezeichnet, um das kleinste ganzzahlige Verhältnis explizit zu erwähnen; dies macht aber keinen Sinn, weil Formeleinheiten von Salzen keine tatsächlich existierenden Stoffteilchen sind; es genügt, einfach die Ionen-Namen aneinanderzuhängen (positive Ionenart stets an erster Stelle), weil das Gesetz der Ladungsneutralität [L 10] das Ionenverhältnis festlegt. –

Bei Molekülen hingegen sind die Zahlworte nötig, wie das Beispiel der Stickstoffoxide [L 60] zeigt.

Eine Lösung von Natriumdihydrogenphosphat mit $c(NaH_2PO_4,\ aq) = 0{,}1$ mol/L hat einen pH von rund 4. Dieser Sachverhalt läßt folgende Schlüsse zu:

1. $H_2PO_4^-$ wirkt in Wasser als schwache Säure, gemäß der Partikelgleichung:

$$H_2O(l) + H_2PO_4^-(aq) \rightleftharpoons H_3O^+(aq) + HPO_4^{2-}(aq)$$

2. Da der pH ungefähr 4 ist, muß in einer verdünnten Lösung von $H^2PO_4^-$ das obenstehende Gleichgewicht etwa so liegen, daß auf rund 1000 $H_2PO_4^-(aq)$ etwa ein $H_3O^+(aq)$ entfällt $[(0{,}1/1000)$ mol/L $= 10^{-4}$ mol/L, d. h. pH 4]. Das obige Gleichgewicht liegt somit noch stärker links als das der Essigsäure [L 52].

3. In verdünnten wäßrigen Lösungen von Phosphorsäure $H_3PO_4(aq)$ können praktisch keine Moleküle H_3PO_4 vorliegen. Wenn nämlich $H_2PO_4^-(aq)$ in Wasser als – allerdings schwache – Säure wirkt, muß seine Fähigkeit, Protonen H^+ einzufangen (also als Base zu wirken), sehr gering sein! Daraus folgt, daß das Gleichgewicht

$$H_2O(l) + H_3PO_4(aq) \rightleftharpoons H_3O^+(aq) + H_2PO_4^-(aq)$$

sehr stark rechts liegt. Man kann denn auch mit guter Näherung sagen, daß eine Phosphorsäure-Lösung mit $c(H_3PO_4,\ aq) = 0{,}1$ mol/L ungefähr pH 1 hat.

Fragen zu L 62

1. Warum spielt die zweite Protolysenstufe der Phosphorsäure, d. h.

$$H_2O(l) + H_2PO_4^-(aq) \rightleftharpoons H_3O^+(aq) + HPO_4^{2-}(aq)$$

für den pH einer wäßrigen Lösung von Phosphorsäure praktisch keine Rolle?

2. Welche der nachstehend aufgeführten Salze sind schlecht wasserlöslich? Lesen Sie im Zweifelsfalle die Löslichkeitsregeln in [L 29] nach.
a) $CaHPO_4$ b) $Ca(H_2PO_4)_2$ c) $Ca_3(PO_4)_2$ d) $CaSO_4$ e) $(NH_4)_2SO_4$

3. Kann man feuchtes Ammoniakgas NH_3 mit konzentrierter Schwefelsäure vom Wasserdampf befreien, wie dies in [L 61] beschrieben wurde?

4. Eine Natriumhydrogenphosphat-Lösung mit $c(Na_2HPO_4,\ aq) = 0{,}1$ mol/L hat ungefähr pH 10. Welche Reaktion (Partikelgleichung angeben) ist dafür verantwortlich?

5. Wie groß muß nach [F 62-4] das Teilchenzahl-Verhältnis $HPO_4^{2-}(aq)/H_2PO_4^-(aq)$ in einer verdünnten wäßrigen Lösung von HPO_4^{2-} ungefähr sein?

6. Welchen pH hat eine Natriumphosphat-Lösung mit $c(Na_3PO_4,\ aq) = 0{,}1$ mol/L ungefähr?

L 63

Leitet man in einen Liter Wasser 0,1 mol HCl(g) ein, so entsteht eine Lösung mit $c(H_3O^+, aq) = 10^{-1}$ mol/L; der Zusatz von 0,1 mol HCl hat also den pH von 7 (reines Wasser) auf 1 gesenkt oder eine pH-Differenz von sechs Einheiten bewirkt.

Leitet man aber 0,1 mol HCl(g) in einen Liter einer Lösung ein, die die beiden Ionenarten $H_2PO_4^-$(aq) und HPO_4^{2-} (aq) in Konzentrationen von je 1 mol/L enthält, so sinkt der pH nur um 0,09 Einheiten (von pH 7,21 auf pH 7,12, wie wir in [L 83] sehen werden). Die pH-Differenz ist also sehr viel kleiner als bei reinem Wasser!

Gibt man zu einem Liter reinen Wassers 0,1 mol NaOH(s), d. h. 4 g NaOH(s), so entsteht eine Lösung mit $c(OH^-, aq) = 10^{-1}$ mol/L und damit pH 13; in diesem Fall gilt also $\Delta pH = 6$. Wird aber dieselbe Stoffmenge NaOH zu einem Liter einer Lösung gegeben, welche die beiden Ionenarten $H_2PO_4^-$(aq) und HPO_4^{2-}(aq) in Konzentrationen von je 1 mol/L enthält, so steigt der pH nur um 0,09 Einheiten!

Lösungen, deren pH relativ unempfindlich auf Zusätze kleiner Mengen von fremden Säuren oder Basen ist, nennt man in Analogie zu der stoßdämpfenden Wirkung von Eisenbahnpuffern Pufferlösungen. – Worauf beruht nun die Pufferung der eben vorgestellten Lösung, welche die beiden Ionenarten $H_2PO_4^-$(aq) und HPO_4^{2-}(aq) in gleichen Konzentrationen aufweist?

Zuerst sei die Pufferung im Falle des HCl-Zusatzes besprochen: Es ist klar, daß eine Partikelart der Pufferlösung fähig sein muß, Protonen zu binden, d. h. als Base zu wirken. Dafür kommen im vorliegenden Fall nur die Hydrogenphosphat-Ionen HPO_4^{2-}(aq) in Frage [A 62-4], welche die H_3O^+(aq) deprotonieren, gemäß:

$$HPO_4^{2-}(aq) + H_3O^+(aq) \rightleftharpoons H_2PO_4^-(aq) + H_2O(l)$$

Dieses Gleichgewicht muß stark rechts liegen (weitgehende Deprotonierung der durch den Säurezusatz in Lösung gebrachten H_3O^+), weil HPO_4^{2-} bereits dem Wasser (einer sehr schwachen Säure!) gegenüber als Base (Protonenfänger) wirkt. Daher verläuft die Deprotonierung von H_3O^+ durch HPO_4^{2-} in viel stärkerem Ausmaße (H_3O^+ ist die viel stärkere Säure – d. h. Protonenspender – als H_2O). – Aus den starken Säurepartikeln H_3O^+(aq) entstehen also durch den oben erwähnten Vorgang die schwachen Säureteilchen $H_2PO_4^-$(aq), von denen nur etwa jedes tausendste im Gleichgewicht ein H_3O^+(aq) erzeugt; die Pufferlösung hat also eine starke Säure in eine schwache überführt!

Analoges gilt hinsichtlich der Pufferung bei Zusatz beschränkter Mengen NaOH: die OH^-(aq) werden von der schwachen Säure $H_2PO_4^-$(aq) protoniert, gemäß:

$$OH^-(aq) + H_2PO_4^-(aq) \rightleftharpoons H_2O(l) + HPO_4^{2-}(aq)$$

Die starke Base Hydroxid-Ion wird also in die schwache Base Hydrogenphosphat-Ion HPO_4^{2-}(aq) überführt, die nach [A 62-5] in wäßriger Lösung nur ein Promille OH^-(aq) im Gleichgewicht erzeugt; daher ist die pH-Änderung auch geringfügig.

Unter einem sog. Säure/Base-Paar versteht man zwei Partikeln, die sich nur um ein Proton H^+ unterscheiden. Pufferlösungen enthalten stets schwache Säuren und ihre korrespondierenden schwachen Basen. Bei einem Säure/Base-Paar wird die jeweils andere Partikelart als korrespondierende Base bzw. Säure bezeichnet.

Je nach der Stärke der Säure (dem protonenreicheneren Teilchen) des Säure/Base-Paars haben Lösungen gleicher Konzentrationen von schwachen Säuren und ihren korrespondierenden (schwachen) Basen charakteristische pH-Werte. Die Pufferwirkung solcher Systeme ist nur in einem pH-Gebiet von ±1 um diesen pH ausgeprägt. Nachstehend sind drei Beispiele von Pufferlösungen mit ihren Puffergebieten angegeben:

– Essigsäure/Acetat-Puffer (CH_3COOH/CH_3COO^--Puffer)
   pH = 4,76 ±1

– Dihydrogenphosphat/Hydrogenphosphat-Puffer
   (sog. Phosphatpuffer) pH = 7,21 ±1

– Ammonium/Ammoniak-Puffer (NH_4^+/NH_3-Puffer) pH = 9,21 ±1

Fragen zu L 63

1. Welche Formeln haben die korrespondierenden Säuren der folgenden Partikel? H_2O, HSO_4^-, $H_2PO_4^-$, Cl^-, HPO_4^{2-}, OH^-, NH_3 und CH_3COO^-.
2. Geben Sie die Formeln der korrespondierenden Basen der folgenden Teilchen an: H_2O, HSO_4^-, $H_2PO_4^-$, HPO_4^{2-}, OH^-, HCl, H_3PO_4, H_2SO_4.
3. Zu einem Essigsäure/Acetat-Puffer gibt man eine bestimmte Menge NaOH. Welche Reaktion ist dafür verantwortlich, daß dadurch der pH kaum steigt?
4. Vergleichen Sie die Säurestärken von Dihydrogenphosphat-Ion und Essigsäure (geben Sie die ungefähren Lagen der Protolysengleichgewichte dieser Teilchen in Wasser an).
5. Stehen die Puffergebiete des sog. Phosphat-Puffers und des Essigsäure/Acetat-Puffers (siehe [L 63]) in Zusammenhang mit [A 63-4]?
6. Warum liegt das Puffergebiet des Ammonium/Ammoniak-Puffers bei höheren pH-Werten als die der beiden anderen Puffersysteme von [L 63]?

L 64   Lernschritt 64: Die Salpetersäure

Wird das Nitrat-Ion NO_3^- [A 59-1] protoniert, so entsteht das Molekül der Salpetersäure HNO_3. Salpetersäure wird zur Herstellung zahlreicher Stoffe benötigt (Jahresproduktion der westlichen Welt 30 Millionen Tonnen!), wobei mengenmäßig die Stickstoffdünger und die Sprengstoffe dominieren.

Technisch wird HNO_3 aus Ammoniak [L 47] hergestellt. Ammoniak NH_3 wird zuerst in $NO(g)$ [A 60-1] und anschließend in $NO_2(g)$ [L 60] überführt, welches mit Wasser zu HNO_3 und $NO(g)$ reagiert ($3\ NO_2 + H_2O \rightarrow 2\ HNO_3 + NO$); letzteres wird in den Prozeß zurückgeführt.

Die handelsübliche konzentrierte Salpetersäure ist rund 70 %ig; sie hat eine Dichte von 1,4 kg/L. Oft ist sie mit gelösten Stickstoffoxiden (NO, NO_2) angereichert; diese sog. rauchende Salpetersäure ist ein starkes Oxidationsmittel („Sauerstoffspender"), sie vermag z. B. Holz in Brand zu setzen und diente zur Verbrennung des Treibstoffs der deutschen V-2-Raketen im zweiten Weltkrieg.

Sie Salpetersäure gehört zu den starken Säuren. In verdünnten wäßrigen Lösungen liegt das nachstehende Gleichgewicht praktisch vollständig rechts:

$$H_2O(l) + HNO_3(aq) \rightleftharpoons H_3O^+(aq) + NO_3^-(aq)$$

Salpetersäure und ihre Salze werden für die Herstellung von Treibpulvern für Geschosse und Sprengstoffe benötigt. Das seit dem ausgehenden Mittelalter als Treibmittel verwendete sog. Schwarzpulver war ein Gemisch der feinstverteilten Feststoffe (in Pulvermühlen hergestellt [L 44]) Kaliumnitrat KNO_3, Schwefel S_8 und Kohlenstoff C (der die schwarze Farbe des Schwarzpulvers verursacht). Schwarzpulver brennt nach Zündung rasch ab (der Sauerstoff wird vom KNO_3 geliefert), wobei viele Gase (N_2, NO_x, CO, CO_2, SO_2) entstehen, die den Gasdruck erzeugen, welcher die Geschosse beschleunigt; dabei entsteht „Pulverdampf", ein Rauch aus K_2S, K_2O, K_2CO_3 (weiß) und wenig C(s).

Bei modernen Treibmitteln und Sprengstoffen (ab etwa 1860 im Gebrauch) handelt es sich in der Regel nicht um Reaktionen zwischen innig gemischten Stoffen, sondern um Stoffe, deren Moleküle in Bruchteilen von Millisekunden exotherm in gasförmige Bestandteile zerfallen, wobei kein sichtbehindernder „Pulverdampf" entsteht. Der erste solche Sprengstoff war das im Jahre 1847 erstmals vom Turiner Chemiker SOBRERO hergestellte „Nitroglycerin" (Trisalpetersäureester des Glycerins), das die Konstitutionsformel $CH_2(ONO_2)CH(ONO_2)CH_2(ONO_2)$ hat. Nitroglycerin ist eine farblose, ölige Flüssigkeit, die schlagempfindlich ist, d. h. bei Erschütterung oder Aufprall explodiert. Damit waren Sprengungen von Felsgestein besser durchführbar, was dem Tunnel- und Straßenbau neue

Möglichkeiten eröffnete. Allerdings ereigneten sich wegen seiner Schlagempfindlichkeit viele Unfälle.

ALFRED NOBEL (1833–1898, ein schwedischer Chemiker) entdeckte nun, daß Nitroglycerin, aufgesaugt in einem porösen mineralischen Pulver, dem sog. Kieselgur (siehe [L 74]), zu einem festen, schlagresistenten Sprengstoff wird (Massenanteil des Kieselgurs 25 %). Mit diesem sog. Dynamit hatte man den ersten brisanten und handhabungssicheren Sprengstoff zur Hand, was den Straßen-, Tunnel-, Kanal-, und Bergbau in großem Umfang möglich machte. Das Vermögen, das NOBEL mit dieser Erfingung erwarb, vermachte er der Nobelpreis-Stiftung; fortan sollten nach seinem letzten Willen alljährlich besonders große wissenschaftliche Leistungen in den Sparten Chemie, Physik und Medizin sowie herausragende Verdienste in Literatur und für den Weltfrieden ausgezeichnet werden (der Preis für Wirtschaftswissenschaften kam erst nach dem zweiten Weltkrieg hinzu, ist also kein ursprünglicher Nobelpreis).

Mit dem von Nobel gestifteten Friedenspreis ist eine tragische Entwicklung verknüpft: NOBEL stiftete diesen Preis in der festen Überzeugung, daß künftige Kriege dank seiner Erfindung unmöglich sein würden, da die Zerstörungskraft des Dynamits viel zu groß sei.

Fragen zu L 64

1. Zeichnen Sie die Valenzstrichformel des Salpetersäure-Moleküls und geben Sie an, ob es sich dabei um die tatsächliche Elektronenstruktur oder um eine Grenzstruktur handelt.
2. Zeichnen Sie die Valenzstrichformel des Nitroglycerin-Moleküls und entscheiden Sie, ob hier Gruppierungen mit mesomeren Elektronensystemen auftreten.
3. Der heute mengenmäßig immer noch dominierende Sprengstoff ist das TNT, das Trinitrotoluol (sehr handhabungssicher). Es ist ein Derivat des Benzols C_6H_6, das in [FK 11-8] vorgestellt wurde. Ein H-Atom des C_6H_6 ist durch die Methylgruppe -CH_3 ersetzt, die links und rechts davon stehenden sowie das gegenüberliegende H (also insgesamt drei, Zahlwort tri) sind durch Nitrogruppen -NO_2 ersetzt. Zeichnen Sie das TNT-Molekül und geben Sie seine Molekülformel an (nur Art und Anzahl der Atome, Reihenfolge der Atomsymbole C, H, N, O).
4. Welches sind die Hauptunterschiede zwischen Schwarzpulver und Nitroglycerin?
5. Welchen pH hat eine Salpetersäure-Lösung, die im Liter 6,3 g HNO_3 enthält?
6. Wie heißt der wichtige Stickstoffdünger NH_4NO_3, und wie steht es um seine Wasserlöslichkeit?

Lernschritt 65: Die Kohlensäure

Macht man Wasser mit wenig NaOH(aq) schwach alkalisch und fügt man etwas Bromthymolblaulösung [L 56] zu, so erscheint dieser pH-Indikator in blauer Farbe. Leitet man nun in diese Lösung Kohlenstoffdioxidgas $CO_2(g)$ (Kohlendioxid) ein, so erfolgt nach und nach ein Farbumschlag über blaugrün, grün, gelbgrün nach gelb. – Das eingeleitete $CO_2(g)$ hat also die Lösung schwach sauer gemacht.

Kohlendioxid ist das Anhydrid [L 61] der sog. Kohlensäure. Mit Wasser reagiert gelöstes CO_2 gemäß der folgenden Reaktionsgleichung:

$$CO_2(aq) + H_2O(l) \rightleftharpoons H_2CO_3(aq)$$

Läßt man nun diese Lösung mehrere Stunden in einem offenen Gefäß stehen oder bringt man sie kurze Zeit zum Sieden, so beobachtet man, daß die oben beschriebene Farbveränderung des pH-Indikators im umgekehrten Sinne abläuft; die Lösung wird also wiederum alkalisch. Dies beweist, daß die oben erwähnte Bildungsreaktion der Kohlensäure aus $CO_2(aq)$ und Wasser umkehrbar ist, also ein Gleichgewicht vorliegt. Wird nun durch das Sieden (rascher als beim Stehenlassen) gelöstes $CO_2(aq)$ als Gas ausgetrieben, so wird das oben angegebene Gleichgewicht fortwährend gestört und die Reaktion läuft nach links ab, womit $H_2CO_3(aq)$ verschwindet. Diese Erscheinung ist uns vom Alltag her bekannt: Der erfrischende Geschmack CO_2-haltiger Getränke (Mineralwasser, Bier usw.) beruht auf der Kohlensäure; beim Stehenlassen in offenen Gefäßen geht sie verloren; das Getränk schmeckt schal.

Kohlensäure existiert nicht als Reinstoff, sondern ist nur in wäßriger Lösung vorhanden. Wie bereits der Geschmack zeigt, ist der pH solcher Lösungen offensichtlich nur wenig kleiner als 7 [A 51-4!], was folgende Gründe hat:

1. CO_2 ist nicht besonders gut wasserlöslich (lediglich Einlagerung in die Hohlräume [L 30], keine H-Brücken). Bei Raumtemperatur löst sich nur etwa ein Volumenteil $CO_2(g)$ von Normaldruck (1 bar) in einem Volumenteil Wasser, wenn über dem Wasser ein $CO_2(g)$-Druck von 1 bar herrscht.

2. Das Gleichgewicht $CO_2(aq) + H_2O(l) \rightleftharpoons H_2CO_3(aq)$ liegt stark links. Nur etwa eines von 500 gelösten CO_2-Molekülen liegt in Form von $H_2CO_3(aq)$ vor.

3. Das Protolysengleichgewicht der Kohlensäure H_2CO_3 in Wasser

$$H_2O(l) + H_2CO_3(aq) \rightleftharpoons H_3O^+(aq) + HCO_3^-(aq),$$

das für die saure Reaktion verantwortlich ist, liegt stark links, etwa so wie bei der Essigsäure [L 52] (Kohlensäure ist geringfügig stärker). Das Ion HCO_3^- heißt Hydrogencarbonat-Ion.

Eine Lösung von Kaliumhydrogencarbonat $KHCO_3$ reagiert schwach alkalisch gemäß:

$$HCO_3^-(aq) + H_2O(l) \rightleftharpoons H_2CO_3(aq) + OH^-(aq)$$

Dieses Gleichgewicht liegt stark links. Etwa 1000 Hydrogencarbonat-Ionen erzeugen 1 zusätzliches Hydroxid-Ion $OH^-(aq)$.

Kohlensäure und ihre Salze, die Hydrogencarbonate (enthaltend HCO_3^-) und die Carbonate (enthaltend CO_3^{2-}, [L 59!]) spielen in der Natur eine große Rolle. Da die Luft $CO_2(g)$ enthält (0,035 % der Luftteilchen), ist Kohlensäure „allgegenwärtig", sofern Wasser vorhanden ist. Sie tritt auch in allen Lebewesen auf: Grüne Pflanzen und Algen bauen mit Hilfe des Sonnenlichts bei der Photosynthese organische Substanz auf. Beim umgekehrten Vorgang, der sog. Atmung, erzeugen Lebewesen die für biochemische Aufbaureaktionen (und Wärmeerzeugung) benötigte Energie:

$$6\,CO_2(g) + 6\,H_2O(l) \underset{\text{Atmung}}{\overset{\text{Photosynthese}}{\rightleftharpoons}} C_6H_{12}O_6(aq) + O_2(g)$$

Produkte der Photosynthese sind Glucose (Traubenzucker, Molekül-Formel $C_6H_{12}O_6$) und Sauerstoffgas. Pro Jahr werden rund 2,5 % des CO_2 der Luft (das sind rund $2,3 \cdot 10^{12}$ Tonnen!) für die Photosynthese benötigt. In den Gewässern der Erde ist etwa 165mal mehr $CO_2(aq)$ vorhanden als in der Lufthülle; auch hier erfolgt Photosynthese (Algen), besonders in den kälteren Teilen der Weltmeere, die mehr CO_2 gelöst enthalten (die Gaslöslichkeit sinkt mit steigenden Temperaturen).

Fragen zu L 65

1. Welchen pH hat eine Lösung mit $c(KHCO_3, aq) = 1$ mol/L ungefähr?
2. Welchen pH hat eine Lösung mit $c(Na_2CO_3, aq) = 0,1$ mol/L ungefähr?
3. Es gibt CO_2-Feuerlöscher, die komprimiertes CO_2 enthalten. Warum lassen sich Brände mit ausströmendem $CO_2(g)$ bekämpfen?
4. Welche Formel hat der Kalk (Calciumcarbonat). Ist Kalk gut wasserlöslich?
5. $CO_2(g)$ hat in der Nahrungsmittelindustrie als Schutzgas große Bedeutung (beim Zerkleinern und Mischen oder der Lagerhaltung). Was bewirkt das Schutzgas?
6. Trockeneis ist $CO_2(s)$. Es ist ein praktisches Kühlmittel, da es unter Normaldruck sublimiert [L 19], also nicht näßt. Warum behält $CO_2(s)$ in einer wärmeren Umgebung die Temperatur von $-78,5\,°C$ bei, bis alles $CO_2(s)$ verschwunden ist?

L 66

Brausepulver und -tabletten enthalten neben Aroma-, Farb- und Wirkstoffen eine Mischung von $NaHCO_3(s)$ und festen organischen Säuren (Citronensäure, Weinsäure, Stoffe, die wie Zucker aussehen). In der festen Mischung reagieren die Feststoffe Natriumhydrogencarbonat und die organische Säure kaum miteinander, weil die Protonen im Kristallgitter wenig beweglich sind. Gibt man jedoch solche Gemische in Wasser, so fangen nach dem Auflösen die schwachen Basen $HCO_3^-(aq)$ Protonen der sich aus den Säuren bildenden $H_3O^+(aq)$-Ionen ein. Die sich dadurch bildende Kohlensäure $H_2CO_3(aq)$ zerfällt nach [L 65] in $CO_2(aq)$ und $H_2O(l)$. Kann im offenen Gefäß $CO_2(g)$ entweichen, so läuft der Vorgang vollständig ab, da alle nachstehend angegebenen Gleichgewichte durch Entfernung der Endstoffe (rechtsstehend) kontinuierlich gestört werden:

$$HCO_3^-(aq) + H^+(aq) \rightleftharpoons H_2CO_3(aq)$$
$$H_2CO_3(aq) \rightleftharpoons CO_2(aq) + H_2O(l)$$
$$CO_2(aq) \rightleftharpoons CO_2(g)$$

Auch Kalk $CaCO_3$ reagiert mit wäßrigen Säurelösungen unter Freisetzung von Kohlenstoffdioxidgas $CO_2(g)$: Die starken Basen CO_3^{2-} [A 65-2] werden protoniert und die daraus entstehenden $HCO_3^-(aq)$-Ionen reagieren auf die oben beschriebene Weise weiter. Neben dem sauren Geschmack [L 51], dem Auflösen unedler Metalle unter Freisetzung von $H_2(g)$ [L 55] und der Reaktion mit pH-Indikatoren [L 56] ist die eben beschriebene Reaktion mit Kalk ein viertes Erkennungsmerkmal wäßriger Säurelösungen.

Kalk ist sehr schlecht wasserlöslich, löst sich aber in geringem Maße in Regenwasser, weil dieses Spuren von Kohlensäure (CO_2 der Luft) enthält, gemäß:

$$CaCO_3(s) + H_2CO_3(aq) \rightleftharpoons Ca(HCO_3)_2(aq)$$

(Die Kohlensäure H_2CO_3 protoniert die Carbonat-Ionen CO_3^{2-}, womit die Ionen HCO_3^- entstehen; Calciumhydrogencarbonat $Ca(HCO_3)_2$ ist besser löslich als $CaCO_3$). Trinkwasser aus kalkhaltigen Gebieten enthält daher stets $Ca(HCO_3)_2(aq)$. In Warmwasseraufbereitungsanlagen, Teekesseln und Pfannen lagert sich in diesen Fällen stets Kalk ab, weil beim Erwärmen die Löslichkeit von $CO_2(aq)$ stark abnimmt und demzufolge $H_2CO_3(aq)$ verbraucht wird, so daß das obenstehende Gleichgewicht gestört wird, d. h. die Reaktion von rechts nach links abläuft. Auch Tropfsteine entstehen auf dieselbe Weise. Verdunstet Wasser und entweicht CO_2 (g), so bleibt nach

$$Ca(HCO_3)_2(aq) \rightleftharpoons CaCO_3(s) + H_2O(l) + CO_2(g)$$

fester Kalk zurück. – Die Verbindung Calciumhydrogencarbonat existiert übrigens nicht als Feststoff, sondern nur in wäßriger Lösung.

Reiner Kalk ist farblos (weiß). Meistens sind aber Kalkarten durch Beimengungen gefärbt (Grautöne von Bitumen, d. h. Überresten lebender Organismen wie Erdöl und Asphalt; gelb-braun-rötliche Färbungen durch zunehmende Mengen von Eisenverbindungen, „Rost"). Gut kristallisierter Kalk ist der Marmor (wertvoller Baustein).

Kalk ist auch ein wichtiger Rohstoff für Baustoffe und billige Basen. Beim sog. Kalkbrennen, d. h. längeres Erhitzen von Kalk auf über 950 °C, entsteht der sog. gebrannte Kalk CaO, da das Carbonat-Ion CO_3^{2-} in $CO_2(g)$ und Oxid-Ion O^{2-} zerfällt. Gebrannter Kalk (auch Branntkalk genannt) macht etwa drei Fünftel der Zemente aus, die in riesigen Mengen für die Betonherstellung benötigt werden.

Mischt man „Branntkalk" mit Wasser, so bildet sich in stark exothermer Reaktion (es zischt, weil Wasser verdampft), die Verbindung $Ca(OH)_2$; dieser Vorgang wird als „Kalklöschen" bezeichnet und das Produkt $Ca(OH)_2$ als „gelöschter Kalk". Ein steifer Brei von gelöschtem Kalk und Wasser fand früher als Mörtelmasse Verwendung, eine dünnflüssigere Aufschlämmung in Wasser als sog. Weißelmasse. Noch heute werden in Mittelmeerländern die Wohnhäuser mit dieser Weißelmasse gestrichen.

Fragen zu L 66

1. Geben Sie die Partikel- und die Reaktionsgleichungen an für die Vorgänge des Kalkbrennens und des Kalklöschens.
2. Stellen Sie die Partikel- und die Reaktionsgleichung auf für die Reaktion von Salzsäure mit Kalk.
3. Der Brei von $Ca(OH)_2$ und Wasser wird als Luftmörtel bezeichnet, da er mit den Jahren an der Luft immer härter wird, weil sich mit dem $CO_2(g)$ der Luft wiederum Kalkstein bildet. Geben Sie die Reaktionsgleichung für diese Reaktion an.
4. Wegen seiner Basennatur wirkt Weißelmasse bakterien- und pilztötend, so daß früher Spitäler, Küchen, Keller, Lebensmittelbetriebe wie Bäckereien, Molkereien, Metzgereien usw. geweißelt wurden. Allerdings mußte jedes Jahr die Masse abgekratzt und neu geweißelt werden, weil die Anstriche unansehnlich wurden und nicht mehr desinfizierend wirkten. Welche Reaktion ist für die letzterwähnte Tatsache verantwortlich?
5. Wir wählen das Symbol H-Org für eine organische Säure. Geben Sie die Reaktionsgleichung für die Reaktion von $NaHCO_3(aq)$ mit H-Org(aq) an.
6. Wie kann im Haushalt der Kalkbelag von Pfannen und Wasserhähnen beseitigt werden?

Lernschritt 67: Lösungs-Fällungs-Gleichgewichte

Feststoffe und Gase lassen sich bei einem bestimmten Druck und einer bestimmten Temperatur nur bis zur sog. Sättigung der Lösung auflösen. Gibt man vom betreffenden Stoff weitere Portionen zu, so lassen sich diese nicht auflösen; bei Feststoffen setzen sie sich beim Stehenlassen meistens (je nach Dichte) als Bodensatz (Sediment) ab. Generell gilt, daß Gase mit steigenden Gasdrücken besser löslich sind (Prinzip vom kleinsten Zwang [L 48]) und mit steigender Temperatur schlechter. Die Löslichkeit von Feststoffen nimmt mit steigenden Temperaturen (oft exponentiell) zu (Ausnahme NaCl [A 40-5]).

Wir betrachten nun ein Stoffsystem, bestehend aus einer gesättigten Kochsalzlösung und festem Kochsalz als Bodensatz. An der Phasengrenzfläche fest/flüssig laufen infolge der Wärmebewegung fortwährend Reaktionen ab, obschon sich äußerlich gesehen nichts verändert, analog [L 45]! Fortwährend lösen sich besonders energiereiche Eckteilchen [L 29]; der Übergang fest→gelöst wird als Lösen bezeichnet. Da aber die Stoffmenge des Bodensatzes konstant bleibt, müssen in der Zeiteinheit ebensoviele gelöste Ionen in den Bodensatz zurückkehren; der Übergang gelöst→fest wird Fällen genannt. In unserem System liegt daher ein sog. Lösungs-Fällungs-Gleichgewicht vor, das wie folgt formuliert werden kann:

$$NaCl(s) \xrightleftharpoons[\text{Fällen}]{\text{Lösen}} Na^+(aq) + Cl^-(aq)$$

Bei Raumtemperatur sind $c(Na^+, aq)$ und $c(Cl^-, aq)$ einer gesättigten Kochsalzlösung je rund 6,1 mol/L.

Gibt man nun zur gesättigten Lösung von NaCl (welche wie jede echte Lösung klar durchsichtig ist) konzentrierte Salzsäure, in welcher $c(Cl^-, aq)$ rund 12 mol/L ist, so stellt sich schlagartig eine weiße Trübung ein, die auf feinstkristallinem NaCl(s) beruht. Läßt man dieses Stoffsystem stehen, so sinkt die entstandene Fällung von NaCl(s) ab und die überstehende (nun stark saure) Lösung klärt sich; da aber diese Lösung in Kontakt mit NaCl(s) steht (das Stoffsystem verändert sich nicht mehr), ist auch diese Lösung an Kochsalz gesättigt!

In der eben erwähnten Lösung (nach erfolgter Ausfällung von Kochsalz) muß $c(Na^+, aq)$ kleiner sein als in der ursprünglichen Kochsalzlösung, weil ein Teil der gelösten Natrium-Ionen ausgefällt wurde. Zudem hat durch den HCl(aq)-Zusatz das Flüssigkeitsvolumen zugenommen, so daß sich die verbleibenden $Na^+(aq)$ auf ein größeres Volumen verteilen. – Wie ist es nun aber möglich, daß trotz wesentlich kleinerer Konzentration gelöster Natrium-Ionen die Lösung an Kochsalz gesättigt ist?

Die Reaktionsgeschwindigkeit des Lösens muß vor und nach der Fällung gleichgroß sein, da es sich um dasselbe Salz (Gitterkräfte) bei derselben Temperatur handelt. Daher muß auch die Reaktionsgeschwindigkeit des Fällens in beiden Gleichgewichten gleichgroß sein. Da die Reaktionsgeschwindigkeit des Fällens direkt proportional zu $c(Na^+, aq) \cdot c(Cl^-, aq)$ ist, muß der Wert dieses Konzentrationsproduktes in den beiden gesättigten Lösungen genau gleichgroß sein! Dies heißt für den Zustand nach der Fällung, in dem $c(Na^+, aq)$ kleiner ist als vorher, daß $c(Cl^-, aq)$ entsprechend größer sein muß.

Man erkennt die Analogie zum Ionenprodukt des Wassers [L 50]: das Produkt $c(Na^+, aq) \cdot c(Cl^-, aq)$ hat für gesättigte Kochsalzlösungen einen ganz bestimmten, temperaturabhängigen Wert, den man Löslichkeitsprodukt des Kochsalzes [Symbol $K_L(NaCl)$] nennt. Auch die Interpretation des MWG [L 46] läßt diesen Sachverhalt erkennen. Für $NaCl(s) \rightleftharpoons Na^+(aq) + Cl^-(aq)$ gilt:

$$K = \frac{c(Na^+, aq) \cdot c(Cl^-, aq)}{c(NaCl, s)}$$

Da $c(NaCl, s)$ bei konstanter Temperatur konstant ist (ändert sich z.B. durch Wärmeausdehnung), kann die obige Gleichung mit diesem konstanten Wert multipliziert werden. Die neue Konstante $[K \cdot c(NaCl, s)]$ ist das Löslichkeitsprodukt des Kochsalzes $K_L(NaCl)$:

$$K_L(NaCl) = c(Na^+, aq) \cdot c(Cl^-, aq)$$

Fragen zu L 67

1. Wie groß ist $K_L(NaCl)$ bei Raumtemperatur ungefähr?
2. Wieviel g $BaSO_4$ lassen sich in 1 L $H_2O(l)$ auflösen [$K_L(BaSO_4) = 10^{-10}$ mol^2/L^2]?
3. Was geschieht, wenn man zu $BaCl_2(aq)$ etwas $H_2SO_4(aq)$ gibt?
4. Wie verändern sich die Löslichkeiten von Gasen und Feststoffen in Wasser mit steigenden Temperaturen und was ist die Ursache dieses Verhaltens?
5. Wie lautet die Beziehung für $K_L(BaCl_2)$?
6. Silber(I)-chlorid hat die Formel AgCl; es hat ein Löslichkeitsprodukt von rund 10^{-10} mol^2/L^2, d.h. es handelt sich um ein sehr schwerlösliches Salz. Dies ist kein Widerspruch zu unseren Löslichkeitsregeln [L 29], obwohl dieses Salz aus einfach geladenen Ionen besteht, da Silber ein Übergangsmetall ist. Wie wir im Kapitel 16 sehen werden, treten in solchen Fällen oft besondere Bindungszustände auf.
   Wieviel Gramm $Ag^+(aq)$ enthält 1 L Lösung mit $c(Cl^-, aq) = 0{,}1$ mol/L höchstens?

L 68

Wird beim Mischen von Lösungen das Löslichkeitsprodukt von Salzen überschritten, so erfolgt Ausfällung, bis die Lösung den Wert von K_L [L 67] erreicht.

Es gibt jedoch Lösungen, die mehr gelöstes Salz enthalten, als es dem Löslichkeitsprodukt entspricht; solche Lösungen nennt man übersättigte Lösungen. Übersättigte Lösungen lassen sich von gewissen Salzen (z.B. von Na_2SO_4) erzeugen, indem bei erhöhter Temperatur (bei Na_2SO_4 bei etwa 45 °C) gesättigt und dann sorgfältig abgekühlt wird (an der Zimmerluft). Impft man solche übersättigte Lösungen mit einem Kristall des jeweiligen Feststoffs, so setzt das (exotherme!) Kristallwachstum bis zum Erreichen von K_L ein. In Kontakt mit dem jeweiligen Feststoff kann für das gelöste Material der Wert von K_L nie überschritten werden! – In den meisten Fällen ist jedoch die Bildung von Kristallisationskeimen nicht gehemmt, so daß die Aussage des vorangehenden Abschnitts Gültigkeit hat.

Fällungen erkennt man daran, daß die flüssige Phase trüb bis undurchsichtig wird, was auf kleinsten Kriställchen des entstandenen Feststoffs beruht; anschließend erfolgt Sedimentation (Bildung von Bodensatz und überstehender Lösung). Da es viele schwerlösliche Salze gibt ($K_L \le 10^{-8}$ mol^2/L^2), können Fällungsreaktionen zum analytischen Nachweis gelöster Ionen dienen, was an einem Beispiel besprochen werden soll:

Silber(I)-chlorid AgCl ist ein schwerlösliches Salz [F 67-6]. Will man nun eine wäßrige Lösung auf Ag^+(aq) untersuchen – es gibt viele gut lösliche Silbersalze wie $AgNO_3$, $AgCH_3COO$, Ag_2SO_4 usw. –, so kann man eine Lösung mit Cl^-(aq), z.B. eine Kochsalzlösung, zufügen. Bleibt eine Fällung aus, so enthält die Lösung keine nennenswerte Konzentration an Ag^+(aq). Es versteht sich von selbst, daß mit einer Lösung eines löslichen Silber(I)-Salzes eine zu untersuchende Lösung dahingehend überprüft werden kann, ob Cl^-(aq) in nennenswerter Konzentration vorliegen könnte. Allerdings ist das Auftreten einer Fällung noch kein Anwesenheitsbeweis für eine bestimmte Ionenart, sondern ein Ausbleiben ein Abwesenheitsbeweis; dies soll der nachstehende Fall aufzeigen:

Nach [F 67-2] ist $BaSO_4$ schwerlöslich. Gibt man nun zu einer auf Sulfat-Ion SO_4^{2-}(aq) zu überprüfenden Lösung eine Lösung von Bariumchlorid [enthaltend Ba^{2+}(aq) und Cl^-(aq)] und bildet sich eine weiße Fällung, so ist es zwar möglich, daß diese aus $BaSO_4$(s) besteht, aber sie könnte auch aus $BaCO_3$(s) oder $Ba_3(PO_4)_2$(s) (bzw. $BaHPO_4$) bestehen, wenn wir den Rahmen der in diesem Buch behandelten Stoffe nicht sprengen wollen (dann nämlich, wenn die zu untersuchende Lösung Carbonat- oder Phosphat-Ionen enthielt). Wie läßt sich die Fällung nun weiter analysieren?

In unserem Fall kann verdünnte Salpetersäure ($c = 2$ mol/L) zugefügt werden; $HNO_3(aq)$ ist deswegen die Säure der Wahl, weil diese starke Säure selbst keine Fällungen bildet, da praktisch alle Nitrate gut wasserlöslich sind. Nachfolgend wird nun beschrieben, welche Beobachtungen gemacht werden, wenn die weißen Fällungen nur aus den folgenden Salzen bestehen; die Auswertung dieser Beobachtungen werden wir anhand der Fragen vornehmen:

1. Die Fällung besteht nur aus $BaSO_4(s)$: Man beobachtet keinerlei Veränderung nach dem Zusatz von $HNO_3(aq)$; die Fällung von $BaSO_4(s)$ ist also säureresistent!
2. Die Fällung besteht nur aus $BaCO_3(s)$: Es erfolgt ein Aufschäumen als Folge der Bildung des farb- und geruchlosen $CO_2(g)$, das die Flamme eines brennenden Streichholzes, das in die Reagenzglasmündung eingeführt wird, erstickt; dabei verschwindet die Fällung; es entsteht eine klare flüssige Phase (Lösung).
3. Die Fällung besteht nur aus $Ba_3(PO_4)_2(s)$ (bzw. $BaHPO_4$): Die Fällung löst sich ohne Gasentwicklung auf; es entsteht eine klare Lösung.

Fragen zu L 68

1. In welcher Weise reagieren die Fällungen $Ba_3(PO_4)_2(s)$ bzw. $BaHPO_4(s)$ mit $HNO_3(aq)$, wenn dabei Lösungen entstehen? Stellen Sie die Reaktionsgleichungen für die beiden Fälle auf.
2. Wie lautet die Reaktionsgleichung für die Reaktion des Bariumcarbonats mit verdünnter Salpetersäure?
3. Warum löst sich die Fällung von Bariumsulfat nicht in $HNO_3(aq)$? Was ist der entscheidende Unterschied zu den Fällen [F 68-1] und [F 68-2]?
4. Löst sich eine Fällung von $AgCl(s)$ bei Zusatz von $HNO_3(aq)$? Begründen Sie Ihre Prognose ($AgNO_3$ ist gut wasserlöslich).
5. Nach Zugabe von $BaCl_2(aq)$ zu einer Lösung bildet sich eine weiße Fällung. Gibt man anschließend $HNO_3(aq)$ zu, so beobachtet man ein Aufschäumen, wobei das entstehende farblose Gas eine Streichholzflamme erstickt. Nach erfolgter Gasentwicklung ist immer noch eine weiße Fällung vorhanden. Welche Ionenarten muß die Ursprungslösung enthalten haben?
6. Bei Zugabe von $AgNO_3(aq)$ zu einer Lösung entsteht eine Fällung, die sich bei Zugabe von verdünnter Salpetersäure nicht löst. Man beobachtet aber $CO_2(g)$-Entwicklung. Welche Ionen enthielt die Lösung?

Lernschritt 69: Reduktion und Oxidation

Reaktionen, bei denen Licht und Wärme freiwerden, nennt man Verbrennungen. Erfolgen Verbrennungen in der Gasphase, so erscheint eine Flamme (glühende Gase). Verbrennen Feststoffe ohne Flammenerscheinung, so spricht man von Verglühungen.

Verbrennungserscheinungen haben die Menschen seit Urzeiten beschäftigt, da es rätselhaft war, wie aus Stoffen im „Normalzustand" Licht und Wärme herausströmen können. So wurde das Feuer in allen Kulturen als etwas Göttliches verehrt („heiliges Feuer"), man sprach ihm reinigende Kraft zu und verwendete es daher bei Beschwörungsritualen und Kulthandlungen, was auch heute noch bei manchen Völkern der Fall ist. Die Alchimisten, die die Beschäftigung mit den Stoffen als Geheimlehre zelebrierten, sprachen von „unserem Feuer", das Metallerze „läutern", d. h. daraus die Metalle freisetzen, kann.

Die Verbrennung von Metallen an der Luft wurde von den Alchimisten als Verkalkung bezeichnet, weil dabei Produkte von kalkartiger Beschaffenheit entstehen. Die Umkehrreaktion, d. h. die Rückgewinnung der Metalle aus den Metallkalken, wurde Reduktion (von lat. reducere, zurückführen) genannt.

Antoine Laurent Lavoisier (1743–1794, Privatgelehrter in Paris) befaßte sich als erster systematisch mit dem Phänomen der Verbrennung. Vor ihm deutete man Verbrennungen mit der sog. Phlogiston-Theorie: Brennbare Stoffe sollten demzufolge einen Feuerstoff („Phlogiston") enthalten, der beim Verbrennen entweicht (normalerweise hat der Verbrennungsrückstand, z. B. Asche, weniger Masse). Lavoisier, der Begründer der quantitativen Messung in der Chemie, d. h. der Wägung, wies dagegen nach, daß die Verbrennungsprodukte stets größere Massen haben als der verbrannte Stoff. Er fand, daß bei den Verbrennungen an der Luft stets der Sauerstoff der Reaktionspartner ist. Daher nannte er solche Reaktionen Oxidationen (Reaktionen mit dem Sauerstoff oxygenium). Die von den Alchimisten als Reduktion bezeichnete Rückführung der Metallkalke in die Metalle wurde als Umkehrung der Oxidation erkannt. Lavoisier definierte diese Begriffe neu wie folgt:

Reduktion: Abgabe von Sauerstoff
Oxidation: Aufnahme von Sauerstoff

In dieser Form haben diese Begriffe noch heute in der Mehrzahl der in der Praxis relevanten Fälle Gültigkeit (alltägliche Verbrennungen wie Heizung, motorisierter Verkehr; Rosten von Eisen usw.).

Wir wollen nun aber am Beispiel der Verbrennung des Metalls Magnesium in Anwesenheit von Sauerstoff und der Rückgewinnung des Magnesiummetalls aus seinem „Metallkalk" die heutige Definition dieser beiden Begriffe herleiten:

Magnesiummetall verbrennt mit einer sehr heißen und hellen Flamme. Mit Sauerstoff bildet sich dabei Magnesiumoxid MgO, ein kalkartiger, weißer Feststoff, der z. B. beim Geräteturnen verwendet wird, um die Hände griffiger zu machen (sog. Magnesia). Bei der Verbrennung hat also Magnesium Sauerstoff aufgenommen, d. h. es wurde im Lavoisierschen Sinne oxidiert. Die eigentliche Veränderung aber, die das Magnesium erfahren hat, ist die, daß die Mg-Atome des Metalls zwei Elektronen abgegeben haben (im MgO liegen neben den Oxid-Ionen O^{2-} die Magnesium-Ionen Mg^{2+} vor), was sich mit der folgenden Partikelgleichung beschreiben läßt:

$$Mg - 2\,e^- \xrightarrow{ox} Mg^{2+}$$

Unter Oxidation versteht man heute die Abgabe von Elektronen. Es ist klar, daß beim Umkehrvorgang, d. h. der Rückgewinnung des Mg-Metalls aus seinem „Metallkalk", dem MgO, den Mg^{2+}-Ionen Elektronen zugeführt werden müssen. Auf welche Weise dies geschehen kann, werden wir im nächsten Lernschritt erfahren. Diese Reduktion läßt sich mit der folgenden Partikelgleichung beschreiben:

$$Mg^{2+} + 2\,e^- \xrightarrow{red} Mg$$

Unter Reduktion versteht man heute die Aufnahme von Elektronen.

Fragen zu L 69

1. Wie lautet die Partikelgleichung für die Reaktion des elementaren Sauerstoffs bei der Verbrennung von Magnesiummetall?
2. Sauerstoff ist ein sog. Oxidationsmittel, weil er viele andere Stoffe zu oxidieren vermag. – Wird ein als Oxidationsmittel reagierender Stoff bei der Reaktion oxidiert oder reduziert?
3. Welche elementaren Stoffe [L 3] wirken ganz allgemein als Oxidationsmittel, welche hingegen als Reduktionsmittel und was ist die Ursache des entsprechenden Verhaltens?
4. Die Partikelgleichung einer Redoxreaktion [A 69-1] nennt man Redoxgleichung. Man erhält die Redoxgleichung, indem man die Partikelgleichung des Reduktions- und Oxidationsschritts addiert. Dabei muß die Elektronensumme Null werden, d. h. gegebenenfalls sind Teilpartikelgleichungen zu erweitern. – Wie lautet die Redoxgleichung für die Reaktion von Manesium mit Sauerstoff?
5. Wie lautet die Redoxgleichung für die Reaktion von Mg(s) mit $Cl_2(g)$?
6. Wie lautet die Redoxgleichung für die Reaktion von Na(s) mit $Cl_2(g)$?

Lernschritt 70: Elektrolysen

Fließende elektrische Ladung wird als elektrischer Strom bezeichnet. In Metallen (auch Legierungen) sowie im Graphit [L 76] fließen leicht bewegliche Elektronen [L 13]. Fließen diese in der gleichen Richtung, so spricht man von einem Gleichstrom; ändert sich hingegen die Flußrichtung periodisch, so spricht man von einem Wechselstrom.

Eine Gleichstromquelle (Batterie, Akkumulator) läßt sich mit einer Elektronenpumpe vergleichen. Werden die beiden Pole einer Gleichstromquelle mit einem Metalldraht verbunden, so kommt in ihm ein Elektronenfluß zustande. Der Minuspol (–) der Gleichstromquelle gibt an den Draht Elektronen ab und der Pluspol (+) nimmt aus dem Draht Elektronen auf; wir sprechen von einem geschlossenen Stromkreis.

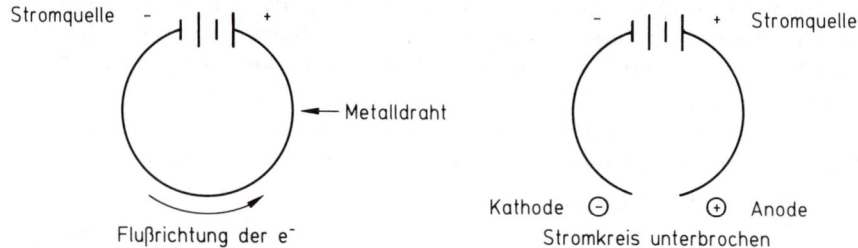

Wird der Stromkreis unterbrochen, so entstehen zwei sog. Elektroden, d. h. Elektronenleiter (Metalle, Graphit), die in Kontakt mit einem anderen Stoffsystem (hier Luft) stehen. Die Elektrode, die Elektronen zu spenden vermag (mit dem Minuspol verbunden), heißt Kathode (von gr. Ausgang, oft auch als Katode geschrieben). Die andere Elektrode, die Elektronen aufzunehmen vermag, heißt Anode (von gr. Eingang). Werden Kathode und Anode in eine wäßrige Ionenlösung oder in eine Salzschmelze gesteckt, so wird dadurch der Stromkreis wieder geschlossen. Im metallischen Leiter fließen wiederum Elektronen, während im anderen Stoffsystem Ionen fließen oder wandern, wovon sich der Name Ion (gr. wandernd) herleitet!

Da die Verhältnisse in wäßrigen Lösungen komplizierter sind, wollen wir uns vorerst mit den Verhältnissen in Salzschmelzen [konkret NaCl(l)] befassen:

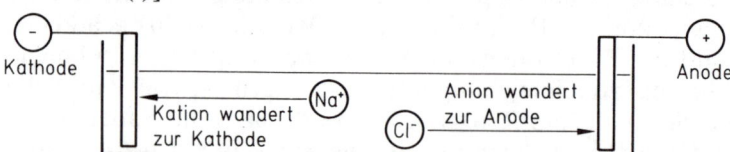

Man stellt bei dieser Versuchsanordnung fest, daß an einer inerten (an chemischen Reaktionen unbeteiligten) Kathode (z. B. Graphit) elementares Natrium entsteht, das vor Luft- und Feuchtigkeitszutritt geschützt werden muß (Herstellungsverfahren für Natriumme-tall). An der Anode hingegen entsteht elementares Chlor Cl_2, das eine wichtige Basischemikalie ist. Ionenleiter zersetzen sich also bei Stromfluß; daher nennt man sie allgemein Elektrolyte (lyse: Zersetzung, Zerlegung). In unserem Fall beruht die sog. Elektrolyse, d.h. die Stoffzersetzung mittels elektrischen Stroms, auf folgenden Gegebenheiten:

Die Na^+-Ionen wandern zur Kathode; daher nennt man übrigens alle positiven Ionen Kationen (Kathodenwanderer). An der Kathode erfolgt die Reduktion, gemäß:

$$Na^+ + e^- \xrightarrow{red} Na$$

Die Cl^--Ionen hingegen wandern zur Anode (negative Ionen heißen daher Anionen, d.h. Anodenwanderer), wo sie oxidiert werden, gemäß:

$$Cl^- - e^- \xrightarrow{ox} Cl$$

Die entstehenden Cl-Atome vereinigen sich sofort zu Cl_2-Molekülen [L 16], so daß als Redoxgleichung dieser Elektrolyse geschrieben werden kann:

$$2\,Na^+ + 2\,Cl^- \xrightarrow{redox} 2\,Na + Cl_2$$

Fragen zu L 70

1. Als Elektrodenmaterial für Elektrolysen wird im Labor oft Platinmetall oder technisch die viel billigere Elektrodenkohle (graphitisierter gepreßter Kohlenstoff) verwendet. Warum eignen sich Pt(s) und C(s) als Elektrodenmaterial?
2. Große Bedeutung hat die Schmelzelektrolyse von sog. Tonerde, einem weißen Pulver der Formel Al_2O_3. Welche Reaktionen laufen hier an Kathode und Anode ab? Aus welchem Grunde hat diese Elektrolyse eine große Bedeutung?
3. Auch Wasser läßt sich elektrolysieren; dabei bilden sich an den Elektroden einerseits $O_2(g)$ und andererseits $H_2(g)$. Überlegen Sie sich, in welcher Weise sich die Wasser-Moleküle an die jeweiligen Elektroden anlagern müssen und schließen Sie daraus, wo der Wasserstoff und wo der Sauerstoff gebildet werden muß.
4. Bei der Elektrolyse von Kochsalz-Lösung NaCl(aq) entsteht an der Anode $Cl_2(g)$ und an der Kathode Natronlauge NaOH(aq). Geben Sie die Elektrodenreaktionen an.
5. Woher stammen die e^-, die bei Elektrolysen in die Stromquelle zurückkehren?
6. Welche Kationen und Anionen enthalten Aluminiumoxid und Natriumphosphat?

Lernschritt 71: Redoxreaktionen von Molekularverbindungen

Bisher haben wir den Redoxbegriff anhand der Bildung von Ionen aus ihren Atomen und den jeweiligen Umkehrreaktionen besprochen ([L 69], [L 70]) und gesehen, daß man die Redoxgleichungen durch Addition des Reduktions- und Oxidations-Teilschritts aufstellen kann (wobei gegebenenfalls Teilschritte zu erweitern sind, damit die Elektronensumme Null wird).

Rasch verlaufende Redoxreaktionen sind oft von Feuererscheinungen begleitet, wie z.B. Verbrennungen von Metallen. Aber auch bei den „normalen" Verbrennungen des Alltags handelt es sich um Redoxreaktionen, bei denen allerdings Moleküle miteinander reagieren. Als einfachen Modellfall wollen wir die Verbrennung von Wasserstoffgas an der Luft betrachten (dabei entsteht Wasser) und zeigen, daß es sich hierbei ebenfalls um einen Redoxprozess handelt:

Bei der Reaktion $2 H_2(g) + O_2(g) \rightarrow 2 H_2O(g)$ entstehen aus unpolaren Bindungen [L 26] der Ausgangsstoffmoleküle polare Bindungen O-H der Wasser-Moleküle, in denen die O-Atome etwas (partiell) elektronenreicher sind als in den O_2-Molekülen und die H-Atome etwas elektronenärmer als in den H_2-Molekülen, weil das Bindungselektronenpaar der Bindung O-H mehr dem elektronegativeren O-Atom gehört. Obschon also nicht Übergänge „ganzer" Elektronen erfolgen, läßt sich sagen, daß bei dieser Reaktion die O-Atome reduziert (partielle Elektronenaufnahme) und die H-Atome oxidiert (partielle Elektronenabgabe) wurden.

Damit nun Redoxreaktionen mit partiellen Elektronenübergängen formal gleich behandelt werden können wie diejenigen, bei denen Elektronen vollständig auf andere Stoffteilchen übertreten, hat man den Begriff der Oxidationszahl von Atomen eingeführt:

Unter der Oxidationszahl eines Atoms in einem mehratomigen Verband (Molekül, mehratomiges Ion) versteht man dessen (fiktive!) Ladung, die daraus resultiert, daß man gemeinsame Elektronenpaare polarer Atombindungen [L 26] ganz dem Atom mit der größeren Elektronegativität zuordnet; dabei spielt es keine Rolle, wie groß $\Delta(EN)$, die Differenz der Elektronegativitäten, ist. Für den Fall von Wassermolekülen ergeben sich dann die folgenden Oxidationszahlen seiner Atome:

Die gestrichelte Linie symbolisiert die Zuordnung der Bindungselektronenpaare zum stärker elektronegativen O-Atom; da dieses nun acht Valenzelektronen hat (also zwei mehr als im neutralen Atom), erhält das O-Atom die fiktive Ladung-II, die man zur Unterscheidung von echten Ionenladungen mit römischen Zahlen angibt. H, das nach der Zuordnung keine Elektronen mehr hat, erhält die Oxidationszahl +I (ein Elektron weniger als das elektrisch neutrale Atom).

Bei unpolaren Bindungen können die Bindungselektronen nicht dem einen Partneratom zugeordnet und dem anderen abgesprochen werden, weil beide Atome die gleiche Elektronegativität haben; man muß die Bindungselektronenpaare zu gleichen Teilen auf die Atome verteilen. Dies gibt für die Atome der Moleküle H_2 und O_2 die Oxidationszahlen von Null, da sie durch diese Zuordnung gleichviel Valenzelektronen haben wie im atomaren Zustand (elektrisch ungeladen).

$$\langle O \doteq O \rangle \qquad H \overset{|}{\underset{|}{+}} H$$

Bei der Reaktion von Wasserstoff mit Sauerstoff werden die Atome der Sauerstoff-Moleküle O_2 in Sauerstoff-Atome der Oxidationszahl -II überführt; man schreibt:

$$2\,O^0 + 4\,e^- \overset{red}{\longrightarrow} 2\,O^{-II}$$

Wasserstoff-Atome der Moleküle H_2 werden in Wasserstoff-Atome der Oxidationszahl +I des Wasser-Moleküls überführt, wofür geschrieben werden kann:

$$2\,H^0 - 2\,e^- \overset{ox}{\longrightarrow} 2\,H^{+I}$$

Erweitert man die Oxidationsgleichung mit zwei und addiert man die beiden Teilschritte, so erhält man die nachstehende Redoxgleichung für die Knallgasreaktion:

$$4\,H^O + 2\,O^O \overset{redox}{\longrightarrow} 4\,H^{+I} + 2\,O^{-II}$$

Für Redoxgleichungen gilt, daß die Summe der Ionenladungen und Oxidationszahlen auf beiden Seiten der Gleichung gleich sein muß.

Fragen zu L 71

1. Welche Oxidationszahlen haben die Atome im CO_2 und im CO?
2. Geben Sie die Oxidationszahlen der Atome in den folgenden Partikeln an: CH_4, CH_3OH, CH_2O, CO_3^{2-} und NH_4^+.
3. Wie groß ist die Summe der Oxidationszahlen der Atome eines Moleküls und die eines mehratomigen Ions?
4. Wir betrachten die vollständige Verbrennung von Methan CH_4. Geben Sie die Oxidationszahlen der Atome der Ausgangs- und Endstoffe an und stellen Sie damit die Redoxgleichung für den Vorgang auf.
5. Wir betrachten die Hydrierung (Wasserstoffaufnahme) von Ethen C_2H_4, bei der Ethan C_2H_6 entsteht. Klären Sie ab, ob es sich dabei um einen Redoxprozess handelt und stellen Sie gegebenenfalls die Redoxgleichung auf.
6. Warum handelt es sich beim Auflösen unedler Metalle in wäßrigen Säurelösungen [L 55] um Redoxreaktionen und nicht um Protolysen (Protonenübergänge)?

Lernschritt 72: Eisen- und Stahlherstellung

Zahlreiche Elementarstoffe werden aus ihren Verbindungen durch elektrolytische Verfahren [L 70], also mittels Redoxprozessen, hergestellt. Dazu gehören die Halogene (VII. Hauptgruppe) Fluor und Chlor, die Alkalimetalle (I. Hauptgruppe) und die Erdalkalimetalle (II. Hauptgruppe), die Erdmetalle (III. Hauptgruppe) und auch zahlreiche Übergangsmetalle.

Eisen ist mit großem Abstand das wichtigste metallische Element, da es den Hauptbestandteil der Stähle bildet, welche mengenmäßig die wichtigsten metallischen Werkstoffe sind (wir leben immer noch in der „Eisenzeit", [L 5]). Daher soll hier kurz auf die Eisenherstellung eingegangen werden.

Eisen tritt in der Erdkruste wegen seines unedlen Charakters nicht in metallischer Form auf (Ausnahme: eisenhaltige Meteorite, daher von den alten Ägyptern „Metall des Himmels" genannt), sondern in Form seiner Verbindungen. Enthalten Mineralien abbauwürdige Mengen von Eisenverbindungen, so spricht man von Eisenerzen. Die wichtigsten Eisenerze enthalten große Anteile von Fe_2O_3 (Roteisenstein oder Hämatit) oder Fe_3O_4 (Magneteisenstein oder Magnetit). Heute werden zur Eisenherstellung nur solche oxidische Erze (enthaltend O^{2-}) verwendet. Allerdings enthalten die Erze stets Begleitmineralien (sog. Gangart), die z. T. vor der Verhüttung abgetrennt werden.

Es ist klar, daß die Eisen-Ionen der Erze (Fe^{3+} im Fe_2O_3 sowie 2 Fe^{3+} und 1 Fe^{2+} pro Formeleinheit Fe_3O_4) reduziert werden müssen, damit metallisches Eisen entsteht. Dies geschieht in Hochöfen, das sind aus feuerfesten Steinen gemauerte bauchige Rundtürme bis 70 m Höhe und 5000 m³ Nutzinhalt. Sie werden von oben her über Gasschleusen mit „Möller" und Koks beschickt. Der sog. Möller besteht aus Erzstücken, die mit sog. Zuschlägen gemischt sind (meistens Kalkbrocken), die die Aufgabe haben, die Gangart in leicht schmelzbare Schlacke überzuführen. Koks wird aus Steinkohle durch Verkokung, d. h. Erhitzen unter Luftabschluß, gewonnen; dabei entweichen aus der Steinkohle viele Gase und Flüssigkeitsdämpfe (Steinkohleteer), die Rohstoffe für die organische Chemie sind; Koks ist ein poröser Feststoff, der aus elementarem C und Aschebestandteilen (nicht verbrennbaren Mineralstoffen) besteht.

Die Verbrennung des Kohlenstoffs wird durch eingepreßte Heißluft (Wind genannt, 1300 °C) aufrechterhalten. Die Produkte des Hochofens sind „Roheisen" (bis 12 000 Tonnen pro Tag), Schlacke (als Baumaterial verwendet) und „Gichtgas" (bestehend aus rund 30 % CO, 15 CO_2 und Stickstoff), das wegen seines CO-Gehalts zu Heizzwecken (Winderhitzer u. a.) eingesetzt wird.

Rohcisen hat einen Massenanteil Kohlenstoff von ca. 5 %, sowie weitere Bestandteile wie Silicium, Mangan und Phosphor. Wegen des zu hohen Kohlenstoffgehalts ist es spröde und erweicht beim Erhitzen nicht allmählich, sondern plötzlich (kann weder geschmiedet noch geschweißt werden); man kann es nur zur Herstellung von Gußteilen verwenden. Um es in den schmiedbaren Stahl überzuführen, muß es entkohlt werden. Das geschieht beim sog. Frischen des flüssigen Roheisens durch Aufblasen oder Einleiten von reinem Sauerstoff, der die Begleitstoffe (und auch etwas Fe) in ihre Oxide überführt, die z.T. als Gase oder Stäube entweichen oder als flüssige Schlacke abgeschöpft werden können. Anschließend kann man Legierungsbestandteile zugeben [L 14]!

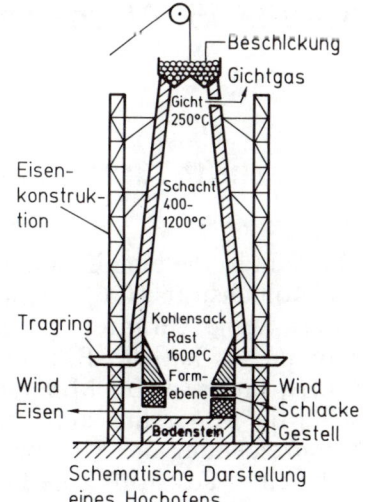

F 72

Schematische Darstellung eines Hochofens

Fragen zu L 72

1. Was versteht man unter legierten Stählen, was unter hochlegierten und was unter niedriglegierten?
2. Welche der beiden nachstehenden „Definitionen" ist richtig?
   a) Legierungen sind metallische Stoffe, die aus mindestens zwei metallischen Elementen bestehen.
   b) Legierungen sind metallische Stoffe, die aus mindestens zwei Elementen bestehen.
3. Beim Hochofenprozeß werden die Eisen-Ionen zu metallischem Eisen reduziert. Welcher Stoff wird bei diesem Vorgang oxidiert?
4. In einem der zahlreichen Redoxprozesse, die im Hochofen ablaufen, reagiert Eisen(III)-oxid Fe_2O_3 mit CO zu Magnetit und CO_2. Stellen Sie die Redoxgleichung und anschließend die Reaktionsgleichung auf.
5. Fe_3O_4 reagiert im Hochofen mit CO zu FeO und CO_2. Das entstehende Eisen(II)-oxid FeO reagiert mit CO zu Fe und CO_2. Stellen Sie die Redoxgleichung für diese beiden Reaktionsschritte auf.
6. Al-Metall reagiert nach Zündung mit Eisen(III)-oxid unter heftiger Feuererscheinung zu metallischem Eisen und Schlacke. Woraus muß diese bestehen?

145

Lernschritt 73: Diamant und diamantartige Stoffe

Diamant ist die eine Zustandsform (sog. Modifikation) des elementaren Kohlenstoffs [L 6]. Es handelt sich um einen farblosen Feststoff, sofern keine Verunreinigungen vorliegen. Diamant ist das härteste Mineral; es hat die Ritzhärte 10. – Im Jahre 1812 hat FRIEDRICH MOHS, Professor für Mineralogie in Graz und Wien, eine Ritzhärteskala für Mineralien aufgestellt, die eine zwar rohe, aber bequeme Kennzeichnung der Mineralien ermöglicht: Man versucht, mit einer Ecke eines Feststoffs eine Fläche eines anderen Stoffs zu ritzen; derjenige Stoff, der den anderen zu ritzen vermag, hat die größere Ritzhärte. Nach MOHS beginnt die Ritzhärteskala (MOHSsche Härteskala) mit dem weichsten Mineral, dem Talk, der die Härte 1 erhält und endet mit dem härtesten Mineral Diamant, dem die Härte 10 zugeordnet wird. Dazwischen liegen Gips (2), Kalkspat (3), Flußspat (4), Apatit (5), Feldspat (6), Quarz (7), Topas (8) und Korund (9).

Ein genaueres Bild von den tatsächlichen Härteverhältnissen gibt das ROSIWALsche Abnutzungsverfahren; hier verschleift man die zu prüfenden Mineralien mit einer abgewogenen Schleifpulvermenge bis zu deren Unwirksamkeit und prüft den am Mineral auftretenden Gewichtsverlust (je kleiner die Gewichtsabnahme, desto härter ist das Mineral). Setzt man hierbei für Korund die willkürliche Härte 1000 fest, so erhält der Topas 194, Quarz 175, Kalkspat 5,6, Talk 0,04, Diamant hingegen 140 000 Härtegrade, d. h. er ist also noch 140mal härter als der zweithärteste Stoff der MOHSschen Härteskala! – Stoffe der Ritzhärte 1 und 2 lassen sich übrigens mit den Fingernägeln ritzen.

Die große Härte des Diamanten beruht auf seinem Bau. Wie die Röntgenbeugungsanalyse beweist, sind im Innern des Diamantkristalls die C-Atome so angeordnet, daß jedes C-Atom vier weitere C-Atome mittels Einfachbindungen bindet, die genau tetraedrisch angeordnet sind. Dieser Aufbau läßt sich daher mit der Tetraeder-Modellvorstellung von Kohlenstoff-Atomen erklären.

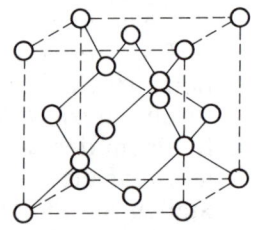

Im Diamantkristall sind also sämtliche Atome miteinander durch Elektronenpaarbindung verknüpft, im Gegensatz zu Molekularverbindungen, wo die kovalente Bindung nur die Atome der einzelnen Moleküle zusammenhält. Solche Kristalle nennt man Atomkristalle; sie bilden ein sog. Atomgitter. Beim Abspalten von Teilen dieses Gitters müssen sehr viele kovalente Bindungen „geknackt" werden; dies ist der Grund für die große Härte des Diamanten.

Infolge seiner großen Härte und seines geringen Verschleißes findet Diamant Verwendung zum Bohren und Schneiden harter Materialien (Gesteinsbohrer, Glasschneidewerkzeuge), zum Ziehen von Metalldrähten (Ziehsteine), als präzise Schneidewerkzeuge (z.B. in der Augenchirurgie), Achsenlager von Präzisionsinstrumenten und als Diamantpulver zum Schleifen und Polieren. Etwa 95 % der natürlichen Diamanten werden, da sie nur wenige Millimeter groß und trüb sind, als sog. Industriediamanten eingesetzt. Die meisten Industriediamanten werden seit 1955 industriell hergestellt, indem Graphit [L 76] bei extremen Drücken und hohen Temperaturen in Diamant (einige mm groß) umgewandelt wird. – Größere und klare Naturdiamanten sind geschätzte Edelsteine, da sie infolge starker Lichtbrechung nach geeignetem Schliff das „Feuer" zeigen, d.h. in den Regenbogenfarben glitzern (Brillanten).

Diamant ist ein extrem schlechter elektrischer Leiter, aber ein guter Wärmeleiter (fühlt sich kalt an), wie alle Kristalle. Seine Dichte beträgt 3,5 kg/L; er ist schwer spaltbar, extrem schwerflüchtig und schwerlöslich und chemisch auffallend reaktionsträge. Stoffe, die in diesen Eigenschaften dem Diamanten ähnlich sind, werden oft als „diamantartige Stoffe" bezeichnet.

Fragen zu L 73

1. Was bedeutet „schwerflüchtig"! Warum ist Diamant schwerflüchtig und schwerlöslich und warum ein extrem schlechter elektrischer Leiter (sog. Isolator)?
2. Elementares Silicium und Germanium kristallisieren ebenfalls im Diamant-Gittertyp. Wie läßt sich die abnehmende Härte von Diamant bis Germanium erklären?
3. Die Verbindung Siliciumcarbid SiC hat die Ritzhärte 9,7. Es handelt sich um künstlich hergestellte Atomkristalle, die in großem Umfang zu Schleifzwecken (Schmirgelscheiben, Schmirgelpapiere, Schleifpulver) Verwendung finden. SiC wird technisch Carborundum genannt. Wie muß SiC aufgebaut sein, wenn die Symmetrieregel [L 58] auch für diesen Atomkristall (Diamanttyp) gilt?
4. Mit welchem Material kann man Diamanten bei der Schmuckherstellung schleifen?
5. Korund ist kristallines Al_2O_3. Ist er durch Cr^{3+}-Ionen „verunreinigt" (auf 400 bis 500 Al^{3+} ein Cr^{3+} anstelle von Al^{3+} im Gitter), so liegt der Edelstein Rubin vor. Wie läßt sich erklären, daß Korund (Ritzhärte 9) aufgrund seiner Eigenschaften zu den diamantartigen Stoffen gerechnet werden kann?
6. Welche Bindungsart hält Ionenkristalle zusammen und welche Bindungsart liegt in Atomkristallen vor?

L 74   Lernschritt 74: Der Quarz

Quarz, in reiner Form als farbloser „Bergkristall" bekannt, hat die Formel SiO_2 (Siliciumdioxid). Das Wort „Kristall" stammt übrigens von gr. kryos = Eis, weil die alten Griechen den Bergkristall für eine verdichtete Form von Eis hielten. Quarz ist in der Erdkruste (etwa 16 km tief) der mit großem Abstand häufigste Atomkristall, da die Erstarrungsgesteine Granit und Gneis einen Massenanteil an Quarz-kriställchen von im Mittel 12 % aufweisen. Granite und Gneise enthalten neben Quarz noch zwei weitere Bestandteile, die sog. Feldspate und die sog. Glimmer. Während die Kristalle dieser drei Bestandteile bei Graniten (granum = lat. Korn) körnige Beschaffenheit haben, liegen bei Gneisen schiefrige Schichtungen vor.

Feldspate und Glimmer gehören zu den Silicat-Mineralien, in denen die Elemente Silicium und Sauerstoff dominieren. Etwa 60 % der Masse aller Mineralien der Erdkruste machen die Feldspate aus, deren Name von Feld = Fels = hart und spat, d. h. gut spaltbar, herrührt, weil man die Kristalle in ebenflächige Stücke spalten kann. Die wichtigsten Feldspate sind der Orthoklas (Kalifeldspat, Summenformel $KAlSi_3O_8$), der Albit (Natronfeldspat, $NaAlSi_3O_8$) und der Anorthit (Kalkfeldspat $CaAl_2Si_2O_8$). Die Glimmer endlich, deren Name von „glimmern" (glitzern) herrührt, bilden Blättchen, von denen sich 0,01 mm dicke, elastisch biegsame Flächen abspalten lassen. Durchsichtige Glimmerscheiben kann man als Fenstermaterial für Gucklöcher bei Hochtemperaturapparaturen einsetzen. Solche – heute künstlich hergestellte – Glimmer haben Summenformeln wie $K_4Mg_{12}Al_3Si_{12}O_{40}F_8$.

Durch Verwitterungsprozesse entstehen aus den Feldspaten und Glimmern die verschiedenen Tonmineralien, welche zur Herstellung von Ziegeln, Steingut und Porzellan dienen. Da Quarz chemisch resistenter ist, findet man in Sekundärlagerstätten (vom Wasser verfrachtet) riesige Quarzsandlager, die als Rohstoff für die Glasherstellung, für Hartbeton, Sandstrahlen usw. ausgebeutet werden.

Feststoffe mit Gitterbau werden allgemein als „Kristalle" bezeichnet, wie eingangs erwähnt wurde. Daher soll hier eine allen Kristallen gemeinsame Eigenheit – seien es nun Ionen-, Molekül-, Metall- oder Atomkristalle – besprochen werden, die sog. Anisotropie. Der Name Anisotropie bedeutet "Ungleichartigkeit beim Wenden" (an- ist verneinend [L 61], iso bedeutet gleich [L 3] und „tropie" stammt von gr. tropein = wenden). Man versteht unter Anisotropie die Tatsache, daß bei Kristallen Eigenschaften wie Lichtbrechung und -reflexion, Wärmeleitfähigkeit und -ausdehnung, elektrische Leitfähigkeit, Härte, Elastizität, Spaltbarkeit usw. nicht in allen Raumrichtungen gleich sind, d. h. beim „Wenden des Kristalls" verändert werden.

Das Phänomen der Anisotropie beruht darauf, daß wegen des geregelten Gitterbaus (Fernordnung) nicht in allen Raumrichtungen die Folgen und die Abstände der Gitterbausteine gleich sein können. Dies zeigt die nebenstehende Abbildung schematisch für den Fall eines Kristalls, der aus zwei verschiedenen Gitterbausteinen besteht, z. B. ein Ionenkristall.

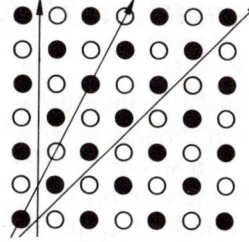

Haben Feststoffe keinen Gitterbau, d. h. fehlt die regelmäßige Anordnung der Bausteine über größere Bereiche (was man als Fernordnung bezeichnet), so spricht man von amorphen Stoffen. Der Begriff kommt von gr. amorph = gestaltlos. Kristalline Körper haben nämlich stets eine charakteristische äußere Form oder Gestalt; so bildet z. B. Kochsalz Würfel oder Bergkristalle sechseckige Prismen, die oben pyramidenförmig zulaufen. Amorphe Stoffe hingegen (Gläser, siehe [L 75], Gummi usw.) nehmen nicht von selbst charakteristische Formen an.

Auch SiO_2 kann in amorpher Form auftreten, als sog. Kieselgur, ein leichtes, pulverförmiges Material hoher Saugfähigkeit (viele Poren), das ein Sediment von wasserlebenden Einzellern (sog. Kieselalgen u. a.) darstellt; Kieselgur wurde z. B. in [L 64] (Dynamit) erwähnt. In amorphen Stoffen fehlt zwar die Fernordnung (geordneter Bau über Hunderte von Bausteinen und mehr), aber Nahordnung (Atome und ihre Liganden) ist stets vorhanden.

Fragen zu L 74

1. Wegen des größeren Durchmessers von Si-Atomen können diese mit O-Atomen keine Doppelbindungen ausbilden! Geben Sie mit dieser Angabe die Koordinationsverhältnisse im Quarz an, dessen Bau mit dem Tetraedermodell erklärbar ist.
2. Sind die Feldspate und die Glimmer Atomkristalle?
3. Sandsteine sind Sedimentgesteine, in denen meistens Quarzsandkörner mit einem Bindemittel verkittet sind. Ist dieses Bindemittel vorwiegend Kalk, so zerbröseln solche Sandsteine an der heutigen Atmosphäre mit der Zeit. Ursache?
4. Welche beiden Elemente sind in der Erdkruste am häufigsten?
5. Amorphe Feststoffe sind nicht anisotrop! Warum ist dies so?
6. Ist ein gepreßtes Kristallpulver – z. B. ein Schneeball oder eine Tablette – isotrop oder anisotrop?

F 74

Von kristallinem SiO_2 existieren viele Modifikationen, auf die hier nicht eingegangen wird. Immer sind aber SiO_4-Tetraeder die Baueinheiten solcher Gitter, in denen Sauerstoff-Atome gemeinsam zwei Si-Atomen gehören („Brückenatome"). Unterschiede ergeben sich dadurch, daß die Winkel Si-O-Si und die Bindungslängen etwas variieren. Die Winkel sind z.B. stets größer als der ideale Tetraederwinkel von $109{,}5°$ [A 15-2]. Beim „gewöhnlichen" Quarz beträgt er $144°$, was mit unserer Tetraedermodellvorstellung nicht mehr gedeutet werden kann. Diese Hinweise sollen nur in Erinnerung rufen, daß wir mit einfachen Modellvorstellungen operieren.

Wird Quarz (Dichte $2{,}6$ kg/L) erhitzt, so beginnt er sich ab 1705 °C langsam zu verflüssigen, wobei das Material mit steigenden Temperaturen zunehmend dünnflüssiger wird. Dies beruht darauf, daß sich größere und kleinere Atomverbände vom Gitter ablösen und nicht die einzelnen Atome! Diese – aus SiO_4-Tetraedern bestehenden – Atomverbände werden mit zunehmenden Temperaturen weiter aufgespalten, so daß sie im Mittel immer kleiner werden. An den Bruchstellen der Bindungen Si-O (im Quarz gibt es keine anderen!) entstehen elektrisch geladene Stellen, weil das elektronegativere O-Atom „das ganze Elektronenpaar mitnimmt":

Die Si-Atome der Bruchstellen besitzen eine Elektronenpaarlücke; ihnen fehlt zur beständigen Edelgaskonfiguration ein Elektronenpaar. Kühlt man die Quarzschmelze ohne besondere Maßnahmen ab, so ist es aus Gründen der Wahrscheinlichkeit unmöglich, daß sich die in der Schmelze herumschwimmenden Gitterbruchstücke wiederum in der ursprünglichen Fernordnung zusammenfinden. Es ist vielmehr so, daß sich kovalente Bindungen zwischen zufälligerweise nebeneinanderliegenden positiven und negativen Stellen ausbilden (die Elektronenpaarlücke wird durch ein Elektronenpaar der negativen Stelle „gestopft"). Dabei bleiben aber viele geladene Stellen übrig, weil keine entgegengesetzt geladene in unmittelbarer Nachbarschaft steht. Daher hat das entstandene Material eine weniger dichte Packung der Atome als der Kristall.

Der durch Abkühlung der Schmelze entstandene Feststoff ist sog. Quarzglas; es hat eine Dichte von 2 bis $2{,}2$ kg/L. Im Quarzglas liegt zwar immer noch die Nahordnung des Quarzes vor (SiO_4-Tetraeder), aber die Fernordnung des Kristalls fehlt. Quarzglas wird für spezielle optische Zwecke sowie wegen seiner chemischen Resistenz für Laborgeräte verwendet; wegen seiner geringen Wärmeausdehnung kann auf Weißglut erhitztes Quarzglas in kaltes Wasser getaucht werden, ohne daß es dabei zerspringt.

Gläser haben als Werkstoffe wegen ihrer chemischen Resistenz, der Durchsichtigkeit und der beliebigen Verformbarkeit in erweichtem Zustand eine sehr große Bedeutung. In den weitaus meisten Fällen (über 99 %) ist dabei der Quarzsand der Rohstoff für die Glasherstellung. Im Falle des gewöhnlichen Glases wird Quarzsand mit Soda (Natriumcarbonat Na_2CO_3) und Kalk ($CaCO_3$) gemischt; die Fremdstoffe setzen die Schmelztemperatur herunter, weil die sich berührenden Stoffe gegenseitig die Bindungsstärke ihrer Oberflächenteilchen herabsetzen (analog [L 29] und [F 42-4]!). Soda und Kalk spalten in der Hitze $CO_2(g)$ ab [L 66], so daß die jeweiligen Oxide (Na_2O bzw. CaO) entstehen. Die Oxid-Ionen O^{2-} stopfen dabei die Elektronenpaarlücken positiver Quarz-Bruchstellen:

$$-\overset{|}{\underset{|}{Si}}{}^{+} \; + \; |\overline{\underline{O}}|^{2-} \longrightarrow -\overset{|}{\underset{|}{Si}}-\overline{\underline{O}}|^{-}$$

Damit besteht das Netzwerk aus SiO_4-Tetraedern nur noch aus negativ geladenen Gerüst-Anionen wechselnder Größe, deren Ladung durch die Ionen Na^+ und Ca^{2+} kompensiert wird (in Silicat-Mineralien [L 74] sind bei einer bestimmten Stoffart die Gerüst-Anionen hinsichtlich Größe und Gestalt definiert).

Gläser können durch Zusatz von kleinen Mengen von geeigneten Metalloxiden beliebig gefärbt werden. Wie im Falle des Rubins [F 73-5] sind eingelagerte Schwermetall-Ionen für die Farbigkeit der Gläser verantwortlich.

Fragen zu L 75

1. Wir betrachten zwei sich gegenüberliegende negativ geladene Stellen benachbarter Netzwerk-Anionen in gewöhnlichem Glas. In welcher Weise können Natrium-Ionen die Ladung kompensieren, in welcher Weise hingegen die Calcium-Ionen?
2. Durch wechselnde Mengen von Soda bzw. Kalk kann bei der Herstellung gewöhnlichen Glases dessen Erweichungstemperatur beeinflußt werden. Wir müssen zunehmende Kalkmengen die Erweichungstemperatur beeinflussen?
3. Warum ist die Härte von Quarz (Ritzhärte 7) kleiner als die des Diamanten?
4. Warum ist Glas für die Herstellung von Laborgeräten geeignet?
5. Ist Glas isotrop oder anisotrop [L 74]?
6. Bei Raumtemperatur sind Gläser sog. Isolatoren, d.h. sie leiten den Strom extrem schlecht. Beim Erwärmen nimmt aber die Leitfähigkeit zu; sie wird um so besser, je höher die Temperatur ist. Was ist der Grund für diese Tatsache?

Lernschritt 76: Der Graphit

Die beiden Kohlenstoff-Modifikationen Diamant [L 73] und Graphit zeigen z. T. auffallende Unterschiede:

Diamant	Graphit
Härtestes Mineral, Ritzhärte 10	Sehr weich, Ritzhärte richtungsabhängig 0,5 bis 2
farblos, durchsichtig, stark lichtbrechend	schwarzgrau, undurchsichtig, metallisch glänzend
extrem schlechter elektrischer Leiter	guter Elektronenleiter (stark richtungsabhängig)
mühsam entlang Oktaeder-flächen spaltbar	sehr leicht in parallele Schichten spaltbar
guter Wärmeleiter (da kristallin)	sehr guter Wärmeleiter (stark richtungsabhängig)
extrem schwerflüchtig und schwerlöslich	extrem schwerflüchtig und schwerlöslich
chemisch auffallend reaktionsträge	chemisch auffallend reaktionsträge (hohe Temperaturen!)
Umwandlung in Graphit bei >1500 °C	extreme Hochtemperaturbeständigkeit (sublimiert bei 3700 °C)

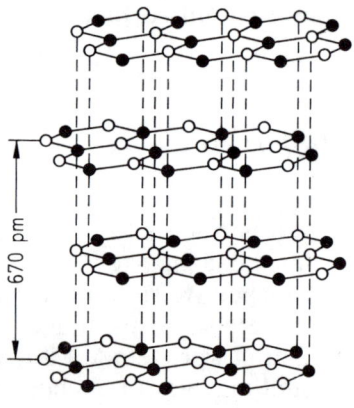

Wie die Röntgenbeugungsanalyse zu zeigen vermag, liegt im Graphit ein typisches Schichtgitter vor: Die C-Atome haben die Koordinationszahl 3, d. h. sie bilden drei kovalente Bindungen mit drei weiteren C-Atomen (Winkel genau 120 °), wodurch planare Schichten mit wabenförmiger Anordnung der C-Atome (reguläre Sechsecke) resultieren. Pro C-Atom ist gewissermaßen ein Valenzelektron „überzählig"; diese Elektronen sind in den Schichten leicht beweglich, nicht aber senkrecht zu den Schichten!

Die Schichtebenen sind normalerweise (im sog. hexagonalen Graphit) so gestapelt, daß die C-Atome jeder zweiten Schicht senkrecht übereinanderstehen (analog der hexagonal dichtesten Kugelpackung bei Metallen [L 13], während die C-Atome der dazwischenliegenden Schichten über den Zentren der regulären Sechsecke der Nachbarschichten liegen. Die Schichten liegen weiter auseinander (nur VAN DER WAALSsche Kräfte wirksam) als die Atome in den Schichten: Schichtabstände 335 pm (Picometer, d. h. 10^{-12} m), C-C-Abstände in den Schichten 142 pm. – Im Diamant haben die C-Atome einheitliche Abstände von 154 pm.

Da die Schichtebenen des Graphits leicht übereinander abgleitbar sind, ist Graphitpulver ein wichtiges korrosionsfestes Hochtemperaturschmiermittel; auch Graphitfett (Graphitpulver im Schmierfett) wird aus demselben Grunde verwendet, allerdings bei nicht zu hohen Temperaturen, weil Schmierfette weniger hitzebeständig sind. Auf der leichten Abgleitbarkeit und Ablösbarkeit der Schichten beruht auch die Verwendung von Graphit in Bleistiftminen, die durch Tonzusatz bezüglich ihrer Härte variierbar sind; der Name Graphit leitet sich übrigens von gr. graphein, d.h. schreiben, ab. – Graphit wird heute in großen Mengen durch Graphitierung von kohlenstoffreichem Material wie Koks [L 72], Ruß (enthält kleinste graphitartige Bereiche, unterbrochen von amorphen C-Bereichen sowie kleine Mengen von O- und H-Atomen) und Kohle erzeugt. Dabei werden diese kohlenstoffreichen Materialien in Induktionsöfen bei Temperaturen von 2700 °C behandelt. Die Hauptmenge des so erzeugten Graphits findet als Elektrodenkohle bei Elektrolysen Verwendung, der größte Teil davon bei der Al-Herstellung [A 70-2], da pro Tonne erzeugten Aluminiums 500 kg Anodenkohle verbrannt werden. Aus Graphit werden Tiegel für das Umschmelzen von Metallen gefertigt, und er dient als Auskleidungsmaterial von Hochöfen [L 72], von Chemie-Apparaturen, von Raketen, und er wird auch in der Kernreaktortechnik eingesetzt.

Fragen zu L 76

1. Welche Kohlenstoffmodifikation muß die größere Dichte (Masse durch Volumen, Einheit meistens kg/L) haben, der Graphit oder der Diamant?
2. Ruß (Druckerschwärze) ist der ideale schwarze Farbstoff; so bleiben Druckerzeugnisse über Jahrhunderte leserlich. Auch Bleistiftzeichnungen und -aufzeichnungen sind lange haltbar. Welche Eigenschaften des elementaren Kohlenstoffs ist dafür verantwortlich?
3. Worauf muß der Metallglanz, den auch der Graphit zeigt, beruhen?
4. Welcher Hauptunterschied besteht zwischen dem Graphitgitter und Atomkristallen wie Diamant oder Quarz?
5. Ist der Graphitkristall isotrop oder anisotrop?
6. Durch „trockene Destillation", d.h. Erhitzen unter Luftabschluß, kann aus organischem Material wie Sägespänen oder Tierfleisch sog. Aktivkohle hergestellt werden, die eine lockere, weitestgehend amorphe C-Struktur (nur winzigste Graphitbereiche enthaltend) mit vielen Hohlräumen und Klüften (Poren) aufweist. Wozu kann diese Aktivkohle verwendet werden?

Lernschritt 77: Braunstein und Kaliumpermanganat

Bisher haben wir uns vorwiegend mit Verbindungen der Hauptgruppenelemente beschäftigt und gesehen, daß für die Erklärung vieler experimentell gesicherter Tatsachen einfache Modellvorstellungen ausreichen. So lassen sich zahlreiche Verbindungen der ersten 20 Elemente des Periodensystems mit Tetraedermodell und Edelgasregel deuten; allerdings mußten wir auch für diese Fälle bereits erweiterte Modellvorstellungen kennenlernen, wie im Kapitel 11 ([L 57] bis [L 60]) gezeigt wurde. Der Vollständigkeit halber ist zu erwähnen, daß bei den Elementen der Hauptgruppen III, IV und V ab der vierten Periode (also Ga, Ge und As eingeschlossen) einfache Regeln nur noch für einen Teil ihrer Verbindungen gelten.

Bei den Übergangsmetallen (Nebengruppen des Periodensystems) gibt es keine einfachen Gesetzmäßigkeiten mehr; man hat einfach zur Kenntnis zu nehmen, wie die experimentellen Befunde lauten. So wurde in [L 72] gesagt, daß Eisen (Fe) in seinen Verbindungen in Form doppelt und dreifach geladener Ionen auftreten kann. Fe^{2+}-Ionen ließen sich mit den bisherigen Regeln noch einigermaßen erklären, da Fe-Atome zwei Außenelektronen haben; beim Fe^{3+}-Ion hingegen fehlt zusätzlich ein Elektron der dritten Schale, die also nur noch 13 Elektronen enthält. Beim chemischen Verhalten von Übergangsmetallen sind sehr oft nicht nur die Elektronen der äußersten Schale als „Valenzelektronen" beteiligt [L 8]. Daher muß in den Namen der Verbindungen die Oxidationsstufe in Form von in runden Klammern nachgestellten römischen Zahlen angegeben werden. Die Verbindung Fe_2O_3 heißt Eisen(III)-oxid (Ionen Fe^{3+} und O^{2-}), die Verbindung FeO heißt Eisen(II)-oxid (Ionen Fe^{2+} und O^{2-}).

Auch beim Mangan – um ein weiteres Beispiel anzuführen – sind verschiedene Oxidationsstufen möglich; im Mangan(II)-chlorid $MnCl_2$ liegen die Ionen Mn^{2+} und Cl^- vor. Die Entstehung von Mn^{2+}-Ionen aus den Mn-Atomen könnte noch mit der Regel, wonach Metallatome ihre Außenelektronen abgeben, interpretiert werden, nicht aber die Beständigkeit des Mn^{2+} mit 13 Elektronen in der dritten Schale. Das Salz $MnCl_2$ ist übrigens gut wasserlöslich und entspricht damit wenigstens in dieser Hinsicht den Löslichkeitsregeln, die wir für Salze von Hauptgruppenelementen kennengelernt haben.

Das wichtigste Manganmineral ist der Braunstein mit der Formel MnO_2, der seinen Namen der schwarzen bis dunkelbraunen Farbe verdankt. Etwa 300 000 Tonnen Braunstein werden jährlich für die Herstellung von Trockenbatterien verwendet; daneben wird Braunstein als Pigment (Farbstoffkörnchen) bei der Produktion von Ziegeln und Keramik eingesetzt (150000 t/Jahr) und es ist ein wichtiges Oxidationsmittel (bei der Urangewinnung 100000 t/Jahr). Als sog. Glasmacherseife dient MnO_2 auch zur Aufhellung von Glas; es wurde schon im Altertum den Glasschmelzen beigemischt.

Aufgrund der Formel MnO_2 (metallisches und nichtmetallisches Element) könnte es sich um ein Salz mit den Ionen Mn^{4+} und O^{2-} handeln. Allerdings hätten vierfach positiv geladene Metallionen sehr starke Ionenbindungskräfte zur Folge, wie ein Vergleich mit [A 73-5] zeigt. Solche Bindungen erhalten denn auch Charakteristika kovalenter Bindung [L 16], was mit dem Modell der Anionendeformation erklärt werden kann:

Valenzelektronen der (aufgeblähten [A 9-5]) Anionen (hier O^{2-}) werden von den kleinen, mehrfach geladenen positiven Ionen (hier Mn^{4+}) stark beansprucht, so daß die „Kugelsymmetrie" der Elektronenverteilung im Anion gestört wird (Anreicherung negativer Ladung längs der Achse Kation-Anion, was mehr oder weniger der kovalenten Bindung nahekommt. Es ist also besser, den Atomen des MnO_2 Oxidationszahlen [L 71] zuzuordnen und nicht Ionenladungen, also Mn^{+IV} und O^{-II}.

Werden Ligandenelektronen in merklichem Ausmaße vom Zentralion beansprucht, d.h. in dessen Elektronensystem integriert, so spricht man von koordinativer Bindung. Dieser Bindungszustand tritt z.B. auch im Kaliumpermanganat $KMnO_4$ auf, wie wir bei der Bearbeitung von [F 77] sehen werden. Kaliumpermanganat ist ein schwarz-violett glänzender Farbstoff, der gut wasserlöslich ist; seine wäßrigen Lösungen sind intensiv violett gefärbt.

Fragen zu L 77

1. Gibt man $Na_2O(s)$ zu Wasser, so entsteht eine alkalische Lösung. Gibt man hingegen $MnO_2(s)$ zu Wasser, so verändert sich der pH nicht. Worauf beruht der Unterschied?
2. Wäßrige Lösungen von Kaliumpermanganat haben pH 7. Aus welchen Stoffteilchen muß Kaliumpermanganat demzufolge bestehen?
3. Welche Oxidationszahlen bzw. Ionenladungen haben die Atome im $KMnO_4$?
4. Das Permanganat-Ion ist isoster mit Sulfat-Ion SO_4^{2-}, d.h. die räumliche Anordnung der Atome ist gleich. Welchen Bau und welche Valenzstrichformel hat das Permanganat-Ion demzufolge?
5. Welche Formeln haben Chrom(III)-oxid, Chrom(VI)-oxid, Kupfer(II)-sulfat und Gold(III)-chlorid?
6. Das rote Kupfer(I)-oxid ist sehr schlecht wasserlöslich. Wie läßt sich dieser Sachverhalt interpretieren?

Lernschrift 78: Die Ursache der Farbe von Stoffen

Weißes Licht (Tageslicht) ist ein Gemisch der farbigen Lichter des Regenbogenspektrums, welches elektromagnetische Strahlung der Wellenlängen zwischen 400 und 750 nm (Nanometer, d. h. 10^{-9} m) darstellt. Solche elektromagnetischen Strahlen lösen auf der Netzhaut des Auges durch chemische Reaktionen Reize aus, die im Gehirn die Farb- und Formempfindung erzeugen. Mit unseren Sinnen können wir direkt nur noch die etwas längerwellige – und damit energieärmere – Wärmestrahlung, das sog. Infrarot, feststellen (Wärmegefühl). Das etwas kürzerwellige – und damit energiereichere – Ultraviolett (UV) verursacht die Bräunung der Haut und ist somit erst anhand dieser Wirkung feststellbar (Sonnenbrand). – Andere elektromagnetische Strahlungsarten wie Radiowellen und Röntgenstrahlen lassen sich nur mittels Geräten feststellen.

Ein Stoff, der in einen bestimmten engen Bereich (Lichtwellen ähnlicher Wellenlängen) des sichtbaren Regenbogenspektrums absorbiert (zurückbehält, d. h. in Wärme verwandelt) und den Rest des Spektrums wieder ausstrahlt („reflektiert"), erscheint uns farbig; diese Farbe bezeichnet man als Komplementärfarbe:

absorbierte Wellenlänge	zugehörige Lichtfarbe	Komplementärfarbe, beobachtete Farbe des Stoffs
350 nm	Ultraviolett	Weiß (farblos)
400 nm	Violett	Gelbgrün
425 nm	Indigoblau	Gelb
450 nm	Blau	Orange
490 nm	Blaugrün	Rot
510 nm	Grün	Purpur
530 nm	Gelbgrün	Violett
550 nm	Gelb	Indigoblau
590 nm	Orange	Blau
640 nm	Rot	Blaugrün
750 nm	Dunkelrot	Blaugrün

Ein Stoff, der also Lichtwellenlängen um 425 nm absorbiert, erscheint uns gelb, einer, der um 590 nm absorbiert, hingegen blau. Meistens absorbiert aber ein farbiger Körper nicht nur in einem engen Spektralbereich; die Absorption erstreckt sich gewöhnlich über einen größeren Wellenlängenbereich, und dies mit unterschiedlicher Intensität. Absorbiert er z. B. um 450 nm viel, vom übrigen nur wenig, so erscheint er immer noch orange. Stoffe, die vom kürzerwelligen viel, vom längerwelligen aber weniger absorbieren, erscheinen braun. Wird das gesamte sichtbare Spektrum vollständig absorbiert, so erscheint der Stoff schwarz.

Weiße und farblose Stoffe absorbieren kein sichtbares Licht. Ob der Körper weiß (z. B. Schnee) oder farblos (Eiszapfen, Wasser) erscheint, hängt nur vom Ausmaß der Oberflächenentwicklung ab. An den Phasengrenzflächen wird nämlich stets ein kleiner Anteil weißen Lichts reflektiert; deshalb sind die Oberflächen farbloser Stoffe sichtbar (Fensterscheiben, Wasseroberfläche von Wasser in einem Glas usw.).

Die Absorption von ultraviolettem (UV) und sichtbarem Licht erfolgt in den Außenelektronensystemen der Partikeln: Die sich mit Lichtgeschwindigkeit ausbreitende elektromagnetische Strahlungsart vermag, wenn sie Licht geeigneter Wellenlängen (entsprechend bestimmter Energieportionen) enthält, die Elektronensysteme „anzuregen". Die dadurch entstehenden energiereicheren Systeme („höhere Energieniveaus") sind in der Regel sehr kurzlebig; die aufgenommene Energie wird rasch wieder abgegeben und zwar in Form von Wärme (Absorption) und Licht (Komplementärfarbe). „Leuchtfarben" vermögen UV zu absorbieren und einen Teil der Energie als Licht auszusenden.

Die Verbindungen, die wir bis zum vorangehenden Kapitel besprochen haben, sind farblos (weiß); ihre Elektronensysteme lassen sich nur durch UV (energiereicher als sichtbares Licht) anregen. Dies beruht darauf, daß die Elektronen „lokalisiert" [A 73-1] sind. Die Messung der UV- und Lichtabsorption ist ein wichtiges analytisches Hilfsmittel, um Auskunft über Bindungszustände in Molekülen zu erhalten.

Fragen zu L 78

1. Worauf beruht die Tatsache, daß Nebel am Tageslicht weiß erscheint?
2. Warum sind Tropenanzüge weiß?
3. Warum wird beim Malen mit Wasserfarben das Wasser, in dem man die Pinsel auswäscht, dunkelgrau bis schwarz?
4. Diamant ist farblos, Graphit hingegen schwarzgrau. Worauf muß die Tatsache beruhen, daß Graphit Licht zu absorbieren vermag?
5. Welche Teilchenart des Kaliumpermanganats [L 77] muß die intensive Färbung seiner wäßrigen Lösung (violett) verursachen? Geben Sie zudem an, welche Wellenlängen das bevorzugt absorbierte Licht ungefähr haben muß.
6. Worauf muß die Tatsache beruhen, daß pH-Indikatoren durch Protonierung bzw. Deprotonierung ihr Absorptionsverhalten für Licht – und damit die beobachtbare Farbe – ändern?

Trockenes Kupfer(II)-sulfat $CuSO_4$(s) ist farblos. Dieses weiße Pulver ist ein gutes Reagens für den Nachweis von H_2O-Spuren (z. B. in organischen Lösungsmitteln), weil es mit dem ebenfalls farblosen H_2O einen blauen Feststoff der Zusammensetzung $CuSO_4 \cdot 5\ H_2O$ bildet. Kristallwasserhaltige Sulfate (H_2O-Moleküle im Feststoffgitter eingelagert [A 29-6]) wurden früher Vitriole genannt (von lat. vitrum = Glas) und die aus ihnen gewonnene konzentrierte Schwefelsäure [L 61] wegen ihrer öligen Konsistenz „Vitriolöl". Das „Kupfervitriol" ist ein wichtiges Pilzbekämpfungsmittel im Rebbau; es hat den rationellen Namen Kupfer(II)-sulfat-pentahydrat (penta: 5).

Das Kupfer(II)-sulfat-pentahydrat $CuSO_4 \cdot 5\ H_2O$ verdankt seine Farbe dem planaren Komplex $[Cu(H_2O)_4]^{2+}$, dem Kupfer(II)-tetraaqua-Ion (tetra: vier, aqua: Wasser), in dem die O-Atome der vier Aqua-Liganden in den Ecken eines Quadrats um das Cu^{2+}-Zentralion angeordnet sind! Da weder Cu^{2+}-Ionen (wasserfreies $CuSO_4$ ist farblos) noch H_2O-Moleküle sichtbares Licht absorbieren, muß im Komplex $[Cu(H_2O)_4]^{2+}$ ein gegenüber seinen Bausteinen verändertes Elektronensystem vorliegen. In der Tat wird hier je ein nichtbindendes (einsames) Elektronenpaar der Wasser-Liganden ins Elektronensystem des Zentral-Ions Cu^{2+} integriert; es liegt koordinative Bindung zwischen Zentral-Ion und seinen Liganden vor, die hier auch die planare Anordnung erzwingt.

Nicht nur das neue Absorptionsverhalten weist auf einen besonderen Bindungszustand im Komplex $[Cu(H_2O)_4]^{2+}$ hin, sondern auch der experimentell gesicherte Aufbau des $CuSO_4 \cdot 5\ H_2O$. So haben die Cu^{2+}-Ionen ober- und unterhalb des planaren Systems $[Cu(H_2O)_4]^{2-}$ weiter entfernt liegende (also schwächer gebundene) O-Atome von Sulfat-Ionen SO_4^{2-} als Liganden. Das fünfte Wasser-Molekül pro Formeleinheit ist übrigens zwischen einem H_2O-Liganden und einem SO_4^{2-}-Ion im Kristallgitter eingelagert.

Wäßrige Lösungen von $CuSO_4$ zeigen dasselbe Absorptionsverhalten für Licht wie der Feststoff. In der Lösung haben die Komplexe $[Cu(H_2O)_4]^{2+}$ ebenfalls zwei weitere O-Liganden, die einen größeren Abstand zum Zentralion haben; es handelt sich um schwächer – da nicht koordinativ – gebundene O-Atome von Wasser-Molekülen. Da deren Elektronenpaare nicht ins Elektronensystem des Zentralions integriert werden, spielen sie für das Absorptionsverhalten keine Rolle.

Gibt man zu einer (blauen) Lösung von $CuSO_4$ tropfenweise NH_3(aq), so entsteht zunächst eine milchige Fällung des schwerlöslichen Kupfer(II)-hydroxids $Cu(OH)_2$(s), welche sich bei weiterem NH_3(aq)-Zusatz infolge der Bildung des sehr stabilen, tiefblauen Kupfer(II)-tetraammin-Komplexes $[Cu(NH_3)_4]^{2+}$ wiederum löst. Ammoniak-Liganden werden mit „ammin", Wasser-Liganden mit „aqua" (früher auch mit „aquo") bezeichnet.

Obschon $c(NH_3, aq)$ einer verdünnten Ammoniak-Lösung viel kleiner als $c(H_2O, l)$ ist [A 49-2], liegt im dynamischen Gleichgewichtszustand praktisch nur der sehr farbintensive, tiefblaue Kupfer-(II)-tetraammin-Komplex $[Cu(NH_3)_4]^{2+}$ vor, was zeigt, daß er viel stabiler als der Aqua-Komplex $[Cu(H_2O)_4]^{2+}$ ist. Dieser Sachverhalt läßt sich mit einem elektrostatischen Modell (Ion-Dipol-Bindung) nicht mehr erklären, weil NH_3-Moleküle die schwächeren Dipole [L 30] als H_2O-Moleküle sind. Daran erkennt man erneut, daß in diesen Komplexen ein besonderer Bindungszustand vorliegt, eben die koordinative Bindung. Offensichtlich werden die nichtbindenden (einsamen) Elektronenpaare an N stärker ins Elektronensystem des Zentralions integriert als solche an O!

Man kann die letzterwähnte Tatsache modellhaft so deuten, daß infolge der kleineren Elektronegativität von N dessen einsame Elektronenpaare weiter nach außen ragen und daher einem Bindungspartner bereitwilliger zur Verfügung gestellt werden; daher ist der schwächere Dipol NH_3 auch die stärkere Base als H_2O!

Es gilt ganz allgemein, daß die koordinative Bindung umso stärker ist, je stärker die Liganden als Basen wirksam sind. Nach LEWIS (1875–1946, Professor in Berkeley, Californien), der Pionierarbeit zum Verständnis der chemischen Bindung leistete, sind Basen Elektronenpaarspender (Teilchen mit einsamen Elektronenpaaren) und Säuren Elektronenpaarfänger (Teilchen, die einsame Elektronenpaare anlagern).

Fragen zu L 79

1. Vergleichen Sie die Säure/Base-Definitionen von LEWIS und BRØNSTED und geben Sie an, in welchem Falle die beiden Definitionen übereinstimmen.
2. Kohlenmonoxid CO [L 57] kann mit Nickel-Atomen das Gas Nikkeltetracarbonyl $Ni(CO)_4$ bilden. Wie müssen die CO-Liganden mit Ni koordiniert sein?
3. Das sog. gelbe Blutlaugensalz (ursprünglich aus Tierblut gewonnen) besteht aus den Ionen K^+ und $[Fe(CN)_6]^{4-}$, in denen die sechs Liganden des Fe isoelektronisch [A 57-6] mit CO sind. Welche Formel hat dieses Salz und welche Ladung hat Fe?
4. Welchen Bau muß das Komplex-Ion $[Fe(CN)_6]^{4-}$ haben?
5. Das sog. rote Blutlaugensalz hat die Formel $K_3[Fe(CN)_6]$. Welche Ladung hat das Zentralion des Komplexes und wie ist dieser Komplex gebaut?
6. Ist die Gleichgewichtskonstante K für das Gleichgewicht

$$[Cu(H_2O)_4]^{2+}(aq) + 4\,NH_3(aq) \rightleftarrows [Cu(NH_3)_4]^{2+}(aq) + 4\,H_2O\,(l)$$

groß oder klein? Begründen Sie Ihre Angaben (eventuell [L 46] nachsehen).

Besetzen Liganden nur eine Koordinationsstelle an einem Zentralteilchen, d. h. steuern sie zur koordinativen Bindung nur ein Elektronenpaar bei, so spricht man von „einzähnigen Liganden". Beispiele dazu sind H_2O (aqua), NH_3 (ammin), CO (carbonyl) [A 79-2] und Anionen (negativ geladene Ionen), deren Namen die Endung -o erhalten wie Cl^- (chloro), OH^- (hydroxo), CN^- (cyano) usw. Die Benennung von Komplexen mit einzähnigen Liganden erfolgt gemäß den nachstehenden Regeln:

1. Die Namen der Liganden werden mit den Zahlworten di- (2), tri(3), tetra- (4), penta- (5) und hexa- (6) dem Namen des Zentralteilchens vorangestellt.
2. Die Oxidationsstufe des Zentralteilchens wird dem Namen des Teilchens mittels römischer Zahlen in runden Klammern nachgestellt.
3. Sind die Komplexe positiv geladen oder ungeladen (elektrisch neutral), so bleibt der Name des Zentralteilchens unverändert (Elementname); ist aber der Komplex negativ geladen, so erhält der Zentralteilchenname die Endsilbe -at.

Beispiele: $[Cr(H_2O)_6]Cl_3$ Hexaaquachrom(III)-chlorid (Ionen $[Cr(H_2O)_6]^{3+}$ und Cl^-); $K_4[Fe(CN)_6]$ Kalium-hexacyanoferrat(II) (Elementname für Eisen von lat. ferrum), Ionen K^+ und $[Fe(CN)_6]^{4-}$ [F 79-3]; $K_3[Fe(CN)_6]$ Kalium-hexacyanoferrat(III) [A 79-5]; $[Co(NH_3)_4Cl(NO_2]Cl$ (Nitrit-Ionen NO_2^- nennt man nitrito-Liganden) Tetraamminchloronitritocobalt(III)-chlorid (Ionen $[Co(NH_3)_4Cl(NO_2)]^+$ und Cl^-).

Liegen aber bei Liganden einsame Elektronenpaare in genügend großem Abstand, d. h. an verschiedenen Atomen, vor, so können diese mehrere Koordinationsstellen desselben Zentralteilchens besetzen. Ein Beispiel dafür ist das 1,2-Diaminoethan, das zwei Koordinationsstellen mit den einsamen Elektronenpaaren seiner N-Atome belegen kann; ein solches Teilchen nennt man einen „zweizähnigen Liganden". Das 1,2-Diaminoethan wird oft mit „en" abgekürzt, so daß ein oktaedrisch koordinierter Komplex mit Cr^{3+} als Zentral-Ion die Formel $[Cr(en)_3]^{3+}$ hat (1,2-Diaminoethan ist ein Molekül, also ungeladen).

Komplexe mit mehrzähnigen Liganden sind viel stabiler als solche mit einzähnigen; so liegt z. B. ein Gleichgewicht der Form

$$[Cr(NH_3)_6]^{3+}(aq) + 3\ en(aq) \rightleftharpoons [Cr(en)_3]^{3+}(aq) + 6\ NH_3(aq)$$

praktisch vollständig auf der rechten Seite, obwohl ΔH [L 39, L 40] dieser Reaktion unbedeutend ist (es werden sechs koordinative Bindungen einsamer Elektronenpaare an N von Ammoniak gespalten und sechs koordinative Bindungen einsamer Elektronenpaare an N von „en" neu gebildet). Wie läßt sich nun die größere Beständigkeit des Komplexes mit den zweizähnigen Liganden verstehen?

Man kann dies wie folgt deuten: Infolge der (ungeordneten) Wärmebewegung ist die Wahrscheinlichkeit, daß sich die beiden koordinativen Bindungen im genau gleichen „Zeitpunkt" lösen, sehr klein. Weil daher der Ligand nicht wegdiffundiert und einem einzähnigen Liganden Platz macht, kann sich die gelöste Bindung sofort wieder bilden (die LEWIS-Base ist noch in unmittelbarer Nähe der LEWIS-Säure); daher haben zweizähnige Liganden eine viel größere mittlere Verweildauer am Zentral-Ion. – Man kann auch sagen, daß ΔS [L 42] für die Bildung des „en"-Komplexes positiv ist, weil gemäß der obenstehenden Gleichgewichtsgleichung aus vier Teilchen (links) sieben Teilchen (rechts) entstehen, was letzten Endes auch einer größeren Wahrscheinlichkeit entspricht, wofür die Entropie S ein Maß ist.

Es gibt auch drei-, vier-, fünf- und sechszähnige Liganden, deren Beständigkeit in dieser Reihenfolge zunimmt. Solche Komplexe haben große Bedeutung in Lebewesen, worauf die folgenden Beispiele kurz hinweisen sollen. Nebenstehend ist das „aktive Zentrum" des roten Hämoglobins dargestellt, welches den Sauerstofftransport im Blut sicherstellt (O_2 kann an Fe^{2+} koordinativ gebunden werden). – Ähnlichen Bau hat das „aktive Zentrum" des Chlorophylls (Blattgrün), das ein Mg^{2+} an Stelle des Fe^{2+} enthält.

Ein "aktives Zentrum" (sog. Häm) des Hämoglobins

Fragen zu L 80

1. Worauf beruht die Farbe von Chlorophyll und Hämoglobin?
2. Benennen Sie die folgenden Salze: a) $Na_4[Fe(CN)_5(NO_2)]$
   b) $Na_5[Fe(CN)_5SO_3]$ (der Ligand SO_3^{2-} heißt „sulfito")
3. Welche Formel hat der Komplex Diammindichloroplatin(II)?
4. Lösungen von $K_4[Fe(CN)_6]$, die schwach gelb gefärbt sind, dienen zum Nachweis von $Fe^{3+}(aq)$, da ihre Anionen mit Fe^{3+} beliebig große Komplexe mit intensiver Blaufärbung („Berlinerblau") ergeben. Worauf muß die Fähigkeit der beiden Teilchenarten, dreidimensionale Gebilde zu erzeugen, beruhen?
5. Sind Cyanid-Ionen CN^- zweizähnige Liganden?
6. Wieviel Elektronenpaare kann Cu^{2+} koordinativ binden?

Lernschritt 81: Berechnung des pH wäßriger Lösungen schwacher Säuren

Wird das MWG [L 46] des Protolysengleichgewichts einer Säure HB in Wasser [L 51] mit dem in verdünnten wäßrigen Lösungen konstanten Wert von $c(H_2O, l)$ [L 50] multipliziert, so erhält man die Säurekonstante der Säure HB, $K_S(HB)$:

$$K = \frac{c(H_3O^+, aq) \cdot c(B^-, aq)}{c(H_2O, l) \cdot c(HB, aq)} \qquad K_S(HB) = \frac{c(H_3O^+, aq) \cdot c(B^-, aq)}{c(HB, aq)}$$

Die Werte von $K_S(HB)$ lassen sich sehr genau bestimmen; in Tabellen gibt man gewöhnlich ihre negativen Zehnerlogarithmen, die pK_S-Werte, an ($pK_S = -lg\ K_S$).

Am Beispiel einer Essigsäure-Lösung soll nun gezeigt werden, daß man bei bekannter Ursprungskonzentration der Säure und bekanntem K_S den pH berechnen kann: Gibt man zu 1 mol reiner Essigsäure Wasser und ergänzt man mit diesem Lösungsmittel auf das Endvolumen von 1 L, so erhält man eine Essigsäure-Lösung der Ursprungskonzentration $c(CH_3COOH, aq) = 1$ mol/L. Ein Teil der Essigsäure-Moleküle wird aber in Acetat-Ionen überführt, gemäß:

$$H_2O(l) + CH_3COOH(aq) \rightleftharpoons H_3O^+(aq) + CH_3COO^-(aq)$$

Die Summe der Konzentrationen des Säure/Base-Paars [L 63] Essigsäure/Acetat-Ion muß gleich der Ursprungskonzentration sein, weil pro deprotoniertes Essigsäure-Molekül genau ein Acetat-Ion entsteht. Da $pK_S(CH_3COOH) = 4,76$ ist (siehe Tabelle im Anhang), hat $K_S(CH_3COOH)$ den Zahlenwert von $10^{-4,76}$; es gilt also:

$$10^{-4,76} = \frac{c(H_3O^+, aq) \cdot c(CH_3COO^-, aq)}{c(CH_3COOH, aq)}$$

Bezeichnen wir nun $c(H_3O^+, aq)$ mit x, so gilt unter Vernachlässigung der Autoprotolyse des Wassers [L 49] – was bei Konzentrationen, die nicht kleiner als 10^{-2} mol/L sind, statthaft ist –, daß auch $c(CH_3COO^-, aq) = x$ gesetzt werden kann [pro erzeugtes Ion $H_3O^+(aq)$ entsteht auch ein Ion $CH_3COO^-(aq)$]. Da in unserem Fall die Summe von $c(CH_3COOH, aq)$ und $c(CH_3COO^-, aq)$ gleich 1 mol/L ist, gilt unter Weglassung der Einheit mol/L – was in der Folge wie üblich getan wird –, daß $c(CH_3COOH, aq) = 1\text{-}x$ ist. Man hat also folgende Gleichung aufzulösen:

$$\frac{x^2}{1-x} = 10^{-4,76}$$

Bei den sehr wichtigen schwachen Säuren, deren pK_S-Werte zwischen 4,5 und 9,5 liegen, kann x im Nenner vernachlässigt werden, wenn die Rechengenauigkeit der im Laboralltag üblichen Meßgenauigkeit mit pH-Metern entsprechen soll, d. h. bereits die zweite Stelle hinter dem Komma des pH-Wertes unsicher ist. Es macht in den Naturwissenschaften keinen Sinn, „genauer als die Meßresultate rechnen zu wollen". In unserem Fall wird somit $x^2 = 10^{-4,76}$ und $x = 10^{-2,38}$, was einen pH von 2,38 ergibt (Ziffer 8 unsicher). – Wie man erkennt, stimmt dieser Wert recht gut mit dem ungefähren Wert gemäß der Faustregel von [L 52] überein (pH etwa 2).

Ein zweites Beispiel soll die gute Übereinstimmung der berechneten Werte mit denen der Faustregeln aufzeigen. Dazu berechnen wir den pH einer Ammoniumchlorid-Lösung mit $c(NH_4Cl, aq) =$ 0,1 mol/L. Die extrem schwachen Basen Cl^- beeinflussen den pH nicht. Ammonium-Ionen NH_4^+ aber wirken als Säuren, gemäß:

$$H_2O(l) + NH_4^+ (aq) \rightleftharpoons H_3O^+(aq) + NH_3(aq)$$

Bezeichnet man die Konzentrationen der rechtsstehenden Teilchenarten mit x, so wird die im Gleichgewicht verbleibende Konzentration $c(NH_4^+, aq) = 0,1-x$. Nach der Tabelle ist $pK_S(NH_4^+) = 9,21$, womit die folgende Gleichung zu lösen ist:

$$\frac{x^2}{0,1-x} = 10^{-9,21}$$

Da x im Nenner vernachlässigt werden darf (schwache Säure, pK_S von 4,5 bis 9,5!), wird $x^2 = 10^{-10,21}$ und $x = 10^{-5,1}$, was einen pH von 5,1 ergibt (mit der Faustregel pH5 [A 54-5]).

Fragen zu L 81

1. Welchen pH hat eine Essigsäure-Lösung mit $c(CH_3COOH) =$ 10^{-1} mol/L? Vergleichen Sie mit der Grobabschätzung.
2. Welchen pH hat eine Natriumdihydrogenphosphat-Lösung mit $c(NaH_2PO_4, aq) = 0,1$ mol/L? Vergleichen Sie den Wert mit dem, der die Grobabschätzung liefert.
3. Welche Voraussetzung muß gelten, damit in der quadratischen Bestimmungsgleichung x im Nenner vernachlässigt werden darf (wenn die Autoprotolyse des Wassers nicht zu berücksichtigen ist, weil $c(HB, aq) \geq 0,01$ mol/L ist?
4. Unter welcher Voraussetzung gilt $c(H_3O^+, aq) = c(B^-, aq)$ mit guter Näherung?
5. Welchen pH hat eine Lösung mit $c(KH_2PO_4, aq) = 0,3$ mol/L?
6. Welchen pH hat eine wäßrige Lösung von Phosphorsäure mit $c(H_3PO_4, aq) = 0,1$ mol/L? Vergleichen Sie den errechneten Wert mit der Grobabschätzung.

Lernschritt 82: Berechnung des pH wäßriger Lösungen schwacher Basen

Eine Base B^- bildet in Wasser das folgende Protolysengleichgewicht:

$$B^-(aq) + H_2O(l) \rightleftharpoons HB(aq) + OH^-(aq)$$

Analog der Säurekonstante [L 81] erhält man aus dem mit $c(H_2O, l)$ multiplizierten MWG dieses Gleichgewichts die Basenkonstante der Base B^- mit dem Symbol $K_B(B^-)$:

$$K_B(B^-) = \frac{c(HB, aq) \cdot c(OH^-, aq)}{c(B^-, aq)}$$

Kennt man $K_B(B^-)$, so kann bei bekannter Ursprungskonzentration der Base B^- in völliger Analogie zur Berechnung von $c(H_3O^+, aq)$ in [L 81] $c(OH^-, aq)$ berechnet werden. Damit hat man sofort pOH und auch den pH, weil pH = 14 − pOH [A 51-6!].

Beispiel: Welchen pH hat eine Ammoniaklösung mit $c(NH_3, aq) = 0,1$ mol/L (der $pK_B(NH_3)$ beträgt 4,79)?

Das Protolysengleichgewicht des Ammoniaks in Wasser läßt sich schreiben:

$$NH_3(aq) + H_2O(l) \rightleftharpoons NH_4^+(aq) + OH^-(aq)$$

Die Basenkonstante von Ammoniak $K_B(NH_3)$ hat den Zahlenwert von $10^{-4,79}$; also gilt:

$$10^{-4,79} = \frac{c(NH_4^+, aq) \cdot c(OH^-, aq)}{c(NH_3, aq)}$$

Man hat also die quadratische Bestimmungsgleichung:

$$\frac{x^2}{0,1 - x} = 10^{-4,79}$$

nach x aufzulösen. Bei schwachen Basen (pK_B zwischen 4,5 und 9,5, also völlig analog zu den schwachen Säuren von [L 81] kann x im Nenner vernachlässigt werden. Somit wird $x^2 = 10^{-5,79}$ und $x = 10^{-2,9}$ und pOH = 2,9, d. h. pH = 11,1. Mit der Faustregel würde ein pH von 11 prognostiziert [L 53].

Nun findet man in der Tabelle mit den pK_S-Werten keine Angaben zu den pK_B-Werten. Dies ist aus folgendem Grunde nicht nötig: Multipliziert man nämlich K_S einer Säure [L 81] mit K_B ihrer korrespondierenden Base (siehe [L 63]), also verallgemeinert $K_S(HB)$ mit $K_B(B^-)$, so erhält man:

$$K_S(HB) \cdot K_B(B^-) = \frac{c(H_3O^+, aq) \cdot c(B^-, aq) \cdot c(HB, aq) \cdot c(OH^-, aq)}{c(HB, aq) \cdot c(B^-, aq)}$$

d.h. $K_s(HB) \cdot K_B(B^-) = c(H_3O^+, aq) \cdot c(OH^-, aq)$

Das Produkt aus der Säurekonstanten einer Säure und der Basenkonstante ihrer korrespondierenden Base ist also gleich dem Ionenprodukt des Wassers (K_W, [L 50]):

$$K_S(HB) \cdot K_B(B^-) = 10^{-14} \text{ mol}^2/\text{L}^2$$

Drückt man diesen Sachverhalt durch negative Zehnerlogarithmen aus, so erhält man:

$$pK_S(HB) + pK_B(B^-) = 14$$

Um also den pK_B einer Base zu ermitteln, muß man den pK_S der korrespondierenden Säure, d.h. des Teilchens, das ein Proton H^+ mehr besitzt, nachsehen. Dieser Wert muß nach der obenstehenden Beziehung von 14 subtrahiert werden. Beispiele:

1. Welchen pK_B hat die Base Ammoniak NH_3?
   Die korrespondierende Säure ist das Ammonium-Ion NH_4^+, dessen pK_S 9,21 ist (siehe Tabelle mit den pK_S-Werten). Somit gilt: $pK_B(NH_3) = 14 - pK_S(NH_4^+)$ oder $pK_B(NH_3) = 4,79$.

2. Wie groß ist $K_B(HPO_4^{2-})$?
   Man muß pK_S der korrespondierenden Säure, d.h. von $H_2PO_4^-$, heraussuchen. Da $pK_S(H_2PO_4^-) = 7,21$, ist $pK_B(HPO_4^{2-}) = 14 - 7,21$ oder $pK_B(HPO_4^{2-}) = 6,79$.
   Somit gilt: $K_B(HPO_4^{2-}) = 10^{-6,79}$ mol/L

Fragen zu L 82

1. Welchen pH hat eine Lösung mit $c(Na_2HPO_4, aq) = 10^{-1}$ mol/L? Vergleichen Sie das Resultat mit [A 62-5].
2. Welchen pH hat eine wäßrige Lösung, die pro Liter 6,5 g Kaliumcyanid KCN enthält?
3. Man wägt 60 g Natriumdihydrogenphosphat ab, löst und ergänzt mit Wasser auf das Endvolumen von einem Liter. Welchen pH hat die Lösung?
4. Welchen pH hat eine Natriumphosphat-Lösung, die pro Liter 16,4 g dieses Stoffs gelöst enthält?
5. Wie groß ist $c(HPO_4^{2-}, aq)$ einer Lösung von Natriumhydrogenphosphat, deren pH 10 ist.
6. Zeigen Sie rechnerisch, daß Chlorid-Ionen in wäßriger Lösung den pH nicht beeinflussen, z.B. anhand einer Lösung mit $c(NaCl, aq) = 1$ mol/L.

L 83

Lernschritt 83: Puffergebiete von Säure/Base-Paaren

In [L 63] wurde die Wirkung von Pufferlösungen qualitativ vorgestellt und gezeigt, daß sie ein korrespondierendes Säure/Base-Paar enthalten, wobei sowohl die Säure als auch die korrespondierende Base schwach sind; aufgrund der Angaben von [L 81] und [L 82] müssen also ihre pK_S- bzw. pK_B-Werte zwischen 4,5 und 9,5 liegen. – Hier geht es nun darum, die sowohl für Lebewesen als auch für Reaktionen in Labor und Technik sehr wichtige Pufferung quantitativ zu besprechen und zu zeigen, daß sie nur in einem pH-Bereich von zwei pH-Einheiten – dem sog. Puffergebiet – ausgeprägt ist.

Durch Umformung der Säurekonstanten $K_S(HB)$ [L 81] erhält man die nachfolgend erstgenannte Beziehung, die in negativen Zehnerlogarithmen die sog. HENDERSON-HASSELBALCHsche Gleichung ergibt:

$$c(H_3O^+, aq) = K_S(HB) \cdot \frac{c(HB, aq)}{c(B^-, aq)}$$

$$\text{oder} \quad pH = pK_S(HB) - \lg \frac{c(HB, aq)}{c(B^-, aq)}$$

Enthält eine Lösung ein Säure/Base-Paar in gleichen Konzentrationen, so wird der Quotient $c(HB, aq)/c(B^-, aq) = 1$ und damit $\lg [c(HB, aq)/c(B^-, aq)] = 0$; solche Lösungen haben also $pH = pK_S(HB)$! Gibt man nun zu einer solchen Lösung eine fremde starke Säure, so werden deren $H^+(aq)$ durch $B^-(aq)$ des Puffers abgefangen. Dadurch nimmt $c(B^-, aq)$ ab und in gleichem Maße $c(HB, aq)$ zu. Der pH der Pufferlösung wird aber erst dann um eine Einheit kleiner, wenn der Quotient $c(HB, aq)/c(B^-, aq)$ den Wert von 10/1 erreicht, d. h. $c(HB, aq)$ zehnmal größer als $c(B^-, aq)$ ist; dann wird $\lg 10 = 1$ und somit $pH = pK_S(HB) - 1$.

Analoges gilt bei Zusatz einer fremden starken Base: Gibt man zu einer Lösung mit $c(HB, aq)/c(B^-, aq) = 1$ [also von $pH = pK_S(HB)$] eine fremde starke Base, so werden die $OH^-(aq)$ durch $HB(aq)$ des Puffers in $H_2O(l)$ und $B^-(aq)$ überführt; dadurch wird $c(HB, aq)$ kleiner und gleichzeitig $c(B^-, aq)$ größer. Der pH wird aber erst dann um eine Einheit größer, wenn $c(HB, aq)/c(B^-, aq) = 1/10$ ist, also $c(HB, aq)$ zehnmal kleiner als $c(B^-, aq)$ wird. Dann wird $\lg [c(HB, aq)/c(B^-, aq)] = -1$ und somit $pH = pK_S(HB) + 1$.

Daß sich die eigentliche Pufferwirkung nur im sog. Puffergebiet von $pH = pK_S(HB) \pm 1$ deutlich bemerkbar macht, soll das folgende Beispiel zeigen. Wir betrachten einen Liter eines sog. Phosphat-Puffers mit $c(H_2PO_4^-, aq) = 1$ mol/L und $c(HPO_4^{2-}, aq) = 1$ mol/L. Der pH dieser Lösung beträgt 7,21 $(pK_S(H_2PO_4^-) = 7,21)$. Es ist klar, daß die Summe der Stoffmengen von Dihydrogenphosphat-Ion und Hydrogenphosphat-Ion dieses Systems auch nach Zusatz kleiner

Mengen fremder Säuren oder Basen (Phosphorsäure und Phosphate ausgenommen!) stets 2 mol betragen muß.

Wieviel HCl(g) – Volumenveränderung vernachlässigbar – muß in einen Liter der eben erwähnten Phosphat-Puffer-Lösung eingeleitet werden, damit der pH um eine Einheit sinkt? – Nach den einführenden Bemerkungen ist bei pH = 7,21 – 1 (pH 6,21) $c(H_2PO_4^-$, aq)$/c(HPO_4^{2-}$, aq) = 10/1. Das bedeutet, daß von 11 Teilen von insgesamt 2 mol „Phosphat" deren zehn in Form von $H_2PO_4^-$(aq) (also 1,82 mol) und ein Teil (also 0,18 mol) in Form von HPO_4^{2-}(aq) vorliegen müssen. Damit dieser Zustand erreicht wird, müssen 0,82 mol HPO_4^{2-}(aq) in $H_2PO_4^-$(aq) überführt werden, was 0,82 mol HCl erfordert (29,5 g HCl).

Wieviel HCl(g) ist für eine weitere Senkung des pH um eine Einheit notwendig? – Bei pH = 7,21 – 2 (pH 5,21) ist $c(H_2PO_4^-$, aq)$/c(HPO_4^{2-}$, aq) = 100/1. Das bedeutet, daß von 101 Teilen von 2 mol deren 100 (1,98 mol) in Form von $H_2PO_4^-$(aq) vorliegen und ein Teil (0,02 mol) in Form von HPO_4^{2-}(aq). Für die erneute Senkung des pH um eine Einheit sind also nur noch 0,16 mol HCl erforderlich, während für die oben beschriebene Senkung um eine Einheit noch 0,82 mol HCl benötigt wurden.

Für eine erneute Senkung des pH um eine Einheit auf pH 4,21 ist noch weniger HCl erforderlich: Bei pH 4,21 ist $c(H_2PO_4^-$, aq)$/c(HPO_4^{2-}$, aq) = 1000/1, d. h. von 1001 Teilen von 2 mol sind deren 1000 (1,998 mol) in Form von $H_2PO_4^-$(aq) vorhanden. Die Senkung des pH um diese Einheit erfordert nur noch 0,018 mol HCl(g)!

Es ist klar, daß für pH-Erhöhungen ein analoger Sachverhalt gilt.

Fragen zu L 83

1. Wie kann man eine Lösung von pH 7,21 herstellen, wenn man die Salze Natriumdihydrogenphosphat und Natriumhydrogenphosphat zur Verfügung hat?
2. Wieviel HCl(g) muß in 1 L Lösung mit $c(Na_2HPO_4$, aq) = 1 mol/L eingeleitet werden, damit der pH = 7,21 wird?
3. Welche ΔpH-Werte ergeben sich, wenn 4 g NaOH(s) in 1 L reinem Wasser oder in 1 L Phosphatpuffer mit $c(H_2PO_4^-$, aq) = $c(HPO_4^{2-}$, aq) = 1 mol/L gelöst werden?
4. 5,3 g NH_4Cl(s) werden in 0,5 L einer Lösung mit $c(NH_3$, aq) = 0,2 mol/L gelöst (Volumenänderung vernachlässigbar). Welchen pH hat die entstehende Lösung?
5. Man mischt 1 L Lösung mit $c(CH_3COOH)$ = 1 mol/L mit 0,4 L Natronlauge mit $c(NaOH$, aq) = 1 mol/L. Welchen pH hat die entstehende Lösung?
6. Wieviel g NaOH(s) muß man zu 1 L Phosphorsäure-Lösung mit $c(H_3PO_4$, aq) = 0,1 mol/L geben, damit der pH = 7 wird?

In [L 56] wurde mitgeteilt, daß pH-Indikatoren ihre Farbe nicht „schlagartig", sondern innerhalb eines pH-Intervalls – dem sog. Umschlagsgebiet des pH-Indikators – ändern. Wegen der großen Bedeutung von pH-Indikatoren für einfach durchzuführende und rasche pH-Bestimmungen sowie einfach festzustellende Endpunkte von Säure/Base-Titrationen [L 85], soll hier quantitativ gezeigt werden, daß der Farbumschlag innerhalb eines pH-Intervalls von zwei pH-Einheiten vollständig erfolgt, sofern es sich um zweifarbige Indikatoren handelt.

Die verschieden gefärbten Formen von pH-Indikatoren [A 78-6] sind Säure/Base-Paare. Bezeichnet man die Säure mit HIn (In für das Indikatorteilchen), so kommt der korrespondierenden Base die Formel In$^-$ zu. Für das Gleichgewicht

$$H_2O(l) + HIn(aq) \rightleftharpoons H_3O^+(aq) + In^-(aq)$$

läßt sich analog dem Vorgehen in [L 83] die folgende Beziehung aufstellen:

$$c(H_3O^+, aq) = K_S(HIn) \cdot \frac{c(HIn, aq)}{c(In^-, aq)}$$

oder $\qquad$ pH = pK_S(HIn) – lg $\dfrac{c(HIn, aq)}{c(In^-, aq)}$

Haben die beiden gefärbten Formen eines zweifarbigen pH-Indikators dieselbe Farbintensität, so erkennt man bei $c(HIn, aq)/c(In^-, aq)$ = 1 die Mischfarbe; dies ist bei pH = pK_S(HIn) der Fall.

Ist die Konzentration der einen Form eines zweifarbigen pH-Indikators zehnmal so groß wie die der anderen Form, so erkennt man mit dem Auge nur noch die Farbe der dominierenden Form (oft genügt auch eine weniger große Dominanz der einen Form). Somit erkennt man aber mit Sicherheit nur noch die Farbe von HIn, wenn $c(HIn, aq)/c(In^-, aq)$ = 10/1 oder größer ist; dies ist bei pH = pK_S(HIn) – 1 oder kleineren pH-Werten der Fall. Entsprechend gilt natürlich, daß die reine Farbe von In$^-$ mit Sicherheit ab pH = pK_S(HIn) + 1 erkennt wird.

Anders sind die Verhältnisse bei einfarbigen Indikatoren, bei denen die eine Form farblos und die andere gefärbt ist. Ein Beispiel hierfür ist das in [L 56] erwähnte Phenolphthalein. Hier tritt bei zunehmendem pH dann eine schwache Rötung auf, wenn die Konzentration der deprotonierten Form so groß wird, daß die Färbung wahrgenommen wird, was bei gegebenem pH von der Ursprungskonzentration des Indikatorfarbstoffs abhängt; anschließende pH-Erhöhung verstärkt die Rotfärbung, bis am Ende des Umschlagsgebietes praktisch die maximale Rotfärbung erreicht ist. Diese Aussagen werden nachstehend mit Zahlenbeispielen erläutert:

Der Abbildung in [L 56] kann entnommen werden, daß $pK_S(HIn)$ von Phenolphthalein etwa 9 ist. Enthält nun eine Lösung eine so geringe Ursprungskonzentration x von Phenolphthalein [$x = c(HIn, aq) + c(In^-, aq)$], daß bei kontinuierlicher pH-Erhöhung die einsetzende Rotfärbung bei pH 9 von bloßem Auge erkannt wird, so heißt dies, daß man $c(In^-, aq) = 0,5 \, x$ als beginnende Rotfärbung erkennt. Dies deshalb, weil bei pH 9 für Phenolphthalein $c(HIn, aq)/c(In^-, aq) = 1/1$ ist.

Bei größeren Ursprungskonzentrationen von Phenolphthalein erkennt man aber die beginnende Rotfärbung, bei der $c(In^-, aq) = 0,5 \, x$ ist bereits bei tieferen pH-Werten. Tritt die beginnende Rötung bereits bei pH 8 auf, so muß die Ursprungskonzentration dieser Lösung $5,5 \, x$ betragen haben, da bei pH 8 und $pK_S = 9$ der Quotient $c(HIn, aq)/c(In^-, aq) = 10/1$ sein muß und demzufolge für Phenolphthalein $c(HIn, aq) = 5 \, x$ und $c(In^-, aq) = 0,5 \, x$ sind.

Bei einer Lösung mit der Ursprungskonzentration von $50,5 \, x$ würde man die beginnende Rötung bereits bei pH 7 feststellen, da hier $c(HIn, aq)/c(In^-, aq) = 100/1$ wäre und damit $c(In^-, aq) = 0,5 \, x$. Infolge der beschränkten Löslichkeit von Phenolphthalein können solche Konzentrationen aber nicht realisiert werden.

Am Schluß muß betont werden, daß Farberkennung und Farbvergleiche subjektiv sind und somit die hier verwendete unbekannte Konzentration $0,5 \, x$ als Erfassungsgrenze nicht für jedermann den gleichen Wert hat.

Fragen zu L 84

1. Wieviel Prozent des Indikators Lackmus, dessen $pK_s(HIn)$ rund 7 beträgt [L 56], liegt bei pH 8 in deprotonierter Form vor?
2. Wieviel Prozent des Indikators Methylorange, dessen $pK_S(HIn)$ etwa 3,6 ist, liegt bei pH 3 in deprotonierter Form vor?
3. Eine Lösung mit $c(CH_3COOH, aq) = 0,1$ mol/L enthält den pH-Indikator Methylorange. Wieviel Gramm NaOH(s) muß man in 1 L dieser Lösung auflösen, damit man mit Sicherheit nur noch die Farbe von In^- wahrnimmt?
4. Wieviel Gramm $NaH_2PO_4(aq)$ muß ein Liter der wäßrigen Lösung dieses Salzes enthalten, damit die Mischfarbe des Indikators Methylorange erscheint?
5. Wieviel Gramm NaOH(s) muß man in 1 L einer Lösung mit $c(NaH_2PO_4, aq) = 0,1$ mol/L auflösen, damit anwesendes Lackmus seine Farbe vollständig ändert?
6. Wieviel Prozent des Phenolphthaleins liegt in einem Ammonium/Ammoniak-Puffer mit dem Teilchenverhältnis eins in Form der protonierten Form vor?

L 85 Lernschritt 85: Säure/Base-Titrationen

Gibt man zu verdünnter Salzsäure HCl(aq) nach und nach verdünnte Natronlauge NaOH(aq), so ändert sich der pH vorerst kaum. Plötzlich aber steigt er bei Zugabe von sehr wenig NaOH(aq) sprunghaft an, was mit dem folgenden Beispiel zahlenmäßig belegt werden soll:

Wir gehen von 1 L Lösung mit c(HCl, aq) = 0,2 mol/L aus. Gibt man zu dieser Lösung 999 mL Lösung mit c(NaOH, aq) = 0,2 mol/L, so erhält man angenähert ein Flüssigkeitsvolumen von 2 L (1,999 L). Je 999 mL der beiden Lösungen neutralisieren sich (Bildung von Kochsalzlösung). Daher bleibt 1 mL der Salzsäure übrig, d. h. die Stoffmenge von $0,2 \cdot 10^{-3}$ mol HCl(aq). Weil sich diese Stoffmenge aus das Volumen von rund 2 L verteilt, resultiert c(HCl, aq) $= 10^{-4}$ mol/L und somit pH 4.

Die Lösung reagiert also immer noch sauer (oder pH-Indikator Lackmus z. B. zeigt immer noch die Farbe von HIn), obwohl nur 1 ‰ der Natronlauge fehlt, die zur vollständigen Neutralisation nötig ist! Fügt man diesen fehlenden Milliliter zu, so erhält man 2 L einer Lösung von pH 7, da eine Kochsalzlösung entsteht.

Wird ein weiterer Milliliter dieser Natronlauge zugefügt, so erhält man ein Volumen von 2,001 L, also praktisch 2 L, mit einem Überschuß von $0,2 \cdot 10^{-3}$ mol NaOH(aq). Damit wird c(NaOH, aq) $= 10^{-4}$ mol/L und pH = 10. Wiederum hat 1 ‰ Überschuß eine pH-Änderung von drei Einheiten verursacht; Lackmus zeigt nun die Farbe von In$^-$!

Um den sog. Äquivalenz-Punkt [„Gleichwertigkeitspunkt" mit dem pH der entstehenden Salzlösung, hier NaCl(aq), also pH 7] reagiert der pH sehr empfindlich auf geringe Überschüsse von Säure oder Base; wie das Zahlenbeispiel zeigte, ergibt sich im Intervall von 1 ‰ Säureüberschuß bis 1 ‰ Basenüberschuß ein pH-Sprung von sechs Einheiten! Daher läßt sich der Äquivalenzpunkt experimentell scharf fassen, da z. B. zugefügte pH-Indikatoren – es sind stets nur vernachlässigbar kleine Mengen nötig, da sie sehr farbintensiv sind – sofort (ein Tropfen Überschuß genügt) die Farbe ändern. Man kann diesen pH-Sprung auch ohne Indikatorzusatz auf elektrochemischem Wege (siehe später [L 96]) genau erfassen.

Die Tatsache, daß infolge des pH-Sprungs der Äquivalenzpunkt genau bestimmbar ist, wird in der sog. Volumetrie (Volumenmessung) ausgenützt, um Konzentrationen gelöster Stoffe auf einfachem Wege – d. h. ohne Isolierung und Wägung – sehr rasch und genau bestimmen zu können. Will man z. B. c(HCl, aq) einer Salzsäure unbekannter Konzentration bestimmen, so muß man ein bestimmtes Volumen dieser Lösung genau abmessen, was mit sog. Pipetten geschieht. Nun kann man wenig Indikatorlösung zur Salzsäure-Lösung zugeben und aus einer Bürette (Gerät, das eine sehr genaue Bestimmung des ausgeflossenen Flüssigkeitsvolumens gestattet) unter fortwährendem Rühren (Magnetrührer) solange Natronlauge genau bekannter Konzentration (eine sog. Titerlösung) zufließen lassen, bis der pH-Sprung – anhand des Farbumschlags des Indikators – festgestellt, d.h. der Äquivalenzpunkt genau erfaßt werden kann. Mit den Ergebnissen solcher Titrationen – wie man die praktische Durchführung der Volumenmessung nennt – kann man die Konzentrationen ermitteln, wie das nachstehende Beispiel zeigt:

Wie groß ist c(HCl, aq) einer Salzsäure, wenn für die Neutralisation von 10 mL dieser Lösung 13,35 mL einer Natronlauge mit c(NaOH, aq) = 0,1 mol/L benötigt wurden? – In 13,35 mL der Natronlauge liegen $13,35 \cdot 10^{-4}$ mol NaOH(aq) vor, weil 1 mL dieser Lösung 10^{-4} mol NaOH(aq) enthält. Da nach der Reaktionsgleichung

$$HCl(aq) + NaOH(aq) \rightarrow NaCl(aq) + H_2O(l)$$

die Ausgangsstoffe im Formeleinheitenverhältnis 1:1 miteinander reagieren, müssen in den 10 mL der Salzsäure $13,35 \cdot 10^{-4}$ mol HCl(aq) vorhanden sein. Somit enthält 1 L dieser Salzsäure $13,35 \cdot 10^{-2}$ mol HCl(aq), womit gilt: c(HCl, aq) = 0,1335 mol/L.

Fragen zu L 85

1. Unter einer Titrationskurve versteht man die graphische Darstellung des pH-Verlaufs während einer Titration. Skizzieren Sie die Titrationskurve für denjenigen Fall von [L 85], an dem der pH-Sprung im Bereich des Äquivalenzproduktes erklärt wurde, wobei noch die pH-Werte nach Zugabe von 900 bzw. 990 mL Natronlauge zu berechnen sind. – Auf der Ordinate (senkrecht) ist die pH-Skala, auf der Abszisse das Volumen zugesetzter Natronlauge einzutragen.
2. Beurteilen Sie die Größe der Fehler, die bei der Bestimmung des Äquivalenzpunkts der Titration [A 85-1] mit den Indikatoren von [L 56] auftreten.
3. Welcher pH resultiert im Fall [A 85-1], wenn der Überschuß an NaOH(aq) 20 mL beträgt (Volumenvermehrung von 1 % gegenüber Äquivalenz vernachlässigbar)?
4. Um 10 mL einer Schwefelsäure-Lösung zu neutralisieren, waren 15,60 mL einer Natronlauge mit c(NaOH, aq) = 0,1 mol/L nötig. Wie groß war c(H$_2$SO$_4$, aq)?
5. Wie reagiert Kalk mit HCl(aq) und welchen pH hat das Reaktionsprodukt, das weder Kalk noch überschüssige Salzsäure enthält?
6. Um den Kalkgehalt einer Erde zu bestimmen, wurden 5 g Erde mit 200 mL Salzsäure mit c(HCl, aq) = 0,1 mol/L übergossen. Nach der Reaktion wurde die verbleibende Salzsäure durch Titration ermittelt; es waren 50 mL Natronlauge mit c(NaOH, aq) = 0,1 mol/L zur Neutralisation nötig. Welchen Massenanteil Kalk enthielt die Erde?

Lernschritt 86: Titrationskurven schwacher Säuren und Basen

Titrationskurven können mit geeigneten Apparaturen direkt aufgenommen und ausgedruckt werden. Dazu sind nur kleine Flüssigkeitsvolumina nötig. Nachstehend wird gezeigt, wie man eine Titrationskurve durch Berechnung von pH-Werten ermitteln kann. Wir wählen dazu Flüssigkeitsvolumina in Liter, damit sich die Berechnungen vereinfachen (Stoffmengenkonzentrationen werden ja bekanntlich in mol/L angegeben).

Zu einem Liter einer Essigsäure-Lösung mit $c(CH_3COOH, aq)$ = 0,2 mol/L werden nach und nach insgesamt 1200 mL Natronlauge mit $c(NaOH, aq)$ = 0,2 mol/L gegeben. Welche Charakteristik erhält die Titrationskurve?

Punkt 1: Der pH der Essigsäure-Lösung mit $c(CH_3COOH, aq)$ = 0,2 mol/L beträgt 2,73 (Berechnung analog [A 81-1]).

Punkt 2: Beim Äquivalenzpunkt liegt eine Natriumacetat-Lösung vor, da die Reaktion $CH_3COOH(aq) + NaOH(aq)$] $\rightarrow$ $NaCH_3COO(aq) + H_2O(l)$ erfolgt ist. Da jetzt 2 L Lösung vorliegen, ist $c(CH_3COO^-, aq)$ = 0,1 mol/L, womit der pH 8,88 ist ($pK_B(CH_3COO^-)$ = 9,24 und daraus pOH = 5,12 [L 82]).

Punkt 3: Hat man 500 mL der Natronlauge zugegeben, so wurde die Hälfte der Essigsäure neutralisiert. Daher gilt $c(CH_3COOH, aq)/c(CH_3COO^-, aq)$ = 1/1 und damit pH 4,76 (siehe Pufferlösung, [L 83]!).

Punkt 4: Hat man 90,9 mL Natronlauge zugegeben, d.h. 1 Teil von insgesamt 11 Teilen, die für die Äquivalenz notwendig sind, so wird das Verhältnis $c(CH_3COOH, aq)/c(CH_3COO^-, aq)$ = 10 und damit nach [L 83] pH = 3,76.

Punkt 5: Hat man 909,1 mL Natronlauge zugegeben, d.h. 10 Teile von insgesamt 11 Teilen, die für die Äquivalenz notwendig sind, so wird das Verhältnis $c(CH_3COOH, aq)/c(CH_3COO^-, aq)$ = 1/10 und damit nach [L 83] pH = 5,76.

Punkt 6: Nach dem Äquivalenzpunkt wird der pH praktisch nur noch durch die zugegebene NaOH(aq) bestimmt! Nach Zugabe von insgesamt 1100 mL Natronlauge hat man einen Laugenüberschuß von 100 mL oder 0,02 mol/(2,1 L), d.h. $c(NaOH, aq)$ = $9,52 \cdot 10^{-3}$ mol/L und damit pOH = 2,02 und pH = 11,98.

Punkt 7: Nach Zugabe von insgesamt 1200 mL Natronlauge hat man 200 mL Überschuß oder 0,04 mol/(2,2 L), was einen pOH von 1,74 und somit einen pH von 12,26 ergibt. Der pH-Verlauf flacht hier ab, da die zugefügte Natronlauge von der bereits vorhandenen Lösung verdünnt wird.

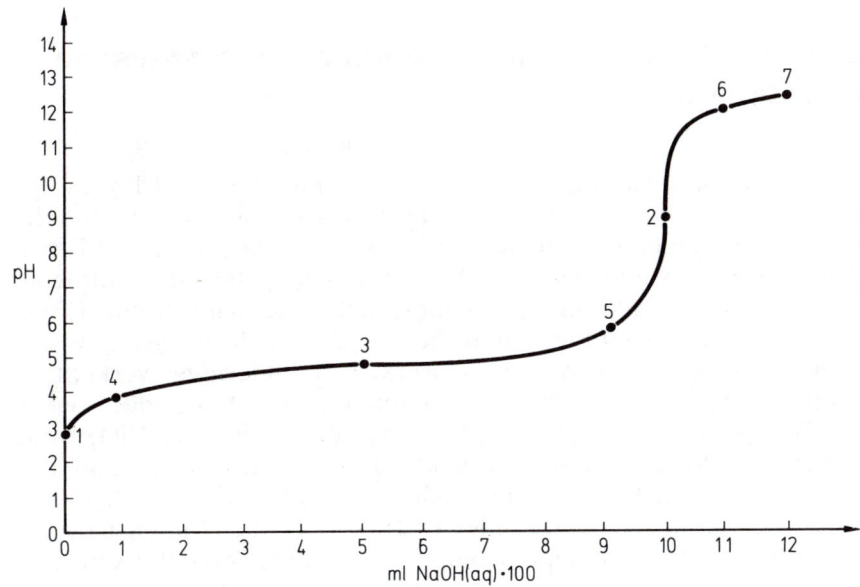

Fragen zu L 86

1. Welches gemeinsame Merkmal haben die Titrationskurven von [A 85-1] und [L 86] und welcher charakteristische Unterschied läßt sich feststellen?
2. Skizzieren Sie (ohne Berechnungen) die Titrationskurve für den Fall, daß Phosphorsäure mit Natronlauge titriert wird.
3. Wäre Methylorange als Indikator geeignet, um den Äquivalenzpunkt der Titration von Essigsäure-Lösung mit Natronlauge zu erfassen (siehe [A 85-2])?
4. Stellen Sie anhand der Titrationskurve von [L 86] fest, in welcher Weise die folgenden Bruchteile der Gesamtmenge NaOH(aq), die für die Erreichung des Äquivalenzpunktes notwendig sind, den pH verändern (ΔpH angeben):
   a) 1/11   b) die nächsten 9/11   c) die restliche Menge (1/11)
   Worauf beruht der „Sonderfall b)"?
5. Mit experimentell ermittelten Titrationskurven lassen sich pK_S-Werte schwacher Säuren bestimmen. Erklären Sie diese Tatsache für Essigsäure (Kurve [L 86]).
6. Konstruieren Sie die Titrationskurve für die Titration von NH_3(aq) mit HCl(aq) (Konzentrationen jeweils 0,2 mol/L) analog den Angaben von [L 86].

Lernschritt 87: Stromerzeugung durch chemische Reaktionen

Legt man einen Eisennagel in wäßrige Kupfer(II)-sulfat-Lösung [L 79], so bildet sich auf seiner Oberfläche rasch eine Schicht von feinkristallinem metallischem Kupfer, das aufgrund seiner rötlichen Farbe leicht erkannt wird. – Diese Tatsache haben die Bergleute schon vor Jahrhunderten beobachtet; ließen sie nämlich ihre Eisenwerkzeuge über Nacht in den Stollen, und enthielt das Sickerwasser Kupfersalze gelöst, so waren die Werkzeuge anderntags verkupfert. Damals versuchte man dieses Phänomen einerseits auf das Wirken der Berggeister, der Nickel und der Kobolde (die dem Nickel und Cobalt die Namen gaben) zurückzuführen; andererseits „auf den Schoß der Mutter Erde“, in dem sich die Metalle „läutern“, d. h. nach und nach von unedlen Zuständen (z. B. Eisen) über Kupfer nach Silber und endlich Gold, dem „König der Metalle“, veredelt werden.

In der wäßrigen Lösung können anschließend Eisen(II)-Ionen $Fe^{2+}(aq)$ nachgewiesen werden; daher hat sich folgende Redoxreaktion abgespielt: $Cu^{2+}(aq) + Fe(s) \overset{redox}{\to} Cu(s) + Fe^{2+}(aq)$

Weil es sich im bisher beschriebenen Fall um einen Elektronenübergang im „atomaren Maßstab“ handelt (Elektronenübergang von Fe auf Cu^{2+}), kann dieser „Strom“ nicht genutzt werden. – Wie ließe sich nun ein nutzbarer Strom erzeugen?

Man müßte dafür sorgen, daß die $Cu^{2+}(aq)$-Ionen, die die Fähigkeit haben, metallisches Eisen zu oxidieren, nur indirekt über einen metallischen Leiter diese Elektronen beziehen können. Der Direktkontakt von $Cu^{2+}(aq)$ mit $Fe(s)$ sollte also ausgeschlossen werden! Nachstehend ist eine solche Einrichtung beschrieben:

Im Jahre 1835 erfand DANIELL (Chemieprofessor am Kings College in London) eine elektrochemische Stromquelle, das sog. DANIELL-Element. Es ist ein elektrochemisches Element, das aufgrund der Redoxreaktion $Cu^{2+}(aq) + Zn(s) \to Cu(s) + Zn^{2+}(aq)$ arbeitet (Zink rostet nicht wie das Eisen und ist daher korrosionsbeständiger!). Dieses DANIELL-Element ist nachstehend schematisch dargestellt; dabei taucht ein Zinkblech in eine Lösung von Zinksulfat. Diese ist durch eine poröse Trennwand (sog. Diaphragma), die die Durchmischung der beiden Lösungen verhindert, von einer Kupfer(II)-sulfat-Lösung getrennt. In die Kupfer(II)-sulfat-Lösung taucht ein Kupferblech. Werden diese beiden Bleche metallisch leitend verbunden, so fließt in diesem Draht ein (nutzbarer) Elektronenstrom, wobei die Elektronen vom Zink- zum Kupferblech fließen. Diese Tatsache läßt sich qualitativ folgendermaßen deuten:

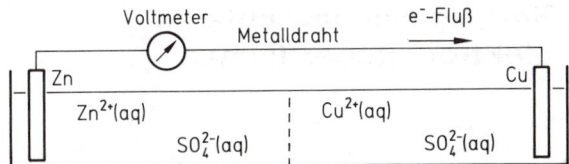

Die Ionen Cu^{2+}(aq) sind über das Kupferblech metallisch leitend mit dem Zink verbunden; sie vermögen daher die Elektronen des Zinkmetalls „zu sich herüberzuziehen", also dieselbe Reaktion zu bewirken, wie sie zwischen Zn(s) und Cu^{2+}(aq) stattfindet. In der Tat beobachtet man, daß sich bei Stromfluß auf dem Kupferblech feinkristallines Kupfer Cu(s) abscheidet, d.h. dort der Reduktionsschritt Cu^{2+}(aq) $+ 2\,e^- \overset{red}{\rightarrow} Cu$(s) stattfindet. Gleichzeitig wird das Zinkblech „angefressen" (eine glatte Oberfläche wird rauh), weil metallisches Zink in Lösung geht. An der Zink-Elektrode erfolgt also der Oxidationsschritt: Zn(s) $- 2\,e^- \overset{ox}{\rightarrow} Zn^{2+}$(aq).

Das Prinzip elektrochemischer Stromquellen ist also folgendes: Freiwillig verlaufende Redoxprozesse werden räumlich in Reduktions- und Oxidationsschritt getrennt, wobei der Elektronentransfer über einen metallischen Leiter erfolgt.

Fragen zu L 87

1. Wir wollen annehmen, daß das poröse Diaphragma für Ionen undurchlässig sei und im eben besprochenen DANIELL-Element trotzdem Strom in der angegebenen Weise fließe. Welche Ladungen erhielten dann die Elektrolyte (Ionenlösungen) der beiden sog. Halbzellen (das sind die durch das Diaphragma getrennten beiden Lösungen mit ihren Elektroden [L 70])?
Begründen Sie Ihre Angaben.
2. Warum müßte unter den Voraussetzungen von [F 87-1] der Elektronenfluß im metallischen Leiter sofort zum Erliegen kommen?
3. Es gibt grundsätzlich zwei Möglichkeiten, nach denen aufgrund des Ionenflusses durch das Diaphragma die Ladungsneutralität der Elektrolyte beider Halbzellen erreicht wird. Geben Sie diese beiden Möglichkeiten an.
4. Welche Ionen wandern tatsächlich durch das Diaphragma? Dazu müssen Sie für beide Fälle (genügend Elektrodenmaterial vorausgesetzt) den Endzustand der Elektrolyte prognostizieren und an die Wärmebewegung der Partikeln denken.
5. Würde das DANIELL-Element auch dann funktionieren, wenn die Zink-Halbzelle nur reines Wasser enthielte?
6. Was passiert, wenn ein Kupferblech in eine Zinksulfat-Lösung gebracht wird?

Lernschritt 88: Redoxgleichgewichte an Elektrodenoberflächen

Taucht ein Metallblech in eine wäßrige Lösung, die mit dem betreffenden Metall äußerlich gesehen nicht feststellbar reagiert, so stellt sich an der Elektrodenoberfläche das folgende Redoxgleichgewicht ein (als allgemeines Metallsymbol wird Me gewählt):

$$\text{Me(s)} - n \cdot \text{e}^- \underset{\text{red}}{\overset{\text{ox}}{\rightleftharpoons}} \text{Me}^{n+}\text{(aq)}$$

Fortwährend lösen sich besonders energiereiche Metall-Atomrümpfe Me^{n+} der Kristallecken [L 29]; bei Metallen, die mit der wäßrigen Lösung nicht feststellbar reagieren, bleiben aber die beweglichen Elektronen auf dem Blech zurück, was zu einer negativen Überschußladung des Bleches führt. Da sich die leichtbeweglichen Elektronen gegenseitig abstoßen, bildet sich an der Metalloberfläche eine negativ geladene Schicht aus, die den weiteren Austritt von positiven Ionen um so mehr behindert, je mehr Überschußelektronen sie enthält. – Die gelösten Ionen $\text{Me}^{n+}\text{(aq)}$ können sich nun nicht durch Diffusion auf das gesamte Flüssigkeitsvolumen verteilen, da sie von der negativen Schicht in unmittelbarer Nähe der Elektrodenoberfläche gehalten werden. Es entsteht eine sog. elektrische Doppelschicht. Wegen der Wärmebewegung, der auch die hydratisierten (d. h. von Wasser-Molekülen umgebenen) Metall-Ionen der positiven Schicht unterliegen, lagern sich auch fortwährend Ionen Me^{n+} ins Metall ein (Reduktionsschritt). Dies ist der Fall, wenn die Stöße so stark sind, daß die H_2O-Liganden der Aquakomplexe „verdrängt" werden können.

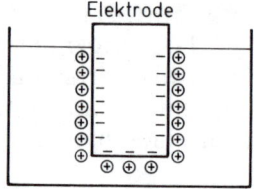

Unterschiedliche Metalle haben im Gleichgewichtszustand auch unterschiedliche Überschußladungen. Je unedler ein Metall ist, um so größer ist diese negative Überschußladung, weil „das Bestreben, in Lösung zu gehen" – nach NERNST der sog. Lösungsdruck – um so ausgeprägter ist. Nun können wir das Zustandekommen des Elektronenflusses vom Zinkblech auf das Kupferblech im DANIELL-Element von [L 87] wie folgt deuten: Das unedlere Zinkmetall hat im Gleichgewichtszustand mehr Überschußelektronen als das edlere Kupfer. Werden die beiden Elektroden metallisch leitend verbunden, so findet im metallischen Leiter ein Elektronenfluß vom Zink (elektronenreicher) zum Kupfer (elektronenärmer) statt, weil sich Elektronen gegenseitig abstoßen und sich demzufolge über das gesamte metallische leitende System gleichmäßig verteilen.

Sobald nun aber ein Elektronenstrom fließt, werden die Gleichgewichte an den Elektrodenoberflächen fortwährend gestört [L 47]! Da vom Zinkmetall Elektronen abfließen, wird die negative Überschußladung kleiner und weitere Zn^{2+}-Ionen können leichter austreten. Anstelle des Gleichgewichts $Zn(s) - 2\ e^- \rightleftharpoons Zn^{2+}(aq)$ überwiegt nun der Oxidationsschritt $Zn(s) - 2\ e^- \rightarrow Zn^{2+}(aq)$, womit Zink feststellbar in Lösung geht; die Zink-Elektrode wird „angefressen".

An der Kupfer-Elektrode wird das Gleichgewicht bei Stromfluß im gegenteiligen Sinn gestört. Da durch die zufließenden Elektronen die Elektronenmenge hier vergrößert wird, wird die Reaktionsgeschwindigkeit [L 44] des Oxidationsschritts $Cu(s) - 2\ e^- \rightarrow Cu^{2+}(aq)$ kleiner, womit der Reduktionsschritt $Cu^{2+}(aq) + 2\ e^- \rightarrow Cu(s)$ überwiegt, so daß sich feinkristallines metallisches Kupfer auf der Elektrodenoberfläche abscheidet.

Fragen zu L 88

1. Ist die Entropieänderung ΔS [L 42] für die Gesamtreaktion des DANIELL-Elements, d.h. $Zn(s) + Cu^{2+}(aq) \rightarrow Zn^{2+}(aq) + Cu(s)$ groß oder eher vernachlässigbar?
2. Muß der Vorgang [F 88-1] exotherm oder endotherm verlaufen (siehe [L 42])?
3. Die Redoxgleichgewichte an Elektrodenoberflächen sind gleichzeitig auch Komplex-Bildungs/Zerfalls-Gleichgewichte [A 79-6]. Dabei spielt diese Tatsache energetisch eine wichtige Rolle, wie die folgenden Angaben zeigen:
   Man kann die Oxidation eines Metalls in wäßriger Lösung in die folgenden Teilschritte zerlegen, bei denen die nachstehende Enthalpieänderungen auftreten:
   1. Zerlegung des Metallgitters in die freien (gasförmigen) Atome; diese Enthalpieänderung wird Sublimationsthalpie ΔH_S genannt (Gitterenthalpie [L 40]).
   2. Ionisierung der Atome ($Me - n \cdot e^- \rightarrow Me^{n+}$); sog. Ionisierungsenthalpie ΔH_I.
   3. Bildung der Aquakomplexe $Me^{n+}(aq)$; Hydratisierungsenthalpie ΔH_H [L 40].
      Geben Sie die Vorzeichen dieser Enthalpiebeträge [L 39] für den Reduktions- und den Oxidationsschritt des DANIELL-Elements an.
4. Lassen sich die auffallend großen Werte der Ionisierungsenthalpien ΔH_I [A 88-3] mit den Werten der Elektronegativität [L 8] von Metallen erklären?
5. Warum löst sich $Zn(s)$ im Unterschied zu Wasser in Salzsäure auf [L 55]?
6. Warum liegt auch im DANIELL-Element ein geschlossener Stromkreis [L 70] vor?

Bisher haben wir nur das DANIELL-Element als Beispiel eines elektrochemischen Elements kennengelernt. Ein elektrochemisches Element besteht allgemein aus zwei Halbzellen oder Elektroden, die man wie folgt symbolisiert (abgekürzt beschreibt): Das Symbol des Elektrodenmaterials wird mit einem senkrechten Strich (|) vom Symbol des gelösten Materials getrennt. Somit hat die Zink-Halbzelle (Zink-Elektrode) des DANIELL-Elements das folgende Symbol: $Zn(s)|Zn^{2+}(aq)$.

Ein elektrochemisches Element (auch galvanisches Element, elektrochemische Zelle oder Kette genannt) symbolisiert man, indem man die beiden Elektrodensymbole durch zwei senkrechte Striche (||) voneinander trennt. Damit erhält das DANIELL-Element das folgende Symbol:

$$Zn(s) \mid Zn^{2+}(aq) \parallel Cu(s) \mid Cu^{2+}(aq)$$

Ursache eines elektrischen Stroms (Fluß elektrisch geladener Teilchen) ist eine Potentialdifferenz (sog. Spannung). Zwischen zwei Elektroden kann – in dem sie verbindenden metallischen Leiter – nur dann ein Elektronenstrom fließen, wenn die beiden Elektroden unterschiedliches Potential haben. Das Symbol für das Elektrodenpotential ist E. Definitionsgemäß hat die elektronenreichere Elektrode das kleinere („negativere") Potential! Im DANIELL-Element ist dies die Zink-Elektrode. Diese Verhältnisse lassen sich auf einer Potentialgeraden veranschaulichen:

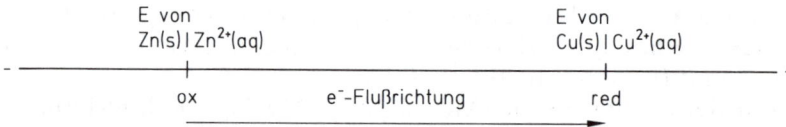

Elektronen fließen immer von der Elektrode mit dem kleineren Potential zur Elektrode mit dem größeren Potential! Dabei erfolgt die Oxidation (Elektronenabgabe) stets an der Elektrode mit dem kleineren Potential und die Reduktion (Elektronenaufnahme) an der anderen Elektrode! Prägen Sie sich diesen Sachverhalt ein.

Nun kann man aber auch im folgenden elektrochemischen Element eine Spannung (Potentialdifferenz) messen:

$$Zn(s) \mid Zn^{2+}(aq, c = 0{,}1 \text{ mol/L}) \parallel Zn(s) \mid Zn^{2+}(aq, c = 1 \text{ mol/L})$$

Man mißt in diesem Fall (stromlos d. h. mit hochohmigen Voltmetern oder Kompensationsschaltungen bzw. bei sehr geringer Belastung) eine Spannung von 0,03 V (Volt). Diese Zelle ist nachstehend skizziert und beschrieben:

In der linksstehenden Halbzelle taucht ein Zinkblech in eine Zinksulfat-Lösung mit $c(ZnSO_4, aq) = 0,1$ mol/L ein und in der rechtsstehenden Halbzelle befindet sich das Zinkblech in einer Zinksulfat-Lösung der Konzentration von 1 mol/L. Die Erklärung für die kleine Potentialdifferenz zwischen den beiden Elektroden wird anhand der nachstehenden Fragen – die sich alle auf diese Konzentrationszelle beziehen – erarbeitet. Man nennt solche Einrichtungen deswegen Konzentrationszellen (oder Konzentrationselemente), weil die Potentialdifferenz und damit der Strom nur aufgrund unterschiedlicher Konzentrationen der Zn^{2+}-Lösungen zustandekommt. – Spannungen aufgrund unterschiedlicher Ionenkonzentrationen haben große Bedeutung in lebenden Organismen (Nervenpotentiale).

Fragen zu L 89

1. Welche der beiden Elektroden unserer Konzentrationszelle muß das kleinere Elektrodenpotential E haben?
2. Welche Elektrodenvorgänge spielen sich in unserer Konzentrationszelle bei Stromfluß ab?
3. Welche Ionen müssen in unserem Konzentrationselement durch das Diaphragma fließen und welcher Endzustand der Elektrolyte stellt sich ein (Konzentrationen angeben), wenn die beiden Elektrolytvolumina genau gleichgroß sind?
4. In welcher Weise verändern sich die Elektrodenpotentiale E der beiden Halbzellen bei Stromfluß und welcher Endzustand stellt sich ein (begründen)?
5. Wie groß ist die Summe aller bei dieser Gesamtreaktion auftretenden Energiebeträge für Sublimation, Ionisierung und Hydratisierung (siehe [F 88-3])?
6. Geben Sie an, was die „treibende Ursache" dieses freiwillig verlaufenden Vorgangs ist und ob der Vorgang exo- oder endotherm verläuft.

Lernschritt 90: Standardelektrodenpotentiale

Wie wir bisher gesehen haben, hängen Elektrodenpotentiale E ab von der Art des Metalls [L 88] und der Konzentration von Me^{n+}(aq) [L 89]. Da aber Elektrodenpotentiale die Folge von Redoxgleichgewichten an den Elektrodenoberflächen sind [L 88], hängen sie – wie alle Gleichgewichte – zudem von der Temperatur ab.

Will man nun ein quantitatives Maß für „die Art des Metalls" haben – Spannungen können sehr genau gemessen werden –, so muß dies bei gleichen Ionenkonzentrationen und gleicher Temperatur geschehen. Man hat sich auf sog. Standardbedingungen geeinigt, d. h. 25 °C, $c(Me^{n+}$, aq$) = 1$ mol/L und 1,013 bar (Druck). Elektroden, die bei 25 °C und 1,013 bar in Lösungen der am Redoxprozeß beteiligten Ionen der Konzentrationen von 1 mol/L eintauchen, haben das sog. Standardelektrodenpotential (Symbol E^o, o von Null- oder Standardbedingungen).

Standardelektrodenpotentiale lassen sich durch (stromlose) Spannungsmessungen elektrochemischer Zellen, die aus zwei Standardelektroden bestehen, miteinander vergleichen. So mißt man zwischen einer Standard-Zink-Elektrode und einer Standard-Kupfer-Elektrode eine Spannung von 1,1 V. Da wir bereits wissen, daß die Standard-Zink-Elektrode das kleinere Potential hat, muß E^o der Zink-Elektrode auf der Potentialgeraden links von E^o der Kupfer-Elektrode eingezeichnet werden (analog [L 89]).

Die Zelle Zn(s) $\mid$ Zn^{2+} (aq, $c = 1$ mol/L) $\mid\mid$ Ag(s) $\mid$ Ag$^+$ (aq, $c = 1$ mol/L) liefert eine stromlos gemessene Spannung von 1,56 V. Damit wissen wir vorläufig nur, wie weit die Potentiale dieser Standardelektroden auseinanderliegen, d. h. wie groß ΔE^o (die Differenz der Standardelektrodenpotentiale) ist. Man kann aber experimentell leicht ermitteln, welche Elektrode das kleinere Potential hat: Läßt man den Strom genügend lange fließen, so wird die Elektrode mit dem kleineren Potential angefressen, weil hier die Oxidation erfolgt [L 89!]. In unserem Fall wird wiederum die Zink-Elektrode angefressen, die somit ein um 1,56 V kleineres Standardelektrodenpotential (E^o) hat als die Standard-Silber-Elektrode:

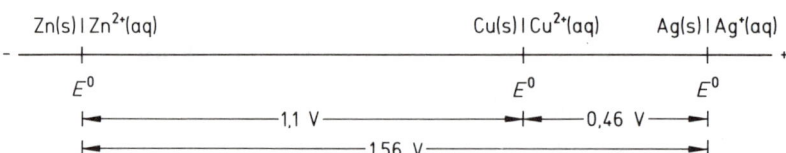

Absolutwerte von Elektrodenpotentialen sind nicht anzugeben, da man nur Spannungen (Potentialdifferenzen) messen kann. Man steht somit vor dem analogen Problem wie bei der Längenmessung auf der Erdkugel: Man ordnet willkürlich einer Standardelektrode das Potential von 0 V (Null Volt) zu, der sog. Wasserstoff-Elektrode:

Bei dieser Gaselektrode handelt es sich um ein platiniertes Platinblech (feinstverteiltes Platin auf dem Blech abgeschieden), das in eine Säurelösung mit $c(H_3O^+, aq) = 1$ mol/L eintaucht. Dieses Blech wird von $H_2(g)$ von 1,013 bar umspült. Platin hat die Eigenschaft, daß es Wasserstoff atomar zu lösen vermag, was bereits in [L 43, Katalyse] erwähnt wurde. Im übrigen dient das reaktionsträge Platinmetall lediglich als Elektro-

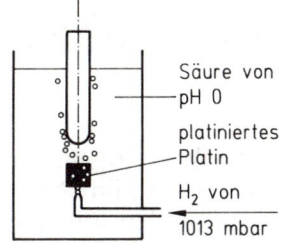

Säure von pH 0

platiniertes Platin

H_2 von 1013 mbar

Schema einer
Wasserstoff-Elektrode

nenleiter. Man hat also gewissermaßen ein „Blech aus atomarem Wasserstoff", das in die wäßrige Lösung seiner Ionen [$H_3O^+(aq)$ bzw. $H^+(aq)$] eintaucht; es herrschen also analoge Verhältnisse wie bei den bisher besprochenen Elektroden.

An der Wasserstoff-Elektrode stellt sich das Redoxgleichgewicht

$$H_2(g) - 2\,e^- \rightleftharpoons 2\,H^+(aq)$$

ein. Der Standard-Wasserstoff-Elektrode (25 °C, 1,013 bar $H_2(g)$, $c(H^+, aq) = 1$ mol/L) wird definitionsgemäß das Potential von Null Volt zugeordnet ($E^\circ = 0$ V).

Fragen zu L 90

1. Warum wurde immer betont, daß die Messungen der Spannungen stromlos (mit hochohmigen Voltmetern oder Kompensationsschaltungen) erfolgen müssen?
2. Die elektrochemische Zelle Zn(s) | Zn^{2+}(aq, $c = 1$ mol/L || $H_2(g)$ | H^+ (aq, $c = 1$ mol/L) liefert eine stromlos gemessene Zellspannung von 0,76 V. Bei Stromfluß beobachtet man, daß das Zinkblech „angefressen" wird. An welcher Stelle ist daher auf der Potentialgeraden von [L 90] E° der Wasserstoff-Elektrode einzuzeichnen?
3. Welche Elektrodenvorgänge spielen sich bei Stromfluß im Fall von [F 90-2] ab? Fassen Sie die Teilschritte zur Redoxpartikelgleichung zusammen und überlegen Sie sich, ob Ihnen die Sache nicht bekannt vorkommt.
4. Wie groß ist ΔE° des Elements $H_2(g)$ | $H^+(aq)$ || Cu(s) | $Cu^{2+}(aq)$?
5. Welche Elektrodenreaktionen spielen sich im Fall [F 90-47] bei Stromfluß ab?
6. Die Standardelektrodenpotentiale E° erhalten dann, wenn sie kleiner als das der Standard-Wasserstoff-Elektrode sind, negative Vorzeichen (siehe Tabelle mit den Standardelektrodenpotentialen). Worin unterscheiden sich die Metalle mit negativen und positiven Standardelektrodenpotentialen?

Lernschritt 91: Die NERNSTsche Gleichung

Nach WALTER NERNST, Professor für physikalische Chemie in Göttingen und Berlin, Nobelpreis 1920, hängt die Zellspannung ΔE wie folgt von den Ionenkonzentrationen ab:

$$\Delta E = \Delta E^\circ - \frac{0{,}06\,\text{V}}{n}\,\lg \text{MWA}$$

Dabei bedeutet n die Zahl der pro Redoxgleichung verschobenen Elektronen (im DANIELL-Element ist $n = 2$) und MWA den Massenwirkungsausdruck [L 46] für den bei Standardbedingungen spontan von links nach rechts einsetzenden Vorgang. Dazu soll ein konkretes Beispiel besprochen werden:

Wir betrachten die elektrochemische Zelle Co(s) | Co²⁺(aq) ‖ Ni(s)| Ni²⁺(aq). Da E° der Cobalt-Elektrode mit –0,28 V (siehe Tabelle mit den Standardelektrodenpotentialen) kleiner als E° der Nickel-Elektrode (–0,25 V) ist, wird unter Standardbedingungen Cobalt oxidiert und Ni²⁺(aq) reduziert. Daher setzt unter diesen Bedingungen die folgende Reaktion von links nach rechts ein:

$$\text{Co(s)} + \text{Ni}^{2+}\text{(aq)} \rightarrow \text{Co}^{2+}\text{(aq)} + \text{Ni(s)}$$

Somit erhält die NERNSTsche Gleichung ($n = 2$ und $\Delta E^\circ = 0{,}03$ V) die folgende Form:

$$\Delta E = 0{,}03\,\text{V} - \frac{0{,}06\,\text{V}}{2}\,\lg\,\frac{c(\text{Co}^{2+},\,\text{aq}) \cdot c(\text{Ni},\,\text{s})}{c(\text{Co},\,\text{s}) \cdot c(\text{Ni}^{2+},\,\text{aq})}$$

Der zweite Summand der NERNSTschen Gleichung, der den Faktor lg MWA enthält, beinhaltet die Abweichung der Zellspannung von der Differenz der Standardelektrodenpotentiale (ΔE°), die durch Ionenkonzentrationen, welche von 1 mol/L abweichen, verursacht werden. Daher können im MWA alle anderen Stoffkonzentrationen, welche gleich wie bei Standardbedingungen sind (und die sich während der Reaktion nicht verändern), im MWA gleich eins gesetzt werden. Es sind dies Feststoffkonzentrationen (die bei gleichbleibender Temperatur [L 67] konstant sind), Konzentrationen von Gasen bei Standarddruck (z. B. $c(\text{H}_2,\,\text{g})$ bzw. $p'(\text{H}_2,\,\text{g})$ [A 46-4]) und die in verdünnten wäßrigen Lösungen konstante $c(\text{H}_2\text{O},\,\text{l})$ [L 50]. Somit erhält die NERNSTsche Gleichung für unseren konkreten Fall die folgende Form:

$$\Delta E = 0{,}03\,\text{V} - 0{,}03\,\text{V}\,\lg\,\frac{c(\text{Co}^{2+},\,\text{aq})}{c(\text{Ni}^{2+},\,\text{aq})}$$

Nachstehend wollen wir mit dieser Beziehung ΔE für zwei Fälle berechnen und die Resultate mit Hilfe der bisherigen Kenntnisse interpretieren. Weitere Überlegungen dazu werden bei der Bearbeitung der Fragen folgen.

Handelt es sich um zwei Standardelektroden (Ionenkonzentrationen je 1 mol/L), so wird der Konzentrationenquotient gleich eins und lg 1 = 0. Somit wird der zweite Summand gleich Null und $\Delta E = \Delta E^o$, was bei Standardbedingungen stets der Fall ist. Auf der Potentialgeraden sei dieser Sachverhalt dargestellt. Diese Potentialgerade wird auch für die nächsten Fälle benötigt (Potentiale von a, b, c, d):

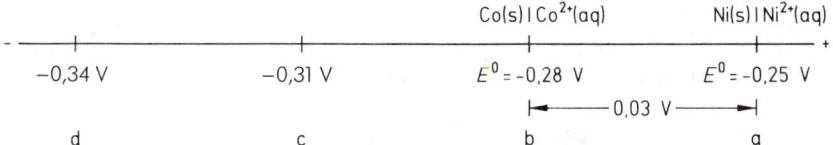

Wir wissen, daß Elektrodenpotentiale von Metallelektroden mit abnehmenden $c(Me^{n+}, aq)$ kleiner werden [A 89-1]. Somit müßte sich das Potential der Nickel-Elektrode bei abnehmender $c(Ni^{2+}, aq)$ nach links verschieben. – Wie groß wird ΔE, wenn $c(Co^{2+}, aq) = 1$ mol/L und $c(Ni^{2+}, aq) = 0,1$ mol/L sind? – Da der Konzentrationenquotient für diesen Fall 10 wird und lg 10 = 1, wird $\Delta E = 0,03$ V – 0,03 V, d. h. $\Delta E = 0$. Somit hat die Elektrode $Ni(s) \mid Ni^{2+}$ (aq, $c = 0,1$ mol/L) das Potential von –0,28 V (Position b); E der Cobalt-Elektrode ist unverändert (–0,28 V).

Wird $\Delta E = 0$, so ist das Gesamtsystem im Gleichgewicht! Es ist dann keine Triebkraft für eine Reaktion mehr vorhanden. In diesem Fall hat der MWA der NERNSTschen Gleichung den Wert von K, der Gleichgewichtskonstanten [L 46]!!

Fragen zu L 91

1. Wie groß ist die Zellspannung ΔE des elektrochemischen Elements von [L 91], wenn $c(Co^{2+}, aq) = 0,1$ mol/L und $c(Ni^{2+}, aq) = 0,1$ mol/L sind?
   In welchen Positionen auf der obenstehenden Potentialgeraden liegen dabei die beiden Elektrodenpotentiale?
2. Wie groß ist ΔE für $c(Ni^{2+}, aq) = 1$ mol/L und $c(Co^{2+}, aq) = 10^{-2}$ mol/L? Geben Sie zudem an, in welchen Positionen auf der Potentialgeraden von [L 91] sich die beiden Elektrodenpotentiale befinden und wie groß das Potential der Cobalt-Elektrode mit $c(Co^{2+}, aq) = 10^{-2}$ mol/L ist.
3. Wie groß ist ΔE für $c(Co^{2+}, aq) = 1$ mol/L und $c(Ni^{2+}, aq) = 10^{-2}$ mol/L?
4. Welche Elektrodenvorgänge setzen im Fall [F 91-3] spontan ein?
5. Was bedeutet ein negatives Vorzeichen von ΔE?
6. Berechnen Sie den Wert von $c(Co^{2+}, aq)/c(Ni^{2+}, aq)$ für den Gleichgewichtszustand.

Lernschritt 92: Berechnung der Gleichgewichtskonstanten

Am Beispiel der elektrochemischen Kette (Zn(s) | Zn^{2+}(aq) || Cr(s) | Cr^{3+}(aq) wollen wir zuvor die in [L 91] erworbenen Kenntnisse repetieren und festigen:

Unter Standardbedingungen – also sowohl c(Zn^{2+}, aq) als auch c(Cr^{3+}, aq) gleich 1 mol/L – muß der Vorgang

$$3 \text{ Zn(s)} + 2 \text{ Cr}^{3+}\text{(aq)} \rightarrow 3 \text{ Zn}^{2+}\text{(aq)} + 2 \text{ Cr(s)}$$

von links nach rechts einsetzen, da E° der Zink-Elektrode mit $-0,76$ V kleiner ist als E$^\circ$ der Chrom-Elektrode (Zink wird daher oxidiert). Für dieses Redoxsystem gilt:

$$\text{MWA} = \frac{c^3(\text{Zn}^{2+}, \text{aq}) \cdot c^2(\text{Cr}, \text{s})}{c^3(\text{Zn}, \text{s}) \cdot c^2(\text{Cr}^{3+}, \text{aq})}$$

Daher gilt nach NERNST ($n = 6$ und $\Delta E^\circ = 0,02$ V):

$$\Delta E = 0,02 \text{ V} - 0,01 \text{ V} \lg \frac{c^3(\text{Zn}^{2+}, \text{aq})}{c^2(\text{Cr}^{3+}, \text{aq})}$$

Bei Standardbedingungen ist der Zahlenwert des Konzentrationenquotients gleich eins, weil beide c gleich 1 mol/L sind. Da $\lg 1 = 0$, wird $\Delta E = \Delta E^\circ$.

Sind aber die beiden Ionenkonzentrationen je 0,1 mol/L, so wird der Zahlenwert des Konzentrationenquotienten 10^{-1} und $\lg 10^{-1} = -1$. Daher wird $\Delta E = 0,03$ V, weil $\Delta E = 0,02$ V $+ 0,01$ V ist. Hier wird also die neue Spannung ΔE nicht gleich ΔE°, wie dies im Beispiel von [F/A 91-1] der Fall war, obwohl auch dort beide Konzentrationen 0,1 mol/L betrugen. Dies ist deswegen so, weil hier das Ionenzahl-Verhältnis nicht 1/1 ist und Koeffizienten der Reaktionsgleichung als Potenzen im MWA erscheinen. Die beiden E werden hier in unterschiedlichem Ausmaße kleiner:

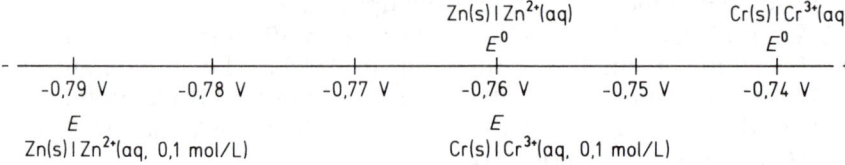

Die einzelnen Elektrodenpotentiale lassen sich so berechnen (also z. B. hier für die beiden Elektroden mit den Ionenkonzentrationen von 0,1 mol/L), daß man sie mit der Standard-Wasserstoffelektrode (Potential 0 V) zu einer elektrochemischen Zelle vereinigt. ΔE ist dann die Abweichung vom Nullpunkt der Potentialskala und damit das gesuchte Elektrodenpotential E.

Nachfolgend wird gezeigt, wie durch Umformung der NERNST-schen Gleichung die Gleichgewichtskonstante K von Redoxgleichgewichten berechnet werden kann. Aus

$$\Delta E = \Delta E^\circ - \frac{0,06\,\text{V}}{n}\,\lg \text{MWA}$$

folgt für den Gleichgewichtszustand ($\Delta E = 0$, keine Triebkraft für eine Reaktion):

$$0 = \Delta E^\circ - \frac{0,06\,\text{V}}{n}\,\lg K$$

Daraus ergibt sich für die Gleichgewichtskonstante K:

$$\Delta E^\circ = \frac{0,06\,\text{V}}{n}\,\lg E \text{ o. } \lg K = \frac{\Delta K^\circ \cdot n}{0,06\,\text{V}} \text{ u. damit } K = 10^{\frac{\Delta E^\circ \cdot n}{0,06\,\text{V}}}$$

Der genauere Wert im Nenner des obenstehenden Exponenten ist nicht 0,06 V sondern 0,059 V (59 mV). Für unsere Zwecke können wir aber weiterhin mit dem gerundeten Wert von 0,06 V rechnen.

Fragen zu L 92

1. Wir betrachten ein DANIELL-Element mit Standardelektroden, dessen Zellspannung nach erfolgtem Stromfluß Null geworden ist. Geben Sie an, wie groß $c(\text{Cu}^{2+}, \text{aq})$ in diesem Fall ist.
2. Wir betrachten die elektrochemische Kette
   $$\text{Cd(s)} \mid \text{Cd}^{2+} \text{(aq)} \parallel \text{H}_2\text{(g)} \mid \text{H}^+ \text{(aq)}$$
   Wie groß ist die Zellspannung für $c(\text{Cd}^{2+}, \text{aq}) = 0,1$ mol/L und pH 4 des Elektrolyts der Wasserstoff-Elektrode?
3. Wie verändert sich die Zellspannung des Elements von [F 92-2] mit sinkenden pH-Werten?
4. Wie groß ist ΔE für Cu(s) $\mid$ Cu^{2+} (aq, 0,1 mol/L) $\parallel$ H$_2$(g) $\mid$ H$^+$ (aq, 0,1 mol/L)?
   Vergleichen Sie das Resultat mit dem Fall [F/A 91-1] und interpretieren Sie den Unterschied.
5. Woraus (Konzentrationen angeben) bestehen die Elektrolyte der beiden Halbzellen eines Standard-DANIELL-Elements am Ende der Reaktion ($\Delta E = 0$), wenn die beiden Elektrolytvolumen genau gleichgroß sind?
6. Was passiert, wenn man Bleche von Zink, Silber und Gold in eine Lösung von Blei(II)-acetat eintaucht?

In der Tabelle mit den Standardelektrodenpotentialen finden sich Angaben wie:

$$Cl_2(g) + 2\,e^- \rightleftharpoons 2\,Cl^-(aq) \qquad E^o = 1{,}36\,V$$

Dies bedeutet, daß eine von $Cl_2(g)$ von Standarddruck umspülte inerte (unbeteiligt an chemischen Reaktionen) Elektrode wie Graphit (oder sonst auch Platin), die in eine Chlorid-Lösung (z.B. Kochsalzlösung) der Konzentration von 1 mol/L taucht, das Potential von 1,36 V hat. Die inerte Elektrode hat dabei die Funktion eines Elektronenleiters.

Eine elektrochemische Zelle $H_2(g) \mid H^+$ (aq, 1 mol/L) $\parallel Cl_2(g) \mid$ Cl^- (aq, 1 mol/L) hat also eine Zellspannung von 1,36 V (ΔE^o). In der Halbzelle mit dem kleineren Potential erfolgt der Oxidationsschritt $H_2(g) - 2\,e^- \rightarrow 2\,H^+$ (aq) und in der anderen Halbzelle der Reduktionsschritt $Cl_2(g) + 2\,e^- \rightarrow 2\,Cl^-(aq)$. Unter Standardbedingungen setzt also der folgende Vorgang von links nach rechts ein:

$$H_2(g) + Cl_2(g) \rightleftharpoons 2\,H^+(aq) + 2\,Cl^-(aq)$$

Bei dieser Reaktion handelt es sich um die sog. Chlor-Knallgas-Reaktion in wäßriger Lösung [die Chlor-Knallgas-Reaktion ist $H_2(g) + Cl_2(g) \rightarrow 2\,HCl(g)$]. Läßt man diese Reaktion in einem elektrochemischen Element ablaufen, so kann ein großer Teil der freiwerdenden Energie in Form der universell nutzbaren elektrischen Energie gewonnen werden (andernfalls wird zum größten Teil Wärme erzeugt, die nur z.T. in mechanische bzw. elektrische Energie überführt werden kann).

Wir wollen nun das Potential einer Chlor-Elektrode, die in eine Chlorid-Lösung mit $c(Cl^-, aq) = 0{,}1$ mol/L eintaucht, berechnen, um auf den Unterschied zwischen Metall- und Nichtmetallelektroden ausdrücklich hinzuweisen. Da $\Delta E^o = 1{,}36$ V und $n = 2$ ist (siehe obenstehendes Redoxgleichgewicht) und zudem die Konzentrationen der beiden Gase von Standarddruck gleich eins gesetzt werden können [L 91], erhält die NERNSTsche Gleichung die folgende Form:

$$\Delta E = 1{,}36\,V - 0{,}03\,V \lg \frac{c^2(H^+, aq) \cdot c^2(Cl^-, aq)}{1 \quad \cdot \quad 1}$$

Der Massenwirkungsausdruck MWA erhält für $c(H^+, aq) = 1$ mol/L (Standard-Wasserstoffelektrode mit dem Potential von Null Volt) und $c(Cl^-, aq) = 0{,}1$ mol/L den Zahlenwert von 10^{-2}, d.h. der Zehnerlogarithmus lg wird gleich –2 und daher $\Delta E = 1{,}36$ V + 0,06 V. Die Zellspannung beträgt also 1,42 V, d.h. das Potential unserer Chlor-Elektrode ist um 1,42 V größer als Null Volt. Somit ist $E = 1{,}42$ V.

Wie die vorangehende Rechnung zeigt, ist das Potential der Chlor-Elektrode mit $c(Cl^-, aq) = 0,1$ mol/L um 0,06 V größer als das der Chlor-Standardelektrode. Es ist also so, daß mit abnehmender Konzentration der negativen Ionen das jeweilige Elektrodenpotential größer wird, im Gegensatz zu Metallelektroden, die in Lösungen ihrer positiven Ionen eintauchen! Dies läßt sich auch leicht verstehen: Je kleiner nämlich die Konzentration der gelösten negativen Ionen, die am Redoxgleichgewicht teilnehmen, wird, um so kleiner ist die Wahrscheinlichkeit des Eintritts negativer Ladung in die Elektrode und daher ist E um so größer (siehe [L 89])!

Wichtig ist die folgende Nichtmetallelektrode:

$$O_2(g) + 2\,H_2O(l) + 4e^- \rightleftharpoons 4\,OH^-(aq) \qquad E^o = 0,4\,V$$

Diese Angabe hat folgende Bedeutung: Wird eine inerte Elektrode von Sauerstoffgas von Standarddruck in einer Lösung von pH 14, d.h. $c(OH^-, aq) = 1$ mol/L, umspült, so hat diese Elektrode (Sauerstoff-Elektrode bei pH 14) ein Potential von 0,4 V. Zum Verständnis dieses unter Standardbedingungen von links nach rechts einsetzenden Vorgangs: Durch Aufnahme von 4 e$^-$ bilden sich aus einem Sauerstoff-Molekül O_2 zwei Oxid-Ionen O^{2-}, die in wäßriger Lösung als sehr starke Basen vollständig gemäß $2\,O^{2-} + 2\,H_2O(l) \rightarrow 4\,OH^-(aq)$ reagieren [$OH^-(aq)$ ist die stärkste Base, die in wäßriger Lösung existiert, $H_3O^+(aq)$ die stärkste Säure!].

Fragen zu L 93

1. Was geschieht, wenn man $Cl_2(g)$ in KBr (aq) einleitet?
2. Ist elementares Chlor in wäßriger Lösung in der Regel ein Reduktions- oder ein Oxidationsmittel (siehe [F 69-2])?
3. Welche Ionen müssen zwecks Ladungsausgleichs im elektrochemischen Element $H_2(g) \mid H^+(aq) \parallel Cl_2(g) \mid Cl^-(aq)$ bei Stromfluß durchs Diaphragma fließen?
4. Kann metallisches Silber durch Sauerstoffgas in einer Lösung von pH 14 oxidiert werden?
5. Kann metallisches Silber durch Sauerstoffgas in einer Lösung von pH 0 (Null) oxidiert werden?
6. Nach NERNST berechnet sich das Potential einer Nichtmetall (Nime)-Elektrode gemäß der nachstehenden Formel (vergleichen Sie mit [L 93]).

Welche Änderung muß für eine Metallelektrode an dieser Formel vorgenommen werden?

$$E = E^0 - \frac{0,06\,V}{n}\;\lg c \text{ (Nime-Ion, aq)}$$

(hier ist n die Zahl der Elementarladungen des Ions!)

Bisher haben wir die folgenden Arten von chemischen Reaktionen kennengelernt:

1. Protolysen (Protonenübergänge, Kapitel 10, 12 und 17).
2. Redoxreaktionen (Elektronenübergänge bzw. -verschiebungen, Kapitel 14 und 18).
3. Komplexreaktionen (Änderung der Art und/oder der Anzahl der Liganden, Kapitel 11 und 16).

Die nachstehend besprochenen Reaktionen enthalten alle diese „Grundtypen" von Reaktionen, was strenggenommen für die meisten Reaktionen gilt.

Gibt man zu einer schwefelsauren Lösung von Kaliumpermangangat ([L 77] und [A 77-2, -3, -4]), die intensiv violett gefärbt ist, eine praktisch farblose Lösung von Eisen(II)-sulfat $FeSO_4$, so entfärbt sich die Permanganat-Lösung augenblicklich. In der entstandenen (praktisch farblosen) Lösung lassen sich Mn^{2+}(aq)-Ionen und Eisen(III)-Ionen Fe^{3+} (aq) nachweisen.

Da die intensive Violettfärbung auf der Anwesenheit der Komplex-Ionen MnO_4^- beruht, deren Atome die Oxidationszahlen Mn^{+VII} und O^{-II} haben und die bei der Reaktion zu Mn^{2+}(aq) reagieren, muß die Reduktion gemäß

$$MnO_4^-(aq) + 5\ e^-\ \ldots\ldots \to Mn^{2+}(aq)\ \ldots\ldots$$

erfolgt sein. Dabei werden aber die vier Oxo-Liganden O^{-II} des Permangangat-Ions [A 77-4] abgegeben. In saurer Lösung reagieren Oxo-Liganden zu Wasser, so daß die Partikelgleichung für diesen Reduktionsschritt lautet:

$$MnO_4^+(aq) + 8\ H^-(aq) + 5\ e^- \xrightarrow{red} Mn^{2+}(aq) + 4\ H_2O(l)$$

Der Tabelle mit den Standardelektrodenpotentialen (der sog. Spannungsreihe) entnehmen wir, daß eine inerte Elektrode, die in eine Lösung der Ionen MnO_4^-(aq), H^+(aq) und Mn^{2+}(aq) eintaucht, wobei alle diese Ionenarten eine Konzentration von 1 mol/L haben, ein Potential von 1,51 V hat.

Die für diesen Reduktionsschritt benötigten Elektronen stammen von den Eisen(II)-Ionen Fe^{2+}(aq), die in Eisen(III)-Ionen Fe^{3+}(aq) überführt werden, gemäß der Partikelgleichung

$$Fe^{2+}(aq) - e^- \xrightarrow{ox} Fe^{3+}(aq).$$

Multipliziert man diese Oxidationsgleichung mit 5 und addiert man die dadurch erhaltene Gleichung und die Reduktionsgleichung, so erhält man die Partikelgleichung für die Gesamtreaktion:

$$MnO_4^-(aq) + 8\ H^+(aq) + 5\ Fe^{2+}(aq) \xrightarrow{redox} Mn^{2+}(aq) + 4\ H_2O(l) + 5\ Fe^{3+}(aq)$$

Da E^o für das System $Fe^{3+}(aq)/Fe^{2+}(aq)$ 0,771 V ist, lautet die NERNST-sche Gleichung für dieses Redoxgleichgewicht ($\Delta E^o = 0{,}739$ V, $n = 5$):

$$\Delta E = 0{,}739 \text{ V} - \frac{0{,}06 \text{ V}}{5} \lg \frac{c(Mn^{2+}, aq) \cdot c^5(Fe^{3+}, aq)}{c(MnO_4^-, aq) \cdot c^8(H^+, aq) \cdot c^5(Fe^{2+}, aq)}$$

Man erkennt, daß der Vorgang stark pH-abhängig ist; mit steigendem pH [also abnehmender $c(H^+, aq)$] wird der MWA (Konzentrationen-quotient) immer größer und damit auch der Betrag der negativen Summanden, so daß ΔE immer kleiner wird. Das heißt, daß die Triebkraft für die Reaktion, wie sie unter Standardbedingungen ver-läuft, mit steigendem pH stark abnimmt.

Aufgrund der Redox-Partikelgleichung läßt sich übrigens leicht eine Reaktionsgleichung aufstellen: In unserem Fall waren die Aus-gangsstoffe $KMnO_4$, H_2SO_4 und $FeSO_4$; daher gilt:

$$2\,KMnO_4 + 8\,H_2SO_4 + 10\,FeSO_4 \rightarrow K_2SO_4 + 2\,MnSo_4$$
$$+ 5\,Fe_2(SO_4)_3 + 8\,H_2O$$

Fragen zu L 94

1. Zeigen Sie, daß bei der in [L 94] besprochenen Reaktion alle in [L 94] erwähnten Grundtypen chemischer Reaktionen auftreten und beurteilen Sie, ob die Reaktion bei pH 8 auch noch im in [L 94] angegebenen Sinne einsetzt, wenn die übrigen Ionenkonzentratio-nen jeweils 1 mol/L sind?
2. Läßt sich die Konzentration von Permanganat-Ionen durch Titra-tion ermitteln?
3. Gibt man zu einer Cadmiumsulfat-Lösung mit $c(CdSO_4, aq) = 10^{-2}$
   mol/L Eisenpulver im Überschuß zu, so geht ein Teil des Eisens als $Fe^{2+}(aq)$ in Lösung, während metallisches Cadmium ausfällt.
   Welche Zusammensetzung hat die Lösung im Gleichgewichtszu-stand?
4. Was passiert bei Stromfluß an den Elektroden der elektrochemi-schen Zelle $Sn^{4+}(aq) \mid Sn^{2+}(aq) \parallel Fe^{3+}(aq) \mid Fe^{2+}(aq)$ bei Standard-bedingungen?
5. Wie reagiert schwefelsaure Kaliumbichromat-Lösung $K_2Cr_2O_7(aq)$ (siehe [AK 16-12]) mit metallischem Kupfer?
6. Beurteilen Sie, ob Chlorgas unter Standardbedingungen in wäßri-ger Lösung elementares Gold – den „König der Metalle", wie die Alchimisten sagten – zu oxidieren vermag.
   Begründen Sie Ihre Aussagen.

L 95 Lernschritt 95: Das Aufstellen von Redoxgleichungen

Bei Kenntnis der Ausgangsstoffe und der Endstoffe (die analytisch nachgewiesen werden) lassen sich die Redoxgleichungen – und anschließend die Reaktionsgleichungen – mit den folgenden Regeln ermitteln:

1. Gegenübestellung der Oxidationszahlen oder Ionenladungen von Ausgangs- und Endstoffen. Daraus ersieht man, wieviel Elektronen (e^-) beim Reduktionsschritt aufgenommen bzw. beim Oxidationsschritt abgegeben werden.

2. Oxo–Liganden O^{-II} (bzw. Oxid-Ionen O^{2-}), die vom wäßrigen System aufgenommen werden, werden protoniert. In alkalischer Lösung entstehen Hydroxid-Ionen $OH^-(aq)$, in saurer Lösung hingegen Wasser-Moleküle. Bei den Umkehrvorgängen, d. h. wenn aus Wasser-Molekülen Oxo- bzw. Hydroxo-Liganden gebildet werden, ist dies mit einer Freisetzung von $H^+(aq)$ verbunden.

3. Reduktions- und Oxidationsgleichungen sind so zu erweitern, daß bei der Addition dieser Teilpartikelgleichungen die Elektronensumme Null wird. Man erhält auf diese Weise die Redoxpartikelgleichung, mit der die quantitativen Verhältnisse (NERNSTsche Gleichung) beurteilt werden können oder die Gesamtreduktionsgleichung aufgestellt werden kann.

Zur Konkretisierung dieser Regeln diene das folgende Beispiel: In alkalischer Lösung lassen sich Nitrat-Ionen (NO_3^-) mittels Aluminium-Metall in Ammoniak (NH_3) überführen, wobei das Aluminium als Tetrahydroxoaluminat(III)-Ion $[Al(OH)_4]^-$ (sog. Aluminat-Ion) in Lösung geht.

1. Die Oxidationszahlen der Ausgangsstoffe (in runden Klammern) betragen: NO_3^- (N^{+V}, O^{-II}) und Al (Al^0)

   In den Endstoffen haben die Atome folgende Oxidationszahlen (bzw. Ionenladungen):

   NH_3 (N^{-III}, H^{+1}) und $[Al(OH)_4]^-$ (Al^{3+}, O^{-II}, H^{+I})

   Daraus ergeben sich die Ansätze für die Reduktions- und Oxidationsgleichungen:

   $$NO_3^-(aq) + 8\,e^- \ldots \overset{red}{\rightarrow} NH_3(aq, g) \ldots$$
   $$Al^O(s) - 3\,e^- \ldots \overset{ox}{\rightarrow} [Al(OH)_4]^-(aq) \ldots$$

2. Beim Reduktionsschritt gehen pro NO_3^--Ion drei Oxo-Liganden ins wäßrige System, wofür drei $H^+(aq)$ benötigt werden (in alkalischer Lösung entstehen aus Oxo-Liganden Hydroxid-Ionen OH^-!). Zudem werden weitere drei H^+-Ionen als neue Liganden des N benötigt, da NH_3-Moleküle entstehen; daher gilt:

   $$NO_3^-(aq) + 6\,H^+(aq) + 8\,e^- \rightarrow NH_3(aq, g) + 3\,OH^-(aq)$$

190

Für die Bildung des Komplexes $[Al(OH)_4]^-$ werden vier Hydroxid-Ionen benötigt:

$$Al(s) + 4 OH^-(aq) - 3 e^- \xrightarrow{ox} [Al(OH)_4]^-(aq)$$

3. Multipliziert man die Reduktionsgleichung mit drei und die Oxidationsgleichung mit acht, so erhält man durch Addition [ohne (s), (l), (g) bzw. (aq)]:

$$3 NO_3^- + 18 H^+ + 24 e^- \xrightarrow{red} 3 NH_3 + 9 OH^-$$
$$8 Al + 32 OH^- - 24 e^- \xrightarrow{ox} 8 [Al(OH)_4]^-$$

$$\overline{3 NO_3^- + 8 Al + 18 H^+ + 32 OH^- \xrightarrow{redox} 3 NH_3 + 8 [Al(OH)_4]^- + 9 OH^-}$$

Subtrahiert man auf beiden Seiten neun OH^- und berücksichtigt man, daß sich 18 $H^+(aq)$ und 18 $OH^-(aq)$ neutralisieren, so gilt:

$$3 NO_3^- + 8 Al + 5 OH^- + 18 H_2O \xrightarrow{redox} 3 NH_3 + 8 [Al(OH)_4]^-$$

Man erkennt, daß die Lage dieses Gleichgewichts stark pH-abhängig ist; je größer der pH, d.h. je größer $c(OH^-, aq)$, ist, um so größer sind die Konzentrationen der rechtsstehenden Teilchenarten. Als Gesamtreaktionsgleichung läßt sich schreiben (wenn von Natriumnitrat und Natronlauge ausgegangen wurde):

$$3 NaNO_3(aq) + 8 Al(s) + 5 NaOH(aq) + 18 H_2O(l)$$
$$\rightarrow 3 NH_3(aq, g) + 8 Na[Al(OH)_4](aq)$$

Fragen zu L 95

1. Metallisches Kupfer wird durch konzentrierte Salpetersäure [L 64] in Kupfer(II)-nitrat überführt, wobei das giftige, braune Stickstoffdioxid-Gas [L 60] entsteht. Wie lauten Redox- und Reaktionsgleichung für diese Reaktion?
2. Kaliumiodid-Lösung reagiert mit Wasserstoffperoxid-Lösung $[H_2O_2(aq)]$ zu elementarem Iod und Wasser. Wie lauten Redox- und Reaktionsgleichung?
3. Muß die Reaktion $Zn(s) + NO_3^-(aq) \ldots \rightarrow NH_4^+(aq) + Zn^{2+}(aq)$ ..... in saurem oder in alkalischem Milieu erfolgen? Beweisen Sie Ihre Angabe mit der Redoxgleichung für diesen Vorgang.
4. Wie lautet die Redoxgleichung für $N_2H_4(aq) + Cu^{2+}(aq) \ldots \rightarrow N_2(g) + Cu(s) \ldots$?
5. Metallisches Vanadium (V) kann in wäßriger Lösung zum Komplex-Ion $[HV_6O_{17}]^{3-}$ und Wasserstoffgas reagieren. Stellen Sie die Redoxgleichung dafür auf.
6. Entstehen aus einer Verbindung mittlerer Oxidationsstufe Verbindungen höherer und niedrigerer Oxidationsstufe, so spricht man von Disproportionierungen. Wie muß der pH gewählt werden für: $ClO_2(aq) \ldots \rightarrow ClO_2^-(aq) + ClO_3^-(aq) \ldots$?

Grundsätzlich lassen sich Ionenkonzentrationen auf elektrochemischem Wege so bestimmen, daß die zu untersuchende Lösung als Elektrolyt einer Halbzelle mit der entsprechenden Elektrode verwendet und die Spannung gegenüber einer Halbzelle bekannten Potentials (einer sog. Bezugselektrode) gemessen wird. Mit der NERNSTschen Gleichung läßt sich dann die gesuchte Ionenkonzentration berechnen.

Um also beispielsweise den pH einer Lösung zu bestimmen, könnte man diese Lösung als Elektrolyt einer Halbzelle verwenden, in der ein Platinblech von Wasserstoffgas umspült wird. Würde als Bezugselektrode eine Standard-Wasserstoff-Elektrode [L 90] verwendet, so hätte man eine Wasserstoff-Konzentrationszelle analog [L 89]. Da die Redoxgleichung für diesen Fall wie folgt geschrieben werden kann:

$$0,5 \ H_2(g) + H^+(aq) \rightleftharpoons H^+(aq) + 0,5 \ H_2(g)$$

und hier $n = 1$ ist, gilt nach NERNST ($\Delta E^o = 0 \ V$):

$$\Delta E = 0 \ V - 0,06 \ V \ \ \lg \frac{c(H^+, aq)}{c^o(H^+, aq)}$$

wobei c^o die Standardkonzentration von 1 mol/L bedeutet. Somit wird, weil pH $= -\lg c(H^+, aq)$, $\Delta E = 0,06 \cdot$ pH oder

$$pH = \frac{\Delta E}{0,06 \ V}$$

Es ist klar, daß ein solches Meßverfahren für die Laborpraxis viel zu umständlich wäre. Nachstehend wird stichwortartig beschrieben, wie pH-Meßgeräte aufgebaut sind. Nehmen Sie diese Angaben einfach zur Kenntnis, ohne die Einzelheiten verstehen zu wollen, weil diese in unserem Rahmen nicht behandelt werden können.

pH-Meter bestehen aus einem Spannungsmeßgerät und einem stabförmigen Glasrohr, das in die zu untersuchende Lösung eingetaucht wird. Es enthält eine sog. Glaselektrode und eine Bezugselektrode. Die Glaselektrode enthält eine Pufferlösung mit genau festgelegtem pH, in die eine inerte „Ableitelektrode" taucht; eine dünne Glasmembran trennt die Pufferlösung von der zu untersuchenden Lösung. Das Potential der Glaselektrode hängt vom pH der zu untersuchenden Lösung ab (beruhend auf unterschiedlichen $H^+(aq)$-Konzentrationen beidseits der Membran). Das pH-Meter mißt nun die Spannung zwischen dieser Glaselektrode und einer Bezugselektrode, die ein konstantes Elektrodenpotential hat, wie nachstehend erklärt wird. Die Elektrolytlösung der Bezugselektrode ist über ein eingeschmolzenes Diaphragma leitend mit der Probelösung verbunden.

Eine leicht handhabbare Bezugselektrode mit konstantem Elektrodenpotential, die in die Meßstäbe von pH-Metern eingebaut wird, ist z. B. die Silberchlorid-Elektrode. Bei ihr taucht ein Silberdraht, der mit festem Silberchlorid AgCl [F 67-6] überzogen ist, in eine Lösung von Kaliumchlorid genau bekannter Konzentration. In dieser Lösung stellt sich gemäß dem Löslichkeitsprodukt [L 67] eine ganz bestimmte $Ag^+(aq)$-Konzentration ein. Wegen der schlechten Löslichkeit von AgCl bleibt dabei die Chlorid-Ionenkonzentration unverändert; das Elektrodenpotential einer solchen „Elektrode 2. Art" hängt also von der Anionen-Konzentration [hier $Cl^-(aq)$] ab. Für $c(KCl, aq) = 1$ mol/L beträgt das Potential einer solchen Silberchlorid-Elektrode 0,23 V. – Es ist klar, daß die Skalen von pH-Metern so geeicht werden, daß nicht die Spannung sondern direkt der pH-Wert abgelesen werden kann.

Mit potentiometrischen Methoden (Messung von Potentialdifferenzen) können Ionenkonzentrationen ermittelt [Verwendung ionenselektiver Elektroden wie der Glaselektrode für $H^+(aq)$], Sättigungskonzentrationen von Salzen bestimmt (Ermittlung der Löslichkeitsprodukte) und Redoxtitrationen durchgeführt werden, weil bei den Äquivalenzpunkten Potentialsprünge auftreten, vergleichbar mit den pH-Sprüngen bei Säure/Base-Titrationen [L 85, L 86]. Auch die Titrationskurven von Säure/Base-Titrationen werden mit pH-Metern ermittelt, wobei die Kurven mittels Schreibern direkt ausgedruckt werden.

Fragen zu L 96

1. Eine elektrochemische Zelle aus zwei Wasserstoff-Halbzellen hat eine Zellspannung von 0,2 V. Die eine Halbzelle ist eine Standardelektrode. Welche pH-Werte haben demzufolge die Elektrolyte der beiden Halbzellen?
2. Eine Zink-Konzentrationszelle [L 89] mit $\Delta E = 0,1$ V enthält eine Standardelektrode. Wie groß sind $c(Zn^{2+}, aq)$ der beiden Halbzellen?
3. Eine Silber-Konzentrationszelle hat eine Spannung von 0,1 V. Wie groß ist der Quotient der Silber-Ionenkonzentrationen der beiden Halbzellen?
4. Was versteht man unter dem Löslichkeitsprodukt von Silberchlorid?
5. Vergleichen Sie die Zahlenwerte von $K_L(AgCl)$ und $c(Ag^+, aq)$, wenn $c(Cl^-, aq) = 1$ mol/L ist und ein Bodensatz von AgCl(s) vorliegt.
6. Die Spannung zwischen einem Silberdraht, der in eine Lösung mit $c(Cl^-, aq) = 1$ mol/L taucht, die AgCl(s) enthält und einer Standard-Silber-Elektrode beträgt 0,556 V. Berechnen Sie damit das Löslichkeitsprodukt von Silberchlorid.

Die bisher besprochenen elektrochemischen Zellen eignen sich in der Praxis nicht als netzunabhängige Stromquellen für Taschenlampen, Transistorradios usw., weil das Halbzellenkonzept mit zwei verschiedenen Elektrolyten zu kompliziert ist und solche Einrichtungen nicht lagerfähig wären (Diffusion durchs Diaphragma). Handelsüblichen Stromquellen ist gemeinsam, daß zwei verschiedene Elektroden in den gleichen Elektrolyt eintauchen.

Eine vielgebrauchte Einrichtung ist das von LECLANCHÉ erfundene und nach ihm benannte LECLANCHÉ-Element. Hier bildet ein Zinkbecher die eine Elektrode und mit Kohlepulver vermischter Braunstein [L 77], das wie der Kohlestift der Elektronenleitung dient, die andere Elektrode. Damit der Direktkontakt der beiden Elektroden nicht möglich ist, ist die Braunstein-Elektrode mit einem Vlies aus Papier, Textil- oder Kunststoffmaterial, dem sog. Separator, umwickelt. Als Elektrolyt dient eine konzentrierte Lösung von NH_4Cl, die mit einem Verdickungsmittel eingedickt ist, um das Auslaufen zu verhindern (sog. Trockenelement). Die Messingkappe auf dem Kohlestift stellt den Pluspol (+), der Boden des Zinkbechers den Minuspol (–) dar. Werden die beiden Pole leitend verbunden, so fließen Elektronen vom Minuspol zum Pluspol. – Die „Stromrichtung" wurde, bevor die Elektronenflußrichtung bekannt war, anders definiert: „Strom" fließt stets von (+) zu (–); die „Stromflußrichtung" ist also der Elektronenflußrichtung entgegengesetzt!

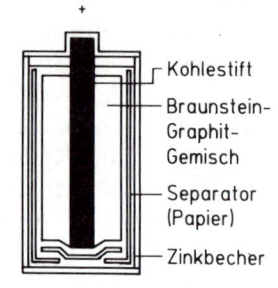

Kohlestift

Braunstein-Graphit-Gemisch

Separator (Papier)

Zinkbecher

Da Elektronen von der Zink-Elektrode wegfließen, wird bei Stromfluß Zink oxidiert, was sofort ein Ansteigen des Zink-Elektrodenpotentials und damit einen Spannungsabfall zur Folge hätte. Weil sich aber in diesem Elektrolyt das schwerlösliche Diamminzink(II)-chlorid $[Zn(NH_3)_2]Cl_2$ (siehe [L 80]) bildet, bleibt das Zink-Elektrodenpotential einigermaßen konstant.

Die Verhältnisse an der Braunsteinelektrode sind komplizierter: Im Prinzip wird Braunstein MnO_2 (Mn^{+IV}) reduziert. Es entstehen dabei Mangan(III)-Verbindungen der ungefähren Zusammensetzung $MnO(OH)$. Bei starkem Stromfluß nimmt aber das Potential dieser Elektrode ab (Spannungsabfall), weil der Elektrolyt in der Nachbarschaft von MnO_2 an NH_4^+-Ionen, die die H^+-Ionen liefern, verarmt. Wird das LECLANCHÉ-Element einige Zeit nicht gebraucht, so steigt das Potential der Braunsteinelektrode wegen Diffusionsvorgängen wieder an, so daß eine gewisse Regeneration eintritt (beim Erwärmen natürlich rascher). Bei schwacher Belastung liefert ein LECLANCHÉ-Element eine Spannung von rund 1,5 V.

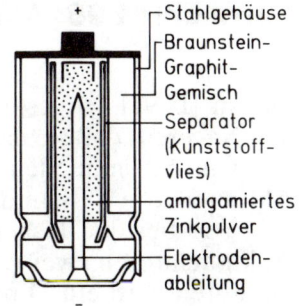

Stahlgehäuse
Braunstein-Graphit-Gemisch
Separator (Kunststoff-vlies)
amalgamiertes Zinkpulver
Elektroden-ableitung

F 97

Viel verwendet werden heute die „Alkali-Mangan-Elemente", bei denen der Becher aus Stahl besteht, der an den elektrochemischen Reaktionen nicht teilnimmt und diese Stromquellen nahezu auslaufsicher macht, was wegen der Korrosionsverhinderung wichtig ist. Der Boden dieser Stromquelle (Minuspol) ist mit einer Paste aus amalgamiertem [L 5] Zinkpulver verbunden; weil dadurch die Zink-Oberfläche sehr groß ist, kann pro Zeiteinheit mehr Zink oxidiert werden und das freigesetzte Quecksilber verringert als Elektronenleiter den Innenwiderstand. Es können also pro Zeiteinheit größere Entladeströme fließen, ohne daß die Spannung zu stark absinkt. Der Name „Alkali-Element" rührt daher, daß als Elektrolyt eine Kaliumhydroxid-Lösung verwendet wird, welche mit den in Lösung gehenden Zink-Ionen zu den Tetrahydroxozinkat(II)-Ionen reagiert, womit das Elektrodenpotential der Zink-Elektrode ziemlich konstant gehalten wird. Da konzentrierte Lösungen von KOH erst bei –60 °C vollständig erstarren, sind solche Stromquellen auch bei tiefen Temperaturen einsetzbar.

Werden elektrochemische Elemente in Serie (d. h. hintereinander) geschaltet, so entstehen „Batterien", deren Spannungen gleich der Summe der ΔE der Elemente sind.

Fragen zu L 97

1. In den „breiten Taschenlampenbatterien" sind drei walzenförmige LECLANCHÉ-Elemente in Serie geschaltet. Welche Spannung haben solche Batterien?
2. Welche Formel hat das Kaliumtetrahydroxozinkat (II)?
3. Warum dürfen gebrauchte netzunabhängige Stromquellen nicht in den normalen Hausmüll geworfen werden?
4. Beim Quecksilber(II)-oxid-Element besteht die andere Elektrode aus Zinkpulver; ein mit konzentrierter KOH(aq) als Elektrolyt getränktes Kunststoffvlies dient als Separator. Welche Elektrodenvorgänge spielen sich bei Stromfluß ab?
5. Die Spannung eines Quecksilber(II)-oxid-Elements bleibt während des Betriebs praktisch konstant (1,3 V), weil sich der Elektrolyt nur unwesentlich verändert.
6. Das Silber(I)-oxid-Element ist analog dem Quecksilber(II)-oxid-Element aufgebaut. Stellen Sie die Redoxgleichung für die Reaktionen bei Stromfluß auf und überlegen Sie sich, welches der beiden Elemente die größere Spannung liefert.

L 98   Lernschritt 98: Akkumulatoren

Die in [L 97] vorgestellten netzunabhängigen Stromquellen haben den Nachteil, daß sie nach Gebrauch nicht wieder aufgeladen werden können. Stromquellen, die wiederum aufladbar sind, nennt man Akkumulatoren (Sammler) oder kurz Akkus.

Wie bei den bisher besprochenen Stromquellen sind auch bei Akkumulatoren zwei verschiedene Elektroden – durch Kunststoffseparatoren wird ein Direktkontakt verhindert – in Kontakt mit demselben Elektrolyt. Bei Akkumulatoren müssen aber alle Reaktionsprodukte, die bei der Stromentnahme gebildet werden, im Elektrolyt unlöslich sein und fest an den Elektrodenoberflächen – in Form feinster Kriställchen – haften. Nur unter diesen Voraussetzungen können die Reaktionen durch den Ladestrom, einen durch eine fremde Stromquelle aufgezwungenen Elektronenstrom, der entgegengesetzt zum Entladevorgang verläuft, umgekehrt werden.

Große Bedeutung besitzt der sog. Bleiakkumulator, der als Starterbatterie in Kraftfahrzeugen verwendet wird. Hier besteht die eine Elektrode aus Blei und die andere aus einem Bleigitter, das mit Blei(IV)-oxid überzogen ist (Blei(IV)-oxid-Elektrode). Als Elektrolyt dient Schwefelsäure-Lösung, deren Dichte zwischen 1,18 und 1,28 kg/L liegt (reine Schwefelsäure hat eine Dichte von 1,84 kg/L). In ihr ist Blei der einen Elektrode infolge der Bildung einer dünnen Schutzschicht (sog. Passivierung, siehe [L 100]) nicht löslich, ebensowenig wie das andere Elektrodenmaterial PbO_2 (starke koordinative Bindung zwischen Pb^{+IV} und O^{-II} analog [L 77], so daß die Oxo-Liganden O^{-II} nicht protoniert werden). Werden aber die beiden Elektroden leitend verbunden, so erfolgen die nachstehenden Elektrodenreaktionen:

An der Blei-Elektrode erfolgt die Oxidation gemäß $Pb(s) - 2\,e^-$ $\overset{ox}{\rightarrow} Pb^{2+}$. Obschon das Hauptgruppenelement Blei in der IV. Hauptgruppe steht, sind neben den Blei(IV)-Verbindungen, in denen koordinative Bindung vorliegt, zahlreiche Blei(II)-Verbindungen bekannt, die zu den Salzen gehören. Die Pb^{2+}-Ionen bilden mit den Sulfat-Ionen des Elektrolyts sofort festes Blei(II)-sulfat $PbSO_4$, das schwerlöslich ist und auf der Elektrodenoberfläche in Form kleinster Kriställchen haften bleibt.

Die vom eben beschriebenen Minuspol des Bleiakkus, der Bleielektrode, wegfließenden Elektroden bewirken eine Reduktion des Blei(IV)-oxids der anderen Elektrode. Dabei wird Pb^{+IV} zu Pb^{2+} reduziert; die pro Formeleinheit PbO_2 vorliegenden beiden O^{-II}-Liganden werden in der sauren Lösung zu Wasser protoniert [L 95]. Auch an dieser Elektrode kann das Produkt der Reduktion (Pb^{2+}) wegen den anwesenden Sulfat-Ionen nicht in Lösung gehen; es bildet sich beim Entladen auch an dieser Elektrode festes Blei(II)-sulfat (gut haftende Kriställchen).

Durch den Ladestrom werden die Elektroden und der Elektrolyt regeneriert, d. h. in den Ursprungszustand zurückgeführt. Dies ist beim Bleiakku auch deswegen der Fall, weil die elektrolytische Zersetzung des Wassers [A 70-3] an den Elektroden gehemmt ist (hohe Überspannung am Blei). Wird aber nach erfolgter Aufladung der Ladestrom aufrechterhalten, so findet Wasserelektrolyse statt; der Akku „gast". Durch automatische Regler wird aber das „Gasen des Akkus" verhindert.

Wegen der mechanischen Beständigkeit, der Wartungsfreiheit und der guten Wiederaufladbarkeit (bis 1000mal) hat der Nickel/Cadmium-Akkumulator breite Anwendung gefunden. Die Elektroden bestehen aus Stahlblechen, welche mit feinverteilten Feststoffen beschichtet sind (durch Sinterung, d. h. Hitzebehandlung der pulverförmigen Beschichtung hergestellt). Die Sinterschicht des Minuspols besteht aus Cadmium-Metall, die des Pluspols aus Nickel(III)-oxidhydroxid $NiO(OH)$. Beim Entladen bilden sich fest haftende Kriställchen von Cadmiumhydroxid $Cd(OH)_2^{(s)}$ und Nickel(II)-hydroxid $Ni(OH)_2(s)$. Auch hier bewirkt der Ladestrom eine Regeneration der Elektroden und des Elektrolyts, der aus $KOH(aq)$ besteht.

Fragen zu L 98

1. Stellen Sie aufgrund der Angaben von [L 98] die Oxidations- und Reduktionsgleichung für den Entladevorgang des Bleiakkus auf (Elektrolytmaterial mit $H_2SO_4(aq)$ bezeichnen) und daraus die Redoxgleichung des Entladevorgangs.
2. Welches ist der Unterschied zwischen einem Diaphragma und einem Separator?
3. Im Bleiakku werden die Elektroden eng gepackt (durch Separatoren getrennt), um den Innenwiderstand möglichst klein zu machen. Abwechslungsweise werden Blei- und Blei(IV)-oxid-Elektroden gestapelt, wobei die gleichen Elektroden mit Blei miteinander verbunden werden (Parallelschaltung). Durch diese Bauweise erhält man sehr große Elektrodenoberflächen. Was erreicht man damit?
4. Nimmt die Dichte der Schwefelsäure beim Entladevorgang zu oder ab?
   Begründen Sie Ihre Meinung.
5. Der Elektrolyt des Bleiakkus darf nicht eine zu hohe Konzentration an Schwefelsäure haben, weil sonst der Innenwiderstand (hier „Reibungswiderstand" der fließenden Ionen, d. h. Wärmeentwicklung) zu groß würde. Interpretation?
6. Stellen Sie aufgrund der Angaben von [L 98] die Redoxgleichung für den Entladevorgang des Nickel/Cadmium-Akkus auf.

L 99

Lernschritt 99: Metallkorrosion

Das Wort Korrosion kommt von lat. zernagen, zerfressen. Man versteht darunter die unerwünschte, von der Oberfläche ausgehende Veränderung der Metalle. Die durch heiße Gase bewirkte Metallkorrosion nennt man Verzunderung; sie spielt bei der Metallverarbeitung wie dem Schmieden und Warmwalzen eine große Rolle. Wir wollen hier aber nur die elektrochemische Korrosion behandeln, weil diese Korrosionsart im Alltag von großer Bedeutung ist. Diese findet in Anwesenheit von wäßrigen Elektrolyten oder Feuchtigkeit in Form feinster Filme, die mit den Sinnen nicht wahrnehmbar sind und trotzdem bereits die Eigenschaften von flüssigem Wasser haben, statt.

Die sog. Wasserstoffkorrosion ist nichts anderes als das Auflösen unedler Metalle durch saure wäßrige Lösungen [L 55]. Diese Korrosionsart erfolgt erst bei pH-Werten, die kleiner als 5 sind, weil anderenfalls $c(H^+, aq)$ zu klein ist. Diese Korrosionsart spielt im Alltag eine untergeordnete Rolle, da hier nur schwach saure Lösungen die Regel sind. In Gewerbe- und Fabrikbetrieben hingegen, wo starke Säuren verwendet werden, können sich Schäden an Apparaten und Installationen aufgrund der „Wasserstoffkorrosion" einstellen.

Wichtiger ist die sog. Sauerstoffkorrosion, die bei pH-Werten von 5 und mehr sowie der Anwesenheit von Luftsauerstoff auftritt; so ist z. B. das Rosten von Eisen ein Fall von Sauerstoffkorrosion. Sind Eisenoberflächen naß oder haben sie einen Feuchtigkeitsfilm, so beginnt die elektrochemische Korrosion aus folgenden Gründen:

Metalle bestehen aus kleinsten, ineinander verschachtelten Kriställchen, den sog. Körnern [L 13]. Infolge geringfügiger Unterschiede hinsichtlich der atomaren Zusammensetzung und vor allem hinsichtlich unterschiedlicher Fehler im Kristallgitter (Versetzungen, Leerstellen [L 14]) treten zwischen benachbarten Körnern bei Anwesenheit von Feuchtigkeit kleine Potentialdifferenzen auf. Die beiden Körner sind also zwei verschiedene Elektroden, die in den gleichen Elektrolyt eintauchen, ähnlich den netzunabhängigen Stromquellen. Da sich diese „Elektroden" aber berühren, setzt ein Elektronenstrom vom unedleren zum edleren Korn ein. Das unedlere Korn, das sich aufzulösen beginnt, ist die Anode, das edlere Korn die Kathode. Da diese Begriffe bereits bei der Elektrolyse eingeführt wurden [L 70], soll hier eine allgemein gültige Definition (auch für Stromquellen gültig) der Kathode angegeben werden:

Kathode ist immer diejenige Elektrode, der Elektronen vom Elektronenleiter (also Metall oder Elektrodenkohle) her zufließen! Das gilt sowohl für die Kathode bei Elektrolysen [L 70] als auch im hier diskutierten Fall eines „Lokalelements" (örtliches Element), bei dem das edlere Korn vom anderen (das ein Elektronenleiter ist) Elektronen erhält. – Die andere Elektrode ist natürlich stets die Anode!

Der Name Sauerstoffkorrosion beruht darauf, daß an der Kathode die Elektronen vom gelösten Luftsauerstoff O_2(aq) aufgenommen werden, gemäß:

$$O_2(aq) + 4\,e^- + 2\,H_2O(l) \xrightarrow{red} 4\,OH^- \qquad E^\circ = 0,4\ V$$

Dabei wird die Anode (das unedlere Korn) oxidiert. Im Falle des Eisens entsteht zuerst Eisen(II)-Ion und an der Luft anschließend Eisen(III)-Ion:

$$Fe(s) - 2\,e^- \xrightarrow{ox} Fe^{2+} \quad bzw. \quad Fe^{2+} - e^- \xrightarrow{ox} Fe^{3+}$$

Nachstehend ist ein solches „Lokalelement" skizziert. Aus welchen Gründen der Korrosionsvorgang hier fortschreitet – sich also kein Gleichgewicht ausbildet – wird bei der Behandlung der Fragen besprochen.

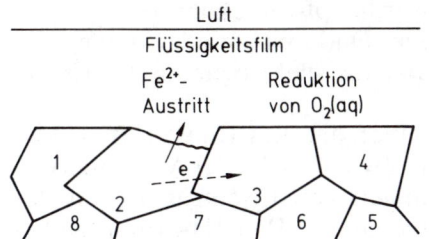

Korn 3 ist edler als Korn 2; daher fließen Elektronen von Korn 2 zu Korn 3. Korn 2 geht in Lösung und an Korn 3 werden die Elektronen von gelöstem Sauerstoff aufgenommen.

Fragen zu L 99

1. Eisen(II)-hydroxid ist schwerlöslich. Beurteilen Sie aufgrund dieser Angabe die Veränderung des Anodenpotentials des in [L 99] beschriebenen Lokalelements bei fortschreitender Sauerstoffkorrosion.
2. Stellen Sie die Redoxgleichung für den Korrosionsschritt zum $Fe(OH)_2$(s) auf.
3. Auch das Kathodenpotential bleibt in unserem Lokalelement bei fortschreitender Sauerstoffkorrosion einigermaßen konstant, weil sich die Zusammensetzung des Elektrolyts kaum ändert. Erklären Sie diesen Sachverhalt aufgrund von [A 99-2] und denken Sie daran, daß stets Luft anwesend ist.
4. Was passiert, wenn das unedlere Korn (die Anode) ganz aufgelöst ist?
5. Warum kann man Eisenbleche nicht mit Kupfernieten verbinden? (Sie fallen nach wenigen Monaten heraus, weil sich bei Anwesenheit von Feuchtigkeit das Eisen in unmittelbarer Nachbarschaft der Nieten auflöst.)
6. An der Luft wandelt sich das Eisen(II)-hydroxid wegen der oxidierenden Wirkung des Sauerstoffs ziemlich rasch in das braune Trihydroxotriaquaeisen(III) um. Welche Formel hat diese Vorstufe des Rostes?

Weltweit gehen pro Jahr fast 2 % der sich in Gebrauch befindenden eisenhaltigen Materialien durch Korrosion verloren, was einem Schaden von weit über 100 Milliarden Dollar entspricht. Aus diesem Grunde ist es verständlich, daß dem Korrosionsschutz eine große Bedeutung zukommt.

Wie aus [L 99] folgt, kann die elektrochemische Korrosion durch völlige Trockenheit unterbunden werden, was aber in unseren Klimazonen wegen der Luftfeuchtigkeit kaum möglich ist. Hochempfindliche elektronische Apparaturen werden deshalb in dicht schließende Kunststoffbehälter eingeschmolzen, in denen sich Trocknungspatronen befinden; diese enthalten Salze mit Kationen der Ladung $+3e$ und $+4e$, die die vorhandenen Wasserdampf-Moleküle durch starke koordinative Bindung [L 77] einfangen. Dadurch wird der Innenraum solcher Behälter feuchtigkeitsfrei und die elektrochemische Korrosion unmöglich.

Farbanstriche, Lacküberzüge, Überzüge aus Kunststoffen oder Keramik (Email) dienen demselben Zweck, d. h. der Verhinderung von Feuchtigkeitszutritt. Grundierungen von Eisenträgern mit der orangeroten „Mennige" Pb_3O_4 (genauer: Blei(II)-orthoplumbat $Pb_2[PbO_4]$, plumbat von lat. plumbum für Blei) haben zudem eine rostverzögernde Wirkung wegen Redoxpotentialen, die hier nicht weiter diskutiert werden. Solchen Überzügen ist gemeinsam, daß sie mit der Zeit „altern", d. h. durch Einwirkung von Sauerstoff, Wärme, Licht- und UV-Strahlung brüchig und spröde werden (Farbanstriche, Lacküberzüge, Kunststoffüberzüge) oder mechanischen Einwirkungen (Kratzer oder Brüche bei der Verformung emaillierter Gegenstände) nicht standhalten, womit die darunterliegenden Metalle wieder der elektrochemischen Korrosion ausgesetzt sind.

Viele Metalle „schützen sich selbst" durch Ausbildung dünner, porenfreier Schutzschichten, was als „Passivierung" [L 98] bezeichnet wird. Sehr oft bestehen solche Schutzschichten, die sich an der Luft von selbst bilden, aus Oxiden der Hydroxiden, die oft auch Carbonate enthalten, da in der Luft $CO_2(g)$ vorliegt [L 65, L 66]. Ein Beispiel für ein Metall, das sich gegenüber der Sauerstoffkorrosion [L 99] selbst schützt, ist das Aluminium; trotz seines unedlen Charakters ($E^o = -1,66$ V) kann es als korrosionsbeständiger Werkstoff (Alu-Folien, Bauteile usw.) verwendet werden, weil sich eine dünne, zusammenhängende, fest auf dem Aluminium haftende (und durchsichtige) Schicht von $Al_2O_3(s)$ bildet, die das darunterliegende Metall schützt. Wird diese Schicht mechanisch verletzt, so bildet sie sich an der Luft sofort neu (Ausheilung). Durch anodische Oxidation (Gegenstand als Anode in einem Elektrolysebad eingehängt) können solche Schichten künstlich verstärkt (sog. Eloxal-Verfahren, d. h. *el*ektrochemische *Ox*idation von *Al*uminium) und auch gefärbt werden.

Besonders alterungs- und verformungsbeständig sind aber Schutzüberzüge aus anderen Metallen. Oft ist in solchen Fällen auch die mechanische Beständigkeit gegenüber Kratzern und Abrieb besser. Solche Schutzüberzüge lassen sich z.B. galvanisch (elektrochemische Elemente werden zu Ehren von LUIGI GALVANI, der mit verschiedenen Elektrodenmetallen experimentierte, auch galvanische Elemente genannt) erzeugen, indem man den zu überziehenden Metallgegenstand als Elektrode in ein Elektrolysebad eintaucht, das die betreffenden Metall-Ionen (oft als Cyano-Komplexe [L 80]) gelöst enthält. Dann scheiden sich die betreffenden Metalle als Schutzschicht auf dem Gegenstand ab.

Andere Verfahren zur Herstellung von schützenden Metallüberzügen sind Aufdampfverfahren (Aufsprühen von Metalldämpfen), Sinterungsverfahren [L 98] oder Eintauchverfahren, bei denen die zu schützenden Gegenstände in die Schmelzen der Überzugsmetalle eingetaucht und wieder herausgezogen werden, so daß eine Schicht des Schutzmetalls hängen bleibt. Auf diese Weise werden Eisengegenstände wie Drähte, Bauteile, Zaunpfähle, Straßenbeleuchtungsmasten usw. mit Zink überzogen, was den wirksamsten Korrosionsschutz ergibt (die Wirkung des Zinks wird anhand der Fragen behandelt). Weil man dabei die Gegenstände in flüssiges (erhitztes, also „feuriges") Zink eintaucht, spricht man vom sog. Feuerverzinken (Schmelzpunkt von Zn: 420 °C).

F 100

Fragen zu L 100

1. Welche Ionen liegen in der „Mennige" vor und welche Oxidationszahlen haben die Atome der hier vorliegenden Komplex-Ionen?
2. Ein Schutzüberzug aus einem edleren Metall schützt nur solange der Überzug unverletzt ist. Andernfalls erfolgt die Korrosion des darunterliegenden Metalls viel rascher als ohne „Schutzüberzug". Warum ist dies so?
3. Aluminium ist gegenüber Wasserstoffkorrosion nicht beständig. Erklären Sie, weswegen dies so ist.
4. Infolge einer Hydroxid-Schutzschicht wird eine Chrom-Schutzschicht (verchromte Eisengegenstände) edler als Eisen. Wie schützt diese Schutzschicht einen Eisengegenstand in unverletztem und in verletztem Zustand?
5. Zink schützt sich durch eine Carbonat-haltige Hydroxid-Schicht vor Sauerstoffkorrosion. Warum schützt diese Schutzschicht auch in verletztem Zustand?
6. Warum wirkt ein Schutzüberzug aus Zink gegenüber der Wasserstoffkorrosion nicht korrosionshemmend?

Antworten

Antwortkontrolle

Fragekontrolle

1. Aluminium-Atome haben die Masse von ungefähr *27 u.*
   Die Masse der Elektronen (e^-) ist gegenüber der Masse der Protonen (p^+) und Neutronen (n^0) vernachlässigbar klein. Die Massen der beiden anderen Elementarteilchen betragen angenähert 1 u. Daher haben Aluminium-Atome, die 14 n^0 und 13 p^+ enthalten, die Masse von ungefähr 27 u.

2. Aluminium-Atome haben die *Ladung Null.* Man kann auch sagen, daß sie ungeladen oder elektrisch neutral sind.
   In [L1] wurde gesagt, daß die Ladung eines Körpers gleich der Summe aller seiner Elementarladungen sei. Die 14 Neutronen (n^0) des Aluminium-Atoms tragen nichts zu desen Ladung bei, da Neutronen elektrisch neutral (ungeladen) sind. Die 13 Protonen (p^+) stellen eine Ladungsmenge von $+13e$ dar, die 13 Elektronen (e^-) eine Ladungsmenge von $-13e;$ daher ist die Summe der Elementarladungen des Aluminium-Atoms gleich Null, womit es keine elektrische Ladung hat.

3. Die elektrostatischen Kräfte sind *in beiden Fällen gleichgroß;* zwischen den beiden Protonen (p^+) handelt es sich um eine *abstoßende,* zwischen dem Proton p^+ und dem Elektron e^- hingegen um eine *anziehende* Kraft.
   Für die beiden Protonen gilt: $Q_1 \cdot Q_2 = (+e) \cdot (+e) = +e^2$
   Für Proton und Elektron gilt: $Q_1 \cdot Q_2 = (+e) \cdot (-e) = -e^2$
   Da der Abstand (r) in beiden Fällen gleich ist, ist auch der Betrag von F in beiden Fällen gleichgroß. Das unterschiedliche Vorzeichen für ($Q_1 \cdot Q_2$) weist darauf hin, daß die Kräfte entgegengesetzt gerichtet sind.

4. Um den *Faktor 4;* der Betrag der elektrostatischen Kraft wird 4mal kleiner, weil der Nenner des COULOMBschen Gesetzes (r^2) 4mal größer wird. (Der doppelte Abstand ist $2r$ und damit $(2r)^2 = 4r^2$.)

5. a) *Abstoßung,* da Elektronen gleichgeladen sind.
   b) *Keine* elektrostatische Kraft, da Neutronen ungeladen sind ($Q_1 \cdot Q_2 = 0$).
   c) *Keine* elektrostatische Kraft, da Neutronen ungeladen sind.
   Merken Sie sich, daß elektrostatische Kräfte nur zwischen geladenen Körpern in Erscheinung treten, daß ihr Betrag direkt proportional zum Produkt der beiden Ladungen ($Q_1 \cdot Q_2$) ist und daß sie mit wachsendem Abstand stark abnehmen; dies gilt sowohl für anziehende (entgegengesetzt geladene Körper) als auch für abstoßende Kräfte (gleichgeladene Körper).

6. Die Ladung des Oxid-Ions beträgt *-2e.*
   8 p^+ entsprechen der Ladung $+8e$, 10 e^- der Ladung $-10e;$ die Summe ist also $-2e$.

1. Sicher die *Kernkräfte,* wie aus den Angaben von L2 folgt: Trotz der abstoßenden elektrostatischen Kräfte, welche zwischen den Protonen wirksam sind, halten Atomkerne sehr stark zusammen (sofern es sich nicht um radioaktive Kerne handelt). Durch chemische Reaktionen – auch Verbrennungen bei hohen Temperaturen – werden Atomkerne nicht verändert. Dies zeigt, daß Kernkräfte wesentlich größer sein müssen als elektrostatische Kräfte.

2. Er müßte mindestens 10 000mal größer sein, d. h. *mindestens 2,2 km* betragen! Da praktisch die gesamte Masse des Atoms im sehr kleinen Kern konzentriert ist – aus diesem Grunde heißt die Nukleonenzahl Massenzahl –, stellt der überwiegende Volumenanteil eines Atoms praktisch „leeren Raum" dar. Gelänge es, die Atomkerne eines Eisenwürfels der Kantenlänge von 1 m (Masse 7,8 Tonnen) dichtest zusammenzupacken, so erhielte man einen Würfel der Kantenlänge von 0,1 mm (10^{-4} m), der immer noch die Masse von rund 7,8 Tonnen hätte. Im Innern gewisser Sterne existieren solch unglaublich dichte Stoffe.

3. Der Kern des Nuklids ^{1}H besteht *nur aus einem Proton* (p^+); es handelt sich um die einzige Atomart, die keine Neutronen (n^0) im Kern hat! Der Kern von ^{2}H besteht aus *einem Proton und einem Neutron,* der von ^{3}H aus *einem Proton und 2 Neutronen.* Bei diesen Nukliden besteht die *Elektronenhülle aus je einem Elektron.*
Hinsichtlich der *Ladung keine Unterschiede,* da alle Atome ungeladen sind. Hinsichtlich der *Massen große Unterschiede* (^{1}H etwa 1 u, ^{2}H etwa 2 u und ^{3}H etwa 3 u); daher haben die Nuklide des Wasserstoffs (H) auch eigene Namen, im Unterschied zu allen übrigen Elementen (^{2}H Deuterium oder „schwerer Wasserstoff", ^{3}H Tritium).
Die *Elektronenhüllen unterscheiden sich nicht.*

4. a) Ordnungszahl = 15, somit *Phosphor*-Atome. Unser Nuklid: $^{31}_{15}P$ (Phosphor-31).
   b) Ordnungszahl = 17, somit *Chlor*-Atome. Unser Nuklid: $^{35}_{17}Cl$ (Chlor-35).
   c) Ordnungszahl = 92, somit *Uran*-Atome. Hier $^{235}_{92}U$ (Uran-235). Dabei handelt es sich um das „Spaltmaterial" der ersten Atombombe.
   d) Ordnungszahl = 9, somit *Fluor*-Atome. Unser Nuklid: $^{19}_{9}F$ (Fluor-19).

5. *Gemeinsam ist nur die Massenzahl* (Summe von p^+ und n^0 der Kerne). ^{50}V enthält 23 p^+, 23 e^- und 27 n^0, das ^{50}Ti 22 p^+, 22 e^- und 28 n^0.

6. Da die Nuklide Chlor-37 die Masse von etwa 37 u (25 %) und die Nuklide Chlor-35 (75 %) die Masse von etwa 35 u haben, beträgt die Durchschnittsmasse aller Chlor-Atome *ungefähr 35,5 u.*

1. Es gibt *81* Elemente, die mindestens ein beständiges Nuklid haben. Nach [L3] haben Elemente der Ordnungszahlen 1 bis 83 mit Ausnahme von Tc und Pm beständige Nuklide.

2. Mit der Ordnungszahl 27 enthalten die Kerne von Cobalt-Atomen *27 p^+* und die Elektronenhüllen *27 e^-*. Cobalt ist ein Reinelement (in ihrem PSE sollte Co mit R markiert sein!). Da nach [L3] das Reinelement Cobalt aus den Nukliden ^{59}Co besteht, enthalten diese Kerne *32 n^0*.

   Die Masse der Nuklide ^{59}Co beträgt *ungefähr 59 u,* da Nukleonen die Masse von ungefähr je 1 u haben.

3. *Nein.* Neben der Ordnungszahl steht beim Elementsymbol keine ganze Zahl mehr; die Massenzahlen sind aber ganze Zahlen (Stückzahlen der Summe von Protonen und Neutronen).

   Wahrscheinlich ist Ihnen aber aufgefallen, daß über den Elementsymbolen Zahlen mit Dezimalstellen stehen, die auf ganze Zahlen gerundet gerade den Massenzahlen der in L3 erwähnten Reinelemente entsprechen. Diese Zahlen stellen die Zahlenwerte der sog. Atommassen der natürlichen Elemente dar, was im nächsten Lernschritt ausführlich besprochen wird.

   Massenzahlen der heute bekannten Nuklide findet man in Tabellenwerken (Nuklidkarten, Isotopentafeln) oder in Periodensystem-Tafeln mit vermehrten Angaben.

4. Elementarstoffe (nur ein Atomsymbol in der Formel) sind hier:

   N_2 (elementarer Stickstoff); es handelt sich um ein farb- und geruchloses Gas, das chemisch reaktionsträge ist. 78 % der Luftteilchen sind N_2-Teilchen.

   P_4 (elementarer Phosphor); weißer Feststoff, giftig, leicht entzündbar.

   Al (elementares Aluminium); silberhelles Leichtmetall (Alufolien).

   C (elementarer Kohlenstoff); kann auch in Form des farblosen Diamanten auftreten.

   Bei den übrigen Stoffen handelt es sich um Verbindungen, da in ihren Formeln verschiedene Atomsymbole (große Buchstaben) auftreten.

5. Gold (Symbol Au von lat. aurum) ist ein Reinelement. Es besteht nach [L3] aus den Nukliden ^{197}Au. Da Gold die Ordnungszahl 79 besitzt, haben diese Nuklide 79 p^+ und 79 e^- sowie 118 n^0.

   Silber (Symbol Ag von lat. argentum) ist ein Mischelement (enthält mehr als eine Nuklidart). Daher kann nur gesagt werden, daß Ag-Atome 47 p^+ und 47 e^- haben.

6. *Nein,* da es sich um Nuklide verschiedener chemischer Elemente, nämlich des Vanadiums (V) und des Titans (Ti), handelt. Von Isotopen kann nur dann gesprochen werden, wenn es sich um verschiedene Nuklide desselben Elements handelt.

1. *Nur von den Reinelementen.* Reinelemente bestehen aus identischen Nukliden; rundet man die Atommasse auf die nächste Zahl, so erhält man gerade die Massenzahl der Nuklide des jeweiligen Reinelements, was aus den Angaben von [L4] folgt. So gilt z. B. für das Reinelement Fluor, das die Atommasse von 18,99 u hat, daß die Massenzahl der natürlichen Fluor-Nuklide 19 sein muß.

2. Analog der Angaben von [A4-1] muß der *Zahlenwert der Atommasse ganzzahlig gerundet* werden. Damit erhält man eine Art „mittlere Massenzahl", welche oft gerade die Massenzahl des häufigsten Isotops des betreffenden Mischelements ist [L4].

3. *Bis zur Ordnungszahl 20* (Element Calcium Ca) ist das *Verhältnis p^+/n^0 etwa 1,* d. h. die Atomkerne enthalten etwa gleichviel p^+ und n^0. *Anschließend wächst die Neutronenzahl stärker;* so entfallen beim Uran (U) auf ein p^+ etwa 1,6 n^0.

4. Der Massenanteil einer Komponente 1 (Ko_1) ist der Quotient aus der Masse dieser Komponente [$m(Ko_1)$] und der Summe der Massen aller Komponenten:

$$\text{Massenanteil } (Ko_1) = \frac{m(Ko_1)}{m(Ko_1) + m(Ko_2) + \ldots + m(Ko_n)}$$

Multipliziert man den Massenanteil mit 100, so erhält man den Massenanteil in %. Für unsere Bedürfnisse wollen wir die Zahlenwerte der Atommassen stets auf ganze Zahlen runden. Daher begnügen wir uns auch mit Zahlenwerten für die Massenanteile, die zwei Stellen nach dem Komma umfassen; damit werden auch Prozentangaben ganzzahlig.

In unserem Fall ist $m(Ko_1)$ die Masse des Sauerstoff-Atoms (16 u). Da pro Sauerstoff-Atom zwei H-Atome (Masse je 1 u) vorliegen, ist die Summe der Massen aller Komponenten gleich 18 u. Daher gilt für den Massenanteil von O in H_2O:

$$\text{Massenanteil } (O) = \frac{16\,\text{u}}{18\,\text{u}} \text{ ; damit ist dieser Massenanteil } \textit{0,89 oder 89\%.}$$

5. NaCl enthält gleichviele Na-Teilchen (Masse 23 u) wie Cl-Teilchen (Masse 35 u). Daher gilt:

$$\text{Massenanteil } (Cl) = \frac{35\,\text{u}}{58\,\text{u}} \text{ ; damit ist der Massenanteil (Cl) } \textit{0,6 oder 60\%.}$$

6. 2 Al-Atome haben die Masse von 54 u, 3 O-Atome die Masse von 48 u. Daher gilt:

$$\text{Massenanteil } (Al) = \frac{54\,\text{u}}{102\,\text{u}} \text{ ; damit ist der Massenanteil (Al) } \textit{0,53 oder 53\%.}$$

1. Diejenigen, die links von der treppenförmigen Trennungslinie im Periodensystem stehen, d. h. *Barium* (Ba), *Wolfram* (W), *Iridium* (Ir), *Uran* (U), *Titan* (Ti), *Vanadium* (V), *Molybdän* (Mo) und das *Ruthenium* (Ru).

2. Amalgame sind Legierungen des *Quecksilbers* (Hg); Silberamalgam muß demzufolge neben Hg-Atomen auch *Silber*-Atome (Ag) enthalten.
   Hg hat die Atommasse von *200,6 u* und die Ordnungszahl *80*. Hg-Atome haben also neben 80 Protonen (p^+) im Mittel *etwa 121 Neutronen* (n^0) im Kern. Das Mischelement Hg besteht übrigens aus den 7 nachstehend aufgeführten Nukliden (Hg-Isotopen), deren Anteil in Prozent in Klammern angegeben ist: ^{196}Hg (0,146 %), ^{198}Hg (10,02 %), ^{199}Hg (16,84 %), ^{200}Hg (23,13 %), ^{201}Hg (13,22 %), ^{202}Hg (29,8 %), und ^{204}Hg (6,85 %).
   Silber hat die Atommasse von *107,9 u* und die Ordnungszahl *47*. Daher haben Silber-Atome im Mittel etwa 61 Neutronen im Kern. Das Mischelement AG besteht aus zwei Isotopen: ^{107}Ag (51,35 %) [60 n^0] und ^{109}Ag (48,65 %) [62 n^0].

3. 81 Elemente haben mindestens ein stabiles Nuklid [A 3-1]; davon stehen 20 rechts von der treppenförmigen Trennungslinie im PSE. Somit existieren *61* metallische Elemente, die mindestens ein stabiles Nuklid aufweisen.

4. Sicher unter dem Begriff der *Leichtmetalle*. So finden im Flugzeugbau Legierungen des Aluminiums (Dichte 2,7 kg/L) und des Magnesiums (Dichte 1,74 kg/L) Verwendung. Stahl kann nur in beschränktem Umfang eingesetzt werden, da die Dichte von Stahl 7,8 kg/L (Dichte des Eisens) und mehr (legierte Stähle) beträgt. Wichtig geworden ist der Werkstoff Titan (Dichte 4,5 kg/L), welcher hart wie Stahl und sehr hitze- und korrosionsbeständig ist. Titan und seine Legierungen finden in der Raumfahrttechnik und in Industrieanlagen breite Verwendung.

5. Sicher um *edle Metalle* (Edelmetalle), da sich die anderen unter dem Einfluß von Luft und Wasser sowie den anderen Bestandteilen der Erdkruste längst umgesetzt (reagiert) hätten. Gediegen findet man oft Gold (Au) in Form von Goldäderchen in Gesteinen oder als sekundär auftretende Flitterchen in gewissen Flußsanden oder seltener als Klümpchen oder Klumpen (Nuggets). Daneben finden sich seltener Cu, Ag, Hg oder die Edelmetalle der Platingruppe in gediegener Form.

6. *Messing;* in [L5] wurde ausdrücklich gesagt, daß die Bronze kaum mehr Bedeutung habe. Die bräunliche Bronze ist das Metall chinesischer Gongs und alter Kirchenglocken, die goldfarbenen Messingarten sind hingegen wichtige „Buntmetalle". Unter diesem Sammelbegriff faßt man diejenigen Metalle zusammen, die eine Eigenfarbe haben (nicht bloß „silbrig" erscheinen).

1. Wenn man die Volumenanteile der in [L6] erwähnten Elementarstoffe der Luft zusammenzählt, so erhält man 99,3 %; damit *stimmt* die Aussage. – Neben diesen Elementarstoffen enthält saubere und trockene Luft noch die Verbindung Kohlenstoffdioxid (Formel CO_2, Volumenanteil 0,035 %, lebenswichtig für die Fotosynthese der Pflanzen) und die übrigen Edelgase in Spuren (sehr wenig).

2. Bei der Kurzbeschreibung des elementaren Phosphors [L6] wurde der Begriff Modifikation erwähnt. Daher müssen *Graphit* und *Diamant* die Modifikationen des elementaren Kohlenstoffs sein. Beide Modifikationen bestehen nur *aus C-Atomen* (Elementarstoffe [L3]). Trotzdem weichen die Stoffeigenschaften der beiden Kohlenstoff-Modifikationen stark voneinander ab, wie wir in [L73] und [L76] sehen werden, was auf unterschiedlicher Anordnung der Atome und unterschiedlichen Kraftwirkungen zwischen den Atomen beruht.

3. *Kohlenstoff* (Graphit hat schon gewissen Metallcharakter, während Diamant typischen Nichtmetallcharakter besitzt), *Phosphor* (die schwarzviolette Modifikation besitzt metallischen Glanz) und *Iod* (metallischer Glanz). Ein Vergleich mit dem PSE lehrt, daß diese drei nichtmetallischen Elemente die treppenförmige Trennungslinie berühren.

4. *Ganz offensichtlich nicht,* wie [A6-3] zeigt. Die rechts von der treppenförmigen Trennungslinie stehenden Elemente gehören zwar aufgrund ihres chemischen Verhaltens (siehe später) zu den Nichtmetallen, aber als Elementarstoffe zeigen diejenigen, die die Trennungslinie berühren, schon einen gewissen „Metallcharakter". Solche „Zwitter" nennt man Halbmetalle. Typische Halbmetalle sind Silicium (Si), Germanium (Ge), Arsen (As), Selen (Se) und Tellur (Te), die für Fotozellen und Halbleiter (Computertechnik) Verwendung finden. Elementare Halbmetalle haben metallischen Glanz und sind lichtundurchlässig; sie sind schlechte Leiter für den elektrischen Strom; bei Anregung durch Licht oder Wärme nimmt allerdings die Leitfähigkeit zu (im Gegensatz zu den Metallen!). Ganz allgemein gilt, daß diejenigen Elemente, die die Trennungslinie im PSE berühren, als Elementarstoffe nicht mehr vollumfängliche Metall- bzw. Nichtmetalleigenschaften haben (oder eine halbmetallische Modifikation besitzen).

5. Eher metallisch sind der *Metallglanz* und die *Lichtundurchlässigkeit* [A6-4]. Eher nichtmetallisch ist die schlechte elektrische Leitfähigkeit und die im Gegensatz zu den Metallen erfolgende Zunahme der Leitfähigkeit mit steigenden Temperaturen.

6. Elementarstoffe: enthalten *nur Atome eines Elements* (Formel nur ein Atomsymbol). Verbindungen: enthalten *Atome von mindestens zwei Elementen* (Formel mehr als ein Atomsymbol).

1. a) Sie haben *dieselbe Anzahl von Elektronenschalen;* diese Zahl entspricht der Periodennummer. Eine Ausnahme macht das Element Palladium $_{46}$Pd.
   b) Sie haben *dieselbe Zahl von Elektronen in der Außenschale.* Diese Zahl entspricht der Hauptgruppennummer.

2. Die *1. Schale* kann höchstens *zwei Elektronen* enthalten; dieser (beständige!) Zustand liegt bei sämtlichen Atomen mit Ausnahme der Wasserstoff-Isotope (H) vor. Die *2. Schale* kann höchstens *acht Elektronen* enthalten; dieser (beständige!) Zustand ist bei allen Atomen ab der Ordnungszahl 10 (Neon) erreicht.

3. Das Periodensystem zeigt, daß die maximale Zahl von Elektronen, die eine Schale enthalten kann, *32 beträgt (4. Schale).*
   Da der Rauminhalt der 2. Schale größer ist als der der 1. Schale, kann die 2. Schale mehr e^- enthalten (e^- stoßen sich ab).

4. Alle Halbmetalle oder Elemente mit teilweisem Halbmetallcharakter berühren die treppenförmige Trennungslinie im PSE. Somit gehören alle *Halbmetalle* zu den *Hauptgruppenelementen.*
   Da die nichtmetallischen Elemente rechts von der treppenförmigen Trennungslinie stehen, sind auch die *Nichtmetalle Hauptgruppenelemente.*
   Bei den metallischen Elementen gilt beides: so sind die Metalle der Hauptgruppen I (sog. Alkalimetalle) und II (sog. Erdalkalimetalle) und Metalle wie Aluminium (Al) und Blei (Pb, plumbum) Hauptgruppenelemente. Daneben aber haben *alle Elemente der Nebengruppen des PSE metallischen Charakter;* man nennt sie „Übergangsmetalle", weil sie hinsichtlich des Aufbaus der Elektronenhülle den Übergang zwischen den Hauptgruppen II und III vollziehen (vergl. mit PSE!).

5. Diese Frage hatte den Zweck klarzustellen, was man unter einem Atomrumpf versteht, da dieser Begriff in der Folge wichtig ist.
   Ein Atomrumpf umfaßt den Kern und die Elektronenschalen mit Ausnahme der Außenschale. Der Atomrumpf der Phosphor-Atome ($_{15}^{31}$P) besteht also aus dem *Kern mit 15 p^+ und 16 n^0.* Die Elektronenhülle besteht nur noch aus der 1. Schale mit 2 Elektronen und der 2. Schale mit 8 Elektronen, d. h. aus insgesamt *10 e^-.* Die Ladungssumme [L1] des P-Atomrumpfs ist somit *+5e.* Man sagt, der P-Atomrumpf sei 5fach positiv geladen und beschreibt dies mit der Formel P^{5+}.

6. *Nein;* bei Hauptgruppenatomrümpfen treten ausnahmslos gerade Elektronenzahlen pro Schale auf, und zwar zwei (1. Schale), acht (2. Schale), 18 und 32. Bei Atomen der 1. Periode (sog. Vorperiode) bestehen die Atomrümpfe nur aus den Kernen, da die Atome H und He nur eine Schale haben. – Bei den *Übergangsmetallen* hingegen treten in Atomrümpfen auch Schalen mit *ungeraden Elektronenzahlen* auf.

1. Es muß sich um das *Francium* ($_{87}$Fr) handeln. Dies folgt aus den in [L8] angegebenen gesetzmäßigen Veränderungen der Elektronegativität. Da dieser Wert von rechts nach links und von oben nach unten abnimmt, muß die Atomart mit dem kleinsten Elektronegativitäts-Wert in der Ecke unten links stehen.

2. Die metallischen Elemente stehen unten links im Periodensystem; es handelt sich dabei um Elemente mit kleinen Elektronegativitäts-Werten (vergl. [A8-1]). Nichtmetalle stehen oben rechts im PSE; sie haben also große Elektronegativitäts-Werte. *Metalle haben kleine, Nichtmetalle hingegen große Elektronegativitäts-Werte.* Für typische Metalle gilt: (EN) $\leq$ 1,5. Für typische Nichtmetalle gilt: (EN) $\geq$ 2,1.

3. Da der Elektronegativitäts-Wert im PSE der Hauptgruppenelemente von links nach rechts und von unten nach oben zunimmt, wächst dieser – als Resultierende der beiden Tendenzen – von unten links nach oben rechts nach und nach. Das Element mit dem größten Elektronegativitäts-Wert muß also oben rechts stehen; es handelt sich daher um das Fluor (F); (die Edelgasverbindungen haben keine praktische Bedeutung). *Von unten links nach oben rechts erfolgt also ein fließender Übergang von typischem Metall- zu typischem Nichtmetallcharakter.* Daher muß die Trennungslinie in der anderen Diagonalen – von oben links nach unten rechts – verlaufen.

4. Der Elektronegativitäts-Wert von Halbmetallen und von Elementen, die halbmetallische Modifikationen haben [L6], muß zwischen den Werten für typische Metalle einerseits und der Werte für typische Nichtmetalle andererseits liegen (vergl. [A8-2]). Generell läßt sich sagen: *Halbmetalle: 1,5 < (EN) < 2,1*

5. *Aufgrund der erwähnten Gesetzmäßigkeiten muß der Elektronegativitäts-Wert von Neon größer als der von Fluor (F) sein, also größer als 4,1;* dies ist die einzige Aussage, die Sie mit Ihren Unterlagen machen können.
Die Elektronegativitäts-Werte der Edelgase haben keine praktische Bedeutung, weil Edelgasverbindungen nur von akademischem Interesse sind.

6. Man erkennt, daß die *Atomgröße zuerst stark, dann immer weniger stark abnimmt.* Damit ist diese Frage für Sie beantwortet. Nun zur Interpretation:
In jedem Atom gilt, daß zwischen Kern und Elektronen anziehende, zwischen den Elektronen jedoch abstoßende Kräfte wirksam sind [L1]. Von der Mitte der Periode an nehmen die Atomradien nur noch wenig ab, weil die Valenzschale immer mehr Elektronen – die sich gegenseitig abstoßen – enthält, was eine allzu starke Annäherung dieser Elektronen an den Atomrumpf verhindert.

Bearbeiten Sie mit Hilfe Ihrer Spickzettel, dem PSE und den Tabellen die nachstehenden Fragen und kontrollieren Sie Ihre Antworten erst am Schluß. Was Ihre Antwort enthalten muß, ist im Antwortteil (Rückseite) hervorgehoben. Bewerten Sie jede Antwort (ganz richtig: 1 Punkt, teilweise richtig: 0,5 Punkte, falsch: Null Punkte). Qualifikationen: 11 erreichte Punkte *sehr gut,* 10 erreichte Punkte *gut,* 9 Punkte *befriedigend* und 8 Punkte *ausreichend.* Weniger Punkte: ungenügende Leistungen. Ergänzen Sie gegebenenfalls Ihre Spicker!

1. Welche Gemeinsamkeit haben die Atome der Elemente Aluminium und Silicium und worauf beruht der Größenunterschied?
2. Beschreiben Sie detailliert (Kernzusammensetzung, Schalenmodell der Elektronenhülle) den Aufbau natürlicher Bismuth-Atome (Bi).
3. Welche Gemeinsamkeit haben die Atome der Elemente Stickstoff und Phosphor und worauf beruht der Größenunterschied?
4. Mineralien sind feste Bestandteile der Erdkruste. Das Mineral Anhydrit hat die Formel $CaSO_4$. Wie groß ist der Massenanteil des Sauerstoffs in Prozent?
5. Welche Elemente bezeichnet man als Edelgase und welche Eigenschaften haben die betreffenden Elementarstoffe?
6. Was versteht man unter Legierungen?
   Geben Sie die Namen von zwei Legierungen sowie deren Zusammensetzungen an.
7. Geben Sie die Zusammensetzung sauberer und trockener Luft an (Namen der drei wichtigsten Elementarstoffe sowie deren Volumenanteil in Prozent).
8. Beschreiben Sie detailliert [analog FK 1-2] den Aufbau der Atomrümpfe natürlicher Aluminium-Atome und geben Sie die Formel (chemisches Symbol oder Abkürzung) dieser Atomrümpfe an.
9. Wieviele Elemente mit halbmetallischen und nichtmetallischen Eigenschaften hat es in den Nebengruppen des Periodensystems?
10. Welche Massen (angeben, ob exakte oder durchschnittliche) haben die Atome der folgenden natürlichen Elemente: Iod, Mangan, Sauerstoff, Stickstoff, Phosphor?
11. Fassen Sie zusammen, was Ihnen über den elementaren Kohlenstoff bekannt ist.
12. Was versteht man unter dem Elektronegativitäts-Wert, wie verändert er sich im PSE der Hauptgruppenelemente und welche Elementarstoffeigenschaften sind mit diesem Wert verknüpft?

1. Gemeinsamkeit: *gleichviele Elektronenschalen* (drei). *Silicium-Atome sind kleiner, da der Elektronegativitäts-Wert größer ist.*

2. Bismuth (früher Wismuth genannt) ist ein Reinelement, bestehend aus $^{209}_{83}Bi$. Kernzusammensetzung: *83 p^+, 126 n^0.* Die 83 Hüllenelektronen verteilen sich wie folgt: 1. Schale 2 e^-, 2. Schale 8 e^-, 3. Schale 18 e^-, 4. Schale 32 e^-, 5. Schale 18 e^- und 6. Schale (hier die Valenzschale) 5 e^-.

3. *Gleichviel Valenzelektronen* (5). *P ist größer (eine Schale mehr).*

4. Die Summe der Atommassen der in der Formel auftretenden Atome beträgt 136 u. 4 O-Atome haben die Masse von 64 u, d. h. einen Massenanteil von 0,47 oder *47%*.

5. *Helium* (He) und die *Elemente der VIII. Hauptgruppe* (Ne, Ar, Kr, Xe, Rn).
   Bei Raumtemperatur farb- und geruchlose Gase, die chemisch auffallend reaktionsträge (inert) sind.

6. *Metallische Stoffe,* die *Atome von mehr als einer Ordnungszahl* enthalten. Man sollte nicht sagen „metallische Stoffe, die Atome verschiedener Metalle enthalten", weil Nichtmetallatome in kleinen Mengen wichtige Legierungsbestandteile sind (z. B. Kohlenstoff im Stahl [L 14]). – *Bronze* (Cu, Sn), *Messing* (Cu, Zn) und *Amalgame* wurden bisher erwähnt.

7. *Stickstoff* (78 %), *Sauerstoff* (21 %) und *Argon* (0,93 %). Daneben liegt die Verbindung Kohlenstoffdioxid (CO_2) zu 0,035 % und die übrigen Edelgase in Spuren vor.

8. Aluminium ist ein Reinelement ($^{27}_{13}Al$). Kern: *13 p^+, 14 n^0.* Atomrumpf: *10 e^-!* (1. Schale 2 e^-, 2. Schale 8 e^-). 3fach positiv geladen. Symbol *Al^{3+}.*

9. *Keine.* Alle Halbmetalle und Nichtmetalle sind Hauptgruppenelemente. Die Elemente der Nebengruppen des PSE sind ausnahmslos Metalle! Daher nennt man sie auch Übergangsmetalle, weil sie den „Übergang" von der II. zur III. Hauptgruppe des PSE bilden.

10. Mit unserem PSE lassen sich nur für die Reinelemente exakte Atommassen angeben: Iod-Atome *126,9 u,* Mangan-Atome *54,94 u* und Phosphor-Atome *30,97 u.* Bei den beiden anderen Elementen handelt es sich um Durchschnittswerte (da Mischelemente): Sauerstoff *15,99 u* und Stickstoff *14,01 u* (bzw. alles ganzzahlig gerundet).

11. Es gibt zwei C-Modifikationen, den *Diamant* (farblos, lichtdurchlässig, nichtleitend, d. h. typisch *nichtmetallisch*) und den *Graphit* (schwarzgrau, metallisch glänzend, lichtundurchlässig, elektrisch leitend, d. h. *halbmetallisch*).

12. Beurteilen Sie Ihre Antwort unter Zuhilfenahme von [L 8] (Fragen und Antworten inklusive) und prägen Sie sich diese wichtigen Faktoren ein.

1. Aus der Tabelle „Atom- und Ionenradien" lassen sich die Symbole (mit Ladungen) der meisten einatomigen Ionen direkt herauslesen. Überprüfen Sie jedoch Ihre Angaben betreffend die Edelgaskonfiguration:
   Al^{3+} *Neon*-Konfiguration (1. Schale 2 e^-, 2. Schale 8 e^-)
   O^{2-} *Neon*-Konfiguration
   Ba^{2+} *Xenon*-Konfiguration (2 e^-, 8 e^-, 18 e^-, 18 e^-, 8 e^-)
   F^- *Neon*-Konfiguration
   P^{3-} *Argon*-Konfiguration (2 e^-, 8 e^-, 8 e^-)
   Li^+ *Helium*-Konfiguration (2 e^-)

2. Nach [L9] wird *an den Elementnamen die Endung -id* gehängt. In drei der in [L9] erwähnten Fälle liegt jedoch nicht der deutsche Elementname zugrunde: O^{2-} (Oxid-Ion von oxygenium = lat. Sauerstoff), S^{2-} (Sulfid-Ion von sulfur = lat. Schwefel) und N^3 (Nitrid-Ion von nitrogenium = lat. Stickstoff). Zudem spricht man nicht von Phosphor-id sondern abgekürzt vom Phosphid-Ion (P^{3-}).

3. Aufgrund der eben besprochenen Benennungsregeln für einatomige Ionen sollte klar sein, daß dieser *Stoff aus Natrium-Ionen (Na^+) und aus Chlorid-Ionen (Cl^-) aufgebaut* sein muß. Kochsalz gehört zu den Ionenverbindungen, d. h. Stoffen, die aus positiven und negativen Ionen bestehen. Ionenverbindungen werden Salze genannt; mit ihnen werden wir uns in den nächsten Lernschritten befassen.

4. Die *Metallionen* sind durchweg wesentlich *kleiner als die Metallatome*. Dies beruht darauf, daß *die Valenzschale der Atome fehlt*, welche stets die „dickste" Elektronenschale [L8] eines Atoms ist.

5. Die einatomigen *Nichtmetall-Ionen* sind durchweg wesentlich *größer als die entsprechenden Atome*, obwohl die Zahl der Elektronenschalen dieselbe ist! Diese Aufblähung der Außenschale ist eine Folge der *gegenseitigen Abstoßung zwischen ihren Elektronen;* zusätzliche Elektronen verstärken diesen Effekt. Darauf beruht auch die Tatsache, daß doppelt negativ geladene Ionen derselben Periode größer sind als die einfach negativ geladenen, die nur ein zusätzliches Fremdelektron enthalten. Man kann auch sagen, daß bei gleicher Elektronenkonfiguration die unterschiedliche Kernladung Ursache für diesen Größenunterschied ist (je größer die Kernladung, um so kleiner die Hülle).

6. Die Nichtmetallatome H nehmen ein Fremdelektron auf, wodurch die Konfiguration des *Heliums* erreicht wird. Das Teilchensymbol ist *H$^-$*; man bezeichnet es als Hydrid-Ion (hydrogenium = lat. Wasserstoff).

1. Aus den *Kalium-Ionen* K^+ und den *Sulfid-Ionen* S^{2-}. Wegen der Ladungsneutralität von Salzen (Ionenverbindungen) ist das kleinste ganzzahlige Verhältnis von $K^+ : S^{2-}$ gleich $2:1$ und somit ist die Stoff-Formel K_2S.

2. Nur die Stoffe mit den Formeln *CaF$_2$* und *SrBr$_2$*. Die übrigen Verbindungen enthalten nur nichtmetallische Elemente (C, H, O); es handelt sich um Traubenzucker $C_6H_{12}O_6$, Wasser H_2O und Kohlenstoffdioxidgas CO_2. Bei den beiden Metallsalzen liegen die folgenden Stoffe vor:
   CaF_2 heißt Calciumfluorid (Ionen Ca^{2+} und F^-); es tritt auch als Mineral (Bestandteil der Erdkruste) als sog. Fluorit oder Flußspat auf.
   $SrBr_2$ heißt Strontiumbromid; es enthält die Ionen Sr^{2+} und Br^-.

3. Calcium muß in seinen Verbindungen in Form der doppelt positiven Calcium-Ionen Ca^{2+} auftreten [L9]. Das Nichtmetall Wasserstoff bildet die einfach negativen Hydrid-Ionen H^- [A9-6]. Daher hat dieser Stoff die Formel *CaH$_2$* und sein Name ist *Calciumhydrid*.

4. Die beiden metallischen Elemente (Li und Al) müssen aufgrund unserer bisherigen Kenntnisse in Form ihrer positiven Ionen *Li$^+$* und *Al^{3+}* vorliegen. Die Ladungsneutralität wird durch die Hydrid-Ionen *H$^-$* erreicht. Formal benötigt jedes Li^+ ein Hydrid-Ion und jedes Al^{3+} deren drei (also insgesamt vier).

5. AlN: *Richtig,* da Ionen *Al^{3+}* und *N^{3-}* (Aluminiumnitrid)
   AlBr$_2$: *Falsch,* da Ionen *Al^{3+}* und *Br$^-$* (Aluminiumbromid: $AlBr_3$!)
   Ca$_2$N$_3$: *Falsch,* da Ionen *Ca^{2+}* und *N^{3-}* (Calciumnitrid: Ca_3N_2!)
   SrF$_2$:   *Richtig,* da Ionen *Sr^{2+}* und *F$^-$* (Strontiumfluorid)
   Na$_2$P: *Falsch,* da Ionen *Na$^+$* und *P^{3-}* (Natriumphosphid: Na_3P!)
   Rb$_2$S: *Richtig,* da Ionen *Rb$^+$* und *S^{2-}* (Rubidiumsulfid)

6. Gallium steht auf der linken Seite der treppenförmigen Trennungslinie im PSE, auf derselben Seite also, auf der die Metalle stehen. Demgegenüber steht das Silicium rechts an der treppenförmigen Trennungslinie, also auf der Seite der Nichtmetall-Atomarten. Was dieses eine Beispiel zeigt, gilt für unsere Bedürfnisse allgemein: *Halbmetalle auf der Seite der Metalle verhalten sich chemisch wie die Metalle, die anderen wie die Nichtmetall-Atomarten.*
   Galliumsulfid besteht aus den Gallium-Ionen Ga^{3+} und den Sulfid-Ionen S^{2-}. Während die Sulfid-Ionen echte Edelgaskonfiguration (die des Argon-Atoms) haben, hat das Gallium-Ion Ga^{3+} (Atomrumpf des Ga) eine Außenschale mit 18 e$^-$, also keine „echte Edelgaskonfiguration". Allerdings entspricht die 3. Schale mit 18 e$^-$ durchaus einem beständigen Zustand, der in allen Hauptgruppenatomrümpfen ab der Ordnungszahl 31 auftritt.

1. Die eine Möglichkeit ist die mit einem Na^+-Ion als Zentralteilchen und den sechs Cl^--Ionen als Liganden; dieser Komplex hat eine Ladungssumme von *-5e*. Die andere Möglichkeit ist die mit einem Cl^--Ion als Zentralteilchen und 6 Na^+-Ionen als Liganden; hier ist die Gesamtladung *+5e*. Jedes Ion im Innern des Kochsalzkristalls ist also sowohl Zentralteilchen als auch Ligand. In der chemischen Formelsprache charakterisiert man Komplexe mit eckigen Klammern, hier also $[NaCl_6]^{5-}$ bzw. $[Na_6Cl]^{5+}$.

2. Nach [L 11] bestimmen *die kleineren Natrium-Ionen* (Na^+), wieviel der größeren Cl^--Ionen um sie herum berührend angelagert werden können.

3. An der Oberfläche des Kochsalzwürfels gibt es drei verschiedene Teilchenpositionen, Ionen der Flächen, der Kanten und der Würfelecken. Ionen der Oberflächen haben die Koordinationszahl *5* (die vier entgegengesetzt geladenen Ionen dieser Oberflächenschicht sowie das dahinterliegende entgegengesetzt geladene Ion). Ionen der Kanten haben die Koordinationszahl *4* (2 Nachbarn derselben Kante sowie zwei Nachbarn der beiden Flächen). Ionen der Ecken haben nur noch drei entgegengesetzt geladene Nachbarn, d. h. die Koordinationszahl *3*.

   Nun noch eine Zusatzinformation: Ionen an der Oberfläche sind fähig, Fremdstoffteilchen, mit denen anziehende Kräfte resultieren, anzulagern oder zu binden; dieses Phänomen wird Adsorption genannt. Die Kräfte, welche die Adsorption bewirken, nennt man Adhäsionskräfte; im vorliegenden Fall können Adhäsionskräfte mit dem COULOMBschen Gesetz [L 1] erklärt werden. Adhäsionskräfte treten aber nicht nur an Oberflächen von Ionenkristallen, sondern an allen Feststoffen in Erscheinung; man sagt, die Oberflächenteilchen seien „nicht abgesättigt". Ohne Adhäsion ginge nichts: man könnte weder gehen noch radfahren (keine Reibung), weder schreiben noch kleben. Alle losen Gegenstände würden sich an den tiefsten Stellen der Erdoberfläche ansammeln.

4. Die der *Ecken*, da diese am wenigsten entgegengesetzt geladene Nachbarteilchen haben (kleinste Koordinationszahl [A 11-3]), die sie an den Kristall binden. Daher gehen beim Auflösen eines Kristalls in Wasser praktisch nur die Eck-Teilchen weg; dann entstehen neue Ecken (3), so daß das Auflösen von Kristallen von den Ecken her erfolgt.

5. Die *Teilchengröße nimmt ab*, da *bei gleicher Elektronenzahl* (Argon-Konfiguration) die Kernladung (Ordnungszahl) größer wird (analog [A 8-6], [A 9-5]).

6. Gleicher Gittertyp bedeutet analoger Aufbau des Kristalls: *um jedes Magnesium-Ion Mg^{2+} sind sechs O^{2-} als Liganden oktaedrisch angeordnet und umgekehrt.* Es gibt viele Salze, die in diesem Kochsalz- oder Steinsalz-Typ kristallisieren.

1. Nach der Tabelle mit den Atom- und Ionenradien beträgt das Radienverhältnis Metall-Ion (97 pm)/Nichtmetall-Ion (136 pm) 0,71. Daher sollte Ca^{2+} die Koordinationszahl *6* haben. Solche Abweichungen von der idealen Geometrie zeigen, daß das Modell starrer Ionenkugeln offensichtlich die tatsächlichen Verhältnisse nicht immer richtig wiedergibt.

2. Radius Cs^+/Radius Cl^- = 0,93. Daher haben die Cs^+-Ionen die Koordinationszahl *8* (Liganden in Würfelecken). Weil das Ionenverhältnis im CsCl 1:1 ist, haben die Cl^--Ionen dieselbe Koordination; man kann dies mit $[CsCl]_{8:8}$ beschreiben. Salze, die analog aufgebaut sind, gehören zum Cäsiumchlorid-Typ.

3. Radius Zn^{2+}/Radius S^{2-} = 0,40. Daher haben die Zn^{2+}-Ionen die Koordinationszahl *4* (Liganden in Tetraederecken). Weil im ZnS das Ionenverhältnis 1:1 ist, haben auch die S^{2-}-Ionen vier tetraedrisch angeordnete Zn^{2+}-Liganden. Salze mit analogem Gitter ($[ZnS]_{4:4}$) gehören zum Zinksulfid-Typ.

4. Radius Ba^{2+}/Radius Cl^- = 0,75. Somit ist nach der Tabelle [L 12] für Ba^{2+} die Koordinationszahl *8* zu erwarten, was im vorliegenden Fall auch stimmt. Da aber doppelt so viele Cl^--Ionen vorliegen, stehen diesen nur halb so viele Ba^{2+}-Liganden (also *4*) zur Verfügung, die tetraedrisch um die Ba^{2+}-Ionen angeordnet sind. $[BaCl_2]_{8:4}$ hat also denselben Aufbau wie der in [L 12] beschriebene Fluorit. Der sog. Fluorit-Typ ist der einzige bekannte Gittertyp mit der Koordination 8:4; bei 6:3 sind beispielsweise verschiedene Gittertypen möglich.

5. Radius Cd^{2+}/Radius Cl^- = 0,54. Somit ist für die Ionen Cd^{2+} die Koordinationszahl *6* zu erwarten, was hier auch zutrifft. Da den Cl^--Ionen nur halb so viele Cd^{2+}-Liganden zur Verfügung stehen, haben die Cl^--Ionen die Koordinationszahl *3*. Diese Koordinationsverhältnisse gibt man mit $[CdCl_2]_{6:3}$ an.

   Beim sog. Cadmiumchlorid-Gittertyp (der auch bei Salzen von Übergangsmetallen oft auftritt) liegt eine sog. Schichtstruktur vor: es sind Schichten, bestehend aus einer mittleren Schicht von Cd^{2+}-Ionen, welche „sandwichartig" von zwei Schichten aus Cl^--Ionen umgeben sind, übereinandergestapelt. Innerhalb einer Schicht ist jedes Cd^{2+} oktaedrisch von sechs Cl^--Liganden umgeben, wobei drei dieser Liganden von der einen und die anderen drei von der anderen Cl^--Nachbarschicht stammen. Jedes Cl^- einer Schicht hat dabei drei Cd^{2+}-Liganden der Mittelschicht als nächste Nachbarn; diese vier Ionen bilden eine trigonale („dreieckige") Pyramide, in deren Spitze das Cl^--Ion steht.

6. a) Radium Be^{2+}/Radius F^- = 0,23. Damit gilt: $[BeF_2]_{4:2}$ (Liganden des Be^{2+} tetraedrisch angeordnet). Diese Koordination (4:2) hat in der Erdkruste eine große Bedeutung [A 74-1].

   b) Radienverhältnis 0,45. Daher $[CdI_2]_{6:3}$ (wie [A 12-5]).

1. Wie die Abbildung in [L 13] erkennen läßt, stehen bei der hexagonal (d. h. „sechseckig", die Bedeutung dieser Bezeichnung ist für uns nicht wichtig) dichtesten Kugelpackung jeweils die übernächsten Schichten senkrecht übereinander, also – wenn man die Schichten fortlaufend numeriert – in der Folge 1, 3, 5, 7, 9 usw. bzw. 2, 4, 6, 8 usw.

2. Numeriert man die ebenen Schichten dichtest gepackter Kugeln fortlaufend, so stehen die Kugeln senkrecht übereinander bei der Folge 1, 4, 7, 10 usw., ebenso bei der Folge 2, 5, 8, 11 usw. und bei der Folge 3, 6, 9, 12 usw.

3. Bei der hexagonal dichtesten Kugelpackung stehen die drei dahinterliegenden Kugeln senkrecht hinter den drei gestrichelt gezeichneten, während bei der kubisch dichtesten Kugelpackung diese drei dahinterliegenden Kugeln um 60° verdreht (in den drei anderen Löchern der mittleren Schicht) angeordnet sind.

4. Da in [L 13] gesagt wurde, daß neben den beiden Arten der dichtesten Kugelpackung noch die Koordinationszahl 8 in Metallkristallen auftrete und beide Arten der dichtesten Kugelpackung Gitter mit Koordinationszahlen der Bausteine von 12 aufweisen, müssen in diesen Fällen die *Liganden in den Ecken eines Würfels* (Koordinationszahl 8) angeordnet sein. Man bezeichnet diesen Gittertyp als kubisch innenzentrierte Struktur (Bausteine in den Ecken eines Würfels oder Kubus sowie im Würfelzentrum). Bei dieser Koordination ist die Raumausnützung der Kugeln nur geringfügig kleiner als bei dichtesten Kugelpackungen, nämlich 68 % statt 74 % [L 13]. Dies beruht darauf, daß die nächsten sechs der sich berührenden Kugeln (die der Würfelmitten der sechs angrenzenden Würfel mit gemeinsamen Eckteilchen) nur wenig weiter als die acht Liganden entfernt sind, so daß hier fast die Koordinationszahl 14 erreicht wird.

5. Metallkörner sind die *kleinen Metallkriställchen,* die bei metallischen Werkstoffen *zu klein* sind, *um direkt wahrgenommen zu werden.* Das Korngefüge ist die *Art der Verschachtelung dieser Körner* (Form, Größe, Orientierung im Raum).

6. Das einfache Modell für einen Metallkristall (Gitter aus Atomrümpfen, zusammengehalten durch leicht bewegliche Elektronen) erklärt nur die *hohen Koordinationszahlen und die elektrische Leitfähigkeit* (Metalle sind Elektronen-Leiter). Nicht erklärbar sind mit dieser Modellvorstellung die großen Differenzen hinsichtlich der elektrischen Leitfähigkeit, der Schmelztemperaturen, der Dichten usw., ebensowenig die drei Arten der unterschiedlichen Koordination der Gitterbausteine.

1. Wie der Tabelle mit den Atom- und Ionenradien entnommen werden kann, sind die Atomrümpfe von Au (r = 137 pm) und Ag (r = 126 pm) von ähnlicher Größe. Da die beiden Elementarstoffe zudem im gleichen Gittertyp kristallisieren, ist ein *Substitutionsmischkristall* zu erwarten. In der Tat sind Gold und Silber in beliebigen Verhältnissen legierbar.

2. Die Formel besagt, daß bei dieser Legierung *auf zwei Mg-Atomrümpfe drei Al-Atomrümpfe* entfallen. Im Falle von Legierungen haben die Indizes der Formeln nichts mit der Ladung dieser Atomrümpfe zu tun (im Gegensatz zu den Salzen, wo das Ionenverhältnis durch die Ladungsneutralität gegeben ist)! Weil in unserem Fall ein einfaches ganzzahliges Verhältnis der Atomrümpfe (2:3) vorliegt, wird es sich um eine *intermetallische Verbindung* handeln, was hier zutrifft.

3. Mit unseren Kenntnissen müssen wir bei unlegierten Stählen auf *Einlagerungsmischkristalle* tippen, weil *Kohlenstoffatome wesentlich kleiner als Eisenatome* sind. Bei Stählen sind freilich die Verhältnisse recht kompliziert und – ihrer großen Bedeutung wegen – sehr gut untersucht. Es kann aber nicht unsere Aufgabe sein, hier einen Schnellbleichkurs in Metallurgie durchzuführen.

4. a) Nach [L5], auf den mehrfach verwiesen wurde, sind die sog. Amalgame Legierungen des *Quecksilbers (Hg),* womit dieses Element in allen Amalgamen enthalten sein muß. Da Hg der einzige metallische Elementarstoff ist, der bei Raumtemperatur in flüssiger Form vorliegt, kann man die Legierungspartner im Quecksilber auflösen, ohne heizen zu müssen; in den anderen Fällen muß die Legierungsbildung durch Temperaturerhöhung eingeleitet werden.

   b) *Kupfer* (siehe [F5-6]).

5. Nach unserer einfachen Modellvorstellung kann die plastische Verformbarkeit von Metallen durch das von Krafteinwirkung provozierte Übereinandergleiten dichtest gepackter Gitterebenen gedeutet werden. Die zwischen diesen Gitterebenen eingebauten *kleineren Fremdatome* verzahnen gewissermaßen die Gleitebenen und *stören das Übereinandergleiten* dieser Ebenen.

6. Werden bei Ionenkristallen Gitterebenen um eine Ioneneinheit gegeneinander verschoben, so stehen sich *gleichgeladene Ionen gegenüber,* die sich abstoßen; daher fällt der Salzkristall auseinander, während sich bei Metallen am Bindungszustand nichts ändert [L14].

Bearbeiten Sie mit Hilfe Ihrer Spickzettel, dem PSE und den Tabellen die nachstehenden Fragen und kontrollieren Sie Ihre Antwort erst am Schluß. Was Ihre Antwort enthalten muß, ist im Antwortteil (Rückseite) hervorgehoben. Bewerten Sie jede Antwort (ganz richtig: 1 Punkt, teilweise richtig: 0,5 Punkte, falsch: Null Punkte). Qualifikationen: 11 erreichte Punkte *sehr gut*, 10 erreichte Punkte *gut*, 9 Punkte *befriedigend* und 8 Punkte *ausreichend*. Weniger Punkte: ungenügende Leistungen. Ergänzen Sie gegebenenfalls Ihre Spicker!

1. In einem Lexikon steht: Legierungen sind Gemische von Metallen, die durch Zusammenschmelzen und nachherige Abkühlung erhalten werden.
   Warum gilt diese Umschreibung nicht für alle Legierungen?
2. Welches sind die allgemeinen Metallmerkmale, welche auch für Legierungen zutreffen? Worauf beruhen diese allgemeinen Merkmale?
3. Ein Stoff hat die Formel Al_4C_3. Beschreiben Sie seinen Aufbau.
4. Ein Stoff hat die Formel $Fe_{21}C$. Wie groß ist der Massenanteil des Elements C und zu welcher Werkstoffklasse muß dieser Stoff demzufolge gehören?
5. Ordnen Sie die beiden nachstehend aufgeführten Legierungen den in [L 14] erwähnten Legierungstypen zu: Cu_3Au und $Au_{157}Ag_{191}$.
6. Wir betrachten die Verbindung der Elemente Calcium und Brom. Geben Sie die Formel an, welche die Koordinationsverhältnisse im Kristall charakterisiert.
7. Metallisches Magnesium verbrennt mit einer sehr hellen (weißen) Flamme, da es mit dem Element Sauerstoff reagiert. Woraus besteht das entstehende Salz und in welcher Weise sind die Gitterbausteine angeordnet?
8. Welche der nachstehenden Verbindungen gehören zu den Salzen, welche zu den Legierungen und von welchen ist uns bis jetzt noch nicht bekannt, zu welcher Stoffklasse sie gehören:
   a) Rb_2S b) SiC c) $Au_{19}Cu$ d) $C_{12}H_{22}O_{11}$
   e) CH_3COOH f) $GaCl_3$
9. Welche Formeln haben Natriumphosphid und Calciumarsenid?
10. Vergleichen Sie die Stoffe $ZnCl_2$ und $ZnCu_2$.
11. Können feste Salze den elektrischen Strom wie die Metalle leiten?
12. Welche Ionen haben die Edelgaskonfiguration des Heliums? Geben Sie die Formeln und die Namen dieser Ionen an.

1. Einerseits kann man die *Amalgame ohne „Zusammenschmelzen"* herstellen [A 14-4] und andererseits sind *auch nichtmetallische Elemente* (in kleinen Mengen) *wichtige Legierungspartner,* wie C bei Stählen. Die allgemeingültige Definition der Legierungen steht im letzten Abschnitt von [L 5].

2. *Glanz, Lichtundurchlässigkeit und elektrische Leitfähigkeit* beruhen auf den *leichtbeweglichen Elektronen* („Elektronengas"), die gute *Wärmeleitfähigkeit auf dem kristallinen Bau* (alle Kristalle sind gute Wärmeleiter!) [L 14].

3. Es handelt sich um eine *Ionenverbindung* mit den Ionen Al^{3+} und C^{4-}, welche ein kompliziertes Gitter (für uns nicht relevant) aufweist.

4. 21 Eisen-Atome haben die Masse von 1176 u (21 · 56 u) und 1 C-Atom die Masse von 12 u. Daher ist der Massenanteil des Kohlenstoffs gleich 12/1188 [A 4-4], d. h. *0,01* oder *1 %*, womit es sich um einen *unlegierten Stahl* [L 14] handelt.

5. Bei Cu_3Au muß es sich um eine *intermetallische Verbindung* handeln (einfaches ganzzahliges Verhältnis der Gitterbausteine), bei $Au_{157}Ag_{191}$ hingegen um einen *Substitutionsmischkristall* (auch „feste Lösung" genannt).

6. Das Radienverhältnis $Ca^{2+}/Br^- = 0,5$. Somit hat Ca^{2+} die Koordinationszahl 6 [L 12]. Da den Br^--Ionen nur halb so viele Ca^{2+}-Ionen zur Verfügung stehen, haben die Br^--Ionen die Koordinationszahl 3. Somit erhält das feste Calciumbromid die Koordinationsformel $[CaBr_2]_{6:3}$.

7. Aus den Ionen Mg^{2+} und O^{2-}. Da das Radienverhältnis $Mg^{2+}/O^{2-} = 0,46$ ist, hat Mg^{2+} die *Koordinationszahl 6* und O^{2-} ebenfalls. *Oktaedrische Anordnung* [L 11].

8. *Salze sind Rb_2S* (Rb^+, S^{2-}) und *$GaCl_3$* (Ga^{3+}, Cl^-). *$Au_{19}Cu$ ist eine Legierung* (Substitutionsmischkristall). Die Stoffklassen der übrigen Verbindungen sind uns noch nicht bekannt: SiC ist ein hartes Schleifmaterial (Carborundum, [F 73-3]), $C_{12}H_{22}O_{11}$ ist der Haushaltszucker und CH_3COOH heißt Essigsäure.

9. *Na_3P* (Ionen Na^+ und P^{3-}) und *Ca_3As_2* (Ionen Ca^{2+} und As^{3-}, die Arsenid-Ionen).

10. $ZnCl_2$ ist ein *Salz* (Ionen Zn^{2+} und Cl^-), $ZnCu_2$ eine *Legierung* (Messing [F 5-6]).

11. *Nein;* es sind keine beweglichen Elektronen wie in den Metallen vorhanden; die Elektronen sind in den Ionen fest gebunden (Edelgaskonfiguration). – Lösungen und Schmelzen von Salzen können aber den Strom leiten [L 70].

12. *H^- (Hydrid-Ion), Li^+ (Lithium-Ion)* und *Be^{2+} (Beryllium-Ion)*. Diese drei Ionen bestehen aus dem Kern und nur einer Elektronenschale mit zwei Elektronen!

1. Kohlenstoff-Atome haben zwei Elektronenschalen. Das *Elektronenpaar (–) der 1. Schale ist kugelsymmetrisch um den Kern angeordnet,* was mit der nebenstehenden symbolischen Darstellung nicht zum Ausdruck gebracht werden kann. *Die vier Orbitale der 2. Schale sind je halbbesetzt* (Einzelelektronen); sie liegen demnach *genau in den Ecken eines Tetraeders* (identische Abstoßung).

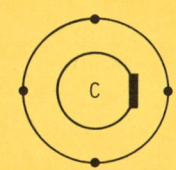

2. Das besetzte Orbital der 1. Schale ist immer kugelsymmetrisch um den Kern angeordnet. Die vier besetzten Orbitale der 2. Schale liegen genau in den Ecken eines Tetraeders (identische gegenseitige Abstoßung). Die 3. Schale enthält *zwei besetzte und zwei halbbesetzte Orbitale;* diese *liegen ungefähr in den Ecken eines Tetraeders,* da sich besetzte und halbbesetzte Orbitale nicht gleich stark abstoßen.

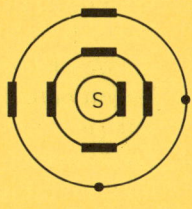

Da alle Ecken eines Tetraeders den gleichen Abstand voneinander haben, soll bei symbolischen Darstellungen in der Schreibebene stets das „benachbarte Symbol" ⌐•̇• und nie das „gegenüberliegende Symbol" •‾• verwendet werden, da das letzterwähnte etwas Falsches suggeriert, nämlich, daß die beiden halbbesetzten Orbitale einander direkt gegenüberstehen. Dies ist nun bei tetraedrischer Anordnung nicht der Fall; im Tetraeder gibt es keine gegenüberliegenden Ecken, da das Tetraeder keine Punktsymmetrie aufweist. Mit der besseren „benachbarten" Symbolik ⌐•̇• erkennt man auch in der Schreibebene, daß die beiden halbbesetzten Orbitale mit dem Kern einen Winkel einschließen, was von großer Bedeutung für das Verständnis des Baus wichtiger Stoffteilchen wird. Dieser Winkel wird übrigens „Tetraederwinkel" genannt und beträgt 109,5°.

3. Alle Edelgasatome: *He, Ne, Ar, Kr, Xe* und *Rn*.

4. Aufgrund der eben erwähnten Tatsache, daß Edelgasatome – die chemisch auffallend inert sind – keine halbbesetzten Orbitale haben, ist es naheliegend, daß *halbbesetzte Orbitale* (Einzelelektronen) die Ursache der Reaktionsfähigkeit sind.

5. Gemeinsamkeit: nur *eine Schale mit nur einem Orbital.*
   Unterschiede: *verschiedene Kerne* und *das Orbital halbbesetzt bzw. besetzt* (kugelsymmetrisch um die Kerne angeordnet).

6. Da nach dem Periodensystem Schalen mit maximal 32 e^- in Hauptgruppenatomrümpfen (ab $_{81}$Tl) existieren, müssen, da dies beständige Elektronenanordnungen sind, *16 besetzte Orbitale* in der jeweiligen Schale vorliegen.

1. Analog dem elementaren Chlor aus *Molekülen Br_2* der Masse 160 u (Atommasse von Br ist 80 u):

$$|\overline{Br}\cdot \; + \; \cdot\overline{Br}| \longrightarrow |\overline{Br} - \overline{Br}|$$

2. Elementarer Wasserstoff besteht aus den zweiatomigen *Molekülen H_2*. Durchdringen sich nämlich die beiden halbbesetzten Orbitale der H-Atome, so entsteht ein besetztes gemeinsames Orbital, das beiden Atomen die Edelgaskonfiguration von Helium-Atomen verleiht: $H\cdot + \cdot H \rightarrow H - H$

3. Wasserstoff-Moleküle H_2 haben *nur ein* gemeinsames, d.h. *bindendes* Elektronenpaar [A 16-2]. In *Brom-Molekülen Br_2* jedoch liegen *neben einem bindenden* Elektronenpaar *sechs nichtbindende* vor (je 3 pro Brom-Atom).

4. Die Formel H_2O besagt, daß das Molekül (es handelt sich um nichtmetallische Elemente!) aus zwei H-Atomen und einem O-Atom besteht. Mit Hilfe der Tetraedermodellvorstellung erkennt man leicht, daß diese Atome so miteinander verknüpft werden können, daß alle Edelgaskonfiguration erreichen (H die des Heliums, O die des Neons):

Das Wasser-Molekül hat eine gewinkelte Gestalt, da die vier besetzten Orbitale (Elektronenpaare) ungefähr tetraedrisch angeordnet sind [A 15-2]. Wir werden später [Kapitel 5] erkennen, welch große Bedeutung diese gewinkelte Gestalt der H_2O-Moleküle für die Eigenschaften des Stoffes Wasser hat.

5. Man muß die Valenzschale der Atome zeichnen:

Das *Molekül CH_4* (Methan, „Erdgas") ist *exakt tetraedrisch* gebaut (identische Abstoßung, da vier gleiche Atombindungen). Beim *NH_3-Molekül* (Ammoniak, „Salmiakgeist") weisen die vier Orbitale nur ungefähr in die Ecken eines Tetraeders; NH_3 hat die Gestalt einer flachen Pyramide (N in der Spitze, die drei H-Atome in den Basisecken), da N im Zentrum eines etwas verzerrten Tetraeders der vier Orbitale liegt.

6. H_2O hat *zwei bindende und zwei nichtbindende* Elektronenpaare, *CH_4 nur bindende* (4) und NH_3 hat *ein nichtbindendes* („einsames") und *drei bindende* Elektronenpaare (siehe oben).

1. Die Valenzstrichformel läßt sich mit der Tetraedermodellvorstellung „konstruieren":

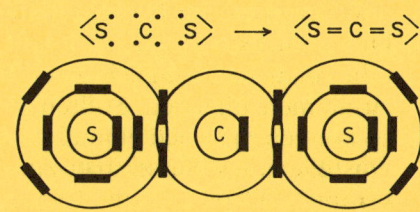

Dieses Molekül hat *vier bindende* (die beiden Einfachbindungen C–H und die der Doppelbindung C=O) und *zwei nichtbindende* Elektronenpaare (die am Sauerstoff-Atom O angelehnt gezeichneten).

2. Die Formel der Kohlensäure wurde in [L 17] angegeben (H_2CO_3). Da alle O-Atome an C gebunden sind, ist nach dem Tetraedermodell nur die obenstehende Valenzstrichformel möglich. Ringgebilde aus einem C- und zwei O-Atomen wurden in der Frage ausdrücklich ausgeklammert.

3. Zuerst ist die Valenzstrichformel zu ermitteln. Anschließend kann man die Elektronenschalen der Atomrümpfe einzeichnen. Die gemeinsamen Elektronenpaare liegen in den Valenzschalen beider Partneratome.

4. Die beiden Doppelbindungen sind nur zwischen den C-Atomen möglich, weshalb das Propadien-Molekül die folgende Valenzstrichformel hat:

Die erstaunliche Leistungsfähigkeit der Tetraedermodellvorstellung wird auch an diesem Beispiel deutlich, weil der (experimentell gesicherte) räumliche Bau richtig angegeben wird: infolge der tetraedrischen Anordnung der Orbitale liegen die beiden linksstehenden H- mit den drei C-Atomen in der gleichen Ebene, während rechtsstehend ein H senkrecht nach hinten (gestrichelte Linie) und das andere nach vorn (Keil) ragt.

5. Es sind nur die folgenden Moleküle möglich: HF, HCl, HBr und HI (Bau H–$\overline{\underset{\times}{\text{I}}}$).

6. Der *Wasserstoff* (H·) und die Halogene *Fluor, Chlor, Brom* und *Iod* [A 17-5] (das radioaktive Astat (At) hat keine praktische Bedeutung).

1. Weil nach dem Tetraedermodell vom Bau der Valenzschale ein C- und ein O-Atom nur wie folgt verknüpft werden können:

$$\ddot{\underset{\cdot\cdot}{C}}\, +\, \ddot{\underset{\cdot}{O}}\, \longrightarrow\, \ddot{\underset{\cdot\cdot}{C}} = O\rangle$$

Dieses Gebilde muß nach unseren Kenntnissen unbeständig sein (Einzelelektronen an C).

2. Da wir vorläufig Ringgebilde weglassen, sind nur die beiden nachstehend aufgeführten offenkettigen Konstitutionen möglich:

$$/\overline{\underset{\cdot\cdot}{O}}\cdot\ \ \cdot\ddot{\underset{\cdot}{C}}\cdot\ \ \cdot\ddot{\underset{\cdot}{N}}|\ \longrightarrow\ /\overline{\underset{\cdot\cdot}{O}} - C \equiv N|$$
(mit H)

$$\widehat{\ddot{\underset{\cdot\cdot}{N}}\ \ \ddot{\underset{\cdot}{C}}\ \ \ddot{\underset{\cdot\cdot}{O}}}\ \longrightarrow\ \widehat{N = C = O}\rangle$$
(mit H)

3. Es muß sich um Moleküle der Zusammensetzung HCN handeln:

$$H\cdot\ \ \cdot\ddot{\underset{\cdot}{C}}\cdot\ \ \cdot\ddot{\underset{\cdot}{N}}|\ \longrightarrow\ H - C \equiv N|$$

Die Molekularverbindung HCN heißt Cyanwasserstoff; es handelt sich um ein bei Raumtemperatur farbloses, nach bitteren Mandeln riechendes, außerordentlich giftiges Gas. Seine wäßrige Lösung wird als Blausäure bezeichnet. Dieser Name soll daher kommen, daß Vergiftete im Gesicht blau anlaufen.

4. Die einfachste Möglichkeit läßt sich aufgrund [A 18-3] leicht ermitteln; man hat lediglich zwei Teile des Cyanwasserstoff-Moleküls zusammenzuhängen. Sollten Sie die Lösung nicht gefunden haben, so können Sie noch einmal probieren, bevor Sie weiterlesen.
Anstelle eines Wasserstoff-Atoms des HCN-Moleküls kann an die Gruppe –C≡N | (sog. Cyanogruppe) eine zweite Cyanogruppe angehängt werden, wodurch ein Molekül der *Formel* C_2N_2 (Konstitutionsformel $(CN)_2$ oder NCCN) entsteht). Es handelt sich um das farblose, stechend bittermandelartig riechende und sehr giftige Gas Dicyan (di: 2), dessen Atome auf einer Geraden liegen, wie das Tetraedermodell richtig zu erklären vermag.

5. Mit der Konstitutionsformel HSCN ist die Reihenfolge der Atombindungen, die sog. Molekülkonstitution, festgelegt. Nebenstehend sind alle Elektronenschalen des Moleküls angegeben:

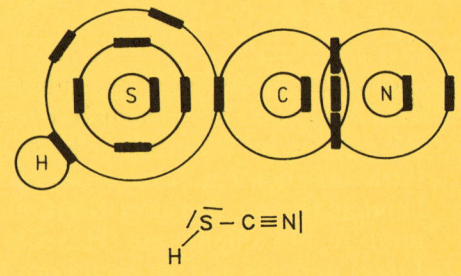

$$/\overline{\underset{\cdot\cdot}{S}}\cdot\ \ \cdot\ddot{\underset{\cdot}{C}}\cdot\ \ \cdot\ddot{\underset{\cdot}{N}}|\ \longrightarrow\ /\overline{\underset{\cdot\cdot}{S}} - C \equiv N|$$
(mit H)

6. Prägen Sie sich die nachstehend angegebene Zusammensetzung der Luft – dem Medium, in dem wir leben – gründlich ein: *78 % N_2 (Stickstoff-Moleküle), 21 % O_2 (Sauerstoff-Moleküle), 0,93 % Ar (Argon-Atome), 0,035 % CO_2 (Kohlendioxid-Moleküle) und übrige Edelgasatomarten in Spuren.*

Bearbeiten Sie mit Hilfe Ihrer Spickzettel, dem PSE und den Tabellen die nachstehenden Fragen und kontrollieren Sie Ihre Antworten erst am Schluß. Was Ihre Antwort enthalten muß, ist im Antwortteil (Rückseite) hervorgehoben. Bewerten Sie jede Antwort (ganz richtig: 1 Punkt, teilweise richtig: 0,5 Punkte, falsch: Null Punkte). Qualifikationen: 11 erreichte Punkte *sehr gut,* 10 erreichte Punkte *gut,* 9 Punkte *befriedigend* und 8 Punkte *ausreichend.* Weniger Punkte: ungenügende Leistungen. Ergänzen Sie gegebenenfalls Ihre Spicker!

1. Nachstehend sind einige Stoff-Formeln aufgeführt. Entscheiden Sie, welche dieser Stoffe zu den Salzen, welche zu den metallischen Stoffen und welche zu den Molekularverbindungen gehören müssen:

   a) $C_{12}H_{22}O_{11}$ b) CaI_2 c) $Fe_{23}C$ d) Cu_3Au
   e) C_2H_5OH f) Al_2O_3

2. Zeichnen Sie die kleinsten Stoffteilchen mit allen Elektronenschalen, die den Stoff LiH bilden.
3. Analog [FK 3-2] sind die Stoffteilchen des Ammoniaks (NH_3) zu zeichnen.
4. Analog [FK 3-2] sind die Teilchen des Stoffs Mg_2Al_3 zu zeichnen.
5. Das Kohlenstoffsuboxid C_3O_2 hat keine praktische Bedeutung. Zeichnen Sie die Valenzstrichformel und geben Sie die Gestalt des Moleküls an.
6. Warum halten Salze und Metalle zusammen und wie heißen die beiden Bindungsarten?
7. Was versteht man unter Molekülen?
8. Obwohl vom Nachstehenden noch nicht die Rede war, sollen Sie sich überlegen, ob zwischen Molekülen anziehende Kräfte möglich sein müssen oder nicht. Versuchen Sie, darauf eine plausible Antwort zu geben.
9. Geben Sie die Formeln der einfachsten Wasserstoffverbindungen der Elemente der 3. Periode des PSE an; auch angeben, in welchen Fällen keine Verbindungen existieren.
10. Aus welchen Stoffteilchen (nur chemische Formeln angeben) bestehen die Verbindungen von [FK 3-9]?
11. Zeichnen Sie alle Elektronenschalen der Ionen von [FK 3-10].
12. Zeichnen Sie alle Elektronenschalen der Moleküle von [FK 3-10].

1. Salze (Symbole von Metall- und Nichtmetallatomen): b) *CaI₂* und f) *Al₂O₃*. Metalle: c) *Fe₂₃C* (Stahl) und d) *Cu₃Au*. Molekularverbindungen (nur Nichtmetallatomarten): a) *C₁₂H₂₂O₁₁* und e) *C₂H₅OH*

2. Der Stoff LiH (Lithiumhydrid) besteht aus den Ionen Li⁺ und H⁻ (Hydrid-Ion), die beide die Edelgaskonfiguration des Helium-Atoms haben:

3. Das Ammoniak-Molekül bildet eine flache Pyramide, da die vier Elektronenpaare in der Valenzschale des N-Atoms sich gegenseitig abstoßen und ungefähr in die Ecken eines Tetraeders weisen, in dessen Zentrum das N-Atom steht:

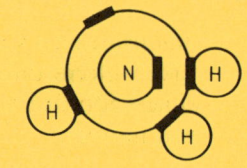

4. Mg₂Al₃ ist eine Legierung (intermetallische Verbindung), die aus den Atomrümpfen Mg^{2+} und Al^{3+} und dem „Elektronengas" aufgebaut ist:

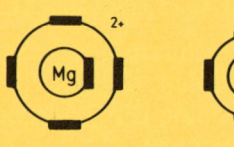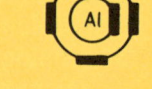

5. Alle Atome müssen auf einer Geraden liegen (lineares Molekül):

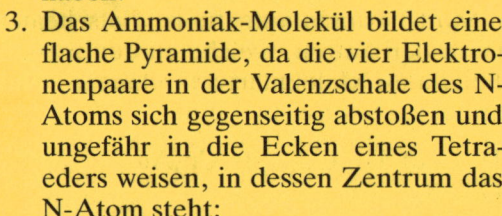

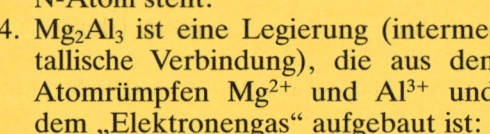

6. Salze: *Anziehung zwischen den entgegengesetzt geladenen Ionen; Ionenbindung*. Metalle: Bewegliche *Elektronen halten die Atomrümpfe zusammen; Metallbindung*.

7. Siehe [L 16] (letzter Satz).

8. *Es müssen anziehende Kräfte auftreten,* da sonst z. B. ein Eiszapfen, der aus H₂O-Molekülen besteht, nicht hängenbleiben könnte.

9. *NaH, MgH₂, AlH₃, SiH₄, PH₃, H₂S, HCl* und *mit Argon keine Verbindung* möglich. (Nehmen Sie die übliche Reihenfolge der Atomsymbole in Molekülformeln einfach zur Kenntnis.)

10. *Na⁺, H⁻; Mg²⁺, H⁻; Al³⁺, H⁻; SiH₄, PH₃, H₂S* und *HCl*.

11. Na⁺ wie Mg²⁺ und Al³⁺, d. h. wie [AK 3-4], H⁻ wie [AK 3-2] (siehe oben).

12.

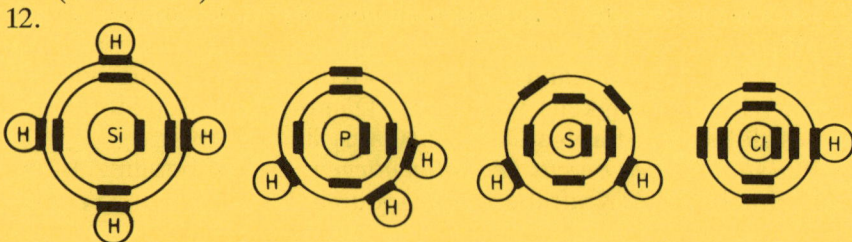

1. Die Phasen (Aggregatzustände) haben hinsichtlich ihrer Form (Gestalt) und ihres Volumens folgende Charakteristika:
   - fest: *Form und Volumen bestimmt*
   - flüssig: *Form unbestimmt* (abhängig vom Gefäß), *Volumen bestimmt*
   - gasförmig: *weder die Form noch das Volumen sind bestimmt* (beides abhängig vom Gefäß)
2. Weil sich, wie Ihnen bereits bekannt sein dürfte, Feststoffe und die meisten Flüssigkeiten mit steigenden Temperaturen ausdehnen. Wegen dieser *Wärmeausdehnung,* bei der enorme Kräfte wirksam werden, müssen bei Gebäuden, Brücken usw. Aussparungen vorgenommen oder Brückenteile auf Rollen gelagert werden.
3. Dies ist ein typisches und bekanntes Beispiel einer *Sublimation,* d. h. des Phasenwechsels fest→gasförmig [(s)→(g)]. Man spricht auch von der *Verflüchtigung* von Feststoffen. Mit Verflüchtigen wird oft allgemein die Verdampfbarkeit von Stoffen (auch flüssigen) bezeichnet. „Leichtflüchtige Stoffe" sind solche, deren Teilchen bereitwillig in die Gasphase übertreten.
4. Nach [L 19] werden mit „kondensieren" die Phasenwechsel *gasförmig→flüssig* [(g)→(l)] und *gasförmig→fest* [(g)→(s)] bezeichnet, wobei im letztgenannten Fall meistens ausdrücklich von „zum Feststoff kondensieren" gesprochen wird. Feststoffe und Flüssigkeiten werden als sog. kondensierte Phasen bezeichnet, weil in beiden Fällen die Teilchen „verdichtet sind", d. h. beisammenliegen. Dies zeichnet diese beiden Aggregatzustände gegenüber der Gasphase aus, in der die Teilchen im Mittel recht weit voneinander entfernt sind. So ist es in der Luft ungefähr so, daß in den drei Raumkoordinaten von einem Luftteilchen aus betrachtet erst nach 10 Teilchendurchmessern ein Nachbarteilchen anzutreffen ist. Dies hat die Konsequenz, daß sich die Dichten kondensierter Phasen (Feststoffe und Flüssigkeiten) gegenüber Gasen von Normaldruck um einen Faktor von ungefähr 10^3 (also 1000) unterscheiden. So hat ein Kubikmeter trockene Sommerluft die Masse von 1 kg (Dichte 1 kg/m^3) und ein Kubikmeter Wasser die Masse von 1000 kg (Dichte 1000 kg/m^3). Merken Sie sich diese ungefähren Dichteunterschiede von Gasphasen und „verdichteten" (kondensierten) Phasen.
5. Mit Dämpfen bezeichnet man den *Gaszustand von Stoffen, die bei Normaldruck und Raumtemperatur nicht ausschließlich gasförmig* vorliegen [Wasser kann bei diesen Bedingungen flüssig oder als Gas (Luftfeuchtigkeit) vorliegen]. Dämpfe farbloser Stoffe sind unsichtbar; nur farbige Dämpfe (Gase) sind sichtbar.
6. *Weil die Teilchen bereits beisammenliegen.* Darauf beruht z. B. die Hydraulik, die Kraftübertragung durch Flüssigkeiten (Servosysteme bei Autos u. a. m.).

1. Die Intensität der Wärmebewegung ist zwar dieselbe (gleiche Temperatur), aber *es prallen* in der Zeiteinheit *mehr Teilchen auf* eine Einheit der *Oberfläche* (etwa 1 cm²) der Gefäßwand. Daher wird die Kraftwirkung auf die Wand verstärkt.

2. Da mit dem Abkühlen die Intensität der Wärmebewegung der Gasteilchen kleiner wird, *nimmt* auch *die Heftigkeit und die Zahl der Stöße* pro Oberflächeneinheit der Gefäßwand *ab,* obwohl immer noch gleichviele Gasteilchen vorliegen.

3. Wiederum mit der unterschiedlichen Intensität der Wärmebewegung der Stoffteilchen.
   Im Feststoff (Eiskristall) sorgen Gitterkräfte dafür, daß die Wassermoleküle auf ihren Gitterplätzen bleiben, obwohl sie auf ihnen hin- und herschwingen. Je größer aber die Intensität der Wärmebewegung *mit steigenden Temperaturen* wird, um so größer wird auch die Fähigkeit der Teilchen, die Gitterkräfte zu überwinden, d. h. sich gewissermaßen „loszureißen"; daher werden die *Gitterkräfte geschwächt.* – Bisher sind uns Gitterkräfte nur von Metallen und Salzen bekannt, die mit elektrostatischen Kräften [L 1] erklärt werden können. In diesen Fällen läßt sich die Abnahme der Gitterkräfte mit steigenden Temperaturen auch so deuten: wegen der Wärmeausdehnung sind die durchschnittlichen Abstände der Gitterbausteine größer, womit nach dem COULOMBschen Gesetz [L 1] auch die Anziehungskräfte abnehmen. – Diese beiden Erklärungsarten gelten für Feststoffe allgemein, da wir sehen werden, daß sich auch bei Feststoffen, die aus Molekülen bestehen, Gitterkräfte „elektrisch" deuten lassen. Abschließend sei noch erwähnt, daß sich bei Temperaturänderungen oft auch der Gittertyp ändern kann (vor allem bei Metallen), so daß andere Modifikationen der Stoffe [L 6] entstehen.

4. Aus [A 20-3] folgt, daß mit steigenden Temperaturen irgendwann eine so große *Intensität der Wärmebewegung erreicht wird, bei der die Kräfte zwischen den Gitterbausteinen nicht mehr ausreichen, um die Gitterordnung aufrechtzuerhalten.*

5. Beide Salze kristallisieren im gleichen Gittertyp (Steinsalz-Typ, Koordinationszahlen der Bausteine 6, [A 11-6]). Da aber zwischen den doppelt geladenen Ionen des Magnesiumoxids (Mg^{2+}, O^{2-}) größere COULOMBsche Kräfte auftreten als zwischen den Ionen des Kochsalzes (Na^+, Cl^-) muß die Intensität der Wärmebewegung für die Überwindung der Gitterkräfte beim *MgO* viel größer sein. NaCl schmilzt bei 801 °C und MgO bei 2800 °C (feuerfeste Chamottesteine).

6. Da Wasser bereits bei 0 °C schmilzt (NaCl bei 801 °C [A 20-5]), sind die Kräfte zwischen den Gitterbausteinen des *Kochsalzes* größer.

1. *293 K*. Allgemein gilt: $273° + °C = K$!

2. Bei gleicher Temperatur sind nur die mittleren kinetischen Energien der Teilchen gleichgroß. Symbolisiert man mittlere Größen mit einem waagrechten Strich über dem Symbol, so gilt bei gleicher Temperatur:

$$\bar{E}_{kin}(H_2) = \bar{E}_{kin}(O_2)$$

d. h. $\quad \frac{1}{2} m(H_2) \cdot \bar{v}^2(H_2) = \frac{1}{2} m(O_2) \cdot \bar{v}^2(O_2)$

Da $m(H_2) = 2$ u und $m(O_2) = 32$ u, muß $\bar{v}(H_2)$ *bei derselben Temperatur größer* sein als $\bar{v}(O_2)$. Je kleiner die Teilchenmassen sind, um so größer sind ihre mittleren Geschwindigkeiten bei einer bestimmten Temperatur.

3. Setzt man in die Gleichung von [A21-2] die Teilchenmassen in u ein, so gilt:

$$\frac{1}{2} 2u \cdot \bar{v}^2(H_2) = \frac{1}{2} 32u \cdot \bar{v}^2(O_2)$$

Eliminiert man durch Division der Gleichung mit u die Masseneinheit und zieht man die Wurzel, so erhält man:

$$\bar{v}(H_2) = 4 \cdot \bar{v}(O_2)$$

Die mittlere Geschwindigkeit der Wasserstoff-Moleküle ist also viermal so groß wie die der Sauerstoff-Moleküle, wenn die Temperatur gleich ist. Für 273 K wurde die mittlere Geschwindigkeit der Sauerstoff-Moleküle mit 450 m/s angegeben; daher gilt für 273 K: $\bar{v}(H_2) = 1800$ *m/s* (mehr als das 5-fache der Schallgeschwindigkeit!).

4. Aus Erfahrung weiß man, daß nasse Gegenstände (z. B. Wäsche) bei höheren Temperaturen rascher trocknen als bei tieferen. Das bedeutet, daß bei höheren Temperaturen mehr Flüssigkeitsteilchen pro Zeit- und Oberflächeneinheit in die Gasphase austreten. *Die wärmere Flüssigkeit verdampft* also *rascher*. Dies beruht darauf, daß es bei einer höheren Temperatur *mehr besonders energiereiche Teilchen* hat (siehe Verteilungskurve [L21]).

5. Man muß die Teilchen nach abnehmenden Massen ordnen:
Rn (>200 u), Xe (131 u), Kr (84 u), CO_2 (44 u), Ar (40 u), O_2 (32 u), N_2 (28 u), Ne (20 u), H_2O (18 u) und He (4 u) (siehe [A18-6]).

6. Eine Stunde hat 3600 Sekunden; daher gilt: 450 m/s ≙ *1620 km/h*.

1. Chlorethan C_2H_5Cl Diethylether $(C_2H_5)_2O$ CF_2Cl_2 („Freon")

Dabei liegen drei nebeneinanderstehende Atome nie auf einer Geraden, weil die vier Orbitale einer Valenzschale ungefähr nach den Tetraederecken hinweisen.

2. Für die *Betreibung der Pumpe* (des *Kompressors*). – Setzt man Wärmepumpen für die Raumheizung ein, so läßt sich damit etwa 60 % Energie sparen.

3. Wärmeleitung beruht darauf, daß die *Stoffteilchen durch Stöße Energie übertragen,* d. h. Nachbarteilchen energiereicher machen und dabei selbst energieärmer werden. So haben die Gasteilchen der Flamme eine größere mittlere kinetische Energie als die der Nadel und schaukeln daher durch Stöße die Schwingungsintensität der Teilchen des Metallgitters auf. Da aber die Gitterbausteine gegenseitig gebunden sind, pflanzt sich dieses „Aufschaukeln" durch den ganzen Gitterverband fort (Kristalle sind stets gute Wärmeleiter). – Wärmeleitung ist also an Stoffteilchen (Materie) gebunden; sie erfolgt aber in allen Aggregatzuständen. Luft ist ein schlechter Wärmeleiter, da sie viel materieärmer ist als kondensierte Phasen [A 19-4].
Es gibt aber auch eine Art der Wärmeübertragung, die ohne Materieteilchen möglich ist, die sog. Wärmestrahlung. Dabei handelt es sich um elektromagnetische Wellen, die sich mit Lichtgeschwindigkeit auch durchs Vakuum fortpflanzen. Auf diesem Wege erreicht uns die Sonnenenergie durch den praktisch materielosen Weltraum als Licht- und Wärmestrahlung.
Neben Wärmeleitung (Energieübertragung durch Stöße) und Wärmestrahlung (elektromagnetische Wellen) gibt es eine dritte Art der Wärmeübertragung, die Wärmeströmung (Konvektion), d. h. der Transport wärmeren (oder kälteren) Materials in Form von Strömungen der Luft (oder innerhalb der Luft) oder Meeresströmungen.

4. Der Stein wird kälter und das Wasser wärmer, bis *Temperaturgleichheit* herrscht. Dieses Phänomen beruht auf der *Wärmeleitung* (Energieübertragung durch Stöße).

5. *Absaugen der Dämpfe einer leichtflüchtigen Flüssigkeit* [L 22] oder *Wärme(ab)leitung,* indem man den Körper in Kontakt mit einem kälteren bringt (Kühlung).

6. *Kühlung des Gefäßinhalts,* da an der Außenwand besonders energiereiche Teilchen verdunsten (Verdunstungskälte).

1. Nur *von farbigen Stoffen* sind Dämpfe oder Gase sichtbar. So ist elementares Chlor ein gelbgrünes Gas. Elementares Brom, das bei Normalbedingungen auch als schwarzbraune Flüssigkeit auftritt, bildet rotbraune Dämpfe, die aggressiv stechend riechen (bromos: Gestank). Auch elementares Iod, ein schwarzgrauer Feststoff, bildet beim Erwärmen violette Dämpfe (ioeides gr. = veilchenfarben).

2. Hier handelt es sich *nicht* um *eine Aggregatzustandsänderung,* obwohl eine „Verfestigung" eintritt, da die Moleküle durch die Hitze verändert werden (beim Abkühlen wird der Teig nicht rückgebildet!); durch Hitzeeinwirkung werden bestehende Moleküle gespalten und neue (andere) gebildet, was als Thermolyse (thermos: Wärme, lyse: Zersetzung) bezeichnet wird. Bei Aggregatzustandsänderungen bleiben die Stoffteilchen (Moleküle) unverändert; sie werden nur unterschiedlich aggregiert ([L 19]).

3. Weil mit steigenden Temperaturen *immer mehr besonders energiereiche Teilchen* vorliegen [L 21]. Nur diese sind aber fähig, die Kohäsionskräfte zu überwinden, d. h. aus dem Flüssigkeitsverband in die Gasphase auszutreten. Bei genügend hohem Dampfdruck können sich sogar Dampfhohlräume in der Flüssigkeit bilden, d. h. die Flüssigkeit beginnt zu sieden.

4. *Nein.* Aus Erfahrung wissen Sie, daß eine bestimmte Portion Salatöl viel weniger rasch verdunstet als eine entsprechende Wasserportion. Zudem ist vom Braten und Fritieren mit Speiseöl her bekannt, daß die Siedetemperatur solcher Öle wesentlich höher als die des Wassers ist. Da sich also bei Normaldruck im Speiseöl von 100 °C noch keine Dampfhohlräume bilden, muß der Dampfdruck des Öls bei gleicher Temperatur kleiner sein.

5. Wie aus den bisherigen Überlegungen unschwer hervorgeht, muß der Dampfdruck einer Flüssigkeit bei einer bestimmten Temperatur davon abhängen, „mit welcher Leichtigkeit" die Stoffteilchen in die Gasphase austreten, d. h. die Kohäsionskräfte überwinden können. Der Dampfdruck einer Flüssigkeit hängt also neben der Temperatur (besonders energiereiche Teilchen) *von den* zwischen den Flüssigkeitsteilchen wirkenden *Kohäsionskräften* ab.

6. Da die Siedetemperatur einer Flüssigkeit stark von dem auf der Flüssigkeitsoberfläche lastenden Außendruck abhängt, müssen Siedetemperaturen stets mit dem dazugehörenden Außendruck angegeben werden. Abmachungsgemäß erfolgt dann keine Druckangabe, wenn es sich um den Standarddruck von 1,013 bar handelt. Nur die Siedepunkte *bei gleichem Außendruck* lassen einen Vergleich der Kohäsionskräfte in verschiedenen Stoffen zu. – In der Erdatmosphäre nimmt der Luftdruck mit zunehmender Höhe über Meer ab und damit auch der Siedepunkt; für Wasser gilt ungefähr, daß pro 300 m der Siedepunkt um 1 °C abnimmt.

1. *Elementarstoffe und Verbindungen* (Ionenverbindungen, Molekularverbindungen), *die praktisch keine Fremdstoffteilchen enthalten* (absolute Reinheit läßt sich nicht realisieren, aber mit aufwendigen Verfahren eine sehr gute Näherung), nennt man Reinstoffe. Sie zeichnen sich aus durch „scharfe" Schmelztemperaturen (Schmelzpunkte) und durch konstant bleibende Siedetemperaturen (sofern sie sich durch Hitzeeinwirkung nicht zersetzen!).

2. *Die zweite Lösung* enthält pro Liter Wasser nur 66,67 g (200:3) Kochsalz; daher *beginnt sie bei einer etwas tieferen Temperatur* (die aber über der Siedetemperatur des reinen Wassers liegt) *zu sieden* als die andere Lösung. In beiden Fällen wird aber bei fortwährender Wärmezufuhr der gleiche Endzustand erreicht; durch das Verdampfen des Wassers werden die Lösungen an Kochsalz gesättigt und haben dann dieselbe Siedetemperatur; bei weiterem Verdampfen von Wasser kristallisiert festes Kochsalz aus.

3. *Auf unterschiedlich großen Anziehungskräften zwischen den Stoffteilchen.* Bei Salzen sind offenbar diese Kräfte größer als die Kräfte zwischen kleinen Molekülen. Auf welche Weise man sich das Zustandekommen von Anziehungskräften zwischen (den elektrisch neutralen) Molekülen modellhaft erklären kann, wird in den nächsten Lernschritten behandelt.

4. Der höhere Schmelzpunkt des Magnesiumoxids (MgO) zeigt, daß das Gitter dieses Stoffs der Wärmebewegung besser standhält als das Gitter des Aluminiumoxids Al_2O_3. Eigentlich sind zwischen den Ionen Al^{3+} und O^{2-} stärkere Anziehungskräfte wirksam als zwischen den Ionen Mg^{2+} und O^{2-}. Weil aber MgO einfacher gebaut ist (Steinsalz-Typ), wirken die *Kräfte im MgO regelmäßiger in allen Raumrichtungen.*
   MgO-Pulver wird als „Magnesia" beim Geräteturnen verwendet, damit die Hände trotz des Schweißes griffig bleiben. MgO und Al_2O_3 werden als feuerfeste Materialien zur Herstellung sog. Chamottesteine verwendet, welche im Feuerungsbau Verwendung finden.

5. Aus der Angabe der Koordinationsverhältnisse [L 12] folgt, daß beide Salze im gleichen Gittertyp kristallisieren; somit sind die Verhältnisse in den Raumrichtungen analog. Weil aber die Kalium-Ionen K^+ *größer* als die Natrium-Ionen Na^+ sind, ist bei K^+ die Dichte der positiven Ladung pro Oberflächeneinheit kleiner, wodurch *schwächere* COULOMBsche *Kräfte* resultieren.

6. Da Kochsalzlösungen bei etwas höheren Temperaturen zu sieden beginnen als Wasser [L 24], ist ihr Dampfdruck jeweils etwas *kleiner* als der von Wasser (wenn die Temperatur gleich ist).

FK 4

Bearbeiten Sie mit Hilfe Ihrer Spickzettel, dem PSE und den Tabellen die nachstehenden Fragen und kontrollieren Sie Ihre Antworten erst am Schluß. Was Ihre Antwort enthalten muß, ist im Antwortteil (Rückseite) hervorgehoben. Bewerten Sie jede Antwort (ganz richtig: 1 Punkt, teilweise richtig: 0,5 Punkte, falsch: Null Punkte). Qualifikationen: 11 errеichte Punkte *sehr gut,* 10 erreichte Punkte *gut,* 9 Punkte *befriedigend* und 8 Punkte *ausreichend.* Weniger Punkte: ungenügende Leistungen. Ergänzen Sie gegebenenfalls Ihre Spicker!

1. Von welchen Faktoren hängt die Schmelztemperatur eines Reinstoffs ab?
2. Wovon hängt die Siedetemperatur eines flüssigen Reinstoffs ab?
3. Was versteht man unter kondensierten Phasen?
4. Welche Masse hat ein Kubikmeter trockene Sommerluft ungefähr und um welchen Faktor sind die Massen kondensierter Phasen ungefähr größer?
5. Welcher Unterschied besteht zwischen Wasserdampf und (Wasser)Nebel?
6. Warum können Feststoffe sublimieren?
7. Welche der bisher besprochenen Stoffarten sublimieren bei Normaltemperatur nur in sehr geringem Ausmaße?
8. Geben Sie ein Phänomen an, welches ohne die fortwährende Eigenbewegung der Stoffteilchen nicht erklärbar ist.
9. a) Welche absolute Temperatur hat siedendes Wasser bei einem Außendruck von 1,013 bar, dem sog. Standarddruck?
   b) Welcher Gasdruck ist beim absoluten Nullpunkt zu erwarten?
10. Welche Möglichkeiten hat man, um in einem Stahlgefäß (Volumen also unveränderlich oder konstant) den Gasdruck zu erhöhen?
11. Welche Möglichkeiten der Wärmeübertragung sind Ihnen bekannt? Bei welchen dieser Möglichkeiten ist die Anwesenheit von Stoffteilchen notwendig?
12. Wir betrachten die Verbindungen der folgenden Elemente:
    a) Natrium und Fluor
    b) Natrium und Iod
    Bestimmen Sie die Koordinationsverhältnisse und geben Sie mit Begründung an, welche Verbindung die höhere Schmelztemperatur haben muß.

1. Von der *Größe der Kräfte,* die *zwischen den Gitterbausteinen* möglich sind und davon, *wie regelmäßig diese Kräfte in allen Raumrichtungen wirken;* daher sind dichteste Kugelpackungen besonders stabile Gitter.

2. Von den *Kohäsionskräften* zwischen den Flüssigkeitsteilchen und dem *Außendruck.*

3. „Verdichtete" Phasen, also *Feststoffe und Flüssigkeiten,* bei denen die Teilchen beisammenliegen [A 19-4].

4. Siehe [A 19-4]! 1 m^3 Luft hat die Masse von ca. *1 kg,* die Masse kondensierter Phasen ist rund *1000mal* größer: 1 m^3 Wasser: 1000 kg, 1 m^3 Granit: 2600 kg und 1 m^3 Eisen 7800 kg (kondensierte Phasen: Massen 10^3–10^4mal größer).

5. *Wasserdampf ist unsichtbar* (gasförmiges Wasser, Einzelmoleküle und unsichtbar kleine Molekülaggregate [„Cluster"] vorhanden). *Nebel ist sichtbar,* da Tröpfchen von Wasser vorliegen, die unzählige H$_2$O-Moleküle enthalten.

6. Weil *auch bei tiefen Temperaturen besonders energiereiche Teilchen* vorliegen, können sich solche Eckteilchen aus dem Gitterverband losreißen.

7. *Salze* und die Gebrauchs*metalle* des Alltags. Diese Stoffe sind jahrzehntelang haltbar, weil die Gitterkräfte sehr groß sind.

8. Vergleichen Sie Ihre Angabe mit den Beispielen von [*L 20*].

9. a) Da unter Standarddruck von 1,013 bar das Wasser bei 100 °C siedet, entspricht dies der absoluten Temperatur von *373 K* [A 21-1].

   b) *Keiner,* da die Teilchen praktisch stillstehen. In der Tat existiert nahe am absoluten Nullpunkt keine Gasphase mehr. So siedet Helium (He) als Stoff mit dem tiefsten Siedepunkt bei 4 K. Bei 1 K läßt es sich sogar in einen Feststoff mit dichtester Kugelpackung überführen, wenn man es mit 26 bar zusammendrückt.

10. Entweder *zusätzliches Gas hineinpressen* (Zahl der Stöße pro Flächeneinheit nimmt zu) *oder erwärmen* (Intensität – und auch die Zahl – der Stöße wächst).

11. Auf Stoffteilchen angewiesen sind *Wärmeleitung* (Energieübertragung durch Stöße) und *Wärmeströmung* (Verfrachtung von Stoffteilchen), während die *Wärmestrahlung* (Elektromagnetismus) keine Materie benötigt [A 22-3].

12. Radius (Na$^+$)/Radius (F$^-$) = 0,69 und Radius (Na$^+$)/Radius (I$^-$) = 0,44. Somit gilt: [*NaF*]$_{6:6}$ und auch [*NaI*]$_{6:6}$. Bei gleichem Gittertyp ist allein die mögliche Kraftwirkung zwischen zwei Bausteinen maßgebend. Da I$^-$ größer als F$^-$ ist, hat *I$^-$ die kleinere Dichte negativer Ladung pro Oberflächeneinheit* und damit NaI den tieferen Schmelzpunkt (661 °C) als das *NaF* (993 °C).

1. Die elementaren Halogene bestehen aus den zweiatomigen Molekülen F_2 (18 e⁻), Cl_2 (34 e⁻), Br_2 (70 e⁻) und I_2 (106 e⁻). Die *Siedepunkte nehmen mit zunehmender Elektronenzahl zu,* da die VAN DER WAALSschen Kräfte im gleichen Sinne zunehmen: F_2 (–188 °C), Cl_2 (–35 °C), Br_2 (+59 °C) und I_2 (+185 °C).

2. Die *höhere Siedetemperatur* (–42 °C oder 231 K) ist dem *Propan* zuzuordnen, da die Moleküle C_3H_8 mehr Elektronen haben.

3. An und für sich sind zwischen Propanmolekülen C_3H_8 größere VAN DER WAALSsche Kräfte wirksam ([A 25-2]). Die *Stabilität eines Kristallgitters hängt* aber *neben den* möglichen *Anziehungskräften zwischen zwei Gitterbausteinen davon ab, wie regelmäßig diese Kräfte in allen Raumrichtungen* im Gitter *wirksam sind* [L24]! Das einfach gebaute CH_4 bildet im festen Zustand ein Gitter, das dem einer dichtesten Kugelpackung [L13] entspricht; dies ergibt die regelmäßigsten Kraftwirkungen in allen Raumrichtungen. – Beim gewinkelten C_3H_8 (die drei C-Atome schließen den Tetraederwinkel von 109,5° ein) ist kein so einfaches Gitter möglich; daher ist die Gitterstabilität trotz der größeren VAN DER WAALSschen Kräfte beim festen Propan geringer [A 24-4].

4. *Keines.* Den höchsten Siedepunkt hat das Radon (208 K ≙ –65 °C).

5. Bisher haben wir nur VAN DER WAALSsche Kräfte als Ursache zwischenmolekularer Anziehung kennengelernt. Diese Kräfte hängen von der Polarisierbarkeit der Moleküle ab, die recht gut mit der Gesamtelektronenzahl einhergeht. Somit muß C_4H_{10} (Butan, ein Heizgas, unter Druck verflüssigbar) gasförmig sein (34 e⁻), C_6H_{14} (Hexan, ein Benzinbestandteil) flüssig (50 e⁻) und S_8 (elementarer Schwefel [L6]) fest (128 e⁻). – Zusatzinformation: Elementarer Schwefel besteht aus ringförmigen Molekülen, die aus acht S-Atomen bestehen. Wie nebenstehend ersichtlich ist, lassen sich solche Achtringe mit dem Tetraedermodell konstruieren. Mit unserer Modellvorstellung könnte man aber auch Moleküle S_2 (⟨s=s⟩) erwarten, die in Schwefeldämpfen tatsächlich existieren.

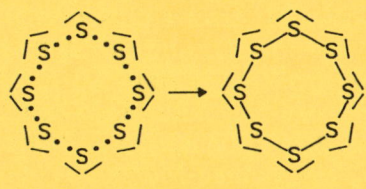

6. Die Ionen des NaF (Na^+ und F^-) haben Neon-Konfiguration. Da Neon bei -246 °C (27 K) siedet, sind die Kräfte zwischen Ne-Atomen sehr viel kleiner als zwischen den Ionen Na^+ und F^-. *Im Neon wirken nur VAN DER WAALSsche Kräfte* (kleine Partialladungen δ+ und δ-), während die Ionen ganze Elementarladungen aufweisen, die zudem permanent (dauernd, also nicht kurzlebig) sind.

1. *Ja*. Das Methan-Molekül enthält vier schwach polare C–H-Bindungen. Infolge der tetraedrischen Anordnung dieser gleichstark polaren Bindungen ist jedoch das Molekül unpolar.

2. Das Ethen-Molekül weist vier schwach polare Bindungen C−H und die unpolare Bindung C =C auf. Da wegen der symmetrischen Anordnung die Schwerpunkte aller positiven und negativen Ladungen im Zentrum zusammenfallen, ist C_2H_4 ein *unpolares Molekül*.

3. *Schwach polar* trifft zu. Wie die nebenstehende Valenzstrichformel zeigt, sind die Bindungselektronen permanent ein wenig nach unten hin verschoben (alle Atombindungen sind mit $\Delta(EN) = 0,3$ schwach polar).

4. Aufgrund der Konstitutionsformel CH_3COCH_3 kann die nebenstehende Valenzstrichformel (Elektronenstrichformel) gezeichnet werden (die drei C-Atome schließen einen Winkel ein). Man erkennt, daß es sich um ein *stark polares Molekül* handeln muß, da die Bindung C=O stark polar ist. Einen kleinen Beitrag zur Dipolnatur leisten auch die beiden CH_3-Gruppen (Elektronen ein wenig nach oben hin verschoben). Zum Vergleich: Der Stoff Methylpropan, der aus den ähnlich gebauten Molekülen $CH_3CH(CH_3)CH_3$ besteht (O durch −CH_3 ersetzt plus zusätzliches H) siedet bei -0,5 °C (Aceton bei +56 °C!), obwohl Methylpropan-Moleküle etwa 6 % mehr Elektronen (34 statt 32) als Aceton-Moleküle enthalten; Methylpropan-Moleküle sind eben nahezu unpolar.

5. Die nebenstehende Valenzstrichformel läßt erkennen, daß Dichlormethan-Moleküle schwache *Dipole* sind, weil es sich um schwach polare Bindungen ($\Delta(EN) = 0,3$) handelt. Infolge der tetraedrischen Anordnung der Atome ist der negative Pol auf der Seite der Cl-Atome.

6. Beide Molekülarten haben 18 Elektronen. Daher sind ähnlich große VAN DER WAALSsche Kräfte zu erwarten. Da aber beim *Fluormethan* noch Dipol-Dipol-Anziehung hinzukommt (die Moleküle sind starke Dipole), muß dieser Stoff die *höhere Siedetemperatur* haben (−78 °C) als Fluor F_2 (−188 °C).

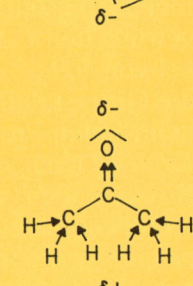

1.

H–O–H δ^- δ^+ H–N–H (mit H) δ^- δ^+ $|N \equiv N|$ $\langle O = C = O \rangle$ H_3C–O–CH_3 δ^- δ^+

Die Valenzstrichformeln lassen erkennen: H_2O hat je zwei aktive und pasive Stellen, NH_3 drei aktive und eine passive und CH_3OCH_3 hat nur zwei passive Stellen. N_2 und CO_2 haben keine passiven Stellen, da hier die N- und O-Atome keine permanent negativen Pole darstellen (N_2 und CO_2 sind unpolare Moleküle!).

2. *Vier.* Die drei aktiven Stellen des NH_3 [A27-1] können drei H-Brücken mit einer passiven Stelle dreier H_2O-Moleküle bilden, während ein viertes H_2O-Molekül mit einer seiner aktiven Stellen am Elektronenpaar an N angreifen kann.

3. Bei ClF (26 e⁻) wären nach unseren Regeln größere VAN DER WAALSsche Kräfte zu erwarten als bei CH_3OH (18 e⁻). Beide Moleküle sind zudem polar. Da nun im CH_3OH größere Kohäsionskräfte vorliegen, muß die *zusätzliche Dipol-Dipol-Anziehung viel stärker* als im ClF sein. Es handelt sich dabei um den Spezialfall der *H-Brücken,* analog der Abbildung von [L27].

4. Da die Elektronenzahl der Moleküle nur um rund 6 % differiert (32 bzw. 34), sind auch die VAN DER WAALSsche Kräfte nicht wesentlich verschieden. Beide Moleküle sind polar ([Aceton [A26-4]], 1-Propanol analog Ethanol [L27]), aber nur zwischen den 1-Propanol-Molekülen sind H-Brücken möglich (Aceton hat keine aktiven Stellen!).

5. 1-Propanol kann *drei* und Aceton *zwei* Wasserstoffbrücken mit H_2O ausbilden, wie die nebenstehenden Valenzstrichformeln zeigen.

6. Bei ähnlich großer Elektronenzahl (34 bzw. 32) entscheidet die zusätzliche Dipol-Dipol-Bindung. Beim praktisch unpolaren C_4H_{10} ist diese vernachlässigbar; C_4H_{10} ist gasförmig. Da nun Harnstoff-Moleküle je vier aktive und passive Stellen haben, sind zwischen $(NH_2)_2CO$-Molekülen mehr H-Brücken möglich als zwischen den 1-Aminopropan-Molekülen $C_3H_7NH_2$, die nur je eine passive und zwei aktive Stellen haben; daher ist *Harnstoff fest* und *1-Aminopropan flüssig.*

1. Da die *Ethanolmoleküle mit Wasser-molekülen H-Brücken* bilden können, können sich nun nicht mehr ausschließlich Wasser-Moleküle über H-Brücken zusammenlagern; somit erfolgt gegenüber der Wärmebewegung keine Selektion mehr.

2. Weil *keine der beiden Molekülarten fähig ist, sich über H-Brücken selektiv zusammenzulagern* und Assoziate auszubilden, die der Wärmebewegung standhalten; dafür sind immer H-Brücken nötig! Die Dipol-Dipol-Anziehung zwischen den (stark) polaren Aceton-Molekülen genügt also nicht!

3. Die Mischbarkeit beruht darauf, daß Aceton-Moleküle mit Wasser-Molekülen *zwei H-Brücken* ausbilden können und die Molekülteile des Acetons, die nicht H-Brücken bilden können (die beiden Gruppen –CH$_3$) nicht zu groß sind.

4. Beim Diethylether sind *die Molekülteile, die mit H$_2$O keine H-Brücken bilden können* (die beiden Gruppen –C$_2$H$_5$) schon *relativ groß;* daher suchen sich die H$_2$O-Moleküle, die überall Stellen für H-Brücken haben, bevorzugt und verdrängen die Diethylether-Moleküle zum großen Teil aus ihrem Verband. Weil aber diese Moleküle mit H$_2$O zwei H-Brücken bilden können, ergibt sich wegen der Wärmebewegung eine teilweise Löslichkeit.

5. Mit der Angabe, wonach sechs CH$_2$-Gruppen ringförmig angeordnet sind, ergibt sich die nebenstehende Valenzstrichformel. *Cyclohexan ist ein benzinähnlicher* Stoff (Fleckenwasser). *Es ist nicht wasserlöslich,* da Cyclohexan keine Wasserstoffbrücken bilden kann. *Mit Aceton* ist Cyclohexan *mischbar,* wie aus [A 28-2] folgt!

6. Auf *unterschiedlicher Größe des Molekülteils, der mit Wasser keine Wasserstoffbrücken bilden kann.* Dieser ist im 1-Pentanol bereits so groß, daß sich die H$_2$O-Moleküle bevorzugt zusammenlagern.

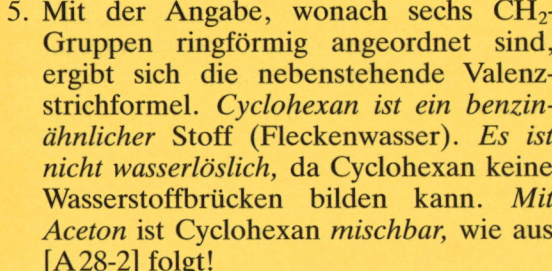
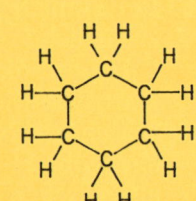

1. Koordinationszahl 6 bedeutet, daß die Ionen *sechs Wasserliganden* haben. Somit lauten die Formeln: $[Na(H_2O)_6]^+$ und $[Cl(H_2O)_6]^-$. Als Abkürzung für in Wasser gelöste Ionen des Kochsalzes werden die Symbole $Na^+(aq)$ und $Cl^-(aq)$ (aq von aqua).

2. Bei höheren Temperaturen ist die *Diffusionsgeschwindigkeit* wegen der verstärkten Eigenbewegung der Teilchen *größer*. Daher werden die abgelösten Ionen rascher von der Phasengrenze weggeschafft und der Zutritt neuer Wasser-Moleküle ermöglicht.

3. *Nein.* Wie Sie aus Erfahrung wissen, kann man Feststoffe wie Zukker oder Kochsalz nur bis zur sog. Sättigung der Lösung in Wasser auflösen. Gibt man anschließend weiterhin vom betreffenden Feststoff zu, so läßt sich der bei gleichbleibender Temperatur nicht mehr in Lösung bringen (Bodensatz). – Es gilt ganz allgemein, daß Mischbarkeit (d. h. Löslichkeit in jedem beliebigen Verhältnis) nur bei gleichen Aggregatzuständen der Komponenten möglich ist. Gase sind immer miteinander mischbar, weil sich in Gasen keine Molekülassoziate bilden, die der Wärmebewegung standhalten (sehr kleine Kräfte zwischen Gasteilchen). Bei Flüssigkeiten ist Mischbarkeit und Sättigung möglich [L 28]; Sättigung bedeutet stets das Erreichen einer Grenze, seien nun die Stoffe sehr gut oder sehr schlecht löslich (absolute Unlöslichkeit gibt es strenggenommen nicht!).

4. a) Al_2O_3 (Ionen Al^{3+} und O^{2-}) *unlöslich* (Gitterkräfte zu groß).
   b) $MgCl_2$ (Ionen Mg^{2+} und Cl^-) *löslich,* siehe Regeln in [L 29].
   c) CaF_2 (Ionen Ca^{2+} und F^-). Dieser Stoff stellt eine der Ausnahmen von den in [L 29] angegebenen Löslichkeitsregeln dar, da es sich um ein Fluorid (enthaltend F^-) handelt. CaF_2 (als Mineral, d. h. Bestandteil der Erdkruste, Fluorit oder Flußspat genannt) ist sehr *schlecht wasserlöslich.* Neben den kleinen Ionen Ca^{2+} und F^- ist dafür die Regelmäßigkeit der Kräfte in allen Raumrichtungen (letzter Abschnitt von [L 12]) verantwortlich (Gitterstabilität).

5. Wie die Tabelle mit den Atom- und Ionenradien zeigt, *nimmt die Ionengröße von Li^+ über Na^+ nach K^+ zu.* Daher nimmt die Dichte der positiven Ladung pro Oberflächeneinheit ab, was *kleinere COULOMBsche Kräfte* mit F^- zur Folge hat.

6. In wäßrigen Lösungen sind die Ionen hydratisiert (hydros: Wasser), d. h. von Wassermolekülen aufgrund der Ion-Dipol-Bindung umhüllt. In einer wäßrigen Lösung von Magnesiumchlorid [Symbol $MgCl_2(aq)$] liegen also die Aquakomplexe [F 29-1] $Mg^{2+}(aq)$ und $Cl^-(aq)$ [A 29-1] vor. Da die Ionen Mg^{2+} eine wesentlich größere Ladungsdichte pro Oberflächeneinheit haben als die Ionen Cl^- (Mg^{2+} ist doppelt geladen und viel kleiner), werden die Aquakomplexe $[Mg(H_2O)_6]^{2+}$ und Chlorid-Ionen ins Gitter eingelagert, weil Wasser *von Mg^{2+} stärker gebunden* wird.

1. Offenbar ist in diesem Temperaturintervall die durch den Abbau der Cluster bewirkte *Volumenabnahme stärker als* die durch die zunehmende Wärmebewegung bewirkte *Volumenzunahme.*

2. Natürlich der Effekt der *Volumenzunahme* (normale Wärmeausdehnung). „Normale Stoffe" zeigen hinsichtlich der Volumenveränderung ihrer kondensierten Phasen in Abhängigkeit der Temperatur folgendes Verhalten: Feststoffe dehnen sich mit steigenden Temperaturen etwas aus, was auch für $H_2O(s)$ gilt; dann aber erfolgt beim Schmelzen im Gegensatz zu Wasser eine geringe (sprunghafte) Volumenzunahme. Anschließend nimmt das Volumen stetig (nie genau linear) zu. Nach dem Verdampfen ist das Volumen stets unbestimmt, weil Gase jedes Gefäß gleichmäßig erfüllen.

3. Die sog. Volumenkontraktion, d. h. die beim Mischen mit Wasser eintretende Abnahme des Gesamtvolumens, läßt sich nur durch den *Abbau der Hohlraumstruktur* des Wassers, also durch den Abbau der Molekül-Cluster erklären. Dabei wird die *Luft,* die in den Clustern von Wasser-Molekülen eingeschlossen war, *freigesetzt;* sie erscheint in Form von farblosen Gasbläschen. Das Freisetzen der Luft erfolgt übrigens nicht schlagartig; bei Normaltemperatur dauert es einige Zeit, bis alle Luft ausgetrieben ist. Dies zeigt, daß die kristallinen Cluster im Wasser ziemlich langlebig sind.

   Warum wird denn eigentlich beim Mischen mit Wasser die Hohlraumstruktur des Wassers abgebaut? – Diese Hohlraumstruktur (Wasser-Cluster) kann nur existieren, wenn keine Fremdteilchen im Wasser vorhanden sind, die mit Wasser-Molekülen starke Bindungen eingehen (Ionen oder Moleküle, die H-Brücken ausbilden). Solche Fremdteilchen schieben sich zwischen die Wasser-Moleküle und verhindern somit die Ausbildung der Hohlraum-Cluster.

4. *Kleiner,* da bei 50 °C der Anteil kristalliner Bereiche am Gesamtvolumen des Wassers kleiner ist als bei 0 °C.

5. Luftmoleküle liegen im Wasser in den Cluster-Hohlräumen vor, die mit steigenden Temperaturen abgebaut werden; daher nimmt die *Löslichkeit der Luft in Wasser mit steigenden Temperaturen ab.* Dies führt zum Tod mancher Wasserlebewesen (Edelfische), die sauerstoffreiches Wasser benötigen.

6.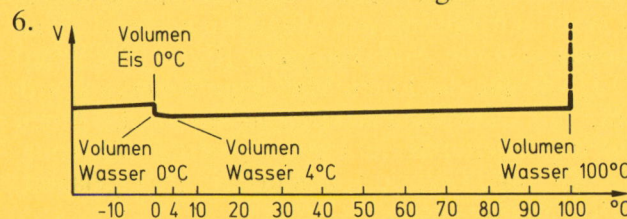

Bearbeiten Sie mit Hilfe Ihrer Spickzettel, dem PSE und den Tabellen die nachstehenden Fragen und kontrollieren Sie Ihre Antworten erst am Schluß. Was Ihre Antwort enthalten muß, ist im Antwortteil (Rückseite) hervorgehoben. Bewerten Sie jede Antwort (ganz richtig: 1 Punkt, teilweise richtig: 0,5 Punkte, falsch: Null Punkte). Qualifikationen: 11 erreichte Punkte *sehr gut,* 10 erreichte Punkte *gut,* 9 Punkte *befriedigend* und 8 Punkte *ausreichend.* Weniger Punkte: ungenügende Leistungen. Ergänzen Sie gegebenenfalls Ihre Spicker!

1. Auf Hochglanz polierte Metalloberflächen sind gegenüber Korrosion (Metallzersetzung) viel beständiger als rauhe Oberflächen. So werden Amalgamfüllungen vom Zahnarzt poliert. Was erreicht man mit dieser Maßnahme?

2. Enthalten C_2F_6-Moleküle polare Bindungen? Handelt es sich um polare Moleküle?

3. Zeichnen Sie die Valenzstrichformel des Moleküls $HO(CH_2)_2O(CH_2)_2NH_2$ und geben Sie an, wieviele aktive und passive Stellen für H-Brücken vorliegen.

4. Kohlenwasserstoffe sind Verbindungen, deren Moleküle nur aus C- und H-Atomen bestehen. Sind Kohlenwasserstoffe gut oder schlecht wasserlöslich?

5. Welcher Stoff muß die höhere Siedetemperatur haben, Glycol $HO(CH_2)_2OH$ oder 1,2-Diaminoethan $H_2N(CH_2)_2NH_2$?

6. Beurteilen Sie die Wasserlöslichkeit der beiden in [FK 5-5] genannten Flüssigkeiten.

7. Beurteilen Sie die Löslichkeit von Glycol [FK 5-5] in Cyclohexan [A 28-5].

8. Glycerin ist eine farblose, ölige und süß (glycis: süß) schmeckende Flüssigkeit. Als Baustein von Fetten der Lebewesen (es gibt auch Schmierfette, die nicht Glycerin enthalten) hat es eine große Bedeutung in der belebten Natur. Warum hat Glycerin $CH_2(OH)CH(OH)CH_2(OH)$ eine ölige (zähflüssige) Konsistenz?

9. Beurteilen Sie die Löslichkeit von Glycerin [FK 5-8] in Wasser, in Glycol [FK 5-5] und in Chloroform $CHCl_3$.

10. Welcher der nachstehenden Stoffe ist wasserlöslich: $Fe_{21}C$, MgO, $C_{17}H_{36}$?

11. Reihen Sie die nachstehend aufgeführten Stoffe nach steigenden Siedetemperaturen ein und begründen Sie Ihre Meinung: CH_3OH, O_2, MgO.

12. In welcher Weise verändert sich das Volumen eines „normalen" Stoffs, wenn der Feststoff erwärmt wird, schmilzt und die Flüssigkeit weiterhin erwärmt wird? Zeichnen Sie das Volumen-Temperatur-Schaubild (Volumen: Ordinate; Temperatur: Abszisse).

1. Eine *starke Verminderung der Eckteilchen,* welche sich am leichtesten ablösen lassen. Damit werden Zersetzungsreaktionen stark verlangsamt.

2. *Ja,* nämlich sechs stark polare Bindungen C–F; da diese aber symmetrisch angeordnet sind, ist das Molekül *unpolar.*

3. Das Molekül hat drei aktive Stellen (die an O und N gebundenen H) und fünf passive Stellen (e^--Paare an O und N).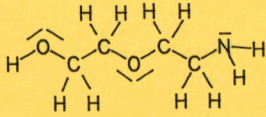

4. Sehr *schlecht löslich,* da keine Stellen für H-Brücken vorliegen.

5. Die beiden Molekülarten haben je 34 e^- und können gleichviele H-Brücken bilden, weil sie je zwei Stellen der einen Sorte und vier Stellen der anderen Sorte aufweisen. Da aber die O–H-Bindungen stärker polar als die N–H-Bindungen sind, ist die *Kohäsion im Glycol stärker* (Siedetemperatur +198 °C bzw. +117 °C).

6. *Beide sind mit Wasser mischbar* (viele H-Brücken mit Wassermolekülen möglich).

7. Glycol ist in Cyclohexan *kaum löslich.* Da Cyclohexan aus unpolaren Molekülen besteht, suchen sich Glycol-Moleküle selektiv.

8. Ölige Konsistenz weist auf *große zwischenmolekulare Kräfte hin.* Wie die Valenzstrichformel zeigt, sind zwischen diesen Molekülen viele H-Brücken möglich (Siedetemperatur +290 °C).

9. *Glycerin* ist mit Wasser *mischbar,* weil seine Moleküle mit Wasser-Molekülen zahlreiche H-Brücken bilden können [AK5-8]; aus demselben Grund ist es auch *mit Glycol* [AK5-3] *mischbar.* Hingegen ist seine Löslichkeit *in Chloroform* [A26-3] *sehr schlecht,* da es mit den $CHCl_3$-Molekülen keine H-Brücken bilden kann; daher bilden sich selektiv Verbände von Glycerin-Molekülen.

10. *Keiner.* $F_{21}C$ ist ein Stahl [AK2-4], MgO besteht aus je doppelt geladenen Ionen und $C_{17}H_{36}$ ist ein Kohlenwasserstoff-Molekül (keine Stellen für H-Brücken).

11. O_2 (–183 °C) besteht aus unpolaren kleinen Molekülen, CH_3OH (+65 °C) kann untereinander H-Brücken bilden, MgO (+3600 °C) besteht aus doppelt geladenen Ionen, womit die zwischenpartikularen Kräfte weitaus am größten sind.

12. Nach [A30-2] gilt:
Smp = Schmelzpunkt
Sdp = Siedepunkt

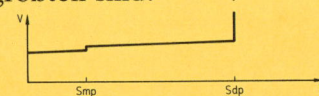

1. Es handelt sich um ein *heterogenes Stoffsystem,* bestehend aus zwei Phasen, nämlich der festen Eisphase und der Gasphase Luft. Dieses Stoffsystem enthält die Bestandteile Wasser (H_2O), und die Komponenten (Stoffarten) der Luft, die hiermit in Erinnerung gerufen seien: Stickstoff N_2 (Teilchenanteil 78 %), Sauerstoff O_2 (21 %), Argon Ar (0,93 %), Kohlendioxid CO_2 (0,035 %) und in Spuren die übrigen Edelgase. Dieses heterogene Stoffsystem muß als *Staub oder Rauch* bezeichnet werden.

2. Salben haben eine fettige Beschaffenheit, weil bei Salben feinste *wäßrige Tröpfchen in der Fett- oder fettähnlichen* (z. B. Vaseline) *Phase verteilt* sind. Bei Cremes ist es umgekehrt; hier ist die wäßrige Phase die „Trägerphase", in der feinste Fett- oder fettähnliche Tröpfchen verteilt sind; daher haben Cremes eine weniger fettige Konsistenz. – Sowohl Salben als auch Cremes sind wichtige Applikationsformen (Anwendungsformen) für Heilmittel und Kosmetika.

3. In Flüssigkeiten verläuft die *Diffusion sehr viel langsamer als in Gasen, weil in Flüssigkeiten die Teilchen beisammenliegen.* Die das eine Teilchen umhüllenden Nachbarteilchen verhindern, daß sich ein Teilchen rasch von seinen Nachbarn entfernen kann. In Gasen hingegen ist zwischen den Teilchen viel leerer Raum. In [A 19-4] wurde gezeigt, daß in Gasen von Normaldruck nur etwa 1‰ des Gasvolumens von Gasmolekülen beansprucht wird, so daß die Gasmoleküle in den drei Raumkoordinaten im Mittel etwa zehn Teilchendurchmesser auseinanderliegen. Gasmoleküle können also im Mittel den zehnfachen Weg ihres Eigendurchmessers zurücklegen, bevor sie mit einem anderen Gasmolekül zusammenstoßen (sog. mittlere freie Weglänge). Daher diffundieren Gase sehr viel rascher.

4. Deren *zwei,* nämlich die Gasphase und die feste Phase. Daher muß Schaumgummi als fester Schaum bezeichnet werden. Feste Schäume haben heute eine große Bedeutung als leichte Verpackungsmaterialien, wirksame und leichte Stoffe zur Wärmeisolierung und als elastische feste Schäume für Matratzen.

5. Sie sind *klar durchsichtig,* bei sehr intensiver Färbung natürlich nur in dünneren Schichten.
   In flüssigen Lösungen liegen im Lösungsmittel isolierte Ionen oder Moleküle der gelösten Stoffe vor oder jedenfalls so kleine Aggregate dieser gelösten Stoffteilchen, daß keine Lichtstreuung auftritt, welche eine Trübung verursacht. Trübungen können von Feststoffteilchen (Suspensionen) oder auch Flüssigkeitströpfchen (Emulsionen) stammen.

6. Den Bestandteil Wasser und die Komponenten der Luft [A 31-1], wenn es nicht längere Zeit siedet. Durch das Sieden wird die Luft, die sich in den Clustern [L 30] befindet, mit der Zeit ausgetrieben.

1. Man kann *Wasser* zufügen und umrühren, damit sich das *Kochsalz auflöst.* Anschließend können die Glassplitter durch *Filtration* von der Kochsalzlösung abgetrennt werden (mit Wasser nachwaschen, damit kein Kochsalz an den Glassplittern und im Filterpapier zurückbleibt). Nun können die Glassplitter getrocknet und das Wasser der Kochsalzlösung abgedampft werden.

2. Die Fällung muß ein schlecht wasserlöslicher Feststoff sein. In den beiden Lösungen liegen die folgenden Ionenarten vor: $Na^+(aq)$ [A 29-1], $SO_4^{2-}(aq)$ und $Ba^{2+}(aq)$, $Cl^-(aq)$. Der Feststoff muß positive und negative Ionen enthalten. Nach unseren Löslichkeitsregeln für Salze von Hauptgruppenelementen [L 29] kann dies nur die Kombination der doppelt geladenen Ionen sein. Es bildet sich also $BaSO_4(s)$.

3. Auf der Fähigkeit der „ungesättigten" *Oberflächenteilchen* [A 11-3], *Teilchen von anderen Stoffen anzuziehen* (sog. Adhäsionskräfte, d. h. Anlagerungskräfte). Sehr fein verteilte Feststoffe sind infolge der sehr großen Gesamtoberfläche wichtige Adsorptionsmittel. So hat die sog. Aktivkohle – auch wegen der vielen Poren – eine Oberfläche bis zu 800 m^2/g (Quadratmeter durch Gramm)! Aktivkohle findet in der Chemie zur Eliminierung kleiner Mengen von Fremdstoffen Verwendung (Zusatz zu Lösungen, anschließendes Abfiltrieren der Aktivkohle) oder als Adsorbens in Atemschutzgeräten (Gasmasken).

4. Um eine *Extraktion,* d. h. um das „Ausziehen" oder „Herauslösen" von Bestandteilen des Teekrauts mittels heißem Wasser. Extraktionsverfahren sind aber auch in der präparativen Chemie (Herstellung von Präparaten aus Stoffgemischen) von großer Bedeutung, weil dies eine erste Scheidung der Stoffe komplizierter Gemische (etwa von pflanzlichem oder tierischem Material) ermöglicht. So können die im jeweiligen Extraktionsmittel löslichen Stoffe durch Filtration von den übrigen (unlöslichen) Stoffen abgetrennt werden. Durch Eindampfen des Filtrats (das ist die durch das Filter fließende Lösung) erhält man das Gemisch der im betreffenden Extraktionsmittel löslichen Stoffe.

5. Weil sie sich bereits *bei niedrigen Temperaturen* von den extrahierten Stoffen durch Verflüchtigen (Verdampfen) *abtrennen* lassen. Dies ist deswegen wichtig, weil viele organische Verbindungen hitzeempfindlich sind, d. h. sich bei zu hohen Temperaturen zersetzen (z. B. Caramelbildung beim Erwärmen von Zucker).

6. Man könnte das Gemisch in ein Becherglas geben und *Wasser zufügen,* bis es überläuft. Die schwimmenden Sägespäne würden dann weggeschwemmt, während der Sand am Boden des Becherglases liegen bleibt. Die sog. Flotation wird auch beim Goldwaschen angewendet, um die schwereren Goldfilter vom leichteren Sand zu trennen.

Bearbeiten Sie mit Hilfe Ihrer Spickzettel, dem PSE und den Tabellen die nachstehenden Fragen und kontrollieren Sie Ihre Antworten erst am Schluß. Was Ihre Antwort enthalten muß, ist im Antwortteil (Rückseite) hervorgehoben. Bewerten Sie jede Antwort (ganz richtig: 1 Punkt, teilweise richtig: 0,5 Punkte, falsch: Null Punkte). Qualifikationen: 11 erreichte Punkte *sehr gut,* 10 erreichte Punkte *gut,* 9 Punkte *befriedigend* und 8 Punkte *ausreichend.* Weniger Punkte: ungenügende Leistungen. Ergänzen Sie gegebenenfalls Ihre Spicker!

1. In der Umgebung Luft werden Eisennägel mit festem Kochsalz gemischt. Wie viele Phasen hat dieses Stoffsystem?
2. Auf welche Weise läßt sich das oben erwähnte Stoffsystem trennen?
3. Wie viele Bestandteile (Komponenten, Stoffarten) haben Lösungen?
4. Woran erkennt man, ob es sich bei einer flüssigen Phase um eine Lösung (bzw. reines Lösungsmittel) handelt oder nicht?
5. Was haben Stäube und Nebel gemeinsam und worin unterscheiden sich diese beiden Arten von Stoffsystemen?
   Geben Sie zudem je einen anderen Namen für diese Stoffsysteme an.
6. Salben und Cremes gehören zu derselben Art von Zweiphasensystemen.
   Wie nennt man solche Stoffsysteme?
7. Wie viele Phasen haben Gasgemische und weshalb?
8. Wie heißen die Trennverfahren, die notwendig sind, um aus gemahlenen Kaffeebohnen trinkfertigen Kaffee ohne Kaffeesatz herzustellen?
9. Was versteht man unter der Adsorption von Stoffen und wie kommt dieses Phänomen zustande?
   Wie nennt man die Kräfte, die die Adsorption bewirken?
10. Es gibt zwei Arten von Stofftrennverfahren, bei denen das unterschiedliche Adsorptionsverhalten ausgenützt wird.
    Nennen und erklären Sie diese Trennverfahren kurz.
11. Mischt man eine wäßrige Lösung des Salzes Natriumsulfid Na_2S mit einer wäßrigen Lösung von Zinkchlorid $ZnCl_2$, so entsteht eine Fällung. Woraus muß dieser Feststoff bestehen und wie kann er von der Lösung abgetrennt werden?
12. Welche Voraussetzung muß erfüllt sein, damit sich zwei Flüssigkeiten nach mechanischem Mischen (Schütteln, Mixern) von selbst trennen?

1. *Drei,* nämlich die Eisenphase (alle Nägel zusammengenommen), die Kochsalzphase (alle Kochsalzkristalle zusammengenommen) und die dazwischenliegende Gasphase der Luft.

2. *Herauslesen der Nägel* mit einer Pinzette *oder Zugabe von Wasser,* das das Kochsalz auflöst. Nun könnte man die Kochsalzlösung abgießen (dekantieren), mit Wasser die Nägel nachwaschen und wiederum dekantieren. Anschließend könnte das Wasser abgedampft werden, um das feste Kochsalz zu erhalten.

3. *Mindestens zwei!* Es können aber auch mehr sein (z. B. Wasser, das verschiedene Salze oder auch Zucker usw. gelöst enthält).

4. *Lösungen* erscheinen *klar durchsichtig* [L 31]. Andere flüssige Systeme aus mehreren Bestandteilen sind trüb.

5. *Beide enthalten eine Gasphase* (in der Praxis meistens Luft). Die andere Phase ist bei einem Staub oder *Rauch fest,* bei einem Nebel oder *Aerosol flüssig.* Der Begriff Aerosol („Luft-Lösung") wird auch für feinste Stäube verwendet!

6. *Emulsionen* [F und A 31-2].

7. *Eine.* Gasgemische sind immer homogen (einphasig). Dies ist deswegen so, weil in Gasen die *Anziehungskräfte zwischen den Teilchen zu klein* sind, um gegenüber der Wärmebewegung stabile größere Assoziate zu erzeugen.

8. *Extraktion* der gewünschten Inhaltsstoffe mittels heißem Wasser und *Filtration* oder *Sieben* (je nach Einrichtung), um den Kaffeesatz von der flüssigen Phase abzutrennen.

9. Unter Adsorption versteht man die *Anlagerungen anderer Stoffe an die Oberflächen eines Stoffes.* Dies beruht stets darauf, daß *Oberflächenteilchen nicht abgesättigt* sind, d. h. anziehende Kräfte auf weitere Stoffteilchen ausüben können. Diese Kräfte nennt man *Adhäsionskräfte* [A 11-3].

10. *Chromatographieverfahren:* die unterschiedliche Wanderungsgeschwindigkeit beruht auf unterschiedlich starker Adsorption an der stationären Phase [L 32]. *Reinigungsverfahren:* Abtrennung kleinerer Mengen von unerwünschten Fremdstoffen aus Lösungen oder aus Gasgemischen [A 32-3] (Aktivkohlefilter von Gasmasken adsorbieren übrigens das giftige CO nicht, sondern nur größere Giftgasmoleküle, mit denen größere Adhäsionskräfte resultieren).

11. Die eine Lösung enthält $Na^+(aq)$ und $S^{2-}(aq)$ und die andere $Zn^{2+}(aq)$ und $Cl^-(aq)$. Daher gilt: $Zn^{2+}(aq) + S^{2-}(aq) \rightarrow ZnS(s)$ (analog [A 32-2]).
Abtrennung der Fällung durch *Filtrieren, Sedimentieren* oder *Zentrifugieren.*

12. *Moleküle einer Art müssen sich so stark zusammenlagern* (H-Brücken notwendig!), daß *ihre Verbände der Wärmebewegung* zu *widerstehen* vermögen [L 28].

1. Die Masse von 1 mol Haushaltszucker (Masse von 1 mol Molekülen $C_{12}H_{22}O_{11}$) beträgt *342 g,* da die Masse eines Rohrzuckermoleküls gleich 342 u ist: 12 C-Atome haben eine Masse von $12 \cdot 12$ u (144 u), 22 H-Atome eine Masse von $22 \cdot 1$ u (22 u) und 11 O-Atome eine Masse von $11 \cdot 16$ u (176 u). – Versuchen Sie übrigens nicht, eine Valenzstrichformel des Rohrzuckermoleküls zu zeichnen, weil es unzählige verschiedene Möglichkeiten gibt, 12 C-, 22 H- und 11 O-Atome zu einem Molekül zu verbinden; es sind denn auch ebensoviele unterschiedliche Stoffe mit der Formel $C_{12}H_{22}O_{11}$ möglich! Daß z. B. die Pflanzen Zuckerrohr und Zuckerrüben gerade eine dieser vielen Möglichkeiten synthetisieren, beruht auf den Molekülen, die die Erbinformation enthalten.

2. Da jedes Molekül $C_{12}H_{22}O_{11}$ 45 Atome enthält, enthält 1 mol Rübenzucker *45 mol* Atome.

3. Bei elementaren Metallen ist das Atomsymbol auch gerade das Symbol für den Elementarstoff, da sich ein solcher Stoff aus den Atomen (Atomrumpf + Elektronengas) zusammensetzt. 1 mol Magnesium bedeutet also 1 mol Mg-Atome (Masse *24 g*) und 1 mol Gold 1 mol Au-Atome (Masse *197 g*).

4. Weil auch *die „Teilchen"* der beiden Stoffportionen, nämlich die Mg-Atome einerseits (24 u) und die Au-Atome andererseits (197 u) *nicht dieselben Massen* haben. Eine bestimmte Anzahl von Getreidekörnern hat auch nicht dieselbe Masse wie die gleichgroße Anzahl Pflastersteine.

5. a) Bei harten Materialien müssen die *Kräfte zwischen den Stoffteilchen groß* sein (Gegenseitiges Verschieben oder Entfernen der Teilchen voneinander ist schwierig). Aus demselben Grunde ist auch die Wasserlöslichkeit dieser Materialien extrem schlecht. Die Ursache für diese beiden Eigenschaften sind die großen COULOMBschen Kräfte [L 1] zwischen den dreifach geladenen Aluminium-Ionen Al^{3+} und den doppelt geladenen Oxid-Ionen O^{2-}; nach [L 29] sind solche Salze nicht wasserlöslich. – Solche harte und unlösliche Materialien sind auch schwerflüchtig, d. h. sie verflüchtigen (sublimieren) sich nicht in feststellbarem Ausmaß.

   b) Korund hat die Formel Al_2O_3; daher hat 1 mol Korund die Masse von *102 g.*

   c) 51 g $Al_2O_3 \triangleq 0,5$ mol Al_2O_3. Jede Formeleinheit Al_2O_3 besteht aus 5 Ionen (2 Ionen Al^{3+} und 3 Ionen O^{2-}). Somit enthält 1 mol Al_2O_3 5 mol Ionen und 0,5 mol Al_2O_3 *2,5 mol Ionen.*

6. 1 mol Luft enthält 1 mol Luftteilchen. Davon sind 78 % N_2-Moleküle ($0,78 \cdot 28$ g), 21 % O_2-Moleküle ($0,21 \cdot 32$ g), 0,93 % Ar-Atome ($0,0093 \cdot 40$ g) und 0,035 % CO_2-Moleküle ($0,00035 \cdot 44$ g). Somit hat 1 mol Luft die Masse von *28,9 g.*

1. Pro vollständig verbranntem Oktan-Molekül (C_8H_{18}) entstehen acht CO_2-Moleküle und neun Moleküle H_2O, die insgesamt 25 Sauerstoff-Atome (O) enthalten; daher benötigt die vollständige Verbrennung eines Oktan-Moleküls 12,5 Sauerstoff-Moleküle (O_2):

$$C_8H_{18} + 12,5\ O_2 \rightarrow 8\ CO_2 + 9\ H_2O$$

Will man ganzzahlige Koeffizienten, so kann man mit 2 erweitern:

$$2\ C_8H_{18} + 25\ O_2 \rightarrow 16\ CO_2 + 18\ H_2O$$

2. Setzt man die Massen in Kilogramm (kg) ein (Stoffmengen in Kilomol kmol), so gilt:

$$
\begin{array}{lllll}
C_8H_{18} & +\ 12,5\ O_2 & \rightarrow\ 8\ CO_2 & +\ 9\ H_2O & \\
114\ \text{kg} & +\ 400\ \text{kg} & =\ 352\ \text{kg} & +\ 162\ \text{kg} & |\cdot \dfrac{50}{114}
\end{array}
$$

Aus 50 kg Oktan entstehen somit *154,4 kg* CO_2.

3. Bei dieser vollständigen Verbrennung reagieren die Edukte C_2H_5OH und O_2 zu den Produkten CO_2 und H_2O. Pro verbranntes Alkohol-Molekül entstehen zwei CO_2-Moleküle und drei Wasser-Moleküle; diese Produkte enthalten insgesamt sieben Sauerstoff-Atome (O). Da aber ein Alkohol-Molekül bereits ein O-Atom enthält, sind nur sechs zusätzliche Sauerstoff-Atome nötig, d. h. drei Moleküle O_2. (Man schreibt Stoffe in Reaktionsgleichungen immer in der Form, in der sie tatsächlich vorliegen; O_2, nicht O.)

$$C_2H_5OH + 3\ O_2 \rightarrow 2\ CO_2 + 3\ H_2O$$

4. Es entsteht die Verbindung $AlBr_3$ (Ionen Al^{3+} und Br^-):

$$
\begin{array}{lllll}
Al & +\ 1,5\ Br_2 & \rightarrow\ AlBr_3 & \text{oder}\ 2\ Al & +\ 3\ Br_2 \rightarrow 2\ AlBr_3 \\
27\ u & +\ 240\ u & \rightarrow\ 267\ u & 54\ u & +\ 480\ u = 534\ u
\end{array}
$$

Wird die linksstehende Gleichung mit 2/27 multipliziert, so ergibt sich, daß für zwei Masseneinheiten Al (u, g, kg usw.) 17,78 Masseneinheiten elementares Brom benötigt werden; für 2 kg Al demnach *17,78 kg* Brom.

5. Pro Molekül C_4H_{10} gilt:

$$C_4H_{10} + 4,5\ O_2 \rightarrow \frac{4}{3}\ C + \frac{4}{3}\ CO + \frac{4}{3}\ CO_2 + 5\ H_2O$$

Erweitert man mit 6, so gilt:

$$6\ C_4H_{10} + 27\ O_2 \rightarrow 8\ C + 8\ CO + 8\ CO_2 + 30\ H_2O$$

6. Durch Einsetzen der Massen für Butan und C in eine Gleichung von [A34-5] und Multiplikation mit demjenigen Faktor, der für Butan 10 kg ergibt, erhält man *2,76 kg* Ruß (C).

1. Um 1 L einer Lösung mit $c(MgCl_2, aq) = 0,15$ mol/L herzustellen, müssen 0,15 mol des Stoffs (14,1 g) in Wasser gelöst und mit Wasser auf das Endvolumen von 1 L ergänzt werden. Daher müssen für 2 L einer Lösung mit derselben Konzentration *28,2 g MgCl₂* in einen 2000-mL-Meßkolben gebracht, *in Wasser gelöst* und Wasser zugefügt werden, bis das *Endvolumen von 2 L* erreicht ist.

2. Da nach [A 35-1] ein Liter Lösung mit $c(MgCl_2, aq) = 0,15$ mol/L 14,1 g MgCl₂ enthält, liegen in 1 mL dieser Lösung 14,1 mg MgCl₂ und in 50 mL 50mal mehr, d. h. *0,71 g MgCl₂* vor.

3. Eine Lösung mit $c(MgCl_2, aq) = 0,15$ mol/L enthält im Liter 0,15 mol MgCl₂. Daher ist es natürlich belanglos, welche Volumina dieser Lösung betrachtet werden! Die Fälle a) und b) sind also hinsichtlich der Ionenkonzentrationen *identisch*. Da eine Formeleinheit MgCl₂ aus einem Ion Mg^{2+} und zwei Ionen Cl^- besteht, gilt für $c(MgCl_2, aq) = 0,15$ mol/L:
$c(Mg^{2+}, aq) = 0,15$ *mol/L*, $c(Cl^-, aq) = 0,3$ *mol/L* und c(Ionen, aq) = 0,45 mol/L.

4. Am zweckmäßigsten ist es, alle Daten zuerst auf 1 L umzurechnen: Enthält unsere Lösung pro Milliliter 2,6 mg Na^+, so enthält 1 L dieser Lösung 2,6 g Na^+, was 0,113 mol Na^+ entspricht (1 mol Na hat die Masse von 23 g). Da im Liter unserer Lösung 0,113 mol Na^+ vorliegen, gilt für die Stoffmengenkonzentration von Na^+(aq): $c(Na^+, aq) = 0,113$ *mol/L*.

5. Natriumsulfid (Na₂S) enthält doppelt soviel Na^+-Ionen wie S^{2-}-Ionen. Ist nun $c(Na^+, aq) = 0,1$ mol/L, so muß $c(S^{2-}, aq) = 0,05$ mol/L sein.
Weil eine Formeleinheit Na₂S ein S^{2-}-Ion enthält, ist die Konzentration unserer Lösung: $c(Na_2S, aq) = 0,05$ mol/L.
Da ein Liter dieser Lösung 0,05 mol Na₂S(aq) enthält, muß das halbe Volumen der Lösung 0,025 mol Na₂S(aq) enthalten. Weil 1 mol Na₂S die Masse von 78 g hat, entspricht dies einer Stoffportion von *1,95 g* Na₂S.

6. Es ist stets am zweckmäßigsten, alle Angaben auf 1 L umzurechnen, weil die Einheit der Stoffmengenkonzentration mol/L ist.
Für 1 L dieser Lösung müßte man 20 g BaCl₂ auflösen und mit Wasser auf das Endvolumen von 1000 mL ergänzen. Diese Stoffportion hat die Stoffmenge von 0,097 mol (weil 1 mol BaCl₂ die Masse von 207 g hat). Daher gilt:
$c(BaCl_2, aq) = 0,097$ mol/L, $c(Ba^{2+}, aq) = 0,097$ mol/L, $c(Cl^-, aq) = 0,194$ mol/L
Für die gesamte Ionenkonzentration gilt also: c(Ionen, aq) = *0,291 mol/L*.

1. Man erkennt, daß die *Werte etwas kleiner* sind als für das „ideale Gas". Dies kann auf die schwachen Anziehungskräfte zwischen den Gasmolekülen zurückgeführt werden, weil sich eine Parallele zu den zwischenmolekularen Kräften ergibt: die beiden Stoffarten aus unpolaren Molekülen weichen nur wenig vom idealen Gas ab; der kleine Unterschied kann mit den unterschiedlichen VAN DER WAALSschen Kräften (N_2 hat 14 e^-, O_2 hat 16 e^-) erklärt werden. – Bei polaren Molekülen ist die Abweichung größer; bemerkenswert ist, daß diese bei Ammoniak NH_3 trotz der kleineren VAN DER WAALSschen Kräfte (nur 10 e^-) am größten ist, weil zwischen Ammoniak-Molekülen H-Brücken möglich sind!

2. In die Gleichung von [L36] ist für die Temperatur T der Wert von 298,15 K einzusetzen; daraus errechnet sich das molare Volumen von *24,465 mol/L*.

3. Nach der angegebenen Reaktionsgleichung entsteht pro Zink-Atom gerade ein Molekül H_2. Da 6,5 g Zn(s) die Stoffmenge von 0,1 mol hat, entstehen ebenfalls 0,1 mol H_2-Moleküle, was bei Normalbedingungen dem Volumen von *2,24 L* entspricht.

4. Analog [A34-2] läßt sich errechnen, daß für die vollständige Verbrennung von 45 kg Oktan 157,9 kg Sauerstoff notwendig sind:

$$C_8H_{18} + 12,5\,O_2 \rightarrow 8\,CO_2 + 9\,H_2O$$
$$114\,kg + 400\,kg = 352\,kg + 162\,kg$$

Die Multiplikation dieser Massengleichung mit 45/114 ergibt das obige Resultat.

Da nun 4 m³ dieser Luft 1 kg Sauerstoff enthalten, sind für unsere Verbrennung *631,6 m³* Luft nötig. Dieses Beispiel soll zeigen, welche großen Mengen Luft-Sauerstoff durch den motorisierten Verkehr verbrannt werden. (Aus dem CO_2 der Luft setzen Grünpflanzen und Algen bei der Photosynthese, dem ersten Schritt der Erzeugung organischen Materials, wiederum O_2(g) frei; die Erhaltung von Wäldern und Weltmeeren ist deshalb für alles Leben auf der Erde unabdingbar.

5. Nach [A36-2] ist das molare Gasvolumen bei Standardbedingungen 24,465 L/mol. Dividiert man das Volumen des Gases durch das molare Gasvolumen, so erhält man die Stoffmenge (Teilchenmenge) in mol:

$$\frac{1}{24,465} \quad \frac{L}{L/mol} = 0,041 \text{ mol}$$

6. Reaktionsgleichung und Massengleichung stehen in [L34]. Daraus folgt, daß für 2 kg Methan 8 kg Sauerstoff notwendig sind, was 250 mol O_2 entspricht. Da 1 L Gas bei Standardbedingungen 0,041 mol enthält [A36-5], werden rund *6097 L* Sauerstoffgas benötigt.

Bearbeiten Sie mit Hilfe Ihrer Spickzettel, dem PSE und den Tabellen die nachstehenden Fragen und kontrollieren Sie Ihre Antworten erst am Schluß. Was Ihre Antwort enthalten muß, ist im Antwortteil (Rückseite) hervorgehoben. Bewerten Sie jede Antwort (ganz richtig: 1 Punkt, teilweise richtig: 0,5 Punkte, falsch: Null Punkte). Qualifikationen: 11 erreichte Punkte *sehr gut,* 10 erreichte Punkte *gut,* 9 Punkte *befriedigend* und 8 Punkte *ausreichend.* Weniger Punkte: ungenügende Leistungen. Ergänzen Sie gegebenenfalls Ihre Spicker!

1. Wieviel Stück Fe-Atome enthält 1 mg (Milligramm) elementares Eisen?
2. Ein mittelgroßer Wassertropfen hat ein Volumen von etwa 1/20 mL. Wieviel Wassermoleküle enthält er?
3. Welche Masse (in g) hat ein mol Elektronen ungefähr?
4. Wir nehmen an, eine Verbrennung von Methangas (CH_4) verlaufe so, daß als Reaktionsprodukt nur Kohlenstoffmonoxid (CO) und Wasserdampf (H_2O) anfallen. Wie groß ist das Volumen des entstehenden CO(g) bei Normalbedingungen, wenn 3 L CH_4(g) (Normalbedingungen) verbrannt werden und wieviel L O_2(g) (Normalbedingungen) sind dazu nötig?
5. Die Analyse einer wäßrigen Lösung von Rb_2S ergibt, daß 0,1 mL 0,03 mg Rb^+ enthalten. Wie groß ist $c(Rb_2S$, aq)?
6. Wir betrachten eine Lösung mit $c(CaCl_2$, aq) = 0,15 mol/L. Wieviel Ionen enthält 1 mL dieser Lösung?
7. Elementares Aluminium-Metall reagiert mit Salzsäure gemäß:
   Al + 3 HCl(aq) → 1,5 H_2(g) + $AlCl_3$
   Wieviel Liter H_2(g) – bei Normalbedingungen – entstehen, wenn 20 g Al reagieren?
8. Wieviel g Aluminiumchlorid entstehen bei der Reaktion von [FK 7-7]?
9. Welches Volumen nimmt 1 kg Argon-Gas bei Normalbedingungen ein?
10. Man löst 3,5 g $SrCl_2$ in Wasser auf und ergänzt mit Wasser auf genau 100 mL. Wie groß ist die Gesamtkonzentration aller gelösten Ionen?
11. Wieviel Liter Sauerstoffgas (Normalbedingungen) sind nötig, um 8 g Propangas (C_3H_8) vollständig zu verbrennen?
12. Welche Masse hat 1 m^3 Luft bei Normalbedingungen, welche Masse hingegen bei Standardbedingungen? Sehen Sie dazu in [A 33-6] nach!

1. Da 1 mol Fe ($6{,}022 \cdot 10^{23}$ Fe-Atome) die Masse von 56 g hat, enthält 1 g Fe(s) 1/56 mol Fe und 1 mg *1/56000 mol Fe* oder *$1{,}075 \cdot 10^{19}$ Stück* Fe-Atome, was eine ganz unvorstellbar große Stückzahl ist.

2. 1 mL H_2O(l) hat die Masse von 1 g. Daher hat unser Tropfen die Masse von 0,05 g. Da die Masse von 1 mol H_2O 18 g ist, entsprechen 0,05 g der Stoffmenge von 0,00278 mol H_2O-Molekülen oder $1{,}67 \cdot 10^{21}$ Stück dieser Moleküle.

3. Etwa *1/2000 g,* da die Elektronenmasse rund 1/2000 u (genau 1/1836 u) beträgt [L 1].

4. Aus der Reaktionsgleichung (dieser fiktiven Reaktion) $CH_4 + 1{,}5\ O_2 \rightarrow CO + 2\ H_2O$ folgt, daß aus einem CH_4-Molekül gerade ein CO-Molekül entsteht. Nach dem Satz von AVOGADRO müssen demzufolge auch *3 L CO(g)* (Normalbedingungen) entstehen. Weil aber pro CH_4-Molekül 1,5 O_2-Moleküle benötigt werden, sind *4,5 L O_2(g)* (Normalbedingungen) notwendig.

5. 0,03 mg Rb^+/0,1 mL $\triangleq$ 0,3 g Rb^+/L. Da 1 mol Rb^+ die Masse von 85 g hat, stellen 0,3 g Rb^+ die Stoffmenge von 0,0035 mol dar. Also gilt: $c(Rb^+,\ aq) = 0{,}0035$ mol/L. Weil jede Formeleinheit Rb_2S 2 Rb^+-Ionen enthält, ist $c(Rb_2S,\ aq)$ halb so groß: *$c(Rb_2S,\ aq) = 0{,}00175$ mol/L.*

6. Da jede Formeleinheit insgesamt drei Ionen (1 Ca^{2+}, 2 Cl^-) enthält, ist die Gesamtkonzentration der gelösten Ionen gleich 0,45 mol/L. Ein mL dieser Lösung enthält demzufolge *$0{,}45 \cdot 10^{-3}$ mol* gelöste Ionen oder $2{,}71 \cdot 10^{20}$ Stück.

7. Die Reaktionsgleichung zeigt, daß pro mol Al 1,5 mol H_2(g) entstehen. Da 1 mol Al die Masse von 27 g hat, stellen 20 g Al die Stoffmenge von 0,74 mol dar. Daher entstehen 1,1 mol H_2 oder *24,64 L H_2(g)* (Normalbedingungen).

8. Es werden 0,74 mol $AlCl_3$ gebildet. Da 1 mol $AlCl_3$ die Masse von 132 g hat, entstehen 97,68 g $AlCl_3$.

9. Da 1 mol Ar die Masse von 40 g hat, liegt die Stoffmenge von 25 mol Gas vor. Bei Normalbedingungen gilt: 25 mol · 22,4 L/mol = *560 L.*

10. 3,5 g $SrCl_2$/100 mL $\triangleq$ 35 g $SrCl_2$/L. Da 1 mol $SrCl_2$ die Masse von 158 g hat, stellen 35 g $SrCl_2$ die Stoffmenge von 0,22 mol dar. Daher gilt: $c(SrCl_2,\ aq) = 0{,}22$ mol/L. Weil jede Formeleinheit aus drei Ionen besteht, ist: *c(Ionen, aq) = 0,66 mol/L.*

11. 8 g C_3H_8 $\triangleq$ 0,18 mol. Nach C_3H_8(g) + 5 O_2(g) $\rightarrow$ 3 CO_2(g) + 4 H_2O(g) müssen 5 · 0,18 mol O_2(g) reagieren (0,9 mol), was *20,16 L* (Normalbedingungen) sind.

12. 1 mol Luft hat die gerundete Masse von 28,9 g [A 33-6]. Bei Normalbedingungen enthält 1 m^3 44,64 mol Luft, also *1290 g* oder rund 1,3 kg! Bei Standard-Bedingungen enthält 1 m^3 Luft 40,86 mol, also eine Masse von rund *1,18 kg.*

1. Reaktionsenthalpien (ΔH) werden in kJ/mol angegeben. Liegen Standardbedingungen vor, so wird dies mit ΔH^0 symbolisiert (0 von Null- oder Standardbedingungen). In unserem Fall werden 4 mol C(s) verbrannt (1 mol C hat die Masse von 12 g); somit werden pro Mol 395 kJ frei. Da es sich um einen exothermen Vorgang handelt (Abnahme der Enthalpie H des Systems), erhält ΔH (bzw. ΔH^0) ein negatives Vorzeichen, d. h. $\Delta H = -395$ kJ/mol C(s) [oder $\Delta H^0 = -395$ kJ/mol C(s)].

2. Vorerst ein *Sinken der Temperatur* (es wird kälter). Da anschließend die Umgebung Lufthülle die Reaktionsprodukte erwärmt, fließt ΔH ins Stoffsystem, wodurch das Stoffsystem enthalpiereicher wird (endothermer Vorgang, $\Delta H > 0$).

3. Weil das *System enthalpieärmer* wird (ΔH wird also subtrahiert). Enthalpieänderungen, d. h. Energieveränderungen unter gleichbleibendem Druck, werden also vom System aus gesehen beurteilt.

4. Wie Sie aus Erfahrung wissen, muß man dem Eis H_2O(s) Wärmeenergie zuführen, damit es schmilzt, d. h. in H_2O(l) überführt wird. Durch diesen Phasenwechsel wird also das System enthalpiereicher. Es handelt sich also um einen *endothermen* Vorgang. Diese sog. Schmelzenthalpie (Schmelzwärme) ist für die Überführung von Eis von 0 °C in Wasser von 0 °C notwendig.

5. Wie Sie aus Erfahrung wissen, muß man Wasser H_2O(l) kühlen, damit es zu Eis H_2O(s) erstarren (gefrieren) kann. Kühlen bedeutet, daß das System H_2O(l) in eine Umgebung mit tieferer Temperatur gebracht werden muß. Nun gibt das System H_2O(l) Wärme (Energie) an diese Umgebung ab (Temperaturausgleich [A 22-4]), wodurch das System enthalpieärmer wird; es handelt sich also um einen *exothermen* Vorgang. Diese sog. Erstarrungsenthalpie (Erstarrungswärme) muß für die Überführung von H_2O(l) von 0 °C in H_2O(s) von 0 °C aus dem System abgeführt werden. Nach dem Energieerhaltungssatz sind die Beträge von Schmelz- [A 37-4] und Erstarrungsenthalpie genau gleich groß; sie unterscheiden sich nur hinsichtlich ihres Vorzeichens: ΔH(S) > 0 (da endotherm), ΔH(E) < 0 (da exotherm).

6. Für (l) $\rightarrow$ (g) (das Verdampfen) muß das System, soll die Temperatur konstant bleiben, Energie aus der Umgebung aufnehmen, da die Flüssigkeit sonst kälter [L 22] würde. Das *Verdampfen* ist also ein *endothermer* Vorgang.
Das *Kondensieren* (g) $\rightarrow$ (l) ist ein *exothermer Vorgang;* die Umgebung muß kühlen, d. h. dem System Energie entziehen.
Die Beträge von Verdampfungs- und Kondensationsenthalpie eines Stoffes sind gleich groß. Schmelzen und Verdampfen sind *endotherm;* in beiden Fällen werden *Bindungen gespalten* (Gitter- bzw. Kohäsionsbindungen). Die Umkehrvorgänge, bei denen sich *Bindungen bilden,* sind *exotherm!*

1. Wasser ist *hitzebeständig* [L38], d. h. es wird bei normalen Bränden nicht zersetzt. Bei Metallbränden kann nicht mit Wasser gelöscht werden, da bei ca. 2000 °C Knallgas gebildet wird, wodurch Explosionen auftreten. – Wasser wirkt *stark kühlend* (große Verdampfungsenthalpie!); der entstehende *Wasserdampf verdrängt die Luft* und damit $O_2(g)$ vom Brandherd.

2. 1 mol H_2O hat die Masse von 18 g. Daher gilt für die Schmelzenthalpie pro mol: 18 g/mol · 334 J/g = 6012 J/mol oder 6,012 kJ/mol. Da das Schmelzen ein endothermer Vorgang ist (Zufuhr der Schmelzenthalpie) gilt: *$\Delta H = +6,012$ kJ/mol.* (Joule J wird als „dschuul" ausgesprochen; JOULE war ein Waliser.)

3. Das Schaubild von [L38] zeigt, daß für die Erwärmung von 1 g Wasser von 0 °C auf 100 °C 418 J notwendig sind. Da die Kurve nahezu linear verläuft, gilt folgende Proportion:

   418 J/g : 334 J/g = 100 °C : x °C   oder   *x °C = 79,9 °C*

   Mit der Energie, die nötig ist, um eine Portion $H_2O(s)$ von 0 °C in $H_2O(l)$ von 0 °C überzuführen, kann eine gleich große Wasserportion von 0 °C auf fast 80 °C aufgeheizt werden, was der Temperatur eines Heißwasserboilers entspricht!

4. Das Schaubild von [L38] zeigt, daß für die Überführung von 1 g $H_2O(l)$ von 100 °C in 1 g $H_2O(g)$ von 100 °C 2,259 kJ notwendig sind. Demgegenüber benötigt die Umwandlung von 1 g $H_2O(s)$ von 0 °C in 1 g $H_2O(l)$ von 0 °C nur 0,334 kJ. *Die Verdampfungsenthalpie ist also um den Faktor 6,76 größer!*
   Erklärung: Beim Schmelzen wird nur ein Teil der anziehenden Kräfte zwischen den Wasser-Molekülen überwunden; beim Verdampfen aber nimmt die potentielle Energie stark zu (Teilchen weit auseinanderliegend, nur kleine Kräfte wirksam).

5. Für das Schmelzen sind 6,012 kJ/mol nötig [A 38-2]. Für die Erwärmung des Wassers von 0 °C auf 100 °C werden 7,524 kJ/mol benötigt. Für die Verdampfung müssen 40,662 kJ/mol zugeführt werden, also insgesamt *54,2 kJ/mol.* Da das System dabei enthalpiereicher wird, gilt: $\Delta H = +54,2$ kJ/mol.

6. Wäre die Schmelzenthalpie nicht so groß, so würde Schnee und Eis sehr rasch schmelzen (mit der Gefahr von Überschwemmungskatastrophen). Umgekehrt wären die Temperaturstürze im Winter viel größer, da wenig Erstarrungsenthalpie frei würde. – Wegen der sehr großen Verdampfungsenthalpie des Wassers erwärmen sich wasserhaltige Gebiete bei Sonneneinstrahlung weniger stark als z. B. Wüstengebiete; umgekehrt bewirkt die Taubildung in der Nacht eine weniger starke Abkühlung, da die Kondensationsenthalpie frei wird. – Die ungeheure Wucht tropischer Wirbelstürme beruht ebenfalls auf der sehr großen freigesetzten Kondensationsenthalpie.

1. Reaktionsgleichung: $H_2(g) + Cl_2(g) \rightarrow 2\ HCl(g)$
   Spaltung von 1 mol H_2 (437 kJ) + 1 mol Cl_2 (248 kJ) ergibt insgesamt +685 kJ. Bildung von 2 mol H–Cl (-432 kJ/mol) ergibt total -864 kJ. Die Summe (-179 kJ) wird bei der Bildung von 2 mol HCl(g) frei; daher ist ΔH = *-89,5 kJ/mol HCl(g)*. Es handelt sich um einen *exakten Wert* (keine Mittelwerte verwendet).

2. $(CH_3)_2CO(g) + 4\ O_2(g) \rightarrow 3\ CO_2(g) + 3\ H_2O(g)$

   Für den Energieumsatz bei dieser Reaktion gilt (Acetonmolekül nebenstehend skizziert): Bindungsspaltung: 6 mol C–H (+2490 kJ) + 2 mol C–C (+694 kJ) + 1 mol C =O (748 kJ) + 4 mol O_2 (+2000 kJ) ergibt insgesamt +5932 kJ.
   Bindungsbildung: 6 mol C =O (des CO_2!, also -4836 kJ) + 6 mol O–H (-2790 kJ) ergibt insgesamt 7626 kJ. Daher gilt (Summe): ΔH = *-1694 kJ/mol $(CH_2)_2CO(g)$*.

3. Die Reaktionsgleichung lautet: $C_2H_2(g) \rightarrow 2\ C(s) + H_2(g)$
   Die Spaltung des Moleküls H–C≡C–H erfordert:
   2 mol C–H (+830 kJ) + 1 mol C≡C (+838 kJ), also insgesamt +1668 kJ (für die Erzeugung von 2 mol C(g) und 2 mol H(g), d. h. Atome im Gaszustand).
   Bindungsbildung: 1 mol $H_2(g)$ (-437 kJ) + 2 mol C(s) (zweimal die Sublimationsenthalpie von Kohlenstoff, also -1436 kJ), also total −1873 kJ.
   Daher gilt: ΔH = *-205 kJ/mol $C_2H_2(g)$*.

4. Die Reaktionsgleichung lautet: $2\ CO(g) + O_2(g) \rightarrow 2\ CO_2(g)$
   Bindungsspaltung: 2 mol CO (+2150 kJ) + 1 mol O_2 (+500 kJ), also total +2650 kJ. Bindungsbildung: 4 mol C =O (des CO_2!), also insgesamt −3224 kJ. Daher gilt: ΔH = *-574 kJ/mol $O_2(g)$*.

5. Die Summe aller $\Delta(EN)$ der Atombindungen der *Ausgangsstoffe* beträgt *1,2*, weil die CH_4-Moleküle die vier schwach polaren C–H-Bindungen mit $\Delta(EN)$ = 0,3 enthalten; O_2 trägt nichts zur Bindungspolarität bei, da seine Bindungen unpolar sind.
   In den Reaktionsprodukten ist diese Summe gleich *7,2*, weil im CO_2-Molekül zwei C =O-Bindungen mit $\Delta(EN)$ = 1,0 und in den beiden H_2O-Molekülen vier OH-Bindungen mit $\Delta(EN)$ = 1,3 vorliegen. – Damit ist die Bindungspolarität der Endstoffe größer.

6. Wie das Rechenbeispiel in [L39] zeigt, verläuft die Verbrennung von Methan – wie selbstverständlich alle Verbrennungen – *exotherm*. Wie das obenstehende Beispiel [A39-5] zeigt, findet dabei eine *Zunahme der Bindungspolarität* statt, was einen enthalpieärmeren Zustand ergibt. Merken Sie sich für Einphasenreaktionen:
   Zunahme der Bindungspolarität: exothermer Vorgang
   Abnahme der Bindungspolarität: endothermer Vorgang.

1. Für die Überwindung der Gitterkräfte werden +707 kJ/mol (Gitterenthalpie des KCl) benötigt. Frei werden die Hydratisierungsenthalpien (Bildung der Aquakomplexe, Ion-Dipol-Bindung): Für $K^+ \rightarrow K^+(aq)$ -314 kJ/mol und für $Cl^- \rightarrow Cl^-(aq)$ -376 kJ/mol, d. h. insgesamt -690 kJ/mol. Daher ist die Lösungsenthalpie für KCl: $\Delta H = +17\,kJ/mol$ (endothermer Vorgang, Abkühlung beim Auflösen).

2. Ganz offensichtlich ist die Gitterenthalpie kein Maß für die Stabilität eines Kristallgitters ($MgCl_2$ mit der viel größeren Gitterenthalpie schmilzt bei tieferer Temperatur als das Kochsalz NaCl). Dies beruht darauf, daß *beim Schmelzen von $MgCl_2$ Schichtpakete erhalten bleiben,* in denen die Ionen immer noch wie im Kristallgitter beisammenliegen. Mit der Gitterenthalpie lassen sich die Ionen vollständig (unendlich weit) trennen (entsprechend einer Sublimation).

3. Da es beim Auflösen von $CaCl_2 \cdot 6\,H_2O$ kälter wird, muß die Gitterenthalpie größer sein als die Enthalpiebeträge, die bei der Hydratisierung frei werden. – Dieses kristallwasserhaltige Salz enthält bereits die Aquakomplexe $[Ca(H_2O)_6]^{2+}$, so daß die *Hydratisierungsenthalpie von −1578 kJ/mol nicht mehr frei wird.* Da nun dieser große Enthalpiebetrag entfällt, wird die Gesamtreaktion endotherm.

4. Die Hydratisierungsenthalpien steigen von Na^+ (-398 kJ/mol) über Mg^{2+} (-1908 kJ/mol) nach Al^{3+} (-4604 kJ/mol) sehr stark an, weil in dieser Reihenfolge die Dichte der positiven Ladung pro Oberflächeneinheit sehr stark wächst (größere Ladung, kleiner werdende Ionen). Beim Al^{3+} wird pro mol H_2O ein Wert von 767,33 kJ erreicht (4604 kJ/mol durch 6), was der Bindungsstärke von sehr starken Atombindungen [L 39] entspricht.

5. Gitterenthalpie: +778 kJ/mol. Die Hydratisierungsenthalpie beträgt für $Na^+ \rightarrow Na^+(aq)$ -398 kJ/mol, für $Cl^- \rightarrow Cl^-(aq)$ -376 kJ/mol. Damit wird $\Delta H = +4\,kJ/mol$ (schwach endothermer Lösevorgang). – Kochsalz, der Hauptbestandteil der im Meereswasser gelösten Salze (1000 g Ozeanwasser enthalten 27,2 g NaCl und 8 g weitere Salze), zeigt eine Eigentümlichkeit: Es löst sich mit steigenden Temperaturen nur unwesentlich besser (geringe Zunahme der Löslichkeit), während die meisten anderen Salze eine starke (oft exponentiell steigende) Zunahme der Löslichkeit zeigen.

6. Die Gitterenthalpien sind zufälligerweise gerade gleichgroß (je 678 kJ/mol). *Rb^+ ist größer als K^+, dafür ist Br^- größer als Cl^-.* Je größer ein Ion mit einer bestimmten Ladung (hier einfach geladen) ist, um so kleiner ist die Dichte der Ladung pro Oberflächeneinheit (kleinere COULOMBsche Kräfte). In unserem Fall heben sich die Unterschiede gerade auf.

1. Die Temperatur (Wärmezustand) eines Körpers ist ein Maß für die mittlere kinetische Energie seiner Partikeln [L21]. Somit ist die *mittlere kinetische Energie* der Partikeln in Eis von 0 °C *gleich groß* wie in Wasser von 0 °C! Da aber für den Phasenwechsel (s) → (l) bei gleichbleibender Temperatur die Schmelzenthalpie zugeführt werden muß, ist $H_2O(l)$ um diesen Enthalpiebetrag energiereicher; *in $H_2O(l)$ ist die potentielle Energie der Teilchen größer* (im Mittel sind rund 50 % der H-Brücken des Eises gespalten).

2. Die Tendenz zur *Erhöhung der potentiellen Energie!* Die schwachen zwischenmolekularen Kräfte vermögen das Auseinanderdriften der Gasmoleküle – verursacht durch die Wärmebewegung – nicht zu verhindern. Wird aber die Temperatur genügend gesenkt, so kommen die Bindungskräfte zum Zuge; das Gas verflüssigt sich.

3. Mit sinkenden Temperaturen wächst die Tendenz zur Einnahme eines enthalpieärmeren Zustandes (Ausbildung von Bindungen, hier Gitterbindungen). Bei der Schmelztemperatur halten sich die beiden gegenläufigen Tendenzen die Waage; sobald aber die Umgebungstemperatur etwas kleiner wird, überwiegt die Ausbildung von Bindungen. *Der Zustand kleinerer potentieller Energie kann nur erreicht werden, wenn Energie an die Umgebung abfließen kann; dazu muß diese eine etwas tiefere Temperatur als die Erstarrungstemperatur haben* (sonst keine Wärmeübertragung).

4. *Nein,* im Gegenteil; durch hohe Drücke kann ein normaler Feststoff über seinen Schmelzpunkt erwärmt werden, ohne daß er schmilzt, weil das Volumen der Schmelze (flüssige Phase) größer als das der festen Phase ist [AK5–12]. Der hohe Druck zwingt die Teilchen entgegen ihrer Eigenbewegung zum Verbleib im Gitter.

5. Lassen Sie sich durch die Einführung des Begriffs „Unordnung" nicht verwirren! Er wird nötig für das Verständnis des nächsten Lernschritts. – Wie in [L19] gezeigt wurde, ist die Partikelunordnung *in Gasen am größten!* Die Teilchen sind in Gasen (Dämpfen) weder benachbart (Abstände definiert) noch räumlich geordnet. Der Ausdruck „Gas" ist eine niederländische Wortschöpfung, der das griechische „chaos" zugrunde liegt.
   In Flüssigkeiten ist die Unordnung kleiner als in Gasen, da bereits ein Ordnungsprinzip vorliegt: Die Teilchen sind miteinander in Kontakt. Kohäsionskräfte verhindern das Auseinanderfallen des Teilchenverbandes. Allerdings können sich besonders energiereiche Teilchen losreißen; daher verdunsten Flüssigkeiten.
   Am kleinsten ist die Unordnung *im kristallinen Feststoff* (Gitterordnung).

6. *Zunahme der Unordnung:* Wärmebewegung, *Tendenz zur Erhöhung der potentiellen Energie. Abnahme der Unordnung:* Bindungskräfte, *Tendenz zur Verkleinerung der potentiellen Energie.*

1. Da ΔH die Einheit kJ/mol hat [L39], muß auch ΔG *die Einheit kJ/ mol* haben, was aus $\Delta G = \Delta H - T\Delta S$ folgt. Die GIBBS-HELM-HOLTZ-Gleichung zeigt ebenfalls, daß $T\Delta S$ die Einheit kJ/mol haben muß und demzufolge ΔS *die Einheit kJ/(K · mol)* hat. Meistens werden aber, damit die Zahlenwerte nicht zu klein werden, Entropiedifferenzen ΔS *in J/(K · mol)* [F42-5, F42-6] angegeben.

2. Der *Kondensationsvorgang* (g) $\rightarrow$ (l) ist *exotherm* (Bindungsbildung, $\Delta H < 0$), was *günstig* für dessen freiwilligen Verlauf ($\Delta G < 0$) ist. Da aber die *Entropie S* um den Betrag der Verdampfungsentropie *abnimmt,* ist $\Delta S < 0$. Mit einem negativen Wert von ΔS wird der zweite Summand der GIBBS-HELMHOLTZ-Gleichung ($-T\Delta S$) positiv, was *ungünstig* für den freiwilligen Verlauf des Vorgangs ist, da ΔG negativ sein muß. Bei zu hohen Temperaturen ist $|T\Delta S| > |\Delta H|$, womit die Summe (ΔG) positiv wird und der Vorgang nicht freiwillig ablaufen kann. Wird aber die Temperatur so weit gesenkt, daß $|T\Delta S| < |\Delta H|$ wird, so wird ΔG negativ und der Vorgang kann freiwillig ablaufen.

3. *Ja.* Der *freiwillige Ablauf* von Vorgängen wird *begünstigt,* wenn sie exotherm sind (Bindungsbildung, *Abnahme der Enthalpie*) und eine *Zunahme der Entropie* erfolgt („Alles natürliche Geschehen wird regiert von der Abnahme der Enthalpie einerseits und der Zunahme der Entropie andererseits", ULICH), was aus der GIBBS-HELMHOLTZ-Gleichung oder den Betrachtungen in [L41] folgt. Solche Vorgänge sind z. B. Verbrennungen von Feststoffen (Enthalpieabnahme, exotherm), bei denen Gase entstehen (Entropiezunahme), oder Explosionen von Sprengstoffen.

4. Für die Reaktion $NaCl(s) + H_2O(s) \rightarrow NaCl(aq)$ gilt:
ΔH ist (stark) positiv, da die Energiebeträge der Gitterenthalpien von $NaCl(s)$ und der Schmelzenthalpie von $H_2O(s)$ benötigt werden; dieser endotherme Teilschritt ist ungünstig für den freiwilligen Verlauf der Reaktion. Da aber beim Übergang (s) $\rightarrow$ (l) eine sprunghafte Entropiezunahme erfolgt, ist $\Delta S > 0$, was günstig für den freiwilligen Ablauf ist ($-T\Delta S$ bleibt negativ). Nach $\Delta G = \Delta H - T\Delta S$ kann aber der *Vorgang nur dann freiwillig ablaufen, wenn* $|T\Delta S| > |\Delta H|$ *ist,* was zeigt, daß der Vorgang bei zu tiefen Temperaturen nicht mehr freiwillig eintreten kann.
Diese Reaktion kann auch für die Erzeugung tieferer Temperaturen verwendet werden (Eis-Kochsalz-Mischung, [L37].

5. *Größere Härte* bedeutet *stärkere Bindungen.* Je stärker nun die Bindungen sind, *um so intensiver ist auch die gegenseitige Zuordnung der Partikeln;* ein Zustand größerer Teilchenordnung entspricht aber dem einer kleineren Entropie S.

6. *Je mehr Atome einander im Molekül zugeordnet sind,* um so größer ist der Ordnungszustand und *um so kleiner ist die Entropie S pro mol Atome.*

Bearbeiten Sie mit Hilfe Ihrer Spickzettel, dem PSE und den Tabellen die nachstehenden Fragen und kontrollieren Sie Ihre Antworten erst am Schluß. Was Ihre Antwort enthalten muß, ist im Antwortteil (Rückseite) hervorgehoben. Bewerten Sie jede Antwort (ganz richtig: 1 Punkt, teilweise richtig: 0,5 Punkte, falsch: Null Punkte). Qualifikationen: 11 erreichte Punkte *sehr gut,* 10 erreichte Punkte *gut,* 9 Punkte *befriedigend* und 8 Punkte *ausreichend.* Weniger Punkte: ungenügende Leistungen. Ergänzen Sie gegebenenfalls Ihre Spicker!

1. Was ist die Ursache für den Ablauf endothermer Vorgänge?
2. Weswegen wird ein System, in dem ein endothermer Vorgang abläuft, an der Lufthülle enthalpiereicher und in welcher Form liegt die zugeführte Reaktionsenthalpie vor?
3. Im Alltag wird ΔH als Reaktionswärme bezeichnet. Welche Präzisierung enthält der Begriff Reaktionsenthalpie?
4. Erklären Sie, warum es bei Bindungsbildungen warm wird, d. h. die Temperatur (Maß für die mittlere kinetische Energie der Partikeln) steigt.
5. Welche Bedeutung haben die Reaktionsenthalpien, welche bei den Phasenänderungen des Wassers auftreten, für die Klimatologie?
6. Warum gibt es keine chemische Reaktion (Veränderung eines Stoffsystems), bei der $\Delta H = 0$ (Null) ist?
7. Berechnen Sie mit den Werten von [L 39] die Reaktionsenthalpie für eine vollständige Verbrennung von Butanon-Dampf $CH_3COCH_2CH_3(g)$.
8. Warum kann man die (oft nur angenäherten) Werte für ΔH von Molekularreaktionen mit den Bindungsenthalpien nur für Einphasenreaktionen berechnen?
9. Welches Vorzeichen hat ΔS für die Resublimation (g) $\rightarrow$ (s)?
10. Unter der sog. Standardbildungsenthalpie (Symbol ΔH_f^0, 0 von „Null-" oder Standardbedingungen, f von engl. formation) versteht man die Reaktionsenthalpie, die bei der Bildung einer Verbindung aus ihren Elementarstoffen unter Standardbedingungen auftritt. Dazu ein Beispiel: Bildung von $CO_2(g)$ (CO_2 ist bei Standardbedingungen ein Gas) aus C(s) (C ist fest) und $O_2(g)$ (O_2 ist gasförmig). Wie groß ist ΔH_f^0 für das giftige Phosgen-Gas $COCl_2(g)$?
11. Warum kann Erstarrung nur unterhalb einer bestimmten Temperatur freiwillig eintreten? Interpretieren Sie diese Tatsache mit $\Delta G = \Delta H - T\Delta S$.
12. Erklären Sie mit $\Delta G = \Delta H - T\Delta S$, warum die Gasexpansion freiwillig verläuft.

1. Die *Eigenbewegung der Partikeln* (Wärmebewegung) ist die Ursache des „Auseinanderdriftens", d. h. der Einnahme von Zuständen höherer potentieller Energie.

2. Da sich das System zuerst abkühlt, *fließt anschließend ΔH aus der Umgebung ins Stoffsystem*. Die *potentielle Energie* ist um ΔH größer.

3. Daß es sich um die *Energiedifferenz* der Stoffe *bei gleichem Druck* handelt.

4. Weil bei Bindungsbildung *potentielle in kinetische Energie* umgewandelt wird, d. h. die Partikeln eine Beschleunigung erfahren [L 38].

5. Vergleichen Sie Ihre Antwort mit [*A 38-6*].

6. Weil es sich bei chemischen Reaktionen *nie um die gleichen Bindungen* handelt, die gespalten bzw. neugebildet werden!

7. $CH_3COCH_2CH_3(g) + 5,5\ O_2(g) \rightarrow 4\ CO_2(g) + 4\ H_2O(g)$
   Bindungsspaltung: 8 mol C–H (3320 kJ) +
   3 mol C–C (1041 kJ) + 1 mol C =O (748 kJ) +
   5,5 mol O_2 (2750 kJ), also insgesamt +7859 kJ.
   Bindungsbildung: 8 mol C =O (des CO_2!,
   –6448 kJ) + 8 mol O–H (–3720 kJ), also insgesamt -10168 kJ. Daher gilt: *$\Delta H = -2309\ kJ/mol$*
   $CH_3COCH_2CH_3(g)$.

8. Weil *bei Phasenänderungen* große *Enthalpieänderungen* auftreten [L 38].

9. Unter Resublimation oder Kondensation zum Feststoff versteht man den direkten Übergang aus der Gasphase in die Feststoffphase. Dabei nimmt die Entropie S stark ab [L 42]; daher erhält ΔS ein negatives Vorzeichen ($\Delta S < 0$).

10. $C(s) + 0,5\ O_2(g) + Cl_2(g) \rightarrow COCl_2(g)$
    Bindungsspaltung: 1 mol C(s) $\rightarrow$ C(g)
    (+718 kJ) + 0,5 mol O_2 (250 kJ) + 1
    mol Cl_2 (248 kJ), also total +1216 kJ.
    Bindungsbildung: 2 mol C–Cl (-672 kJ) + 1 mol C =O (-748 kJ),
    d. h. -1420 kJ. Daher gilt: $\Delta H_f^0 = -204\ kJ/mol\ COCl_2(g)$

11. Das Erstarren ist exotherm ($\Delta H < 0$), also günstig für den freiwilligen Ablauf. Da aber S abnimmt ($\Delta S < 0$), wird der Summand ($-T\Delta S$) positiv, was ungünstig ist. Daher muß *für den freiwilligen Verlauf des Erstarrens* $|\Delta H| > |T\Delta S|$ werden, was nur unterhalb einer bestimmten Temperatur (Schmelztemperatur) eintritt.

12. Die Gasexpansion ist endotherm ($\Delta H > 0$, also ungünstig für den freiwilligen Verlauf [L 38] der Reaktion, da die Enthalpie zunimmt. Weil aber eine Entropiezunahme erfolgt [L 42] ($\Delta S > 0$, günstig), verläuft die *Gasexpansion nur dann spontan, wenn* $|T\Delta S| > |\Delta H|$ *ist,* d. h. wenn T nicht zu tief ist (sonst Verflüssigung).

1. Mit Katalysatoren wird der *Enthalpie-berg,* der überwunden werden muß, *kleiner,* wie die nebenstehende gestrichelte Kurve zum Ausdruck bringt. Es muß ausdrücklich festgehalten werden, daß Katalysatoren die Reaktionsenthalpie ΔH nicht verändern; die Enthalpiedifferenz zwischen Ausgangsstoffen und Reaktionsprodukten bleibt gleich!

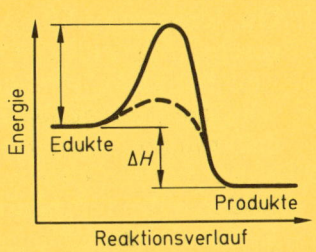

2. *Nein.* Sie bewirken das Gegenteil, d. h. sie erschweren mögliche Reaktionen. Meist handelt es sich dabei um Reaktionen mit Luftsauerstoff, die oft durch Licht- oder Ultraviolettstrahlung und/ oder Wärme aktiviert werden. Stoffe wie Antioxidanzien nennt man Stabilisatoren; sie haben für die Haltbarmachung von Lebensmitteln, Kunststoffen, Lacken, Reifengummi usw. große praktische Bedeutung.

3. *Schadstoffe der Abgase in unschädliche Stoffe überzuführen.* – Die Schadstoffe in Autoabgasen lassen sich in zwei Gruppen einteilen:
   1. Benzine und Dieselöle bestehen aus Kohlenwasserstoffen, d. h. Molekülen, die nur aus C- und H-Atomen bestehen. Abgase können unverbrannten Treibstoff sowie neugebildete Moleküle aus C-, H- und O-Atomen enthalten, darunter das giftige Kohlenmonoxid CO. Alle diese Schadstoffe müssen in Kohlendioxid $CO_2(g)$ und Wasser überführt werden; dazu ist zusätzlicher Sauerstoff nötig.
   2. Stickstoffoxide [L 60] mit wechselndem Sauerstoffgehalt wie N_2O, NO, NO_2, die sich bei hohen Drücken und Temperaturen aus den Luftbestandteilen N_2 und O_2 bilden. Man bezeichnet Gemische aus Stickstoffoxiden mit dem Symbol NO_x, was auf den unterschiedlichen Sauerstoffanteil hinweist. Diese schädlichen Stoffe müssen in elementaren Stickstoff $N_2(g)$ überführt werden; dabei wird Sauerstoff freigesetzt.

   Weil einerseits Sauerstoff benötigt und andererseits freigesetzt wird, muß das Gasgemisch eine ausgeglichene Sauerstoffbilanz haben (automatische Steuerung der Zusammensetzung des Luft-Kraftstoff-Gemisches).

4. *Metastabil;* nach Zündung brennt der Holzhaufen ab.

5. Bei den bisher besprochenen endothermen Vorgängen (Gasexpansion, Lösungsvorgänge, Verdunstung) muß nicht speziell aktiviert werden. Es gibt aber Molekularreaktionen, bei denen dies nötig ist (was wir nicht besprochen haben).

6. *Der letzte Satzteil stimmt nicht* („nehmen an der Reaktion nicht teil"), da Zwischenverbindungen gebildet werden.

1. Die Temperaturdifferenz beträgt 20 °C. Somit wird die Reaktionsgeschwindigkeit bei 5 °C mindestens viermal kleiner als bei 25 °C, weil bei einer Temperaturabnahme von 10 °C die Reaktionsgeschwindigkeit mindestens halbiert wird (Faustregel von [L44]); daher *nimmt v um den Faktor 4 ab.*

2. *Nein.* Beim Gefrieren erfolgt der Phasenwechsel (l) $\rightarrow$ (s), wodurch die Teilchenbeweglichkeit sehr stark eingeschränkt wird, so daß die Beziehung $v(A + B) = k(A + B) \cdot c(A) \cdot c(B)$ nicht mehr gilt, da sie bewegliche Teilchen der Gas- oder Flüssigkeitsphase voraussetzt. Die Reaktionsgeschwindigkeit von Zersetzungsreaktionen ist bei der Tiefkühlung sehr stark vermindert. Null ist sie allerdings nicht, da auch in Feststoffen (langsame) Diffusion erfolgt; wegen Fehlern in den Kristallgittern können Gitterbausteine z. B. in Leerstellen (leerstehende Gitterplätze) diffundieren, was eine stark eingeschränkte Teilchenbeweglichkeit ergibt.

3. Im Falle der konzentrierten Säurelösung ist die Wahrscheinlichkeit größer, daß auf eine Oberflächeneinheit des Metalls die die Reaktion bewirkenden Säurepartikeln auftreffen, was eine *höhere Zahl reaktionswirksamer Zusammenstöße* ergibt. – Hat man übrigens gleich große Zinkbleche in Säurelösungen gleicher Konzentration, aber unterschiedlicher Temperatur, so stellt man im Fall der höheren Temperatur aus dem gleichen Grunde eine größere Reaktionsgeschwindigkeit fest. – Zinkpulver reagiert ebenfalls rascher als ein kompaktes Blech, weil die Oberfläche (Zahl der Eckteilchen) größer ist.

4. Im ersten Fall hat das Konzentrationsprodukt $c(A) \cdot c(B)$ den Wert von 0,1 mol²/L² und im zweiten Fall den gerundeten Wert von 0,3 mol²/L² (genau 0,3025 mol²/L²). Obwohl in beiden Fällen die Summe der Partikelkonzentrationen gleich groß ist (jeweils 1,1 mol/L), ist *im zweiten Fall* die Reaktionsgeschwindigkeit dreimal größer. Dies beruht darauf, daß die Wahrscheinlichkeit von Zusammenstößen von A mit B größer ist; im ersten Fall ist $c(A)$ zu klein.

5. Durch den Luftstrom gelangen in der Zeiteinheit *mehr Sauerstoff-Moleküle* O_2 auf die Oberfläche der glühenden Holzkohle, womit *mehr reaktionswirksame Zusammenstöße* der Reaktionspartner $C(s)$ und $O_2(g)$ möglich werden. Erst mit dem Einsatz von Blasebälgen konnten übrigens genügend hohe Temperaturen mit der Verbrennung von Holzkohle erzeugt werden, um Eisen zu bearbeiten.

6. *Nein.* Erstens sagt ΔG nichts darüber aus, ob ein prinzipiell möglicher Vorgang eintritt oder nicht (metastabile Systeme [L43]) und zweitens nichts darüber, wie rasch ein Vorgang abläuft, was von der Anzahl der reaktionswirksamen Zusammenstöße abhängt, wie in diesem Lernschritt gezeigt wurde.

1. a) Der Dampfdruck *steigt,* wie die Erfahrung zeigt.
   b) v(Verdampfung) nimmt zu, weil die wärmere Flüssigkeit mehr besonders energiereiche Teilchen enthält. Dadurch nimmt aber $c(H_2O, g)$, d. h. die Konzentration des Wasserdampfs, zu. Somit nimmt auch v(Kondensation) zu, weil die Auftreffwahrscheinlichkeit von $H_2O(g)$ auf die Flüssigkeitsoberfläche wächst. Während des Erwärmens *wachsen* also die Reaktionsgeschwindigkeiten von Hin- und Rückreaktion.
   c) Bei konstant gehaltenen Temperaturen, also sowohl bei T_1 als auch T_2, stellt sich ein dynamischer Gleichgewichtszustand ein; daher gilt in beiden Fällen: *v(Verdampfung) = v(Kondensation). Bei T_2, der höheren Temperatur, sind* aber *diese beiden Reaktionsgeschwindigkeiten größer* als bei T_1!

2. Wir haben zwar erst einen Fall eines dynamischen Gleichgewichts besprochen, das Verdampfungs-Kondensations-Gleichgewicht. Hier jedenfalls ist klar, daß die *Stoffkonzentrationen* von Ausgangs- und Endstoffen stark *voneinander abweichen.* So ist $c(H_2O$, l) mit rund 55 mol/L (1000 g/L : 18 g/mol = 55,5 mol/L) rund 1000mal größer als $c(H_2O, g)$ [A 19-4].
   Es gilt allgemein, daß die Stoffteilchenkonzentrationen in dynamischen Gleichgewichten nicht gleich sind. Gleich sind nur die Reaktionsgeschwindigkeiten der beiden gegenläufigen Reaktionen!

3. *Nein.* Neben der Temperatur hängen die Dampfdrücke von Flüssigkeiten von den Kohäsionskräften ab [A 23-4, A 23-5].

4. Den Aussagen von [L 45] kann entnommen werden, daß für einen dynamischen Gleichgewichtszustand die folgenden Voraussetzungen erfüllt sein müssen:
   Geschlossenes Stoffsystem (Gefäße), *konstante Temperatur, keine Reaktion gehemmt.* Metastabile Systeme [L 43] sind also nicht im dynamischen Gleichgewichtszustand; sie können mit einer blockierten, ungleich belasteten Balkenwaage verglichen werden. Metastabile Systeme sind nicht beim Minimum von G wie die Systeme im dynamischen Gleichgewichtszustand, bei denen $\Delta G = 0$ (Null) ist.

5. Die beiden Reaktionsgeschwindigkeiten *nehmen ab,* wie ein Vergleich mit [A 45-1] zeigt. Aus der kälteren Flüssigkeit verdampfen in der Zeiteinheit weniger Teilchen, wodurch vorerst mehr kondensieren, bis eine Dampfkonzentration (sehr rasch) erreicht wird, die dem Gleichgewichtszustand entspricht.

6. Durch das Hinunterdrücken verdichtet man den Dampf, so daß *kurzfristig mehr Teilchen kondensieren.* Da aber bei konstant gehaltener Temperatur die Reaktionsgeschwindigkeit der Verdampfung konstant bleibt, stellt sich ein Gleichgewichtszustand ein, der hinsichtlich der Reaktionsgeschwindigkeiten genau dem Anfangszustand entspricht.

1. Für $H_2O(l) \rightleftharpoons H_2O(g)$ gilt: $K = \dfrac{c(H_2O, g) \text{ (Endstoff)}}{c(H_2O, l) \text{ (Ausgangsstoff)}}$

2. Mit steigenden Temperaturen nimmt $c(H_2O, g)$ zu und $c(H_2O, l)$ wegen der Wärmeausdehnung geringfügig ab. Somit wird K, die Gleichgewichtskonstante, *größer*. Man kann den Sachverhalt, daß die Konzentration der in der Gleichgewichtsgleichung rechtsstehenden Stoffart zunimmt (und die andere abnimmt), auch so zum Ausdruck bringen, indem man sagt, das Gleichgewicht „verschiebe sich nach rechts".

3. Die Hinreaktion des Gleichgewichts $H_2O(l) \rightleftharpoons H_2O(g)$, die Verdampfung, ist ein endothermer (wärmeverbrauchender) Vorgang. Da sich dieses Gleichgewicht mit *steigenden Temperaturen* nach rechts verschiebt [Zunahme von $c(H_2O, g)$], kommt dies einer *Förderung des endothermen Vorgangs* gleich. – Was hier an einem Beispiel aufgezeigt wurde, gilt ganz allgemein: Gleichgewichte verschieben sich mit steigenden Temperaturen im Sinne des endothermen Vorgangs (vermehrte Bildung energiereicheren Materials); bei sinkenden Temperaturen ist das Gegenteil der Fall.

4. Aus $C_2H_4(g) + H_2(g) \rightleftharpoons C_2H_6(g)$ folgt: $K = \dfrac{c(C_2H_6, g)}{c(C_2H_4, g) \cdot c(H_2, g)}$

   Bei Gasen ist der Gasdruck die am einfachsten zu ermittelnde Meßgröße, die Auskunft über die Stoff(teilchen)mengenkonzentration c gibt; nach dem Satz von Avogadro [L36] besteht direkte Proportionalität zwischen c und dem Gasdruck p. Daher werden die Massenwirkungsausdrücke von Gasgleichgewichten mit den sog. Partialdrücken p' angegeben. Der Partialdruck (Teildruck) eines Gases in einem Gasgemisch ist derjenige Anteil, den dieses Gas zum Gesamtdruck beisteuert.

   Dies entspricht nach Avogadro dem Stoff(teilchen)mengenanteil der Komponente des Gemisches. $K' = \dfrac{p'(C_2H_6, g)}{p'(C_2H_4, g) \cdot p'(H_2, g)}$

5. Für $CO(g) + CO(g) + O_2(g) \rightleftharpoons CO_2(g) + CO_2(g)$ oder $2\,CO(g) + O_2(g) \rightleftharpoons 2\,CO_2(g)$ gilt:

$$K' = \frac{p'(CO_2, g) \cdot p'(CO_2, g)}{p'(CO, g) \cdot p'(CO, g) \cdot p'(O_2, g)}$$

oder $\quad K' = \dfrac{p'^{2}(CO_2, g)}{p'^{2}(CO, g) \cdot p'(O_2, g)}$

Wie Sie an diesem Beispiel erkennen, erscheinen die Koeffizienten der Gleichgewichtsgleichung im *MWA* als Potenzen!

6. Nach [A46-5] gilt für $3\,H_2(g) + N_2(g) \rightleftharpoons 2\,NH_3(g)$:

$$K' = \frac{p'^{2}(NH_3, g)}{p'^{3}(H_2, g) \cdot p'(N_2, g)}$$

1. Weil *das Gas* CO_2 von selbst aus dem Gefäß *entweicht* und daher dieser Endstoff nicht mehr für die Rückreaktion zur Verfügung steht. Ganz allgemein gilt für Reaktionen, bei denen aus festen und/oder flüssigen Ausgangsstoffen Gas entsteht, daß sie im offenen Stoffsystem vollständig ablaufen.

2. Durch Auflösen von A(s) erhöht man $c(A, aq)$. Dies hat zur Folge, daß v(Hinreaktion) = $k(A + B) \cdot c(A, aq) \cdot c(B, aq)$ sprunghaft *ansteigt*.

3. Durch die vergrößerte v(Hinreaktion) wird B verbraucht; daher *nimmt* $c(B, aq)$ *ab*.

4. Durch die vergrößerte v(Hinreaktion) entsteht mehr C und D, d. h. $c(C, aq)$ und $c(D, aq)$ nehmen zu. Damit *wächst die Reaktionsgeschwindigkeit der Rückreaktion,* da v(Rückreaktion) = $k(C + D) \cdot c(C, aq) \cdot c(D, aq)$.

5. Wenn Sie die Lösung dieser Frage nicht in allen Teilen gefunden haben, so bemühen Sie sich, aufgrund der nachstehenden Erklärungen den Sachverhalt zu verstehen. Es gilt, daß *im neuen Gleichgewicht c(B, aq) kleiner* ist als im ursprünglichen, *die drei anderen Stoff(teilchen)mengenkonzentrationen aber größer.* Wie [A 47-4] zeigte, sind $c(C, aq)$ und $c(D, aq)$ im neuen Gleichgewicht größer; daher gilt im neuen Gleichgewichtszustand, daß $c(C, aq) \cdot c(D, aq)$ größer ist als im ursprünglichen. Daher ist auch $c(A, aq) \cdot c(B, aq)$ direkt proportional größer, da für unseren Gleichgewichtszustand gilt:

$$k(A + B) \cdot c(A, aq) \cdot c(B, aq) = k(C + D) \cdot c(C, aq) \cdot c(D, aq)$$

Weil nun aber im neuen Gleichgewicht $c(B, aq)$ kleiner ist als im ursprünglichen [A 47-3], muß daher $c(A, aq)$ größer sein als im ursprünglichen Gleichgewicht.

Aus der obenstehenden Gleichung für die Reaktionsgeschwindigkeiten der Hin- und Rückreaktion folgt auch, daß diese im neuen Gleichgewicht größer sein müssen als im ursprünglichen, da $c(C, aq) \cdot c(D, aq)$ größer ist. – Die beiden Reaktionsgeschwindigkeitskonstanten $k(A + B)$ und $k(C + D)$ bleiben, sofern die Temperatur konstant gehalten wird, unverändert (konstant).

In jedem Gleichgewichtszustand sind die *Reaktionsgeschwindigkeiten der Hin- und Rückreaktion* gleich groß; in unserem Fall sind diese aber *im neuen Gleichgewicht größer!*

6. Aus dem nebenstehenden MWG folgt: K ist eine (temperaturabhängige) Konstante, also in unserem Fall für beide Fälle gleich groß. Da der neue

$$K = \frac{c(C, aq) \cdot c(D, aq)}{c(A, aq) \cdot c(B, aq)}$$

Zählerwert größer ist, muß auch der Nennerwert proportional größer sein. Dies ist bei kleinerer $c(B, aq)$ [A 47-3] nur bei entsprechend größerer $c(A, aq)$ möglich.

1. a) Die Reaktion von links nach rechts ist exotherm. Links liegen nur unpolare Bindungen vor, rechts hingegen die polaren Bindungen H–Cl, womit der Zustand rechts enthalpieärmer ist (Polaritätsfaustregel, [A 39-6]). Daher verschiebt sich unser Gleichgewicht mit steigenden Temperaturen *nach links*.
   b) *Keine Verschiebung!* Links und rechts ist die Zahl der Gasteilchen gleich (je zwei).
2. Der Zwang erhöhter Gasdruck wird durch *Kondensation* verkleinert, weil die *Gasteilchenzahl abnimmt.*
3. Das Gleichgewicht $H_2O(l) \rightleftharpoons H_2O(g)$ verschiebt sich mit sinkenden Temperaturen nach links, also im Sinne einer Vermehrung des enthalpieärmeren Materials, des flüssigen Wassers. Der *Zwang Energieentzug* (für eine Temperatursenkung muß Enthalpie nach außen abfließen) *wird dadurch verkleinert, daß das System Kondensationsenthalpie freisetzt.*
4. Es muß sich im Sinne einer Abnahme der Gasteilchenzahl verschieben, d. h. *nach rechts,* weil rechts nur 3 Gasteilchen (1 CH_4 und 2 H_2S) vorliegen und links deren 5 (1 CS_2 und 4 H_2).
5. Nach der Polaritätsfaustregel ist die rechte Seite enthalpieärmer, da die Bindungspolarität größer ist. Links sind nur die beiden Bindungen C=S schwach polar ($\Delta(EN) = 0,1$), also total $\Delta(EN) = 0,2$. Rechts stehen 4 Bindungen C–H ($\Delta(EN)$ je 0,3) und 4 Bindungen H–S ($\Delta(EN)$ je 0,2), also total 2,0. Daher verläuft der Vorgang von links nach rechts exotherm. Somit verschiebt sich das Gleichgewicht *mit steigenden Temperaturen nach links.*
6. Wie bereits in [L 48] gezeigt wurde, müssen möglichst *hohe Drücke* gewählt werden, damit der Ammoniakanteil im Gleichgewicht $3 H_2(g) + N_2(g) \rightleftharpoons 2 NH_3(g)$ möglichst groß wird (Verminderung der Gasteilchenzahl). Die *Temperatur* hingegen sollte für große Ammoniakanteile im Gleichgewichtszustand möglichst *tief* gewählt werden, weil der Vorgang von links nach rechts exotherm verläuft.
   Bei der Ammoniaksynthese arbeitet man denn auch bei hohen Drücken (200 bar). Allerdings muß man (was eigentlich ungünstig ist) bei hohen Temperaturen „fahren", weil noch keine Katalysatoren bekannt sind, die den reaktionsträgen Stickstoff bei niedrigen Temperaturen genügend zu aktivieren vermögen. Damit also die Reaktionsgeschwindigkeit der Ammoniakbildung erhöht werden kann, müssen hohe Temperaturen mit ungünstigen Ammoniakanteilen im Gleichgewicht gewählt werden. Allerdings stört man die Gleichgewichtslagen kontinuierlich. Dies kann durch Kühlfallen geschehen, wenn reines Ammoniak hergestellt werden soll [L 47] oder durch Auswaschen mit Wasser (Ammoniak ist sehr gut wasserlöslich), wenn die technisch wichtige Ammoniaklösung $NH_3(aq)$ hergestellt werden soll.

1. Natürlich *gleich groß,* da pro Protonenübergang je ein Hydroxonium-Ion $H_3O^+(aq)$ und Hydroxid-Ion $OH^-(aq)$ entsteht. Also gilt: $c(OH^-, aq) = 10^{-7}$ mol/L.

2. Bei 4 °C hat ein Liter Wasser die Masse 1 kg. Da die molare Masse von Wasser 18 g/mol ist, ist bei 4 °C $c(H_2O, l) = 55,56$ *mol/L* (1000 g/L : 18 g/mol = 55,56 mol/L). Wegen der Wärmeausdehnung gilt bei Standardbedingungen (25 °C, 1,013 bar): $c(H_2O, l) = 55,39$ mol/L (1 Liter Wasser hat bei 25 °C die Masse von 0,99707 kg). Wir wollen für Raumtemperatur von nun an mit dem gerundeten Wert von 55,4 mol/L rechnen!

3. Mit den Werten der beiden vorangehenden Antworten ist die Berechnung einfach. Für das Protolysengleichgewicht des Wassers
$H_2O(l) + H_2O(l) \rightleftharpoons H_3O^+(aq) + OH^-(aq)$
oder $2\ H_2O(l) \rightleftharpoons H_3O^+(aq) + OH^-(aq)$
gilt:

$$K = \frac{c(H_3O^+, aq) \cdot c(OH^-, aq)}{c(H_2O, l) \cdot c(H_2O, l)}$$

oder $K = \dfrac{c(H_3O^+, aq) \cdot c(OH^-, aq)}{c^2(H_2O, l)}$

Setzt man für die Ionenkonzentrationen die Werte von je 10^{-7} mol/L ein, so resultiert ein Zähler von 10^{-14} mol²/L². Wird $c(H_2O, l)$ mit 55,4 mol/L eingesetzt [A 49-2], so resultiert ein Nenner von 3069,16 mol²/L². Der Quotient, die Gleichgewichtskonstante K, wird somit *3,26 · 10^{-18}* (hier eine dimensionslose Verhältniszahl). Dieses Gleichgewicht liegt extrem stark auf der linken Seite, d. h. Wasser liegt nahezu vollständig in Form undissoziierter Wasser-Moleküle $H_2O(l)$ vor. Von 55,4 mol H_2O-Molekülen sind bei 22 °C nur 10^{-7} mol dissoziiert, was 10^{-7} mol/L Hydroxonium-Ionen $H_3O^+(aq)$ und 10^{-7} mol/L Hydroxid-Ionen $OH^-(aq)$ ergibt. Das bedeutet, daß auf 554 000 000 (mehr als eine halbe Milliarde!) „intakte" Wasser-Moleküle ein dissoziiertes entfällt!

4. Für das Protolysengleichgewicht von H_2O gilt: $v(Dissoziation) = v(Neutralisation)$ oder $k(H_2O + H_2O) \cdot c(H_2O, l) \cdot c(H_2O, l) = k(H_3O^+ + OH^-) \cdot c(H_3O^+, aq) \cdot c(OH^-, aq)$. Nach [A 49-3] ist $c^2(H_2O, l)$ *um den Faktor 3,07 · 10^{17} größer* als das Konzentrationsprodukt der Ionen $c(H_3O^+, aq) \cdot c(OH^-, aq)$. Daher muß $k(H_3O^+ + OH^-)$ um denselben Faktor größer sein als $k(H_2O + H_2O)$. Die viel größere Reaktionsbereitschaft der Ionen beruht darauf, daß sich entgegengesetzt geladene Ionen anziehen.

5. Es verschiebt sich *auf die Seite der Ionen* (nach rechts), da die Ionenkonzentrationen mit steigenden Temperaturen zunehmen.

6. Nach [A 49-5] entsprechen die Ionen einem enthalpiereicheren Zustand. Daher verläuft die *Neutralisationsreaktion exotherm.*

1. Natriumhydroxid (Ionen Na^+ und OH^-) muß die Formel NaOH haben. Da die Masse einer Formeleinheit [L33] 40 u beträgt, ist die molare Masse (Masse durch mol) gleich *40 g/mol*.

2. Durch das Auflösen von NaOH(s) bringt man zusätzliche $OH^-(aq)$ in Lösung. Damit *wächst sprunghaft die Reaktionsgeschwindigkeit der Neutralisationsreaktion*

$$(H_3O^+(aq) + OH^-(aq) \rightarrow 2\,H_2O\,(l)$$

an. Die Stoffmenge, die dabei zu Wasser umgesetzt wird, ist aber vernachlässigbar, weil in reinem Wasser nur sehr wenig H_3O^+-Ionen vorliegen (10^{-7} mol/L, was nur dem zehnmillionsten Teil von 1 mol/L entspricht!).
Die Konzentration des flüssigen Wassers $c(H_2O, l)$ verändert sich nicht. Daher wird die Reaktionsgeschwindigkeit der Dissoziation nicht verändert. Folglich müssen im neuen Gleichgewichtszustand die Reaktionsgeschwindigkeiten der Dissoziations- und Neutralisationsreaktion gleich groß wie im ursprünglichen sein.

3. Wie aus [A50-2] folgt, wird beim Auflösen von 4 g NaOH(s) in einem Liter Wasser nur vernachlässigbar wenig zusätzliches Wasser gebildet, d. h. durch die Neutralisationsreaktion werden praktisch keine Hydroxid-Ionen OH^- verbraucht. Das bedeutet, daß deren Konzentration immer noch *0,1 mol/L* ist, weil 4 g NaOH(s) der Stoffmenge von 0,1 mol entsprechen. Da jede Formeleinheit NaOH ein Hydroxid-Ion OH^- enthält, ist auch $c(OH^-, aq) = c(NaOH, aq)$.

4. In jeder verdünnten wäßrigen Lösung (22 °C) gilt das Ionenprodukt des Wassers: $K_W = c(H_3O^+, aq) \cdot c(OH^-, aq) = 10^{-14}$ mol^2/L^2 (bei 22 °C). Da nun in unserer Lösung $c(OH^-, aq) = 0,1$ mol/L oder $c(OH^-, aq) = 10^{-1}$ mol/L ist, gilt:

$$c(H_3O^+, aq) = \frac{10^{-14}\ \text{mol}^2/\text{L}^2}{c(OH^-, aq)} \text{ oder } c(H_3O^+, aq) = \frac{10^{-14}\ \text{mol}^2/\text{L}^2}{10^{-1}\ \text{mol/L}}$$

Daraus errechnet sich: $c(H_3O^+, aq) = 10^{-13}$ *mol/L*.

5. Man muß ein mol zusätzliche Ionen H_3O^+ in Lösung bringen. Wie die Überlegungen von [A50-3] zeigen, können die im reinen Wasser bereits vorliegenden Ionen $H_3O^+(aq)$ und $OH^-(aq)$ wegen ihrer geringen Konzentrationen vernachlässigt werden. Man muß in unserem Fall also *ein mol des Salzes Hydroxoniumperchlorat* H_3OClO_4 (118 g) in Wasser *auflösen und auf das Endvolumen von einem Liter ergänzen*.

6. Analog [A50-4] gilt:
$c(OH^-, aq) = 10^{-14}$ (mol^2/L^2) | $c\,(H_3O^+, aq)$

Da $c(H_3O^+, aq) = 1$ mol/L, ist $c(OH^-, aq) = 10^{-14}$ mol/L. Die Erhöhung der einen Ionenkonzentration hat also eine Abnahme der anderen zur Folge.

Bearbeiten Sie mit Hilfe Ihrer Spickzettel, dem PSE und den Tabellen die nachstehenden Fragen und kontrollieren Sie Ihre Antworten erst am Schluß. Was Ihre Antwort enthalten muß, ist im Antwortteil (Rückseite) hervorgehoben. Bewerten Sie jede Antwort (ganz richtig: 1 Punkt, teilweise richtig: 0,5 Punkte, falsch: Null Punkte). Qualifikationen: 11 erreichte Punkte *sehr gut,* 10 erreichte Punkte *gut,* 9 Punkte *befriedigend* und 8 Punkte *ausreichend.* Weniger Punkte: ungenügende Leistungen. Ergänzen Sie gegebenenfalls Ihre Spicker!

1. Was versteht man unter einem metastabilen Stoffsystem?
2. Welche Möglichkeiten hat man, um freiwillig verlaufende Reaktionen auszulösen, wenn der Eintritt der prinzipiell möglichen Reaktion gehemmt ist?
3. In welcher Weise nehmen Katalysatoren an einer Reaktion teil? Werden Katalysatoren dabei verbraucht?
4. Warum hängt die Reaktionsgeschwindigkeit von Einphasenreaktionen in starkem Maße (exponentiell) von der Temperatur ab?
5. Mit welchen Maßnahmen kann man den vollständigen und möglichst raschen Ablauf von Reaktionen erzwingen?
6. Welches sind die Bedingungen, die für die Einstellung eines dynamischen Gleichgewichtszustandes erforderlich sind?
7. Leitet man über glühenden Koks $C(s)$ Wasserdampf $H_2O(g)$, so bildet sich in endothermer Reaktion das wichtige „Synthesegas", ein Gemisch der Gase Kohlenmonoxid CO und Wasserstoff. Formulieren Sie das MWG für das Gleichgewicht.
8. Wie verschiebt sich die Gleichgewichtslage von [FK 9-7] mit steigendem Druck?
9. Wie verschiebt sich die Gleichgewichtslage von [FK 9-7] mit steigender Temperatur?
10. Man löst 0,56 g KOH(s) (Kaliumhydroxid) in einem Liter Wasser auf. Wie groß werden dadurch $c(H_3O^+, aq)$ und $c(OH^-, aq)$?
11. Man löst 1,71 g $Ba(OH)_2(s)$ (Bariumhydroxid) in einem Liter Wasser auf. Wie groß werden $c(H_3O^+, aq)$ und $c(OH^-, aq)$?
12. Man mischt 0,5 Liter einer Lösung mit $c(H_3O^+, aq) = 0,2$ mol/L mit 0,5 Liter einer Lösung mit $c(OH^-, aq) = 0,2$ mol/L. Wie groß werden die Konzentrationen dieser beiden Teilchenarten in der Mischung (Volumen ein Liter), in der sich sehr rasch das Protolysengleichgewicht einstellt?
    Überlegen Sie sich dazu, welche Ionenkonzentrationen im entstehenden Liter vorliegen würden, wenn gut durchmischt und keine Reaktion erfolgen würde.

1. Metastabil ist ein System, das *keine Veränderung* zeigt, obwohl es *prinzipiell freiwillig weiterreagieren* kann, weil der *Eintritt der Reaktion gehemmt* ist.

2. *Zufuhr von Aktivierungsenergie* (Zündung durch Wärme, Licht- oder elektrische Energie) und/oder *Einsatz von Katalysatoren* [L 43].

3. *Bildung von Zwischenverbindungen* mit gelockerten Bindungen der Reaktionspartner. Katalysatoren werden *nicht verbraucht;* sie liegen am Ende der Reaktion unverändert vor, wenn sie nicht vergiftet [L 43] werden.

4. Weil mit steigenden Temperaturen einerseits die *Bindungen lockerer* werden und andererseits die *Wahrscheinlichkeit der Zusammenstöße der Reaktionspartner wächst.*

5. Vollständiger Ablauf: *Entfernung* eines *Endstoffs.* Hohe Reaktionsgeschwindigkeit: *Kontinuierliche Zufuhr von Ausgangsstoffen* für hohen Wert von $c(A) \cdot c(B)$ (bei Gasreaktionen durch Zusammendrücken erreicht!), *hohe Temperatur, Katalyse* [L 47].

6. *Geschlossenes Gefäß, konstante Temperatur, keine Reaktion gehemmt* [A 45-4].

7. Für $C(s) + H_2O(g) \rightleftarrows CO(g) + H_2(g)$ gilt:
   (Nach [A 46-4] werden für gasförmige Stoffe im MWG die Partialdrücke eingesetzt.)
   $$K' = \frac{p'(CO, g) \cdot p'(H_2, g)}{c(C, s) \cdot p'(H_2O, g)}$$

8. *Nach links* (Verminderung der Gasteilchenzahl [AK 9-7]). Bei der Herstellung von Synthesegas wird daher bei möglichst kleinen Drücken gearbeitet.

9. *Nach rechts,* im Sinne des endothermen [FK 9-7] Vorgangs.

10. 0,56 g KOH(s) entsprechen 10^{-2} mol. Damit wird $c(OH^-, aq)$ unserer Lösung gleich 10^{-2} mol/L (die ursprünglich im reinen Wasser vorhandenen OH^--Ionen können vernachlässigt werden). Da *$c(OH^-, aq) = 10^{-2}$ mol/L,* ist *$c(H_3O^+, aq) = 10^{-12}$ mol/L,* wie in Analogie zu [A 50-4] folgt.

11. 1,71 g Ba(OH)(s) entsprechen 10^{-2} mol. Da jede Formeleinheit dieser Verbindung zwei Ionen OH^- enthält, werden $2 \cdot 10^{-2}$ mol Ionen OH^- in Lösung gebracht. Also gilt: *$c(OH^-, aq) = 0,02$ mol/L* (oder $2 \cdot 10^{-2}$ mol/L) und nach K_W: *$c(H_3O^+, aq) = 5 \cdot 10^{-13}$ mol/L.*

12. Ohne Reaktion würden sich die Stoffteilchenkonzentrationen halbieren, weil sich die Partikeln auf das doppelte Volumen verteilen. Man hätte also im (fiktiven) Zeitpunkt Null für beide Teilchenarten die Konzentrationen von je 0,1 mol/L. Daher wäre $c(H_3O^+, aq) \cdot c(OH^-, aq)$ mit 10^{-2} mol²/L² um 12 Zehnerpotenzen größer als K_W. Das bedeutet, daß die Neutralisationsreaktion einsetzt, bis (sehr rasch) für beide Ionenarten die Konzentration von *je 10^{-7} mol/L* erreicht wird.

1. Diese Salzsäure hat ebenfalls eine Hydroxonium-Ionen-Konzentration von 0,1 mol/L oder 10^{-1} mol/L. Daher ist *pH = 1* (der Zehnerlogarithmus von 10^{-1} ist -1 und der negative Wert davon +1).

2. Nach $K_W = c(H_3O^+, aq) \cdot c(OH^-, aq)$ ist für $c\,(OH^-, aq) = 10^{-14}$ mol/L die Hydroxonium-Ionen-Konzentration $c(H_3O^+, aq) = 10^0$ mol/L ($10^0 = 1$). Somit hat diese Salzsäure einen *pH von 0* (Null).

3. Reines Wasser von 22 °C hat nach [F49-1] eine Hydroxonium-Ionen-Konzentration von 10^{-7} mol/L, somit *pH = 7* ist. Wäßrige Lösungen mit pH 7 nennt man neutrale Lösungen.

4. Die pH-Werte müssen *kleiner als 7* sein, wie die vorangehenden Antworten zeigen. Mit abnehmenden pH-Werten werden die Lösungen stärker sauer, weil $c(H_3O^+, aq)$ zunimmt. Es ist interessant, daß der saure Geschmack nur durch $H_3O^+(aq)$ erzeugt wird (etwa bei pH $\leq$ 5), während die Süßempfindung durch eine Unzahl von Stoffarten (auch chemisch völlig unterschiedlicher!) hervorgerufen wird.
   Nach unten hin muß die Grenze der pH-Skala bei 0 (Null) liegen, wie folgende Ausführungen zeigen: Eine HCl(aq) mit $c(Cl^-, aq) = 1$ mol/L hat eine gleich große $c(H_3O^+, aq)$. Somit ist die Gesamtkonzentration der gelösten Ionen gleich 2 mol/L, was die Grenze für Lösungen darstellt, in denen K_W [L50] noch praktisch gleich ist wie in reinem Wasser. Eine solche Lösung hat einen pH von Null [A51-2]. Für größere $H_3O^+(aq)$-Konzentrationen gilt der pH-Begriff nicht mehr im bisher (und hier weiterhin) verwendeten Sinn.

5. 3,6 g HCl(g) $\triangleq 10^{-1}$ mol. Da diese Stoffmenge in 500 mL gelöst wird, gilt:

   $$c(Cl^-, aq) = 2 \cdot 10^{-1} \text{ mol/L} \quad \text{und} \quad c(H_3O^+, aq) = 2 \cdot 10^{-1} \text{ mol/L}$$

   Der Zehnerlogarithmus von $2 \cdot 10^{-1}$ ist gleich -0,69897, womit gerundet gilt: *pH = 0,7.* Wir werden sehen, daß pH-Angaben höchstens mit zwei Stellen hinter dem Komma Sinn machen, da dies der üblichen Meßgenauigkeit mit pH-Metern entpricht.

6. 4 g NaOH $\triangleq 10^{-1}$ mol. Somit ist $c(OH^-, aq) = 10^{-1}$ mol/L und *pOH = 1.*
   Da nach K_W [L50] zudem $c(H_3O^+, aq) = 10^{-13}$ mol/L ist, muß pH = 13 sein; daher handelt es sich nicht um eine saure Lösung [A51-4], sondern um eine sog. alkalische Lösung, wie wir in [L53] sehen werden.
   Die Summe von pH und pOH verdünnter wäßriger Lösungen muß stets 14 betragen: Drückt man nämlich $c(H_3O^+, aq) \cdot c(OH^-, aq) = 10^{-14}$ mol^2/L^2 (K_W [L50]) durch negative Zehnerlogarithmen aus, so erhält man pH + pOH = 14 (mit dem Präfix p werden negative Zehnerlogarithmen bezeichnet, also pH + pOH = pK_W).

1. *Nein,* wie die Analogie zur Essigsäure zeigt: Es wurde in [L52] ausdrücklich darauf hingewiesen, daß nur das an O gebundene H als Proton ans Wasser abgebbar ist; die drei an C gebundenen H bilden keine H_3O^+(aq)-Ionen. Daher wird CH_4, bei dem sich alle H an C befinden, in Wasser ebenfalls nicht als Säure wirken.

2. Nach der Faustregel wird die $c(H_3O^+$, aq) ungefähr gleich 10^{-3} mol/L, womit der *pH etwa 3* wird.

3. Eine Lösung mit pH 3 hat nach [A51-6] einen *pOH von 11.* Das bedeutet, daß *$c(OH^-$, aq) = 10^{-11} mol/L* ist.

4. Haushaltsessig hat eine Essigsäure-Konzentration von etwa 1 mol/L. Daneben sind noch zahlreiche weitere Stoffe in kleineren Mengen gelöst, die vom jeweiligen Ausgangsmaterial der Essigsäuregärung herrühren (Wein → Weinessig, Obstwein → Obstessig) oder nachträglich beigegeben werden (Kräuterzusatz → Kräuteressig).

   Gibt man zu einem Volumenteil Haushaltsessig neun Volumenteile Wasser, so erhält man zehn Volumenteile. Die gelöste Essigsäure verteilt sich damit auf das zehnfache Volumen, womit ihre Konzentration um den Faktor zehn kleiner wird. Unser so verdünnter Haushaltsessig hat somit $c(CH_3COOH$, aq) = 10^{-1} mol/L und nach der Faustregel ergibt sich $c(H_3O^+$, aq) = 10^{-3} mol/L (ungefähr), womit *ein pH von ungefähr 3* resultiert.

5. *Zur Konservierung (Haltbarmachung) von Lebensmitteln.* In [L52] wurde darauf hingewiesen. So lassen sich Gurken, Pilze, Zwiebeln usw. auf diese Weise konservieren, weil die Entwicklung von Fäulniserregern, welche neutrale oder schwach alkalische (pH wenig über 7) Nährböden bevorzugen, gehemmt wird.

   Ein wichtiges Konservierungsverfahren ist auch die Milchsäuregärung, z.B. bei der Sauerkrautherstellung (auch Sauermilchprodukte wie Joghurt), bei der Milchsäurebakterien so viel Milchsäure $CH_3CH(OH)COOH$ aus Zuckern produzieren, daß andere Mikroorganismen nicht aufkommen können.

6. Es dürfte klargeworden sein [A52-1], daß die Buttersäure mit der nebenstehenden Valenzstrichformel eine einprotonige Säure ist, da nur das an O gebundene H als Proton ans Wasser abgebbar ist.

   Da die molare Masse der Buttersäure $C_4H_8O_2$ 88 g/mol beträgt, handelt es sich in unserem Fall um eine Lösung mit $c(CH_3CH_2CH_2COOH$, aq) = 0,1 mol/L. Bei ähnlicher Säurestärke wie Essigsäure ist damit die Hydroxonium-Ionen-Konzentration $c(H_3O^+$, aq) etwa 10^{-3} mol/L und damit der *pH ungefähr 3.*

1. Da die molare Masse von KOH 56 g/mol beträgt, entsprechen 2,8 g KOH 0,05 mol. Somit gilt: $c(OH^-, aq) = 0,05$ mol/L und pOH = 1,3 oder *pH = 12,7.*

2. Man hätte auch nach dem ungefähren pH einer Lösung mit $c(NH_3, aq) = 0,1$ mol/L fragen können, da CH_3NH_2 ein erstes Beispiel eines organischen, d. h. C-haltigen Ammoniak-Derivats ist; am nichtbindenden (einsamen) Elektronenpaar des Aminomethans CH_3NH_2 kann sich ein Proton H^+ anlagern. Das Gleichgewicht

$$CH_3NH_2(aq) + H_2O(l) \rightleftarrows CH_3NH_3^+(aq) + OH^-(aq)$$

liegt analog dem des Ammoniaks stark links (etwa 100:1), womit $c(OH^-, aq)$ etwa 10^{-3} mol/L und pOH ungefähr 3 wird; damit ist *pH ungefähr 11.*

3. Im Gemisch der Ausgangsstoffe gibt es die Ionen des Salmiaks (NH_4^+ und Cl^-) sowie die Ionen der Natronlauge (Na^+ und OH^-). Eines der Reaktionsprodukte ist der Salmiakgeist $NH_3(g)$.
   Es ist klar, daß $NH_3(g)$ aus den Ionen NH_4^+ durch Abgabe eines Protons H^+ gebildet wird. Diese Protonen müssen aber von einem Reaktionspartner aufgenommen werden. In unserem Fall liegt es auf der Hand, daß dies nur die Basenpartikeln (Protonenfänger) $OH^-(aq)$ sein können. Demzufolge erfolgt:

$$NH_4^+(aq) + OH^-(aq) \rightarrow NH_3(aq) + H_2O(l)$$

   Durch Erwärmen verflüchtigt sich das gut lösliche Ammoniak, weil die Löslichkeit von Gasen mit steigenden Temperaturen abnimmt. Die obenstehende Partikelgleichung erfaßt nur diejenigen Stoffteilchen, die bei der Reaktion eine Veränderung erfahren; dies ist in vielen Fällen eine zweckmäßige (weil übersichtliche) Art der Reaktionsbeschreibung. Als normale Reaktionsgleichung (Formeln aller an der Reaktion beteiligten Stoffe) würde man $NH_4Cl(aq) + NaOH(aq) \rightarrow NH_3(g) + H_2O(l) + NaCl(aq)$ schreiben. Die Ionen $Na^+(aq)$ und $Cl^-(aq)$ nehmen aber an dieser Reaktion nicht teil!

4. Saure Lösungen haben einen *sauren Geschmack,* während sich alkalische Lösungen *seifig-schlüpfrig anfühlen.*

5. a) Ammoniumacetat   b) Ammoniumbromid [L9]
   c) Ammoniumsulfid [L9]   d) Bariumhydroxid
   e) Lithiumhydroxid   f) Aluminiumacetat

6. Mehratomige Ionen wie NH_4^+, OH^- und CH_3COO^- werden nur dann in runde Klammern gesetzt, *wenn sie mehr als einmal in der Formeleinheit auftreten,* was mit den Indizes angegeben wird.

1. $CH_3COO^-(aq) + H_2O(l) \rightleftarrows CH_3COOH(aq) + OH^-(aq)$
2. Nach [A54-1] wird pro entstehendes Essigsäure-Molekül $CH_3COOH(aq)$ ein zusätzliches $OH^-(aq)$ gebildet. Da $c(CH_3COO^-, aq) = 10^{-1}$ mol/L, ist nach [F54-2] $c(OH^-, aq) = 10^{-5}$ mol/L, d. h. pOH etwa 5 und *pH ungefähr 9.*
3. *HCl* ist eine (sehr) *starke Säure.* $Cl^-(aq)$ vermag also Protonen H^+ in Wasser nicht einzufangen. Weil aber *CH_3COOH eine schwache Säure* ist [L52] (schlechter Protonenspender), vermögen die Ionen CH_3COO^- Protonen einzufangen.
4. Ohne Reaktion gälte in der Mischung angenähert: $c(NH_3, aq) = 0,099$ mol/L, $c(NH_4^+, aq) = 10^{-3}$ mol/L und $c(OH^-, aq) = 10^{-3}$ mol/L (stammend von der Ammoniak-Lösung [L53]) und (von der Salzsäure stammend) $c(H_3O^+, aq) = 10^{-1}$ mol/L sowie $c(Cl^-, aq) = 10^{-1}$ mol/L. In dieser fiktiven Mischung wäre der Wert von $c(H_3O^+, aq) \cdot c(OH^-, aq)$ mit 10^{-4} mol²/L² *um zehn Zehnerpotenzen größer als der Wert von K_W,* der sich sofort einstellt. Die einsetzende Neutralisation

   [Partikelgleichung $H_3O^+(aq) + OH^-(aq) \rightarrow 2\,H_2O(l)$]

   hat nun zur Folge, daß das Protolysengleichgewicht

   $$NH_3(aq) + H_2O(l) \rightleftarrows NH_4^+(aq) + OH^-(aq)$$

   fortwährend gestört wird, weil $OH^-(aq)$ durch die Neutralisation verbraucht wird. Somit erfolgt die Reaktion von links nach rechts (wie [L47] zeigt) und, sofern genügend $H_3O^+(aq)$ für die Neutralisation der $OH^-(aq)$ vorliegt, das gelöste Ammoniak $NH_3(aq)$ geht in $NH_4^+(aq)$ (gelöstes Ammonium-Ion) über. Es gilt also:

   $$NH_3(aq) + HCl(aq) \rightarrow NH_4Cl(aq)$$

   In der Reaktionsgleichung (nur Formeln der Ausgangs- und Endstoffe enthaltend) erscheint also die eigentliche Reaktion, die Wasserbildung, nicht. Es entsteht hier eine *Ammoniumchlorid-Lösung* mit *$c(NH_4Cl, aq) = 0,1$ mol/L.*
5. Als Säurepartikeln (Protonenspender) kommen nur die Ammonium-Ionen NH_4^+ in Frage [$H_2O(l) + NH_4^+(aq) \rightleftarrows H_3O^+(aq) + NH_3(aq)$]. Da $c(NH_4^+, aq) = 10^{-1}$ mol/L, ist $c(H_3O^+, aq)$ etwa 10^{-5} mol/L und damit der *pH ungefähr 5.*
6. Da die Ionen NH_4^+ in Wasser etwa in gleichem Maße als schwache Säuren [A54-5] wirken wie die Ionen CH_3COO^- als schwache Basen [A54-2], heben sich die Wirkungen gerade auf, so daß Lösungen von NH_4CH_3COO *pH 7* haben.
   Benützen Sie von nun an die Tabelle im Anhang, die die ungefähren Gleichgewichtslagen wichtiger Säuren und Basen in Wasser enthält, wenn pH-Werte angenähert angegeben werden sollen!

1. Zink liegt in seinen Verbindungen als Zn^{2+}-Ion vor; daher gilt für die Elektronenabgabe: $Zn(s) - 2\ e^- \rightarrow Zn^{2+}(aq)$. Für die Elektronenaufnahme gilt (analog [L55]): $2\ H^+(aq) + 2\ e^- \rightarrow H_2(g)$. Durch Addition dieser Teilpartikelgleichungen erhält man die Partikelgleichung: $Zn(s) + 2\ H^+(aq) \rightarrow Zn^{2+}(aq) + H_2(g)$. Die Acetat-Ionen (Säurereste der Essigsäure) erfahren keine Veränderung; die Reaktionsgleichung lautet: $Zn(s) + 2\ CH_3COOH(aq) \rightarrow Zn(CH_3COO)_2(aq) + H_2(g)$.

2. Nach $Zn(s) + 2\ HCl(aq) \rightarrow ZnCl_2(aq) + H_2(g)$ werden pro Zink-Atom (Zn) 2 Formeleinheiten HCl(aq) benötigt. Da 6,5 g Zn $\triangleq$ 0,1 mol, werden *0,2 mol HCl(aq)* umgesetzt.

3. Nach [A36-2] hat eine Gasportion, die bei Standardbedingungen das Volumen von 2,45 L hat, die Stoffmenge von 0,1 mol. Weil für $2\ H^+(aq) \rightarrow H_2(g)$ gerade ein Cd-Atom benötigt wird [$Cd(s) \rightarrow Cd^{2+}(aq)$], werden 0,1 mol Cd(s) aufgelöst, was *11,2 g des Metalls* sind (die molare Masse von Cd beträgt 112 g/mol).

4. $H_2(g)$ bildet sich, weil die Teilreaktion $2\ H^+(aq) + 2\ e^- \rightarrow H_2(g)$ abläuft (Wasserstoffgas kann entweichen). Dadurch wird das *Gleichgewicht*

$$H_2O(l) + CH_3COOH(aq) \rightleftarrows H_3O^+(aq) + CH_3COO^-(aq)$$

fortwährend gestört (der Endstoff $H_3O^+(aq)$ wird verbraucht, d. h. die Rückreaktionsgeschwindigkeit verkleinert), so daß der Vorgang von links nach rechts abläuft, d. h. alle Moleküle CH_3COOH (aq) in Acetat-Ionen $CH_3COO^-(aq)$ überführt werden, wenn genügend unedles Metall vorhanden ist.

5. In Aluminium-Verbindungen liegen die Ionen Al^{3+} vor (unser Kenntnisstand). Daher lauten die Teilpartikelgleichungen: $Al(s) - 3\ e^- \rightarrow Al^{3+}(aq)$ und $3\ H^+(aq) + 3\ e^- \rightarrow 1,5\ H_2(g)$. Durch Addition dieser Teilschritte erhält man die Partikelgleichung: $Al(s) + 3\ H^+(aq) \rightarrow Al^{3+}(aq) + 1,5\ H_2(g)$.
   Als Reaktionsgleichung läßt sich schreiben:

$$Al(s) + 3\ CH_3COOH(aq) \rightarrow Al(CH_3COO)_3(aq) + 1,5\ H_2(g)$$

6. Analog [L54] und [A54-4] gilt ohne Reaktion für die fiktive Mischung (Volumen 2 L!): c(Essigsäure, aq) = 1 mol/L und c(Ammoniak, aq) = 1 mol/L, d. h. $c(H_3O^+$, aq) rund 10^{-2} mol/L und $c(OH^-$, aq) rund 10^{-2} mol/L, womit die Neutralisation einsetzt (das Produkt dieser Ionenkonzentrationen wäre zehn Zehnerpotenzen zu groß). Somit werden die Protolysengleichgewichte der Ausgangsstoffe fortwährend gestört, so daß eine *Ammoniumacetat-Lösung* von pH 7 [A54-6] entsteht mit $c(NH_4CH_3COO$, aq) = 1 mol/L, gemäß der Reaktionsgleichung:

$$CH_3COOH(aq) + NH_3(aq) \rightarrow NH_4CH_3COO(aq)$$

1. Einfarbig bedeutet, daß *nur die eine Form gefärbt* und die andere farblos ist. Im Falle des Phenolphthaleins ist im pH-Bereich von 0 bis 14 die deprotonierte Form rot und die protonierte farblos.
   Bei einfarbigen Indikatoren gibt es *keine Mischfarben;* im Umschlagsgebiet ändert lediglich die Farbintensität der gefärbten Form, weil sich die Konzentration dieser Form ändert. Bei Phenolphthalein beginnt ab pH 8 eine (zuerst schwache) Rötung, die ab pH 10 nicht weiter verstärkt wird.

2. Zweifarbig sind *Lackmus und Methylorange.* Methylorange zeigt seine Mischfarbe (orange) bei pH 3,6, während Lackmus die Mischfarbe (weinrot) bei pH 7 zeigt. Geht es nun nur darum abzuklären, ob eine Lösung sauer (pH < 7) oder alkalisch (pH > 8) ist, so ist dafür *Lackmus,* der Farbstoff einer Flechtenart, *besser geeignet.* Mit Methylorange lassen sich saure Lösungen von pH 4 bis 6 nicht erkennen. – Daher verwendet man oft Lackmuspapiere (mit Lackmuslösung getränkte und getrocknete Papierstreifen) um den Entscheid sauer/alkalisch zu fällen; saure Lösungen verfärben es hellrot, alkalische hingegen dunkelblau (lila).

3. Der *pH muß kleiner 1* sein (siehe [L 56]). Bromthymolblau ist im pH-Bereich von 0 bis 14 ein sog. dreifarbiger Indikator.

4. Der *p*H dieser Lösung muß *etwa zwischen 4,5 und 6,5* liegen, weil in diesem pH-Bereich beide Indikatorfarbstoffe gelb gefärbt sind. Bei kleineren pH-Werten würde die Mischung orange, da Bromthymolblau bis pH 2 gelb erscheint und Methylorange rot wird. Unterhalb pH 1 sind beide Indikatoren rot gefärbt.
   Ab pH von etwa 6,5 wird ein erkennbarer Anteil des Bromthymolblaus blau, so daß die Mischfarbe eines gelben und blauen Farbstoffs in Erscheinung tritt; die Lösung wird daher mit zunehmendem pH gelbgrün und anschließend grün.

5. Wie die vorangehende Antwort zeigt, muß dies *bei pH um 7* der Fall sein. Bei pH 7 liegt die Hälfte der Indikatorteilchen protoniert (gelb) und die andere Hälfte deprotoniert (blau) vor; hier erscheint die Mischfarbe grün. Bei pH 6,5 ist der Anteil der gelben Form größer; daher erscheint die Farbe gelbgrün. Bei pH 7,5 (größerer Blauanteil) erscheint eine grünblaue Farbe.

6. Bei *pH 4* erscheint die Mischung *gelb,* da bei diesem pH Bromthymolblau gelb und Phenolphthalein farblos ist. Bei *pH 7* erscheint die Mischung *grün,* da Phenolphthalein immer noch farblos ist und Bromthymolblau grün erscheint [A 56-6]. Bei *pH 10* endlich resultiert eine *blaurote* (purpurne) Mischfarbe, da Bromthymolblau blau und Phenolphthalein rot erscheint.
   Genauere pH-Messungen als mit Universalindikatorpapieren oder -stäbchen sind auf elektrochemischem Wege mit pH-Metern möglich (bis zwei Stellen nach dem Komma), welche heute zur Grundausrüstung chemischer Labors gehören.

Bearbeiten Sie mit Hilfe Ihrer Spickzettel, dem PSE und den Tabellen die nachstehenden Fragen und kontrollieren Sie Ihre Antworten erst am Schluß. Was Ihre Antwort enthalten muß, ist im Antwortteil (Rückseite) hervorgehoben. Bewerten Sie jede Antwort (ganz richtig: 1 Punkt, teilweise richtig: 0,5 Punkte, falsch: Null Punkte). Qualifikationen: 11 erreichte Punkte *sehr gut*, 10 erreichte Punkte *gut*, 9 Punkte *befriedigend* und 8 Punkte *ausreichend*. Weniger Punkte: ungenügende Leistungen. Ergänzen Sie gegebenenfalls Ihre Spicker!

1. Wie werden Säuren und Basen nach BRØNSTED definiert?
2. Wie nennt man Lösungen mit pH < 7, mit pH = 7 und mit pH >7?
3. In welchem Ausmaße ungefähr gibt gelöste Essigsäure $CH_3COOH(aq)$ an das Wasser Protonen ab?
4. Was versteht man unter sog. Salzsäure? Formulieren Sie das Protolysengleichgewicht in Wasser und geben Sie die Lage dieses Gleichgewichts an.
5. Welche Basenteilchen, die in Wasser diese Charakteristik zeigen, haben wir bisher kennengelernt und was läßt sich über die Lage der Protolysengleichgewichte in Wasser aussagen?
6. Beantworten Sie die vorangehende Frage für die bisher erwähnten Säureteilchen.
7. Man mischt einen Liter einer Salzsäure mit $c(HCl, aq) = 1$ mol/L mit zwei Liter einer Natronlauge mit $c(NaOH, aq) = 1$ mol/L. Welchen pH hat die entstehende Lösung?
8. Zeigen Sie, daß auch beim Mischen gleicher Volumina von Lösungen mit $c(CH_3COOH, aq) = 0,02$ mol/L und $c(NH_3, aq) = 0,02$ mol/L Neutralisation erfolgt.
9. Woraus besteht die Lösung, die beim Mischen der Lösungen von [FK 10-8] entsteht und welchen pH hat sie ungefähr?
10. Man löst 6 g Magnesiummetall in Essigsäure-Lösung auf. Welches Volumen hat das entstehende Gas bei Normalbedingungen [L 36]? Welches Volumen nimmt diese Gasportion bei Standardbedingungen [L 36] ein?
11. Zerreibt man in einem Porzellanmörser festes Ammoniumchlorid mit festem Natriumhydroxid, so stellt man den charakteristischen Ammoniakgeruch fest. Worauf beruht dieser Effekt?
12. Nennen Sie drei allgemeine Eigenschaften wäßriger Säurelösungen und eine Eigenschaft, die alkalischen Lösungen gemeinsam ist.

1. *Säuren sind Protonenspender, Basen Protonenfänger.*
2. pH < 7 *sauer*, pH = 7 *neutral*, pH > 7 *alkalisch*.
3. In verdünnten Lösungen zu *etwa 1 %* [L 52].
4. *Wäßrige Lösungen von Chlorwasserstoff HCl* werden als Salzsäure HCl(aq) bezeichnet. Das Protolysengleichgewicht

   $$H_2O(l) + HCl(aq) \rightleftharpoons H_3O^+(aq) + Cl^-(aq)$$

   liegt extrem stark auf der rechten Seite [L 51].
5. *Hydroxid-Ionen OH^-:* das Auflösen von Hydroxiden erhöht $c(OH^-, aq)$ direkt; die Reaktion von OH^- mit Wasser verändert die $c(OH^-, aq)$ nicht, da sich das Gleichgewicht

   $$OH^-(aq) + H_2O(l) \rightleftharpoons H_2O(l) + OH^-(aq)$$

   einstellt. *Ammoniak NH_3:* hier liegt das Protolysengleichgewicht stark links (schwache Base); für $NH_3(aq) + H_2O(l) \rightleftharpoons NH_4^+(aq) + OH^-(aq)$ gilt ungefähr, daß 1 % des $NH_3(aq)$ in Form von Ammonium-Ionen $NH_4^+(aq)$ bzw. $OH^-(aq)$ vorliegt.
   Acetat-Ion CH_3COO^-: hier liegt das Protolysengleichgewicht $CH_3COO^-(aq) + H_2O(l) \rightleftharpoons CH_3COOH(aq) + OH^-(aq)$ sehr stark links. Nach [F 54-2] bilden 10 000 Acetat-Ionen $CH_3COO^-(aq)$ nur etwa ein zusätzliches $OH^-(aq)$.
6. *HCl,* (sehr) starke Säure, [AK 10-4].
   $H_3O^+(aq)$, (sehr) starke Säure, stärkste, die in wäßriger Lösung existiert, da noch stärkere wie HCl vollumfänglich in $H_3O^+(aq)$ protolysiert werden (OH^- ist aus analogen Gründen die stärkste in Wasser existierende Base).
   Essigsäure CH_3COOH; schwache Säure, bildet 1 % $H_3O^+(aq)$.
   Ammonium-Ion NH_4^+: schwache Säure, 10 000 NH_4^+-Ionen bilden etwa 1 $H_3O^+(aq)$.
7. Je ein Liter der beiden Lösungen neutralisieren sich zu Kochsalzlösung. Es bleibt daher ein Liter Natronlauge mit $c(NaOH, aq)$ = 1 mol/L oder 1 mol NaOH(aq) als Überschuß in drei Litern zurück, d. h. $c(OH^-, aq)$ wird 0,333 mol/L (pOH 0,48) und *pH 13,52.*
8. In der fiktiven Mischung (ohne Reaktion) wären $c(H_3O^+, aq)$ und $c(OH^-, aq)$ je etwa 10^{-4} mol/L und daher ihr *Produkt 10^{-8} mol^2/L^2 (sechs Zehnerpotenzen zu hoch!)*.
9. Es handelt sich um eine *Ammoniumacetat-Lösung* $NH_4CH_3COO(aq)$ mit *pH = 7* [A 54-6].
10. Nach [L 55] werden 0,25 mol $H_2(g)$ gebildet (6 g Mg(s) $\triangleq$ 0,25 mol), d. h. bei Standardbedingungen *6,1 L.*
11. *NH_4^+-Ion wird durch OH^--Ion deprotoniert* [A 53-3], *wodurch $NH_3(g)$ entsteht.*
12. *Saurer Geschmack, Auflösung unedler Metalle unter H_2-Entwicklung, charakteristische Verfärbung von pH-Indikatoren. -Seifig-schlüpfrige Beschaffenheit.*

1. In all diesen Stoffteilchen haben *sämtliche Atome Edelgaskonfigu- ration*. Den H-Atomen genügt ein Elektronenpaar (Helium-Kon- figuration); die O- und die N-Atome haben stets 4 Valenzelektro- nenpaare (Neon-Konfiguration):

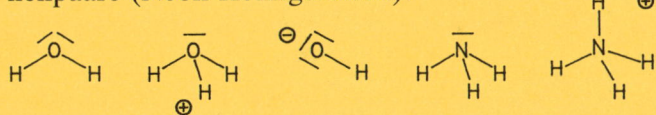

2. *Ja*, wie ein Vergleich mit [L 17] zeigt.
3. Das Alkalimetall (I. Hauptgruppe des PSE) Kalium kann in sei- nen Verbindungen nur in Form einfach positiver *Ionen K$^+$* vorlie- gen; daher muß der restliche Teil der Salzformel, bestehend aus den Atomen C und N, einfach negativ geladen sein (Gesetz der Ladungsneutralität von Salzen), d. h. die Ionen CN$^-$ vorliegen.
Die Summe der Valenzelektronen muß zehn sein, da C-Atome deren vier haben und N-Atome deren fünf; da der zweiatomige Atomverband einfach negativ geladen ist, muß ein zusätzliches Elektron vorliegen. Somit sind fünf Elektronenpaare auf die bei- den Atome zu verteilen, was dem Cyanid-Ion die untenstehende (gesicherte) Elektronenkonfiguration (Valenzstrichformel) verleiht: $|C\equiv N|^{\ominus}$
4. Das Kalium-Ion K$^+$ ist mit der Edelgasregel erklärbar; es hat die Elektronenkonfiguration des Argon-Atoms.
Auch die Cyanid-Ionen CN$^-$ lassen sich *mit unseren bisherigen Modellvorstellungen erklären:* Man kann gemäß der Tetraedermo- dellvorstellung ein C- und ein N-Atom mit einer Dreifachbindung verknüpfen und das zusätzliche Elektron ins halbbesetzte Orbital beim C-Atom unterbringen:

$$|\overset{\cdot}{\underset{\cdot}{N}}\cdot \; + \; \cdot\overset{\cdot}{\underset{\cdot}{C}}\cdot \longrightarrow |N\equiv C|\cdot \; + \; e^- \longrightarrow |N\equiv C|^{\ominus}$$

5. Dieses zweiatomige Ion hat ebenfalls zehn Valenzelektronen, da das N-Atom fünf und das O-Atom deren sechs hat (Summe 11); infolge der einfach positiven Ladung muß aber ein Elektron weniger vorlie- gen. Damit hat das Nitrosyl-Ion NO$^+$ die $|N\equiv O|^{\oplus}$ nebenstehende Elektronenverteilung. Die Edelgasregel gilt hier, aber das Teilchen läßt sich *nicht mit dem Tetraedermodell erklären,* da nach dieser Modellvorstellung keine Dreifachbindung zwischen N und O möglich ist.
6. Das Präfix iso bedeutet gleich. Isoelektronisch kann also mit gleich-elektronisch übersetzt werden. Zu $|C\equiv O|$, $|N\equiv N|$ und $|N\equiv O|^+$ gehört auch $|C\equiv N|^-$. Alle Atome dieser Teil- chen haben übrigens Neon-Konfiguration.

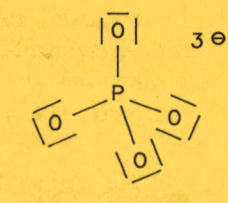

1. Isoelektronisch mit SO_4^{2-} bedeutet, daß Phosphat-Ionen die nebenstehende Valenzstrichformel haben; damit ist die *Gestalt dieselbe wie bei SO_4^{2-} (tetraedrischer Bau)*. Die Valenzstrichformel enthält 32 Valenzelektronen (16 e⁻-Paare), aber die Atome steuern nur deren 29 dazu bei (P hat fünf Valenzelektronen, die vier O-Atome je deren sechs). Daher sind drei zusätzliche Elektronen vorhanden, womit das Ion *dreifach negativ* ist (Symbol PO_4^{3-}).

2. Die *Gestalt isoelektronischer Partikel ist gleich!* Dies ist eine direkte Folge der Elektronenpaarabstoßung. Somit sind sowohl Perchlorat- als auch Silicat-Ionen tetraedrisch gebaut, was der experimentelle Befund bestätigt. Alle diese Ionen haben 32 Valenzelektronen. Demzufolge muß das *Perchlorat-Ion einfach negativ* geladen sein (die Atome steuern nur 31 Valenzelektronen bei), d. h. die Formel ClO_4^- [F 50-5] haben. Das *Silicat-Ion muß vierfach negativ* geladen sein, da seine Atome nur 28 Valenzelektronen beisteuern (Formel SiO_4^{4-}).

3. Aufgrund der Symmetrieregel ist anzunehmen, daß S das Zentralatom ist. SO_3^{2-} muß 13 Valenzelektronenpaare haben, da S- und O-Atome je deren sechs aufwei-

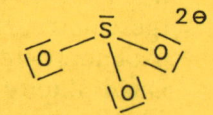

sen und wegen der doppelt negativen Ladung zwei zusätzliche Elektronen vorliegen müssen. Es ist nur die obenstehende Valenzstrichformel denkbar; man hat einfach auszuprobieren, wie die Elektronenpaare gemäß der Edelgasregel zu verteilen sind. Weil sich nun aber die vier besetzten Orbitale, die in der Valenzschale des S vorliegen, gegenseitig abstoßen, hat das Sulfit-Ion SO_3^{2-} die *Gestalt einer flachen Pyramide,* was experimentelle Befunde bestätigen. Das S-Atom liegt dabei in der Spitze dieser Pyramide und die drei O-Atome in den Basisecken. Man kann auch sagen, daß die drei O-Atome und das dem S-Atom verbleibende nichtbindende (einsame) Elektronenpaar ungefähr tetraedrisch um das S-Atom angeordnet sind.

4. *Gleiche Gestalt,* da isoelektronisch. Ladung *einfach negativ,* da Cl-Atome ein Proton mehr im Kern haben als S-Atome. Formel ClO_3^-.

5. Das *Hypochlorit-Ion* hat die Valenzstrichformel $|\overline{Cl} - \overline{O}|$ und ist als zweiatomiges Gebilde notgedrungen *linear.* Das *Chlorit-Ion* muß wie H_2O *gewinkelt* sein, wie nebenstehend dargestellt ist.

6. a) $(NH_4)_2SO_4$ b) Na_2SO_3 c) $Al_2(SO_4)_3$
   d) $NaClO_3$ (siehe dazu [A 53-6]).

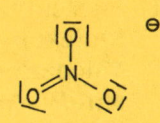

1. Das Nitrat-Ion hat die nebenstehende Valenzstrich-Grenzformel. Da nun N-Atome ein Proton mehr im Kern haben als C-Atome, muß das Nitrat-Ion nur *einfach negativ* sein: NO_3^-.

2. Als isoelektronische Teilchen müssen beide Ionen die gleiche Gestalt haben: Sie sind *planar* (eben); die *O-Atome liegen* in beiden Fällen *in den Ecken eines gleichseitigen Dreiecks um das Zentralatom* angeordnet. Dies ist deswegen so, weil sich die jeweils drei identischen Bindungen zwischen Zentralatom und Ligandenatom genau gleichstark abstoßen, so daß der größtmögliche Abstand eingenommen wird. Es gilt übrigens allgemein, daß mesomere Systeme planar sind.

3. Das Tetraedermodell ließe vermuten, daß in diesem Molekül die Atome zu einem Dreiring verknüpft sein könnten, gemäß

was jedoch in Widerspruch zur Ringregel [L 58] steht. In der Tat bilden hier die Atome keinen Dreiring. – Nach der Symmetrieregel muß daher angenommen werden, daß die O-Atome die Liganden des S-Atoms sind. Die Gesamtzahl der Valenzelektronen beträgt 18, da alle Atomarten je deren sechs haben. Man hat also neun Elektronenpaare auf die drei Atome zu verteilen, was die beiden linksstehenden Grenzstrukturen ergibt:

Die zutreffendste Valenzstrichformel wäre die oben rechts angegebene, welche aber der Edelgasregel nicht genügt (S-Atom hat nicht Edelgaskonfiguration). Da sich nun die Elektronen der beiden (identischen, Elektronenmenge gleich) kovalenten Bindungen zwischen O und S und das nichtbindende Elektronenpaar an S gegenseitig abstoßen, ist das SO_2-Molekül *gewinkelt* (dreiatomige Gebilde sind immer planar(eben), können aber gerade oder gewinkelt sein).

4. SO_3 ist, was die Valenzschale betrifft, isoelektronisch mit CO_3^{2-} und NO_3^- sein (S hat eine Schale mehr als C und N). Daher hat dieses Molekül die Gestalt eines *gleichseitigen Dreiecks* [A 59-2].

5. Das Ozon-Molekül entspricht dem SO_2-Molekül [A 59-3], was die Valenzelektronen betrifft (nach Ringregel kein Dreiring); es ist also *gewinkelt*!

6. *Nein.* Nach [A 58-3] kann unter Berücksichtigung der Edelgasregel allen O-Atomen die gleiche Elektronenmenge zugeordnet werden.

1. Stickstoffmonoxid hat die Formel NO. Es handelt sich um ein Molekül mit ungerader Elektronenzahl (analog NO$_2$). Die 11 Valenzelektronen des NO müssen in der nebenstehenden Weise auf die Atome verteilt werden, weil das halbbesetzte Orbital (•) dem Atom mit der kleineren Elektronegativität [L 60] zuzuordnen ist. Das NO-Molekül ist also ein Teilchen mit Radikal-Charakter (elektrisch neutral, halbbesetztes Orbital).

2. Das Molekül N$_2$O$_2$ kann *nicht linear* sein, wie nachstehend begründet wird: Man kann die Dimerisierung, da sich Gleichge-wichte einstellen, wie folgt beschreiben:

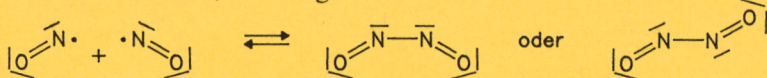

   Weil sich im Dimer N$_2$O$_2$ die Elektronen der Bindungen N-N, N=O und die an N vorliegenden nichtbindenden (einsamen) Elektronenpaare gegenseitig abstoßen, müssen die Atome ONN bez. NNO einen Winkel einschließen.

   Das Molekül N$_2$O$_2$, dessen Anteil im Gleichgewicht erst bei tieferen Temperaturen einige Prozent ausmacht (in der Flüssigkeit wird er größer), ist übrigens planar, weil das Gesamtsystem meso-mer ist (fiktive Doppelbindungen wechseln mit fiktiven Einfach-bindungen ab). Dabei sind die beiden oben gezeichneten Stellun-gen der O-Atome möglich (nach der gleichen Seite (Z), d. h. zusammenstehend oder (E), d. h. entgegengesetztstehend).

3. Da das Präfix di- das Zahlwort für zwei ist, muß N$_2$O$_2$ *Distickstoff-dioxid* heißen. Wie bereits in [A 60-2] gesagt wurde, ist der Anteil dieser Molekülart im Gleichgewicht klein, was bedeutet, daß es sich bei NO (wie übrigens auch bei NO$_2$) um recht beständige Radikale handelt. Normalerweise sind nämlich Partikeln mit halb-besetzten Orbitalen sehr kurzlebig, weil sie begierig Elektronen suchen, um besetzte Orbitale zu bilden.

4. Die Valenzelektronenzahl des N$_2$O ist 16. Somit sind acht Elektronenpaare zu ver-teilen, was nach der Edelgasregel nur wie nebenstehend angegeben möglich ist. Dieses Molekül, das iso-elektronisch mit CO$_2$ ist, muß also *linear* gebaut sein.

5.   (*planares* Molekül, da Gesamtsystem mesomer)

6. *Ja* (elektrisch neutral, halbbesetzte Orbitale); es handelt sich um ein sog. Diradikal, was die Reaktionsfähigkeit des Sauerstoffs erklärt. Allerdings ist dieses Molekül als Radikal relativ beständig [A 60-3].

Bearbeiten Sie mit Hilfe Ihrer Spickzettel, dem PSE und den Tabellen die nachstehenden Fragen und kontrollieren Sie Ihre Antworten erst am Schluß. Was Ihre Antwort enthalten muß, ist im Antwortteil (Rückseite) hervorgehoben. Bewerten Sie jede Antwort (ganz richtig: 1 Punkt, teilweise richtig: 0,5 Punkte, falsch: Null Punkte). Qualifikationen: 11 erreichte Punkte *sehr gut,* 10 erreichte Punkte *gut,* 9 Punkte *befriedigend* und 8 Punkte *ausreichend.* Weniger Punkte: ungenügende Leistungen. Ergänzen Sie gegebenenfalls Ihre Spicker!

1. Wann wird ein Stoffteilchen als „mesomer" bezeichnet?
2. Es existiert ein Ion der atomaren Zusammensetzung SO_3F, welches isoelektrisch mit SO_4^{2-} ist; auch in diesem Ion ist S das Zentralatom (die übrigen Atome sind Liganden). Welche Ladung hat dieses Ion?
3. Im Pöckelsalz ist ein wenig Natriumnitrit $NaNO_2$ enthalten; es verleiht dem Fleisch eine schöne Rotfärbung. Welche Gestalt hat das Nitrit-Ion?
4. Welche Ladungen haben die mit dem Sulfat-Ion SO_4^{2-} isoelektronischen Teilchen SO_2F_2 und SOF_3?
5. In welchen Formen tritt elementarer Sauerstoff auf? Zeichnen Sie die jeweiligen Stoffpartikeln und geben Sie deren Gestalt an.
6. Welche Gestalt hat das Chlortrioxid-Molekül (tri: 3)? Kann es dimerisieren?
7. Es existiert ein Molekül Cl_2O_7 (Dichlorheptaoxid), das als sog. zweikerniger Komplex aufgefaßt werden kann, weil die beiden Cl-Atome mit Sauerstoff-Liganden umgeben sind. Welche Gestalt hat dieses Molekül?
8. Ein wichtiger Grundkörper organisch-chemischer Verbindungen ist das Benzol mit der Formel C_6H_6. Es hat die nebenstehend angegebene Valenzstrichformel und ist planar gebaut (reguläres Sechseck). Handelt es sich hier um eine tatsächliche Elektronenverteilung oder bloß um eine sog. Grenzstruktur?
9. Welche Gestalt hat das Nitronium-Ion NO_2^+?
10. Ist das Hydrazin-Molekül N_2H_4 mit dem Tetraedermodell erklärbar?
11. Ist das Hydroxylamin-Molekül NH_2OH mit dem Tetraedermodell erklärbar?
12. Die Partikel aus den Atomen PO_3 ist isoelektronisch mit ClO_3^-. Welche Gestalt und welche Ladung hat dieses Teilchen?

1. *Wenn nur Grenzstrukturen [L 59] gezeichnet werden können.*
2. *Einfach negativ F hat ein Proton mehr O. Formel: SO_3F^-.*
3. *Das Nitrit-Ion muß die Formel NO_2^- haben. Nach der Symmetrieregel muß N das Zentralteilchen sein. Die 18 Valenzelektronen lassen sich nur in Form von Grenzstrukturen verteilen:*

Nitrit-Ion ist gewinkelt (isoelektronisch mit O_3, Valenzstrichformel wie SO_2).

4. Aus [AK 11-2] folgt: *SO_2F_2 ist ungeladen* (also ein Molekül) und *das andere Teilchen einfach positiv,* also SOF_3^+ (positives Ion aus Nichtmetallatomen).
5. In der Luft normalerweise in Form von Molekülen O_2, denen wir bisher der Einfachheit halber die Valenzstrichformel $\langle O=O \rangle$ gegeben haben, was allgemein üblich ist. Daneben gibt es das Ozon O_3, dessen Valenzstrichformel der des Nitrit-Ions von [AK 11-3] (siehe oben) entspricht. Zu O_2 siehe [F 60-6]!
6. ClO_3 muß eine *flache Pyramide* (Spitze in Cl) bilden, da sich die Elektronenpaare der Bindungen Cl-O und das halbbesetzte Orbital an Cl gegenseitig abstoßen. ClO_3 kann als Radikal zu Molekülen Cl_2O_6 (Dichlorhexaoxid) dimerisieren:

7. Die Regeln von [L 58] führen zur nebenstehenden Valenzstrichformel. Wegen der Elektronenpaarabstoßung sind allerdings *beide Cl-Atome tetraedrich von O umgeben und die Bindung Cl-O-Cl ist gewinkelt* (wie bei H_2O).

8. Es muß eine *Grenzstruktur* sein. Dies folgt aus den Bemerkungen in der Frage, wonach das Molekül planar sei und abwechslungsweise Doppel- und Einfachbindungen auftreten [L 60]. Man kann übrigens die fiktiven Doppelbindungen auch zwischen den anderen C-Atomen schreiben (andere Grenzstruktur). Die Elektronen sind hier völlig symmetrisch verteilt!
9. Es ist *gerade* (linear), da es die Valenzstrichformel $\langle O=N=O \rangle^+$ hat.
10. *Ja.* Die Atomreihenfolge H_2N-NH_2 ist mit dem Tetraedermodell konstruierbar.
11. *Ja.* Die Atomreihenfolge H_2N-OH ist ebenfalls konstruierbar.
12. *Flache Pyramide* (Spitze in P, [A 58-3, A 58-4]), *Ladung -3e,* Formel PO_3^{3-}.

1. Ganz offensichtlich ist HSO_4^- eine *starke Säure,* da die Ursprungs-
konzentration $c(HSO_4^-, aq) = 0{,}1$ mol/L ungefähr $c(H_3O^+, aq) = 0{,}1$ mol/L erzeugt. Das Gleichgewicht $H_2O(l) + HSO_4^-(aq) \rightleftharpoons H_3O^+(aq) + SO_4^{2-}(aq)$ liegt also stark rechts.

2. Aus der vorangehenden Antwort folgt unmißverständlich, daß in verdünnten wäßrigen Schwefelsäure-Lösungen weder Moleküle $H_2SO_4(aq)$ noch die Ionen $HSO_4^-(aq)$ in nennenswerten Konzentrationen vorliegen können, sondern praktisch nur die Ionen $H_3O^+(aq)$ und $SO_4^{2-}(aq)$. Wenn nämlich sogar das negativ geladene HSO_4^--Ion in wäßriger Lösung als starke Säure (Protonenspender) wirkt, so muß das neutrale Schwefelsäure-Molekül sein erstes Proton noch bereitwilliger abgeben. Man kann daher zusammenfassend sagen, daß in verdünnten Schwefelsäure-Lösungen das Gleichgewicht $2\,H_2O(l) + H_2SO_4(aq) \rightleftharpoons 2\,H_3O^+(aq) + SO_4^{2-}(aq)$ praktisch vollständig rechts liegt, d. h. für die Ursprungskonzentration $c(H_2SO_4, aq) = 0{,}1$ mol/L gilt ungefähr: $c(H_3O^+, aq) = 0{,}2$ mol/L, d. h. *pH 0,7* und $c(SO_4^{2-}, aq) = 0{,}1$ mol/L.

3. Aufgrund [A 61-1] ist klar, daß Sulfat-Ionen SO_4^{2-} praktisch keine Fähigkeit besitzen, dem Wasser Protonen H^+ zu entziehen (HSO_4^- könnte keine starke Säure sein, wenn SO_4^{2-} in Wasser Protonen binden würde, siehe auch [A 54-3]. Da zudem die Natrium-Ionen Na^+ in Wasser weder als Säuren (kein H vorhanden) noch als Basen (binden als positive Ionen keine H^+) wirken, wird der pH durch das Auflösen von $Na_2SO_4(s)$ nicht verändert. Die Lösung von Natriumsulfat hat daher *pH 7*. Salze, die wie Na_2SO_4, Kochsalz NaCl usw. beim Auflösung in Wasser den pH nicht verändern, werden oft als sog. Neutralsalze bezeichnet.

4. a) Was riecht, muß in die Nase gelangen. Schwer verdampfbare Stoffe riecht man nicht, wenn sie nicht mechanisch versprüht oder durch erhöhte Temperatur verdampft werden. Alle *Salze* mit Metall-Ionen sind bei Raumtemperatur *kaum flüchtig.*

   b) Essigsäure-Moleküle bilden sich hier durch Protonenübergang von HSO_4^- (starke Säure) auf CH_3COO^- (schwache Base) gemäß der Partikelgleichung

   $$CH_3COO^- + HSO_4^- \rightarrow CH_3COOH + SO_4^{2-}$$

   Die *ungeladenen Moleküle verflüchtigen sich* als $CH_3COOH(g)$, weil sie schwächer zurückgehalten werden als die Ionen (Salze bei Raumtemperatur fest!).

5. a) $NaCl(s) + H_2SO_4(l) \rightarrow HCl(g) + NaHSO_4(s)$

   b) Weil *HCl(g) kontinuierlich entweicht* (siehe [L 47]).

6. Es entsteht eine Lösung mit $c(NaHSO_4, aq) = 0{,}5$ mol/L und damit nach [A 61-1] $c(H_3O^+, aq) = 0{,}5$ mol/L, was *pH 0,3* ergibt.

1. Weil rund 1 000 $H_2PO_4^-$(aq) nur 1 zusätzliches H_3O^+(aq) erzeugen. Dies *spielt gegenüber der 1.*

   H_2O(l) + H_3PO_4(aq) $\rightleftarrows$ H_3O^+(aq) + $H_2PO_4^-$(aq) *keine Rolle* mehr.

2. a) $CaHPO_4$ (Calciumhydrogenphosphat, Ionen Ca^{2+} und HPO_4^{2-}) *schlecht löslich.*
   b) $Ca(H_2PO_4)_2$ (Calciumdihydrogenphosphat, Ca^{2+} und $H_2PO_4^-$) löslich.
   c) $Ca_3(PO_4)_2$ (Calciumphosphat, Ca^{2+} und PO_4^{3-}) *schlecht löslich* (Knochen).
   d) $CaSO_4$ (Calciumsulfat, Ca^{2+} und SO_4^{2-}) *schlecht löslich.*
   e) $(NH_4)_2SO_4$ (Ammoniumsulfat, NH_4^+, SO_4^{2-}) löslich.
   Sie können sich folgende Ergänzungen zu den Löslichkeitsregeln für Salze [L 29] merken: Praktisch alle Alkalisalze (I. Hauptgruppe, mit Ausnahme gewisser Lithiumsalze) sind gut wasserlöslich, somit auch Salze wie Na_3PO_4, welche die dreifach geladenen PO_4^{3-}-Ionen enthalten. Auch praktisch alle Nitrate und Acetate sind gut löslich, so z. B. das $Al(CH_3COO)_3$, das die dreifach geladenen Al^{3+}-Ionen enthält.

3. *Nein,* weil auch das Gas NH_3 durch Protonierung (Überführung in NH_4^+) absorbiert wird. Auf diese Weise wird übrigens der wichtige Dünger $(NH_4)_2SO_4$ hergestellt. Dabei wird das dem Reaktor entströmende Gasgemisch des Ammoniak-Gleichgewichts [L 47] in Schwefelsäure geleitet, die das Ammoniak absorbiert; H_2(g) und N_2(g) werden wiederum in den Reaktor geleitet.

4. Alkalische Reaktion (pH > 7) bedeutet, daß eine Partikelart dem Wasser gegenüber als *Base* wirkt. Hier kommt dafür nur das *Hydrogenphosphat-Ion* in Frage:

   HPO_4^{2-}(aq) + H_2O(l) $\rightleftarrows$ $H_2PO_4^-$(aq) + OH^-(aq)

5. Da mit $c(HPO_4^{2-}$, aq$)$ = 0,1 mol/L der pH rund 10 ist, heißt das, daß das Teilchenzahl-Verhältnis HPO_4^{2-}(aq)/$H_2PO_4^-$(aq) *ungefähr 1 000/1* betragen muß:
   pH 10 oder pOH 4 bedeutet $c(OH^-$, aq$)$ = 10^{-4} mol/L. Nach [A 62-4] entstehen aus HPO_4^{2-}(aq) gleichviel $H_2PO_4^-$(aq) wie zusätzliche OH^-(aq). Daher muß ungefähr gelten:
   $c(HPO_4^{2-}$, aq$)$ = 10^{-1} mol/L und $c(H_2PO_4^-$, aq$)$ = 10^{-4} mol/L

6. Weil bereits HPO_4^{2-} in Wasser als – allerdings schwache [A 62-5] – Base wirkt, muß das Phosphat-Ion eine starke Base sein, d. h. das Protolysengleichgewicht muß

   PO_4^{3-}(aq) + H_2O(l) $\rightleftarrows$ HPO_4^{2-}(aq) + OH^-(aq)

   praktisch vollständig rechts liegen. Daher hat eine Natriumphosphat-Lösung mit $c(Na_3PO_4$, aq$)$ = 0,1 mol/L eine Hydroxid-Ionenkonzentration von rund 0,1 mol/L und damit ungefähr *pH 13.*

1. Die korrespondierenden Säuren haben ein H^+ mehr:

   H_3O^+, H_2SO_4, H_3PO_4, HCl, $H_2PO_4^-$, H_2O, NH_4^+ und CH_3COOH.

2. Die korrespondierenden Basen haben 1 H^+ weniger:

   OH^-, SO_4^{2-}, HPO_4^{2-}, PO_4^{3-}, O^{2-}, Cl^-, $H_2PO_4^-$ und HSO_4^-.

3. Die starken Basen $OH^-(aq)$ (stärkste, die in Wasser existiert [AK 10-6]) werden von der schwachen Essigsäure protoniert, gemäß:

   $$OH^-(aq) + CH_3COOH(aq) \rightleftarrows H_2O(l) + CH_3COO^-(aq)$$

   Die entstehenden $CH_3COO^-(aq)$ sind schwache Basen [F 54-2].

4. Die *Essigsäure* [L 52] *ist eine stärkere* Säure als das Dihydrogenphosphat-Ion [L 62]:
   Für $H_2O(l) + CH_3COOH(aq) \rightleftarrows H_3O^+(aq) + CH_3COO^-(aq)$ ist das Verhältnis $CH_3COOH(aq)/H_3O^+(aq)$ etwa 100/1 und für $H_2O(l) + H_2PO_4^-(aq) \rightleftarrows H_3O^+(aq) + HPO_4^{2-}(aq)$ beträgt das Verhältnis $H_2PO_4^-(aq)/H_3O^+(aq)$ etwa 1 000/1.

5. Der Zusammenhang ist offensichtlich: Die gleichteilige Mischung des Säure/Base-Paars, dessen *Säure stärker* ist (hier die Essigsäure des Essigsäure/Acetat-Puffers), *puffert bei kleineren pH-Werten,* also im „saureren Gebiet" zwischen pH 3,76 und pH 5,76.

   Als Regel, die später [L 83] begründet wird, kann man sich bereits jetzt merken, daß der pH einer Pufferlösung erst dann um eine Einheit kleiner wird, wenn durch den Zusatz einer fremden Säure das Konzentrationsverhältnis des Säure/Base-Paars, also $c(HB, aq)/c(B^-, aq)$, der Pufferlösung 10/1 wird. Analog gilt, daß erst bei $c(HB, aq)/c(B^-, aq) = 1/10$ der pH um eine Einheit größer ist als der pH des gleichteiligen Gemisches des Säure/Base-Paars. Dies ist parallellaufend zum Umschlagsgebiet von pH-Indikatoren von zwei pH-Einheiten [L 56], was in [L 84] erklärt wird. – Wichtig ist nun aber, daß daher die sog. Pufferkapazität, d. h. das Aufnahmevermögen fremder Säuren oder Basen ohne gewichtige pH-Veränderung, von den Ursprungskonzentrationen des Säure/Base-Paars abhängt: Je größer $c(HB, aq)$ und $c(B^-, aq)$ sind, umso mehr fremde Säure oder Base muß einem bestimmten Volumen der Pufferlösung zugefügt werden, damit der Konzentrationenquotient eine merkliche Veränderung erfährt.

6. *Ammonium-Ion* NH_4^+ *ist die schwächere Säure* [F 54-5] als Dihydrogenphosphat-Ion $H_2PO_4^-$ oder Essigsäure CH_3COOH.

   Weil der sog. Phosphat-Puffer im Neutralbereich von pH 6,21 bis pH 8,21 puffert, ist er ein in der Biochemie und Physiologie vielgebrauchter Puffer. Daß dieser Puffer praktisch pH 7 hat, kann man so verstehen, daß seine Säure als Säure gerade ungefähr gleichstark ist [L 62] wie seine Base als Base [A 62-5].

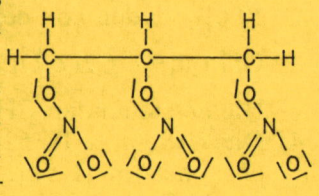

1. In [L 64] wurde erwähnt, daß das Salpetersäure-Molekül HNO_3 als protoniertes Nitrat-Ion aufgefaßt werden kann. Demzufolge hat es die nebenstehende Valenzstrichformel. Dabei handelt es sich allerdings nur um eine *Grenzstruktur,* da die beiden Bindungen zwischen N und O, bei denen die O-Atome kein Proton gebunden haben, identisch sind.

2. Aufgrund der Konstitutionsformel, die die Atomgruppierungen angibt, muß die Valenzstrichformel wie nebenstehend gezeichnet werden. Wie in der zugrundeliegenden Salpetersäure sind die beiden Bindungen zwischen N und O in den NO_2-Gruppen identisch, d. h. da handelt sich um *Grenzstrukturen.*

3. Die Valenzstrichformel des TNT-Moleküls ist nebenstehend dargestellt. Für die Nitrogruppen($-NO_2$) sind wie oben [A 64-2] nur Grenzstrukturen angebbar, ebenso wie für den zugrundeliegenden Ring des Benzols [AK 11-8], in dem alle Bindungen zwischen den C-Atomen identisch sind. Sieht man von der Methylgruppe $-CH_3$ ab, so ist das Gesamtmolekül mesomer [L 60]. Molekülformel: $C_7H_5N_3O_6$. TNT wird durch sog. Initialzündung zur Explosion gebracht. Initialzünder enthalten empfindliche Sprengstoffe, die durch Schlag oder elektrischen Strom zur Detonation gebracht werden können, was die Detonation des Sprengstoffs auslöst. TNT selbst ist sehr handhabungssicher; wenn man es offen anzündet, so verbrennt es ruhig mit stark rußender Flamme.

4. *Im Schwarzpulver reagieren verschiedene Feststoffe miteinander,* so daß die *Reaktion viel langsamer* abläuft als bei Nitroglycerin oder TNT, bei denen die Moleküle selbst in gasförmige Stoffe zerfallen; Detonationsgeschwindigkeiten erreichen Werte von 7 bis 9 km/s! So verbrennen 1 bis 2 kg Schwarzpulver in einer Zeitspanne von 1 bis 10^{-1} Sekunden, während bei Detonationen entsprechende Mengen in 10^{-4} bis 10^{-5} Sekunden umgesetzt werden.

5. Da $c(HNO_3, aq) = 0,1$ mol/L (molare Masse von $HNO_3 = 63$ g/mol), ist *pH = 1.*

6. *Ammoniumnitrat.* Da je einfach geladene Ionen der Hauptgruppenelemente vorliegen, ist dieses Salz (nach unseren Regeln) *gut wasserlöslich* (alle NH_4^+-Salze sind übrigens gut löslich).

1. Da etwa 1000 gelöste Hydrogencarbonat-Ionen HCO_3^-(aq) ein zusätzliches OH^-(aq) erzeugen, wird $c(OH^-, aq) = 10^{-3}$ mol/L und pOH = 3, also *pH ungefähr 11.*

2. Carbonat-Ionen CO_3^{2-} müssen dem Wasser gegenüber als starke Basen wirken, weil auch das protonierte Carbonat-Ion, d. h. das Hydrogencarbonat-Ion HCO_3^-, dem Wasser gegenüber als gegenüber als (schwache) Base wirkt. Somit muß das Gleichgewicht

$$CO_3^{2-}(aq) + H_2O(l) \rightleftarrows HCO_3^-(aq) + OH^-(aq)$$

stark auf der rechten Seite liegen; in verdünnten wäßrigen Lösungen kann man sagen, praktisch vollständig. Somit wird für $c(CO_3^{2-}$, aq) = 0,1 mol/L der pH *etwa 13*, weil $c(OH^-, aq) = 10^{-1}$ mol/L, d. h. pOH = 1 ist. Es sei in Erinnerung gerufen, daß in verdünnten wäßrigen Lösungen immer gilt: pH + pOH = 14.

3. CO_2 ist *hitzebeständig* [L 39]; es zersetzt sich somit bei Temperaturen normaler Brände nicht. Das ausströmende CO_2(g) *verdrängt die Luft* – und damit O_2(g) – vom Brandherd. Zudem wird *gekühlt,* da sich Gase bei der Expansion abkühlen [L 38]. Vergleichen Sie mit der Wirkung des Löschmittels Wasser ([A 38-1]). Allerdings lassen sich mit CO_2-Feuerlöschern Holz- und Glimmbrände kaum bekämpfen, weil verbleibende Glutreste bei erneutem Luftzutritt weiterbrennen. Geeignet sind CO_2-Feuerlöscher zur Bekämpfung von Öl- und Lösungsmittelbränden.

4. Wie der Name Calciumcarbonat zeigt, muß Kalk aus den Ionen Ca^{2+} und CO_3^{2-} bestehen, d. h. die *Formel CaCO_3* haben. Weil es sich um je doppelt geladene Ionen aus Hauptgruppenelementen handelt, muß Kalk nach unseren Löslichkeitsregeln [L 29] *schlecht wasserlöslich* sein. Dies entspricht auch der Alltagserfahrung: Kalk ist ein wichtiges Gesteinsmaterial; ungefähr fünf Prozent der oberen Erdkruste besteht aus Kalkgestein (Meeressedimente), z. B. die Voralpen und der Jura. Wäre Kalk gut wasserlöslich, so wären solche Gesteine längst aufgelöst.

5. Das Fernhalten von Luft bewirkt, daß *der reaktionsfähige Sauerstoff nicht in Kontakt mit den Lebensmitteln* kommen kann. Sauerstoff kann Veränderungen von Farbe, Geschmack und Konsistenz bewirken. Bei der Lagerhaltung (Obst, Getreide usw.) bewirkt das CO_2-Schutzgas zudem, daß tierische Schädlinge wie Ratten, Mäuse und Milben nicht lebensfähig sind. – Die alten Ägypter waren bei der Lagerhaltung von Getreide noch auf Katzen angewiesen; daher galten diese als heilige Tiere!

6. Das Phänomen beruht darauf, daß die *von der Umgebung zugeführte Wärmeenergie in Form der wegsublimierenden besonders energiereichen Teilchen abgeführt* wird. Auch beim Sieden eines Reinstoffs ändert sich aus dem gleichen Grund die Temperatur der Flüssigkeit nicht [L 24].

1. Kalkbrennen: Partikelgleichung $CO_3^{2-} \rightarrow CO_2 + O^{2-}$

   Reaktionsgleichung $CaCO_3(s) \rightarrow CaO(s) + CO_2(g)$

   Kalklöschen: Partikelgleichung $O^{2-} + H_2O \rightarrow 2\ OH^-$

   Reaktionsgleichung $CaO(s) + H_2O(l) \rightarrow Ca(OH)_2(s)$

2. Kalk löst sich unter CO_2-Entwicklung auf:

   $CO_3^{2-} + 2\ H^+(aq) \rightarrow H_2CO_3(aq) \rightarrow CO_2(g) + H_2O(l)$

   $CaCO_3(s) + 2\ HCl(aq) \rightarrow CaCl_2(aq) + CO_2(g) + H_2O(l)$

3. Die Reaktionsgleichung lautet:

   $Ca(OH)_2(s) + CO_2(g) \rightarrow CaCO_3(s) + H_2O(l)$

   Um das Reaktionsprodukt $H_2O(l)$ wegzuschaffen, stellte man früher in Neubauten offene Kohlefeuer (in Eisengitterkörben) auf, die zudem $CO_2(g)$ lieferten, das für die Reaktion mit dem Mörtel zu Kalkstein notwendig ist.

   Schon die alten Römer benutzten gelöschten Kalk als Mörtelmasse; diese Luftmörtel wurden im Verlauf der Jahrhunderte immer stabiler, weil die Kalkbildung nach innen ($CO_2(g)$ diffundiert nur schwach durch die immer dicker werdende Kalkschicht) nur langsam fortschreitet. Wegen der im letzten Jahrhundert einsetzenden, durch Verbrennung von Steinkohle erfolgenden Säureabgabe an die Luft (vor allem SO_2, da Steinkohle bis zu fünf Prozent Schwefel enthält, welches als Säureanhydrid [L 61] die aggressive schweflige Säure H_2SO_3 – ein Bleichungsmittel – bildet, welche später in Schwefelsäure überführt wird) und der heute produzierten Stickstoffoxide [L 60], wirde nun aber der Kalk aufgelöst, so daß antike Bauten (z. B. das Kolosseum in Rom) zu zerfallen beginnen.

   Auch Sandstein zerbröselt. Sandstein besteht aus den chemisch beständigen Sandkörnern (Quarz, [L 74]), welche als Meeressediment durch eine dünne Kalkschicht verkittet sind. Wird diese Kalkschicht von der sauren Atmosphäre (saure Regen) aufgelöst, so fallen die Sandkörner voneinander.

4. Die *Bildung von Kalk,* gemäß [A 66-3]. Kalk löst sich bei pH-Werten um 7 (lebende Organismen, hier Mikroorganismen) sehr schlecht, so daß er keine genügend stark alkalische Wirkung entfaltet, die die Entwicklung der Mikroorganismen hemmen könnte. Heutige Farbanstriche in Spitälern und lebensmittelverarbeitenden Betrieben enthalten z. T. Stoffe, die die Entwicklung von Mikroorganismen über Jahre hinaus hemmen.

5. $NaHCO_3(aq) + H\text{-}Org(aq) \rightarrow NaOrg(aq) + CO_2(g) + H_2O(l)$

6. Indem man *essighaltiges Wasser* einfüllt oder abgeschraubte Hähne in solches einlegt und über Nacht stehen läßt, weil dann folgende Reaktion abläuft:

   $CaCO_3(s) + 2\ CH_3COOH(aq) \rightarrow Ca(CH_3COO)_2(aq) + CO_2(g) + H_2O(l)$

Bearbeiten Sie mit Hilfe Ihrer Spickzettel, dem PSE und den Tabellen die nachstehenden Fragen und kontrollieren Sie Ihre Antworten erst am Schluß. Was Ihre Antwort enthalten muß, ist im Antwortteil (Rückseite) hervorgehoben. Bewerten Sie jede Antwort (ganz richtig: 1 Punkt, teilweise richtig: 0,5 Punkte, falsch: Null Punkte). Qualifikationen: 11 erreichte Punkte *sehr gut,* 10 erreichte Punkte *gut,* 9 Punkte *befriedigend* und 8 Punkte *ausreichend.* Weniger Punkte: ungenügende Leistungen. Ergänzen Sie gegebenenfalls Ihre Spicker!

1. Zu 1 L Schwefelsäure mit $c(H_2SO_4, aq) = 0,1$ mol/L gibt man 2 g NaOH(s). Welcher pH stellt sich angenähert ein?

2. Welche Formel haben: Aluminiumsulfat, Bariumdihydrogenphosphat, Strontiumnitrat, Rubidiumhydrogencarbonat, Bariumphosphat und Natriumhydrogenphosphat?

3. Zerreibt man $NH_4Cl(s)$ mit $Na_3PO_4(s)$, so stellt man den charakteristischen Geruch von Ammoniakgas $NH_3(g)$ fest. Wie kommt es zu dieser Erscheinung?

4. Zerreibt man festes Natriumacetat mit festen Kaliumhydrogensulfat, so stellt man den typischen Essiggeruch fest. Ursache dieser Erscheinung?

5. Welchen pH hat eine Lösung mit $c(NaHCO_3, aq) = 0,1$ mol/L, welchen pH eine Lösung mit $c(Na_2HPO_4, aq) = 0,1$ mol/L?

6. Festes Ammoniumcarbonat riecht kräftig nach Ammoniak. Läßt man dieses weiße Salz an der Luft stehen, so verschwindet es mit der Zeit, d. h. es wird in gasförmige Bestandteile zerlegt. Um welche Gase muß es sich dabei handeln?

7. Beim Mischen von HCl(g) und $NH_3(g)$ entsteht ein weißer Rauch, bestehend aus feinsten Feststoffkriställchen. Welche Formel hat dieser Feststoff?

8. Welchen pH hat eine Lösung mit $c(Na_3PO_4, aq) = 0,1$ mol/L ungefähr und welcher pH stellt sich ein, wenn man 0,2 mol HCl(g) in 1 L dieser Lösung einleitet?

9. Zu 1 L Lösung mit $c(KHCO_3, aq) = 0,1$ mol/L gibt man 1 L Lösung mit $c(H_2SO_4, aq) = 0,1$ mol/L. Was beobachtet man beim Mischen und welcher pH stellt sich ein?

10. Woraus besteht das Basismaterial eines Brausepulvers oder von Brausetabletten, das für die $CO_2(g)$-Entwicklung bei Zugabe von Wasser verantwortlich ist?

11. Leitet man in eine zu 1/4 gesättigte wäßrige Lösung von $Ca(OH)_2$ Kohlenstoffdioxidgas $CO_2(g)$ ein, so bildet sich eine Trübung von feinkristallinem Kalk. Stellen Sie die Reaktionsgleichung für diesen Vorgang auf.

12. Leitet man in die Aufschlämmung [AK 12-11] weiterhin $CO_2(g)$ ein, so löst sich der feinkristalline Kalk wieder auf. Was ist die Ursache dieser Erscheinung?

1. 2 g NaOH $\triangleq$ 0,05 mol. Ein L Lösung $c(H_2SO_4, aq) = 0,1$ mol/L enthält rund 0,2 mol Hydroxonium-Ionen $H_3O^+(aq)$. Nach der Neutralisation verbleibt eine Hydroxonium-Ionenkonzentration von 0,15 mol/L, was einem *pH von 0,82* entspricht.

2. $Al_2(SO_4)_3$, $Ba(H_2PO_4)_2$, $Sr(NO_3)_2$, $RbHCO_3$, $Ba_3(PO_4)_2$, Na_2HPO_4.

3. Ammoniak entsteht durch Deprotonierung der Ammonium-Ionen, wofür die starken Basenteilchen PO_4^{3-} sorgen. Als Partikelgleichung läßt sich schreiben:

$$PO_4^{3-} + NH_4^+ \rightarrow HPO_4^{2-} + NH_3(g)$$

4. *Die Hydrogensulfat-Ionen HSO_4^- protonieren* als starke Säuren *die Acetat-Ionen,* wodurch Moleküle (viel flüchtiger als Ionen!) CH_3COOH entstehen:

$$CH_3COO^- + HSO_4^- \rightarrow CH_3COOH(g) + SO_4^{2-}$$

5. *Sowohl* für die Ionen HCO_3^- *als auch* für die Ionen HPO_4^{2-} gilt mit guter Näherung, daß 1000 gelöste Partikeln nur etwa ein zusätzliches Hydroxid-Ion $OH^-(aq)$ erzeugen ([L 65] und [A 62-5]). Somit wird $c(OH^-, aq)$ etwa 10^{-4} mol/L und *pH etwa 10.*

6. Ammoniakgas (das man riecht) entsteht durch Deprotonierung der NH_4^+-Ionen. Im vorliegenden Fall sind dafür die Carbonat-Ionen CO_3^{2-} verantwortlich. Da auch die dadurch entstehenden HCO_3^- als Basen wirken, entsteht Kohlensäure [L 65], die in $CO_2(g)$ und $H_2O(g)$ zerfällt. Reaktionsgleichung:

$$(NH_4)_2CO_3(s) \rightarrow 2\ NH_3(g) + CO_2(g) + H_2O(g)$$

7. *$NH_4Cl(s)$,* weil $NH_3(g) + HCl(g) \rightarrow NH_4Cl(s)$.

8. Als starke Basen bilden PO_4^{3-}-Ionen praktisch vollständig $OH^-(aq)$, d. h. der *pH ist etwa 13.* Die 0,2 mol HCl(g) erzeugen einen Liter einer Lösung mit $c(H_2PO_4^-, aq) = 0,1$ mol/L, was nach [L 62] einen *pH von etwa 4* ergibt.

9. Man beobachtet ein *Aufschäumen, da sich $CO_2(g)$ bildet.* Je 0,1 mol der Ausgangsstoffe reagieren gemäß:

$$KHCO_3(aq) + H_2SO_4(aq) \rightarrow CO_2(g) + H_2O(l) + KHSO_4(aq).$$

HSO_4^- ist eine starke Säure; 0,1 mol Hydroxonium-Ionen in insgesamt zwei Litern Lösung ergibt $c(H_3O^+, aq) = 0,05$ mol/L und damit *pH 1,3.*

10. Aus *$NaHCO_3(s)$ und einer festen organischen Säure* [L 66].

11. Die durch Einleiten von $CO_2(g)$ entstehende Kohlensäure reagiert wie folgt:

$$Ca(OH)_2(aq) + H_2CO_3(aq) \rightarrow CaCO_3(s) + 2\ H_2O(l)$$

12. Weitere Kohlensäure $H_2CO_3(aq)$ protoniert die Carbonat-Ionen des Kalks [L 66], so daß dieser als *Calciumhydrogencarbonat $Ca(HCO_3)_2(aq)$ in Lösung* geht. – Kocht man übrigens diese Lösung einige Zeit, so erscheint wiederum eine Trübung, beruhend auf feinstkristallinem Kalk [L 66].

1. Da in der gesättigten Kochsalzlösung, die nur die Bestandteile Wasser und Kochsalz enthält, die Konzentrationen der gelösten Ionen je 6,1 mol/L sind, gilt: $K_L(NaCl) = c(Na^+, aq) \cdot c(Cl^-, aq)$ oder $K_L(NaCl) = 6,1 \cdot 6,1 \text{ mol}^2/L^2$. Daher ist $K_L(NaCl) = 37,2 \text{ mol}^2/L^2$.

2. In dieser Lösung muß gelten: $c(Ba^{2+}, aq) = c(SO_4^{2-}, aq)$. Bezeichnet man diese Konzentrationen mit x, so gilt, weil $K_L(BaSO_4) = c(Ba^{2+}, aq) \cdot c(SO_4^{2-}, aq)$, daß $x^2 = 10^{-10} \text{ mol}^2/L^2$ ist oder x = 10^{-5} mol/L. Es gilt daher:
$c(BaSO_4, aq) = 10^{-5}$ mol/L und dies entspricht, weil die molare Masse von $BaSO_4$ 233 g/mol beträgt, *2,33 mg/L*.

3. Aufgrund des Löslichkeitsprodukts von $BaSO_4$, das $10^{-10} \text{ mol}^2/L^2$ beträgt, muß das schwerlösliche *Bariumsulfat ausgefällt* werden, sofern es sich um die von uns diskutierten verdünnten Lösungen (c nicht kleiner als 10^{-2} mol/L) handelt. Dies zeigt folgende Rechnung: Haben die beiden Lösungen Konzentrationen von je 10^{-2} mol/L, so sind $c(Ba^{2+}, aq)$ und $c(SO_4^{2-}, aq)$ je 10^{-2} mol/L. Werden gleiche Volumen gemischt, so gälte ohne Reaktion (weil das Mischungsvolumen doppelt so groß ist): $c(Ba^{2+}, aq) = 5 \cdot 10^{-3}$ mol/L und $c(SO_4^{2-}, aq) = 5 \cdot 10^{-3}$ mol/L oder $c(Ba^{2+}, aq) \cdot c(SO_4^{2-}, aq) = 2,5 \cdot 10^{-5} \text{ mol}^2/L^2$. Wie bei Neutralisationen beim Überschreiten des Ionenprodukts des Wassers [L 54] erfolgt beim Überschreiten des Löslichkeitsprodukts eines Salzes Ausfällung, bis in Lösung der Wert des Löslichkeitsprodukts erreicht ist.

4. Die *Gaslöslichkeit nimmt ab,* da mit zunehmender Wärmebewegung das *flüchtigere Material die Lösung leichter verlassen kann.* Die Feststofflöslichkeit jedoch nimmt zu, weil die *Gitterstabilität abnimmt.*

5. $BaCl_2$ besteht aus den Ionen Ba^{2+} und Cl^-. Das Lösungs-Fällungs-Gleichgewicht läßt sich daher wie folgt schreiben: $BaCl_2(s) \rightleftarrows Ba^{2+}(aq) + 2 Cl^-(aq)$. Für dieses Gleichgewicht muß das MWG wie folgt formuliert werden [A 46-5!]:

$$K = \frac{c(Ba^{2+}, aq) \cdot c^2(Cl^-, aq)}{c(BaCl_2, s)}$$

Nach [L 67] gilt daher: $K_L(BaCl_2) = c(Ba^{2+}, aq) \cdot c^2(Cl^-, aq)$

6. Aus $c(Ag^+, aq) \cdot c(Cl^-, aq) = 10^{-10} \text{ mol}^2/L^2$ folgt: $c(Ag^+, aq) = 10^{-9}$ mol/L. Ein Liter einer Lösung mit $c(Cl^-, aq) = 10^{-1}$ mol/L kann also höchstens *$1,08 \cdot 10^{-7}$ g $Ag^+(aq)$* enthalten (molare Masse von Ag ist 108 g/mol), was nur dem zehnten Teil eines Mikrogramms entspricht! Dies gilt allerdings nur unter der Voraussetzung, daß keine Stoffteilchen anwesend sind, die mit Ag^+ lösliche Komplexe bilden (Kapitel 16); aber dann liegen eben keine $Ag^+(aq)$ mehr vor.

1. Nach unseren Löslichkeitsregeln muß es sich beim gelösten Material um Bariumdihydrogenphosphat handeln (doppelt geladene Ionen Ba^{2+} und einfach geladene Ionen $H_2PO_4^-$). Also lauten die Reaktionsgleichungen:

$$Ba_3(PO_4)_2(s) + 4\,HNO_3(aq) \rightarrow 2\,Ba(NO_3)_2(aq) + Ba(H_2PO_4)_2(aq)$$

$$2\,BaHPO_4(s) + 2\,HNO_3(aq) \rightarrow Ba(H_2PO_4)_2(aq) + Ba(NO_3)_2(aq)$$

2. Analog [A 66-2] gilt:

$$BaCO_3(s) + 2\,HNO_3(aq) \rightarrow Ba(NO_3)_2(aq) + CO_2(g) + H_2O(l)$$

3. Die säurelöslichen Fällungen von [F 68-1] und [F 68-2] enthalten die starken Basenteilchen PO_4^{3-} [A 62-6] bzw. CO_3^{2-} [A 65-2] oder die als schwache Base wirksamen Ionen HPO_4^{2-} [A 62-5]. Basenpartikeln werden von der Salpetersäure protoniert; da dadurch ihre Ladung abnimmt, können sie sich lösen. – Demgegenüber ist Sulfat-Ion SO_4^{2-} eine extrem schwache Base, die in wäßriger Lösung keine Protonen zu binden vermag (HSO_4^- ist ja eine starke Säure!), womit das doppelt negativ geladene SO_4^{2-} als doppelt negativ geladenes Ion erhalten bleibt (keine Ladungsverminderung, die die Löslichkeit verbessert). Der entscheidende Unterschied liegt also darin, daß das *Sulfat-Ion in wäßriger Lösung nicht als Base wirkt,* im Unterschied zu den anderen hier erwähnten Ionenarten. Daher wird es durch die Salpetersäure nicht protoniert, d. h. es erfolgt keine stoffliche Veränderung.

4. *Nein.* Wie wir wissen, ist das Chlorid-Ion Cl^- eine extrem schwache Base (keine Wirkung in Wasser), da es den „Säurerest" der sehr starken HCl darstellt. Somit haben Chlorid-Ionen in wäßriger Lösung kein Bindungsvermögen für Protonen, womit AgCl(s) keine Veränderung erfährt (würden Moleküle HCl gebildet, so müßte das Gitter von AgCl(s) zerfallen).

5. Da die Entwicklung von $CO_2(g)$ festgestellt wird, muß ein Teil der weißen Fällung aus $BaCO_3(s)$ bestanden haben. Hätte nur $BaCO_3(s)$ vorgelegen, so hätte sich die Fällung aufgelöst. Diese Auflösung konnte aber nicht wahrgenommen werden, weil auch weißes $BaSO_4(s)$ ausgefällt wurde; dieses ist aber nicht säurelöslich. Somit kann ausgesagt werden, daß die Ursprungslösung *sowohl Carbonat-Ionen* $CO_3^{2-}(aq)$ *als auch Sulfat-Ionen* $SO_4^{2-}(aq)$ enthielt.

6. Die Gasentwicklung läßt den Schluß auf anwesende *Carbonate* zu. Die verbleibende Fällung muß bei unser noch kleinen Auswahl von Ionen AgCl(s) sein, womit die Ursprungslösung auch *Chloride* enthielt. [Allerdings existieren auch andere säureunlösliche Silber(I)-Salze wie AgBr, AgI, die mit weiteren Reaktionen voneinander unterschieden werden können.]

Bearbeiten Sie mit Hilfe Ihrer Spickzettel, dem PSE und den Tabellen die nachstehenden Fragen und kontrollieren Sie Ihre Antworten erst am Schluß. Was Ihre Antwort enthalten muß, ist im Antwortteil (Rückseite) hervorgehoben. Bewerten Sie jede Antwort (ganz richtig: 1 Punkt, teilweise richtig: 0,5 Punkte, falsch: Null Punkte). Qualifikationen: 11 erreichte Punkte *sehr gut,* 10 erreichte Punkte *gut,* 9 Punkte *befriedigend* und 8 Punkte *ausreichend.* Weniger Punkte: ungenügende Leistungen. Ergänzen Sie gegebenenfalls Ihre Spicker!

1. Welche Formel und welchen Namen hat die korrespondierende Base des Dihydrogenphosphat-Ions?
2. Zu festem Natriumacetat gibt man festes Kaliumhydrogensulfat. Zerreibt man diese Mischung, so stellt man den typischen Essiggeruch fest. Wie kommt es zu dieser Erscheinung?
3. Vergleichen Sie die Säurelöslichkeit von Kalk und Calciumsulfat.
4. Gibt man ein Stück Marmor (das ist kompakt kristallisierter Kalk) in verdünnte Schwefelsäure, so beobachtet man kurzzeitig eine $CO_2(g)$-Entwicklung, die sich aber infolge der Ausbildung einer Schicht schwerlöslichen Materials auf dem Marmor rasch abschwächt. Woraus besteht diese Schicht?
5. Das Löslichkeitsprodukt von Silber(I)-hydroxid hat den Wert von etwa 10^{-8} mol^2/L^2. Wie groß kann daher $c(Ag^+, aq)$ in einer Lösung von pH 13 höchstens sein und wieviel Gramm $Ag^+(aq)$ enthält ein Liter dieser Lösung?
6. Man mischt gleiche Volumina Natronlauge und $AgNO_3(aq)$-Lösung, deren Konzentrationen je 0,02 mol/L sind. Entsteht eine Fällung oder nicht? (siehe [FK 13-5]).
7. Geben Sie die Formeln der folgenden Salze an: Strontiumsulfat, Natriumcarbonat, Bariumcarbonat, Strontiumhydrogenphosphat und Silber(I)-chlorid.
8. Welche Salze der vorangehenden Frage sind schwerlöslich?
9. Welche schwerlöslichen Salze der vorangehenden Frage lösen sich in verdünnter Salpetersäure, welche hingegen nicht und was sind die Gründe dafür?
10. $K_L(AgI) = 10^{-18}$mol^2/L^2. Was löst sich besser, AgCl [F 67-6] oder AgI?
11. Wieviel Gramm CdS enthält ein Liter der gesättigten Lösung ($K_L = 2 \cdot 10^{-28}$ mol^2/L^2)?
12. Formulieren Sie den Ausdruck für K_L von Eisen(III)-hydroxid $Fe(OH)_3$ und geben Sie an, welche Einheit diese Größe im vorliegenden Fall hat.

1. Die korrespondierende Base von $H_2PO_4^-$ hat ein Proton H^+ weniger. Es handelt sich also um das *Hydrogenphosphat-Ion mit der Formel HPO_4^{2-}*.

2. Die starken *Säurepartikeln HSO_4^- protonieren die Acetat-Ionen CH_3COO^-*. Die entstehenden *Moleküle CH_3COOH sind flüchtig* (da ungeladen) und gelangen auf die Nasenschleimhaut, wo sie durch chemische Reaktionen Reize auslösen.

3. *Kalk $CaCO_3$ ist säurelöslich*, da die starken Basen CO_3^{2-} und die aus ihnen entstehenden schwachen Basen HCO_3^- protoniert werden [L 66]. *$CaSO_4$ hingegen ist nicht säurelöslich*, da SO_4^{2-}(aq) eine extrem schwache Base ist [A 68-3].

4. Aus *Calciumsulfat $CaSO_4$(s)*. Zuerst löst sich Kalk, gemäß:
$$CaCO_3(s) + H_2SO_4(aq) \rightarrow CO_2(g) + H_2O(l) + CaSO_4(s).$$
Die sich bildende Schicht von $CaSO_4$(s) verhindert anschließend den Säurezutritt immer mehr.

5. Aus $c(Ag^+, aq) \cdot c(OH^-, aq) = 10^{-8} mol^2/L^2$ folgt, daß bei $c(OH^-, aq) = 0,1$ mol/L die $c(Ag^+, aq)$ höchstens den Wert von *10^{-7} mol/L* erreichen kann, was *$1,08 \cdot 10^{-5}$ g/L* gelöster Silber(I)-Ionen entspricht.

6. In der Mischung würde – keine Reaktion vorausgesetzt – das Konzentrationenprodukt $c(Ag^+, aq) \cdot c(OH^-, aq) = 10^{-4} mol^2/L^2$, was um vier Zehnerpotenzen über dem Wert von $K_L(AgOH)$ liegt (siehe obige Antwort). Daher *erfolgt Ausfällung*.

7. $SrSO_4$ (Strontiumsulfat), Na_2CO_3 (Natriumcarbonat), $BaCO_3$ (Bariumcarbonat), $SrHPO_4$ (Strontiumhydrogenphosphat) und $AgCl$ (Silber(I)-chlorid).

8. Nach unseren Löslichkeitsregeln diejenigen Salze aus Hauptgruppenelementen, die je doppelt geladene Ionen enthalten, also $SrSO_4$, $BaCO_3$ und $SrHPO_4$ sowie $AgCl$, das wir als schwerlösliches Übergangsmetallsalz kennengelernt haben [F 67-6].

9. *Es lösen sich* nur diejenigen schwerlöslichen Salze in verdünnter Salpetersäure, deren negativ geladene Ionen in Wasser als Basen wirksam sind, wodurch die negative Ladung dieser Ionen verkleinert wird (H^+-Aufnahme), also *$BaCO_3$, $SrHPO_4$*. Da sowohl SO_4^{2-}- als auch Cl^--Ionen in Wasser nicht als Basen wirksam sind, lösen sich *die Salze $SrSO_4$(s) und $AgCl$(s) in wäßrigen Säuren nicht*.

10. Natürlich *$AgCl$* (wenn auch nur wenig), weil $K_L(AgCl)$ größer ist ($10^{-10} mol^2/L^2$).

11. Da $c(Cd^{2+}, aq) \cdot c(S^{2-}, aq) = 2 \cdot 10^{-28}$ mol/L, ist $c(CdS, aq) = 1,414 \cdot 10^{-14}$ mol/L. Die molare Masse von CdS beträgt 144 g/mol. Daher enthält eine gesättigte Lösung von CdS nur *$2,04 \cdot 10^{-12}$ g CdS/L*.

12. Aus $Fe(OH)_3(s) \rightleftarrows Fe^{3+}(aq) + 3\,OH^-(aq)$ folgt: $K_L = c(Fe^{3+}, aq) \cdot c^3(OH^-, aq)$. Daher hat $K_L[Fe(OH)_3]$ die *Einheit mol^4/L^4*.

1. Elementarer Sauerstoff liegt gewöhnlich in Form von Molekülen O_2 vor (Ausnahme Ozon O_3 [L 60]). Im Reaktionsprodukt Magnesiumoxid MgO liegen aber Oxid-Ionen O^{2-} vor. Somit kann man als Partikelgleichung schreiben:

$$O_2 + 4\,e^- \overset{red}{\to} 2\,O^{2-}$$

Hier handelt es sich um eine Elektronenaufnahme, also um eine Reduktion. Es ist aber klar, daß eine Partikel nur reduziert werden kann, wenn ein Partner die Elektronen spendet, also gleichzeitig oxidiert wird. Auch bei den Protolysen (Kapitel 10 und 12) kann eine Partikel nur dann als Base (Protonenfänger) wirksam werden, wenn eine Säure (Protonenspender) die benötigten H^+ liefert. Weil also Reduktion und Oxidation stets miteinander gekoppelt sind, bezeichnet man Elektronenübergänge als sog. Redoxreaktionen.

2. Ein *Oxidationsmittel* bewirkt an einem Reaktionspartner eine Oxidation (Elektronenabgabe); es muß daher Elektronen aufnehmen können, was bedeutet, daß es bei der Redoxreaktion selbst *reduziert wird.*

3. Oxidationsmittel sind Elektronenfänger (vermögen andere Stoffe zu oxidieren, d. h. ihnen Elektronen zu entziehen). *Elementare Nichtmetalle* sind im allgemeinen *Oxidationsmittel* aufgrund ihrer *großen Elektronegativität* [L 8]. Die größte praktische Bedeutung hat dabei natürlich der Sauerstoff der Luft.

   Die *elementaren Metalle* hingegen stellen infolge ihrer *kleinen Elektronegativität* im allgemeinen *Reduktionsmittel* (Elektronenspender) dar.

4. Die in [L 69] stehende Oxidations-Partikelgleichung $Mg - 2\,e^- \to Mg^{2+}$ muß mit zwei erweitert werden, damit sie zu der in [A 69-1] stehenden Reduktions-Partikelgleichung addiert werden kann (Elektronensumme muß Null werden):

$$O_2 \quad + 4\,e^- \overset{red}{\to} 2\,O^{2-}$$
$$2\,Mg - 4\,e^- \overset{ox}{\to} 2\,Mg^{2+}$$
$$\overline{2\,Mg + O_2 \overset{redox}{\to} 2\,Mg^{2+} + 2\,O^{2-}}$$

5. Aus Mg entsteht Mg^{2+} und aus Cl_2-Molekülen 2 Ionen Cl^-; daher gilt:

$$Mg - 2\,e^- \overset{ox}{\to} Mg^{2+}$$
$$Cl_2 + 2\,e^- \overset{red}{\to} 2\,Cl^-$$
$$\overline{Mg + Cl_2 \overset{redox}{\to} Mg^{2+} + 2\,Cl^-}$$

6. Aus $Cl_2 + 2\,e^- \overset{red}{\to} 2\,Cl^-$ und $2\,Na - 2\,e^- \overset{ox}{\to} 2\,Na^+$ erhält man durch Addition die Redoxgleichung:

$$2\,Na + Cl_2 \overset{redox}{\to} 2\,Na^+ + 2\,Cl^-$$

1. Weil diese Materialien inert [L 70] sind, d. h. *selbst nicht reagieren*.
2. Kathode: $Al^{3+} + 3\,e^- \xrightarrow{red} Al$ Anode: $O^{2-} - 2\,e^- \xrightarrow{ox} O$

   Diese Elektrolyse hat deswegen große Bedeutung, weil auf diesem Wege das duktile, korrosionsbeständige (schützt sich durch eine durchsichtige, porenfreie Schicht von Al_2O_3 selbst!) Leichtmetall *Aluminium hergestellt wird*.

   Reine Tonerde Al_2O_3 wird aus Al-Erzen (Bauxit) durch aufwendige, viel Wärmeenergie benötigende, Verfahren hergestellt. Weil Al_2O_3 erst bei 2 050 °C schmilzt, wird es in einer Schmelze von Kryolith („Eisstein") $Na_3[AlF_6]$ aufgelöst. Bei 950 °C vermag diese Schmelze etwa 15 % Al_2O_3 zu lösen. Die Elektrolyse erfolgt in großen Graphitwannen (Kathode), die den Elektrolyt enthalten und in die die Anoden-Kohleblöcke eintauchen. Der sich an ihnen bildende Sauerstoff verbrennt diese Blöcke (CO, CO_2), so daß sie von Zeit zu Zeit ersetzt werden müssen. Das sich am Wannenboden ansammelnde flüssige Aluminium (Schmelztemperatur 660 °C) wird täglich mit Saughebern abgesaugt und der Verarbeitung zugeführt. Der Elektrolyt ist stets mit einer Schicht $Al_2O_3(s)$ bedeckt, die einerseits der Wärmeisolation dient (die Betriebswärme wird durch die verbrennende Anodenkohle sichergestellt) und andererseits stets das durch Elektrolyse verbrauchte Al_2O_3 in die Schmelze nachliefert (Auflösung).
3. Die polaren H_2O-Moleküle [A 27-1] lagern sich so an:

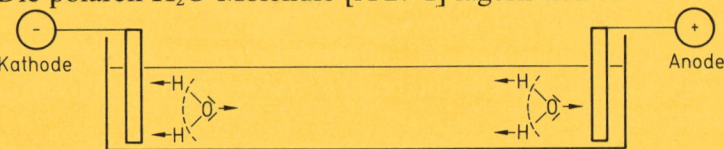

   Die H_2O-Moleküle werden zerlegt: An der Kathode werden die Protonen H^+ reduziert, gemäß $2\,H^+(aq) + 2\,e^- \xrightarrow{red} H_2(g)$; dabei wird der Kathodenraum alkalisch wegen $O^{2-}(aq) + H_2O\,(l) \rightarrow 2\,OH^-(aq)$. An der Anode wird O^{2-} oxidiert: $O^{2-}(aq) - 2\,e^- \rightarrow 1/2\,O_2(g)$; dabei wird der Anodenraum wegen den freigesetzten H^+ sauer. $H^+(aq)$ und $OH^-(aq)$ werden nun von der Gegenelektrode angezogen; in der Mitte erfolgt Neutralisation!
4. Anode: $2\,Cl^-(aq) - 2\,e^- \xrightarrow{ox} Cl_2(g)$ (technisches Herstellungsverfahren für Cl_2). Kathode: Da Natronlauge entsteht (technisches Herstellungsverfahren für Natronlauge), müssen $OH^-(aq)$ gebildet werden; die können nur vom Wasser stammen (aus der Hydrathülle der Komplexe $[Na(H_2O)_6]^+$; weil H^+ lockerer, da durch Na^+ abgestossen!). Also gilt: $2\,H_2O(l) + 2\,e^- \xrightarrow{red} H_2(g) + 2\,OH^-(aq)$. Auf diese Weise kann gleichzeitig Wasserstoffgas gewonnen werden.
5. Aus dem Elektronenvorrat des Leiters und dann *von den Anionen*.
6. Kationen Al^{3+} und Na^+; Anionen O^{2-} und PO_4^{3-}.

1. Nachstehend sind bei den Valenzstrichformeln die Elektronen mit gestrichelten Linien den Atomen mit der größeren Elektronegativität zugeordnet:

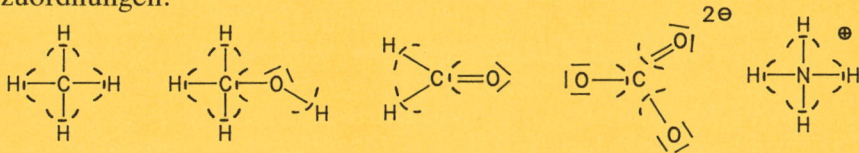

   Alle O-Atome haben also mit acht Valenzelektronen zwei mehr als im atomaren (ungeladenen) Zustand, d.h. die *Oxidationszahl -II* (O^{-II}). *Im CO_2 hat C die Oxidationszahl +IV* (C^{+IV}) und *im CO die Oxidationszahl +II* (C^{+II}).

2. Anhand der nachstehenden Valenzstrichformeln und Elektronenzuordnungen:

   $H^{+I, C^{-IV}}$; H^{+I}, C^{-II}, O^{-II}. H^{+I}, C^{O}, O^{-II}; C^{+IV}, O^{-II}; H^{+I}, N^{-III}.

3. Die Summe der Oxidationszahlen aller Atome einer mehratomigen Partikel entspricht immer der Ladung dieses Teilchens, ist also *bei Molekülen Null* und entspricht *bei mehratomigen Ionen* der *Ionenladung*. Dies zeigen die Beispiele von [A 71-2].

4. In Klammern stehen die Oxidationszahlen:

   $CH_4(C^{-IV}, H^{+I}) + O_2(O^0)$ ergibt $CO_2(C^{+IV}, O^{-II}) + H_2O$ (H^{+I}, O^{-II})

   Man erkennt, daß H seine Oxidationszahl nicht verändert; es ist daher in der Redoxgleichung nicht aufzuführen (obwohl die Bindungspolarität ändert:

   $C^{-IV} - 8\,e^- \overset{\text{ox}}{\Rightarrow} C^{+IV}$
   $O^0 + 2\,e^- \overset{\text{red}}{\Rightarrow} O^{-II}$

   Erweitert man die Reduktionsgleichung mit vier, so erhält man durch Addition:

   $C^{-IV} + 4\,O^0 \overset{\text{redox}}{\Rightarrow} C^{+IV} + 4\,O^{-II}$

   Wir werden im Kapitel 18 (Elektrochemie) sehen, daß in komplizierten Fällen die Reaktionsgleichung nur mit Hilfe der Redoxgleichung rasch ermittelt werden kann. Hier sieht man, daß pro C^{-IV} (also ein Molekül CH_4) vier O^0 (also zwei O_2) benötigt werden, was die Reaktionsgleichung

   $CH_4(g) + 2\,O_2(g) \rightarrow CO_2(g) + 2\,H_2O(g)$ ergibt.

5. *Ja.* C_2H_4 $(C^{-II}, H^{+I}) + H_2$ $(H^0) \rightarrow C_2H_6$ (C^{-III}, H^{+I});
   $2\,C^{-II} + 2\,H^0 \rightarrow 2\,C^{-III} + 2\,H^{+I}$.

6. Da die Elektronen die (rund 2000mal) kleinere Masse als die Protonen haben, sagt man, daß *Elektronen auf die Protonen übertreten* (und nicht umgekehrt).

1. Vergleichen Sie Ihre *Angaben* mit *[L 14]*.
2. Da Legierungen auch nichtmetallische Elemente in kleinen Mengen enthalten können, *ist b) richtig* (siehe [L 14]).
3. In [L 72] ist die Zusammensetzung von Eisenerzen (Ionen Fe^{3+} und Fe^{2+} sowie O^{2-}), Koks C (C^0) und der Gichtgase angegeben (CO, CO_2; Oxidationszahlen in [A 71-1]). Daraus folgt, daß der *Kohlenstoff* als Reduktionsmittel wirkt, d. h. oxidiert wird:

$$C^0 - 2\,e^- \xrightarrow{ox} C^{+II} \text{ (im CO) bzw. } C^0 - 4\,e^- \xrightarrow{ox} C^{+IV} \text{ (im } CO_2)$$

Sauerstoff ändert formal seine Oxidationsstufe nicht, da aus O^{2-}-Ionen Atome mit der Oxidationszahl -II (O^{-II}) entstehen; obwohl dabei 0 partiell Elektronen abgibt, wird dies bei Redoxgleichungen nicht berücksichtigt.

4. Der Magnetit Fe_3O_4 enthält pro Formeleinheit zwei Fe^{3+}-Ionen und ein Fe^{2+}-Ion [L 72], das Eisen(III)-hydroxid hingegen nur Fe^{3+}-Ionen. Daher gilt: $Fe^{3+} + e^- \xrightarrow{red} Fe^{2+}$. Die dafür benötigten Elektronen stammen von der Oxidation des CO zu CO_2: $C^{+II} - 2\,e^- \xrightarrow{ox} C^{+IV}$. Erweitert man die Reduktionsgleichung mit 2, so erhält man durch Addition der beiden Teilreaktionen die Redoxgleichung:

$$2\,Fe^{3+} + C^{+II} \xrightarrow{redox} 2\,Fe^{2+} + C^{+IV}$$

Mit dieser Redoxgleichung läßt sich die Reaktionsgleichung leicht ermitteln: Da zwei Fe^{2+}-Ionen gebildet werden, entstehen auch zwei Formeleinheiten Fe_3O_4; diese enthalten insgesamt sechs Eisen-Ionen. Es müssen also drei Formeleinheiten Fe_2O_3 reagieren. Dazu ist nur ein C^{+II} notwendig, wie die Redoxgleichung zeigt. Also gilt:

$$3\,Fe_2O_3 + CO \rightarrow 2\,Fe_3O_4 + CO_2$$

5. Ersterwähnte Reaktion: Der Ausgangsstoff Fe_3O_4 enthält die Ionen Fe^{3+} und Fe^{2+}, der Endstoff FeO nur Ionen Fe^{2+} (neben O^{2-}). Als erfolgt die Reduktion: $Fe^{3+} + e^- \xrightarrow{red} Fe^{2+}$. Die Elektronen stammen von C: C^{+II} (im CO) $- 2\,e^- \xrightarrow{ox} C^{+IV}$ (im CO_2). Also gilt:
$$2\,Fe^{3+} + C^{+II} \xrightarrow{redox} 2\,Fe^{2+} + C^{+IV}$$
Zweite Reaktion: $Fe^{2+} + C^{+II} \xrightarrow{redox} Fe^0 + C^{+IV}$

6. Als Elektronenspender für die Reduktion der Fe^{3+}-Ionen zu metallischem Eisen kommt nur das Al-Metall in Frage. Daher entstehen Al^{3+}-Ionen, die mit den vorhandenen Oxid-Ionen *Aluminiumoxid* Al_2O_3 bilden ($Fe^{3+} + Al^0 \xrightarrow{redox} Fe^0 + Al^{3+}$). Diese Reaktion, die infolge der großen Wärmeentwicklung „Thermit-Reaktion" genannt wird, kann zur Herstellung flüssigen Eisens für Reparaturen oder beim Geleisebau benützt werden (Thermitschweißen).

Bearbeiten Sie mit Hilfe Ihrer Spickzettel, dem PSE und den Tabellen die nachstehenden Fragen und kontrollieren Sie Ihre Antworten erst am Schluß. Was Ihre Antwort enthalten muß, ist im Antwortteil (Rückseite) hervorgehoben. Bewerten Sie jede Antwort (ganz richtig: 1 Punkt, teilweise richtig: 0,5 Punkte, falsch: Null Punkte). Qualifikationen: 11 erreichte Punkte *sehr gut,* 10 erreichte Punkte *gut,* 9 Punkte *befriedigend* und 8 Punkte *ausreichend.* Weniger Punkte: ungenügende Leistungen. Ergänzen Sie gegebenenfalls Ihre Spicker!

1. Welche Oxidationszahlen haben die Atome in den folgenden Partikeln: $CH_2(OH)CH(OH)CHO$ (Glycerinaldehyd), NO_3^- (Nitrat-Ion) und ClO_4^- (Perchlorat-Ion)?
2. Glycerinaldehyd (siehe oben) werde vollständig verbrannt. Stellen Sie die Redoxgleichung für diesen Vorgang auf.
3. Zeigen Sie am vorangegangenen Fall, daß die Redoxgleichung automatisch das richtige Verhältnis der Ausgangsstoffe für die Reaktionsgleichung liefert.
4. Welcher Redoxprozeß spielt sich ab (Redoxgleichung aufstellen), wenn Gichtgas zur Erhitzung der Winderhitzer eingesetzt wird?
5. Metallisches Zirkonium (Zr) kann durch Reduktion des Zirkoniumtetrachlorids $ZrCl_4$ mit metallischem Magnesium erhalten werden. Stellen Sie die Redoxgleichung für diesen Vorgang auf.
6. Was entsteht an Kathode und Anode bei der Elektrolyse von $HCl(l)$?
7. Welche der nachstehend aufgeführten Ionen gehören zu den Kationen, welche zu den Anionen? Carbonat-Ion, Ammonium-Ion, Natrium-Ion, Aluminium-Ion, Dihydrogenphosphat-Ion, Hydrogenphosphat-Ion, Phosphat-Ion und Sulfat-Ion.
8. Reinstes Kupfer kann so hergestellt werden, indem man wäßrige Lösungen mit $Cu^{2+}(aq)$ elektrolysiert. An welcher Elektrode scheidet sich das Kupfer ab?
9. Wovon leitet sich der Name Ion für elektrisch geladene Stoffteilchen ab und was bedeuten die Sammelbezeichnungen Anionen bzw. Kationen?
10. Stellen Sie die Redoxgleichung auf für die vollständige Verbrennung von Butan $CH_3(CH_2)_2CH_3$ und zeigen Sie, daß daraus automatisch das richtige Verhältnis der Reaktanden (Ausgangsstoffe) für die Reaktionsgleichung folgt.
11. Welche Oxidationszahl haben O-Atome meistens, welche aber in H_2O_2 und F_2O?
12. Beim Einleiten von $Cl_2(g)$ in eine Kaliumiodid-Lösung entsteht elementares Iod. Was hat sich demzufolge abgespielt?

1. Aufgrund der nachstehenden Valenzstrichformeln gilt:

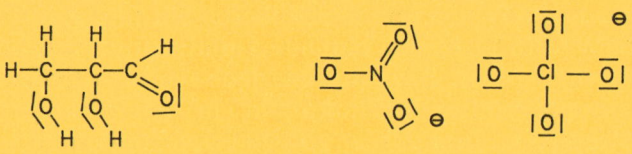

$6 H^{+I}, 3 O^{-II}, C^{-I}, C^0, C^{+I}$ $3 O^{-II}, N^{+V}$ $4 O^{-II}, Cl^{+VII}$

2. Die Reaktionsprodukte sind CO_2 und H_2O; daher gilt:

$C^{-I} + C^0 + C^{+I} - 12\ e^- \xrightarrow{ox} 3\ C^{+IV}$ und $O^0 + 2\ e^- \xrightarrow{red} O^{-II}$

d. h.: $C^{-I} + C^0 + C^{+I} + 6\ O^0 \xrightarrow{redox} 3\ C^{+IV} + 6\ O^{-II}$

3. Nach der Redoxgleichung benötigt 1 Molekül Glycerinaldehyd *6 O^0, d. h. 3 O_2-Moleküle.* Schreibt man Glycerinaldehyd als Summenformel $C_3H_6O_3$, so gilt:
$C_3H_6O_3(l) + 3\ O_2(g) \rightarrow 3\ CO_2(g) + 3\ H_2O(g)$

4. Für die Verbrennung von CO zu CO_2 gilt: $C^{+II} + O^0 \xrightarrow{redox} C^{+IV} + O^{-II}$

5. $Zr^{4+} + 2\ Mg \xrightarrow{redox} Zr + 2\ Mg^{2+}$
$(ZrCl_4(s) + 2\ Mg(s) \rightarrow Zr(s) + 2\ MgCl_2(s))$

6. Im flüssigen HCl lagern sich die Dipole [L 26] mit dem H-Ende an die *Kathode* (–). Das Molekül wird zerlegt, H^+ zu *Wasserstoff* reduziert und Cl^- abgestoßen. *An der Anode entsteht $Cl_2(g)$:* Die HCl-Dipole lagern sich mit dem Cl-Ende an, H^+ wird abgestoßen und Chlorid-Ion Cl^- zu Chlor oxidiert.
Kathodenprozeß: $2\ H^{+I} + 2\ e^- \xrightarrow{red} H_2(g)$
Anodenprozeß: $2\ Cl^{-I} - 2\ e^- \xrightarrow{ox} Cl_2(g)$

7. Die *positiven Ionen* NH_4^+, Na^+ und Al^{3+} sind sog. *Kationen*, während die *negativen Ionen* CO_3^{2-}, $H_2PO_4^-$, HPO_4^{2-}, PO_4^{3-} und SO_4^{2-} sog. *Anionen* sind.

8. Die gelösten Kupfer(II)-Ionen $Cu^{2+}(aq)$ sind Kationen; sie wandern zu *Kathode* und werden dort zu metallischem Kupfer reduziert: $Cu^{2+}(aq) + 2\ e^- \rightarrow Cu(s)$.

9. Ion kommt *von gr. wandernd* [L 70]. Die *positiven Kationen* wandern zu Kathode (–), die *negativen Anionen* zur Anode (+).

10. Im Butan-Molekül haben die beiden entständigen C-Atome die Oxidationszahl –III und die beiden mittleren –II. Aus $2\ C^{-III} + 2\ C^{-II} + 13\ O^0 \xrightarrow{redox} 4\ C^{+IV} + 13\ O^{-II}$ folgt, daß pro Molekül C_4H_{10} 6,5 Moleküle O_2 nötig sind. Die Reaktionsgleichung lautet:
$C_4H_{10}(g) + 6,5\ O_2(g) \rightarrow 4\ CO_2(g) + 5\ H_2O(g)$.

11. *Oft –II* (in O_2 Null). In H_2O_2 (H^{+I}, O^{-I}), in F_2O (F^{-I} und O^{+II}!).

12. Das elektronegativere Chlor oxidiert das Iodid zu Iod und wird dabei selbst zu Chlorid reduziert:
$Cl_2(g) + 2\ I^-(aq) \xrightarrow{redox} 2\ Cl^-(aq) + I_2(s)$.

1. Schwerflüchtig bedeutet, daß der Stoff praktisch *nicht verdampft.* Schwerflüchtigkeit und Schwerlöslichkeit zeigen, daß sich *C-Atome* von der Oberfläche des Kristalls kaum ablösen lassen; sie sind eben *durch kovalente Bindung fest an den Kristall gebunden.*

   Im Gegensatz zu den Metallen sind die *Elektronenpaare* der Einfachbindungen im Diamant *nicht leicht beweglich*; sie sind streng zwei C-Atomrümpfen zugeordnet oder, wie man sich ausdrückt, „lokalisiert".

2. Ganz offensichtlich durch *abnehmende Stärke der Einfachbindungen:* Da die Atomrümpfe mit zunehmender Schalenzahl größer werden [L 8], nimmt ihre Elektronegativität (Anziehungsvermögen für Valenzelektronen) ab [L 16]; daher nehmen im gleichen Sinne die elektrische Leitfähigkeit und der Metallcharakter zu.

3. Die Formel SiC gibt an, daß am Aufbau dieses Atomkristalls gleichviel Si- wie C-Atome teilhaben. Da Si-Atome größer (eine Elektronenschale mehr) sind als C-Atome, ist die Anordnung größter Symmetrie die, daß *jedes C-Atom tetraedrisch von vier Si-Atomen umhüllt wird und jedes Si-Atom vier C-Liganden in den Ecken eines Tetraeders hat.* Die Koordinationszahlen [L 11] sind für beide Atomarten gleich vier. Man kann dies mit $[SiC]_{4:4}$ beschreiben [L 12]. –

   SiC wird übrigens in Form von Sandkörnern dem Beton zur Erhöhung der Gleitsicherheit beigemischt (Badeanstalten, Straßenbeläge), weil es verschleißfester als der Beton ist und somit die Oberfläche rauh bleibt.

4. Nur *mit Diamantpulver,* das durch Zerstampfen von kleinen Diamanten in harten Stahlgefäßen erhalten wird, da andere Materialien zu wenig verschleißfest sind.

5. „Diamantartige Stoffe" brauchen nicht im Diamant-Gittertyp (Koordinationszahl aller Atome vier, kovalente Bindung) zu kristallisicren. Es geht bei dieser Sammelbezeichnung um die Eigenschaften der Stoffe wie große Härte, extreme Schwerflüchtigkeit und Schwerlöslichkeit und schlechte elektrische Leitfähigkeit. Metallische Stoffe, die diese Eigenschaften haben, rechnet man aber nicht dazu, wohl aber entsprechende Ionenkristalle. Im Korund wirken *große elektrostatische Kräfte* zwischen den kleinen, dreifach geladenen Al^{3+}-Ionen und den Oxid-Ionen O^{2-}.

6. In Ionenkristallen werden die Ionen durch *elektrostatische Kräfte* gegenseitig zusammengehalten, was man Ionenbindung (auch „Ionenbeziehung") nennt. Enthalten die Kristalle mehratomige Ionen (wie SO_4^{2-}, NH_4^+ usw.), so tritt zudem kovalente Bindung (innerhalb dieser Ionen) auf. In Atomkristallen hingegen liegt nur *kovalente Bindung* vor; daher sind Atomkristalle immer schwerlöslich, während dies bei Ionenkristallen stark variieren kann ([L 67], [L 68]).

1. Da keine Doppelbindungen auftreten, müssen die *Si-Atome*
(schwarze Kügelchen) mittels
Einfachbindungen *vier O-Liganden* (in Tetraederecken) haben
und *jedes O-Atom zwei Si-Atome*
binden. Diese Koordinationsverhältnisse kann man mit $[SiO_2]_{4:2}$
beschreiben [A 12-6]. Weil also
jedem Si-Atom vier halbe O-
Atome angehören, ist die Formel
des Quarzes SiO_2.

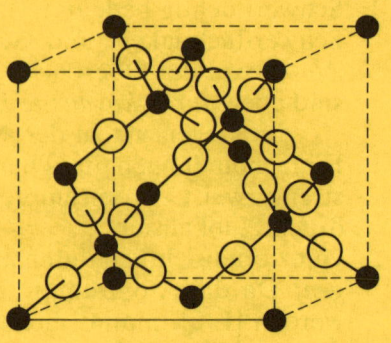

2. *Nein.* Da die Elemente Na, K, Ca und Al vorliegen, müssen positive Ionen auftreten. Silicate sind Ionenverbindungen, wobei
allerdings die Anionen [L 70] z. T. sehr groß sind (sog. Gerüst-
Anionen). Immer sind dabei SiO_4-Tetraeder über gemeinsame
Sauerstoffbrücken (wie im Quarz) miteinander verknüpft, wobei
pro O-Atom, das keine solche Brücke darstellt (also nur an einem
Si-Atom hängt), eine negative Ladung resultiert [L 75]. Solche
Gerüst-Anionen können Ringe, Fäden, Bänder oder Flächen bilden, welche durch die Kationen zusammengehalten werden.

3. Die *saure Atmosphäre* [L 60] *löst den Kalk auf* [A 66-3].

4. *Sauerstoff und Silicium* (Erstarrungsgesteine, Sauerstoff zusätzlich
in Kalk, Wasser und Luft). Nachstehend die (geschätzten) Anteile
der Elemente der Erdhülle (Erdkruste 16 km tief + Gewässer +
Lufthülle):

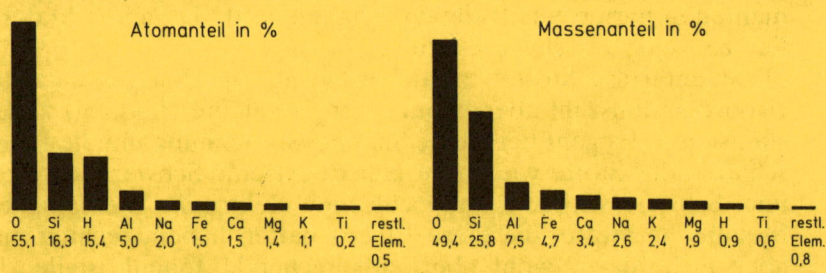

5. Weil sich infolge der fehlenden Fernordnung *im Durchschnitt in
allen Raumrichtungen gleiche Folgen und Abstände der Teilchen*
ergeben. Die Eigenschaften amorpher Stoffe sind in allen Raumrichtungen gleich, d. h. sie sind isotrop!

6. Die einzelnen Kriställchen sind zwar anisotrop. Da sie aber in
allen Raumlagen beisammenliegen, ergeben sich *im Durchschnitt*
(statistisch) *gleiche Folgen und Abstände der Teilchen;* man spricht
von statistischer Isotropie. Durch Vergütungsprozesse [L 13] wird
die statistische Isotropie von Metallkörpern aufgehoben, was
erwünschte Qualitätsverbesserungen ergibt.

1. Entweder werden diese beiden einfach geladenen Stellen durch *ein Calcium-Ion* oder aber durch *zwei Natrium-Ionen* neutralisiert:

$$— \overset{|}{\underset{|}{Si}} — \underline{\overset{\ominus}{\underline{O}}}| \quad Ca^{2\oplus} \quad {}^{\ominus}|\underline{O} — \overset{|}{\underset{|}{Si}} — \quad bzw. \quad — \overset{|}{\underset{|}{Si}} — \underline{\overset{\ominus}{\underline{O}}}| \quad Na^{\oplus} \quad Na^{\oplus} \quad {}^{\ominus}|\underline{O} — \overset{|}{\underset{|}{Si}} —$$

2. Es dürfte einleuchten, daß die Ca^{2+}-Ionen eine Brücke zwischen den beiden negativen Stellen bilden, d. h. einen Zusammenhalt ergeben. Im anderen Fall, wo sich die beiden gleichgeladenen Na^+-Ionen gegenüberstehen (Abstoßung), wird der Zusammenhalt gelockert. Zunehmende Kalkmengen ergeben daher Gläser mit *höheren Erweichungstemperaturen*.

3. Im Diamanten haben alle innenliegenden Atome die Koordinationszahl vier (werden durch vier kovalente Bindungen gebunden), während im Quarz nur ein Drittel der Atome (die Si-Atome) auf diese Weise gebunden sind. Da *O-Atome nur durch zwei Elektronenpaare gebunden* werden, ist der Zusammenhalt im Quarz kleiner.

4. Die günstigen Eigenschaften des Glases, die auch für dessen Verwendung im Alltag verantwortlich sind, sind die folgenden: *Durchsichtigkeit* (man sieht, was in den Apparaturen passiert), *Hitze- und Chemikalienbeständigkeit* (Glas wird nur von Alkalien, Fluor und HF(aq) angegriffen), *beliebige Verformbarkeit* (Apparate-Glasbläser sind höchstqualifizierte Handwerker, die die kompliziertesten Geräte herstellen können) und – von reinstem Quarzglas abgesehen, zu dessen Herstellung reiner Bergkristall verwendet wird – die *Preisgünstigkeit* dieses Werkstoffs (es gibt riesige Vorkommen von Quarzsand und Kalk, und auch die Herstellung der Soda aus Kochsalz ist billig).

   Ein weiterer Vorteil des Glases (Glas wird in großen Mengen als Verpackungsmaterial für Getränke und Nahrungsmittel verwendet) ist seine verhältnismäßig einfache Wiederverwendung (Recycling); nach Farben sortiertes und von Metallbestandteilen sowie von Keramik (Gift für die Glasherstellung, da Trübung verursachend) befreites Gebrauchtglas wird einfach eingeschmolzen und neu geformt.

5. Nur Kristalle sind anisotrop [L 74]! Gläser sind aber amorphe Feststoffe, da die Fernordnung des Kristallgitters fehlt. Daher sind Gläser *isotrop,* d. h. sie haben in allen Raumrichtungen die gleichen Eigenschaften. Für schöne Trinkgläser, Vasen und Schüsseln wird oft „Kristallglas" verwendet; auch „Kristallgläser" sind isotrop, d. h. nicht kristallin. Die Bezeichnung kommt einfach daher, daß solche Gläser schöne Lichtbrechungseffekte zeigen, wenn sie geeignet geschliffen werden.

6. Beim Erwärmen werden die *Ionen beweglicher,* insbesondere die Natrium-Ionen, die weniger stark gebunden werden, so daß sie im elektrischen Feld zu wandern beginnen (ion gr. = wandernd, [L 70]).

1. Da die Abstände zwischen den Graphitschichten sehr groß sind, muß der *Diamant* die größere Dichte aufweisen. In der Tat hat Diamant eine Dichte von 3,5 kg/L und gut kristallisierter Graphit nur eine Dichte von 2,25 kg/L.

2. Die chemische *Reaktionsträgheit*. Auch bei Lichteinwirkung verändert sich Kohlenstoff bei normalen Umweltbedingungen nicht; daher verblassen solche Schriften nicht, auch wenn der Träger, das Papier, vergilbt. – Der Name Bleistift kommt übrigens daher, daß vor dem Gebrauch der Bleistiftminen aus Graphit und Ton das weiche Metall Blei zum schreiben diente; Blei hinterläßt auf Papier schwarzgraue Spuren.

3. Der Metallglanz des Graphits muß auf einer Gemeinsamkeit mit Metallen beruhen. Dies ist die elektrische Leitfähigkeit, deren Ursache die *leichtbeweglichen Elektronen* sind.

4. Im Schichtgitter des *Graphits sind die Atome nur in zwei Dimensionen kovalent gebunden* (innerhalb der Schichtebenen), während in den Atomkristallen *Diamant und Quarz die Atome dreidimensional durch kovalente Bindungen miteinander verknüpft* sind. Auf diesem Unterschied beruht denn auch die große Differenz der Härten dieser Materialien.

   Ein weiterer Unterschied ist der, daß in Diamant und Quarz die Elektronen lokalisiert (den Atomen fest zugeordnet) sind, während die Graphitschichten leicht bewegliche Elektronen enthalten. Für einen Ausschnitt aus einer Graphitschicht läßt sich keine korrekte Valenzstrichformel mehr angeben; als Grenzstruktur [L 59] kann man zwischen die in regulären Sechsecken angeordneten C-Atome abwechslungsweise Einfach- und fiktive Doppelbindungen eines mesomeren Systems [A 60-2] einzeichnen.

5. Ganz ausgesprochen *anisotrop*. Anisotropie ist zwar das äußerlich feststellbare Erkennungsmerkmal aller Kristalle (das Kristallgitter kann man nicht sehen), aber bei Kristallen mit Schichtgitter sind die Eigenschaften ganz ausgeprägt richtungsabhängig, beim Graphit etwa die elektrische Leitfähigkeit, Härte und Spaltbarkeit. Auch Glimmer, die leicht in parallele Schichten spaltbar sind [L 74], haben Schichtstrukturen (Schichten von Gerüst-Anionen und dazwischenliegenden Kationen [A 74-2]. In [L 24] wurde auch das Schichtgitter von $MgCl_2$ erwähnt und gezeigt, daß wegen der Ungleichheit der Kräfte in verschiedenen Raumrichtungen $MgCl_2$ bei tieferer Temperatur schmilzt als NaCl.

6. Als sog. *Adsorptionsmittel*, wie in [A 32-3] erwähnt wurde. Merken Sie sich – daher werden in diesem Lehrgang Fakten oft wiederholt –, daß Oberflächenteilchen nicht abgesättigt sind und demzufolge Kräfte auf Teilchen anderer Stoffe ausüben können (sog. Adhäsionskräfte).

Bearbeiten Sie mit Hilfe Ihrer Spickzettel, dem PSE und den Tabellen die nachstehenden Fragen und kontrollieren Sie Ihre Antworten erst am Schluß. Was Ihre Antwort enthalten muß, ist im Antwortteil (Rückseite) hervorgehoben. Bewerten Sie jede Antwort (ganz richtig: 1 Punkt, teilweise richtig: 0,5 Punkte, falsch: Null Punkte). Qualifikationen: 11 erreichte Punkte *sehr gut,* 10 erreichte Punkte *gut,* 9 Punkte *befriedigend* und 8 Punkte *ausreichend.* Weniger Punkte: ungenügende Leistungen. Ergänzen Sie gegebenenfalls Ihre Spicker!

1. Was versteht man unter der sog. Nahordnung und der sog. Fernordnung in einem Feststoff? Welcher Fall liegt immer vor?
2. Elektrodenkohle leitet den Strom in allen Raumrichtungen gleich gut. Wie läßt sich dieser Sachverhalt verstehen?
3. Welche gemeinsamen Merkmale haben Diamant und Graphit?
4. Zinngegenstände, die längere Zeit (Jahre) Temperaturen von weniger als 13 °C ausgesetzt sind, verwandeln sich in ein graues Pulver, was man als „Zinnpest" bezeichnet. Dieses Pulver hat Diamantstruktur. Was bedeutet das?
5. Vergleichen Sie die Phasenänderungen (Aggregatzustandsänderungen) beim Erwärmen von Eis $H_2O(s)$ und Glas.
6. Scheiben von jahrhundertealten Kirchenfenstern sind unten etwas dicker als oben, was zeigt, daß Glas „fließt", wenn auch praktisch unmerklich. Worin stimmt der Aufbau von Glas mit dem einer Flüssigkeit überein?
7. Kleinere Moleküle wie das giftige CO und auch CO_2 werden von Aktivkohle nicht absorbiert, sondern nur größere Schadstoffmoleküle. Warum ist dies so?
8. Welche der nachfolgend aufgeführten kristallinen Stoffe lassen sich mit dem Tetraedermodell erklären? C(Diamant), C(Graphit), SiO_2, SiC?
9. Aus welchen Gründen ist der Atomanteil des Sauerstoffs am Aufbau der Erdhülle sogar etwas größer als der aller übrigen Elemente zusammen (55 %)?
10. Was bedeutet es, wenn man $[SiO_2]_{4:2}$ schreibt?
11. Kieselgur ist $SiO_2(s)$. Es handelt sich um ein leichtes Pulver, das ein großes Aufsaugvermögen für Flüssigkeiten besitzt und das u. a. als Isolationsmaterial Verwendung findet, da es die Wärme schlecht leitet. – Muß daher Kieselgur kristallin oder weitgehend amorph sein?
12. Worauf beruht die Anisotropie?

1. Nahordnung: *definierte räumliche Anordnung im Nahbereich,* d. h. *Zentralteilchen und seine Liganden.* Fernordnung: *definierte räumliche Anordnung über größere Bereiche.* In Feststoffen ist *immer Nahordnung* vorhanden.

2. Es muß sich um einen statistisch isotropen Körper handeln [A 74-6], d. h. die bezüglich der elektrischen Leitfähigkeit stark anisotropen *Graphitkriställchen* müssen *in allen möglichen Raumlagen beisammen liegen.*

3. Sie enthalten *nur C-Atome,* sind *schwerflüchtig* und *schwerlöslich,* sind *chemisch auffallend reaktionsträge,* sind *kristallin* und daher *gute Wärmeleiter.*

4. Diamantstruktur bedeutet, daß der *Aufbau dem des Diamanten entspricht,* d. h. die *Zinn-Atome die Koordinationszahl vier* haben. Bei diesem „grauen Zinn" handelt es sich um eine Sn-Modifikation, die nicht mehr typische Metalleigenschaften hat.

5. Beim Erwärmen von $H_2O(s)$ erfolgt *innerhalb eines sehr kleinen Temperaturintervalls* (daher Schmelztemperatur oder Schmelzpunkt genannt) der Übergang zu $H_2O(l)$; dies ist für Stoffe, die aus wohldefinierten Teilchen (Ionen, Moleküle) bestehen, typisch (keine Hitzezersetzung vorausgesetzt); entweder hält das Gitter der jeweiligen Wärmebewegung stand oder eben nicht. Bei Glas hingegen erfolgt ab der sog. Erweichungstemperatur, bei der das Material plastisch verformbar wird, eine Abnahme der Viskosität (Zähflüssigkeit), d. h. der Übergang zu einer „immer flüssiger werdenden" Masse erfolgt in einem *großen Temperaturintervall.* Stoffe, die beim Erwärmen plastisch verformbar werden, nennt man Thermoplaste.

6. Darin, daß die *Fernordnung des Kristallgitters fehlt.* Glas kann demzufolge auch als eine extrem zähflüssige (viskose) Flüssigkeit aufgefaßt werden.

7. Weil die VAN DER WAALSschen Kräfte (hier sog. *Adhäsionskräfte) zu klein* sind, um der Wärmebewegung standzuhalten. Nur bei größerer Elektronenzahl der Moleküle ist die Polarisierbarkeit genügend groß, damit die Moleküle haften bleiben.

8. *Alle außer dem Graphit,* wenn von Finessen bei SiO_2 abgesehen wird (L 75).

9. Aufbau der *Gesteine,* des *Wassers* und der *Luft* (siehe [A 74-4]).

10. Es sind damit die *Koordinationsverhältnisse* im Kristall angegeben: Si hat vier Koordinationspartner und O deren zwei.

11. Aufsaugvermögen bedeutet starke Adsorption und dies ist nur bei großer innerer Oberfläche möglich. Daher muß Kieselgur analog der Aktivkohle [F 76-6] weitgehend *amorph* sein, worauf auch die schlechte Wärmeleitfähigkeit hinweist.

12. Auf der Tatsache, das in einem Kristall die *Folgen und die Abstände der Teilchen nicht in allen Raumrichtungen gleich* sind.

1. Natriumoxid löst sich offenbar in Wasser, wobei die Oxid-Ionen sofort protoniert werden [O^{2-} + $H_2O(l)$ → 2 $OH^-(aq)$], da in wäßriger Lösung keine $O^{2-}(aq)$-Ionen existieren [AK 10-6]. Da *Braunstein* MnO_2 den pH nicht verändert, muß er offensichtlich *nicht löslich* sein. Dies beruht auf koordinativer Bindung; ihretwegen werden die Atome Mn^{+IV} und O^{-II} stark im Gitterverband gehalten. – Übrigens lösen sich auch die Oxide der Erdalkalimetalle in Wasser und bilden alkalische Lösungen. Allerdings nimmt die Löslichkeit von BaO über SrO nach CaO und MgO stark ab; MgO ist praktisch unlöslich in Wasser, da das kleine Ion Mg^{2+} die Oxid-Ionen offenbar auch deformiert.

2. pH 7 läßt den Schluß zu, daß keine Oxid-Ionen ans Wasser abgegeben werden. Zudem zeigt die Formel, daß der Stoff *Kalium-Ionen* K^+ enthalten muß (K liegt in seinen Verbindungen immer in dieser Form vor). Da Kaliumpermanganat gut wasserlöslich ist, ist die Vermutung naheliegend, daß auch einfach negative Ionen vorliegen; sie müssen die Formel MnO_4^- haben (*Permanganat-Ion*), in dem die O-Liganden koordinativ (stark) ans Zentralteilchen Mn gebunden sind.

3. Kalium-Ion K^+ hat eine ganze Elementarladung, während man den Atomen des Komplex-Ions [58] MnO_4^- Oxidationszahlen zuordnen muß. Da man aufgrund der Symmetrieregel und Ringregel [L 58] annehmen kann, daß keine Bindungen zwischen O-Atomen auftreten, muß man den elektronegativeren O-Atomen die Oxidationszahl $-II$ zuordnen. Damit erhält Mn die Oxidationszahl $+VII$, weil die Summe der Oxidationszahlen stets der Ladung des Teilchens entspricht [A 71-3]. Im Kaliumpermanganat gilt also: *K^+, Mn^{+VII} und 4 O^{-II}*.

4. Analog dem Sulfat-Ion [L 58] müssen die vier Sauerstoff-Liganden *tetraedrisch* um Mn angeordnet sein. Auch die Valenzstrichformel, die nebenstehend dargestellt ist, beschreibt die Elektronenstruktur des Teilchens gut, da nach unserer Modellvorstellung das Zentralteilchen Mn^{+VII} die Elektronenhülle der O^{-II} so stark deformiert, daß praktisch echte kovalente Bindung vorliegt.

5. Chrom(III)-oxid: Cr_2O_3 (Ionen Cr^{3+} und O^{2-})
   Chrom(VI)-oxid: CrO_3 (Cr^{+VI} und O^{-II})
   Kupfer(II)-sulfat: $CuSO_4$ (Cu^{2+} und SO_4^{2-})
   Gold(III)-chlorid: $AuCl_3$ (Au^{3+} und Cl^-).

6. Kupfer(I)-oxid hat die Formel Cu_2O. Offensichtlich handelt es sich nicht um eine „echte Ionenverbindung" mit Cu^+ und O^{2-}, obschon dies meist so angegeben wird. Es muß *koordinative Bindung* vorliegen (also eher Cu^{+I} und O^{-II}).

1. Nebel besteht aus feinsten Wassertröpfchen, die in der Luft schweben; an ihren Oberflächen wird ein Anteil des einfallenden weißen Tageslichts reflektiert. Wegen des hohen Verteilungsgrades der flüssigen Phase ist die *Gesamtoberfläche sehr groß,* womit auch *viel weißes Licht reflektiert* wird.

2. Weil weiße Gegenstände das Licht reflektieren, wird *Licht nicht* durch Absorption *in Wärme verwandelt.*

3. Weil im entstehenden *Gemisch der Farbstoffe jeder einen anderen Anteil des sichtbaren Spektrums absorbiert,* so daß mit der Zeit Totalabsorption erfolgt, d. h. Schwarz in Erscheinung tritt.

4. In [L 78] wurde im letzten Abschnitt darauf hingewiesen, daß sich lokalisierte Elektronen durch sichtbares Licht nicht anregen lassen (das energiereichere UV wäre dazu nötig). Solche lokalisierten Elektronen – die sich vorwiegend innerhalb beschränkter Räume aufhalten, liegen im Diamant vor (Elektronenpaare streng je zwei Partneratomen zugeordnet).

   Beim *Graphit* hingegen *liegen delokalisierte Elektronen in den Schichten* vor; diese müssen offensichtlich Licht absorbieren können. Es gilt ganz allgemein, daß mit zunehmender Größe eines mesomeren Systems dessen Anregung zunehmend leichter fällt (immer kleinere Energieportionen nötig).

5. Kaliumpermanganat enthält die Ionen K^+ und MnO_4^- [A 77-2]. Bisher besprochene Kalium-Salze wie KCl, K_2CO_3, $KHSO_4$ sind weiß (farblos); daher kann die intensive violette Farbe nur auf den *Permanganat-Ionen* MnO_4^- beruhen.

   Nach der Tabelle in [L 78] muß Permanganat-Ion Licht von *Wellenlängen um 530 nm* besonders stark absorbieren (gelbgrünes Licht). – Das Elektronensystem von MnO_4^- absorbiert also im Unterschied zum Elektronensystem des gleichgebauten Sulfat-Ions SO_4^{2-} sichtbares Licht. Wir werden erkennen, daß bei koordinativer Bindung, d. h. bei der Integration von Ligandenelektronen ins Elektronensystem des Zentralteilchens, sehr oft farbige Komplexe auftreten. So sind viele Salze der Übergangsmetalle (z. T. intensiv) gefärbt, was bei Salzen der Hauptgruppenelemente mit Kationen, die der Edelgasregel genügen (Alkali- und Erdalkalisalze), nicht der Fall ist (wenn die Anionen ebenfalls farblos sind!).

6. Verschiedenfarbige Stoffe (unterschiedliches Absorptionsverhalten) sind möglich, weil unterschiedliche Elektronensysteme vorliegen. Jede Farbänderung zeigt eine Veränderung des Elektronensystems an. Im Falle der pH-Indikatoren bewirkt die Protonierung, daß Elektronen „etwas in Richtung auf dieses Proton hin" verschoben werden. Bei Deprotonierung ist die gegenteilige *Veränderung des Elektronensystems* Ursache der Veränderung des Absorptionsverhaltens.

1. *Basen sind entsprechend definiert:* Protonenfänger können nur Teilchen sein, die einsame Elektronenpaare haben. Demgegenüber reicht der Säurebegriff nach LEWIS weiter: Nicht nur H^+ können sich an einsame Elektronenpaare anlagern, sondern alle Kationen sowie Teilchen mit Elektronenpaarlücken [L 75], [A 79-2!].

2. Wegen der kleineren Elektronegativität ragt das einsame Elektronenpaar an C weiter in den Raum hinaus und wird daher der LEWIS-Säure Ni-Atom (also ungeladen!) besser zur Verfügung gestellt. Die vier sog. Carbonyl-Liganden sind in der Tat *über C mit Ni koordiniert* (Elektronen integiert). Das $Ni(CO)_4$-Molekül (!) ist tetraedrisch gebaut.

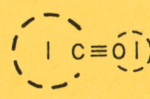

3. Aufgrund der Ladungsneutralität hat dieses Salz die Formel $K_4[Fe(CN)_6]$. Da die Liganden mit CO isoelektronisch sind (zehn Valenzelektronen) müssen sie einfach negativ geladen sein. Diese Cyanid-Ionen CN^- nennt man Cyano-Liganden. Da unser „Hexacyano-Eisen-Komplex" (hexa: 6) vierfach negativ ist, muß das Zentral-Ion *doppelt positiv geladen* sein (Fe^{2+}).

4. Das Elektronenpaar an C stellt im $|C{\equiv}N|^-$ die stärkere LEWIS-Base dar (ragt wegen der kleineren Elektronegativität von C weiter in den Raum, analog [A 79-2]), womit die *Koordination mit Fe^{2+} über C* erfolgt. Meistens liegt bei sechs Liganden *oktaedrische Anordnung* [L 11] vor, was aber bei LEWIS-Säuren, die nicht sechs Elektronenpaare integrieren können – wie z. B. Cu^{2+}, das nur vier Ligandenelektronenpaare koordinativ bindet – vom idealen Oktaeder abweichende Anordnungen ergibt [L 79].

5. Der Komplex ist dreifach negativ und somit sein *Zentralion dreifach positiv* (Fe^{3+}) geladen, weil die Cyano-Liganden einfach negativ sind (siehe [A 79-4]). Bau: Oktaedrische Koordination.

6. Das Massenwirkungsgesetz MWG für das Gleichgewicht

   $[Cu(H_2O)_4]^{2+}(aq) + 4\,NH_3(aq) \rightleftarrows [Cu(NH_3)_4]^{2+}(aq) + 4\,H_2O(l)$

   lautet:
   $$K = \frac{c([Cu(NH_3)_4]^{2+},\,aq) \cdot c^4(H_2O,\,l)}{c([Cu(H_2O)_4]^{2+},\,aq) \cdot c^4(NH_3,\,aq)}$$

   Da auch in verdünnten Ammoniak-Lösungen praktisch nur der Ammin-Komplex vorliegt, muß *K groß* sein. Man bezeichnet übrigens den durch $c^4(H_2O,\,l)$ dividierten Wert (da $c(H_2O,\,l)$ verdünnter Lösungen konstant ist [L 50]) als sog. Komplexbildungskonstante K_K des Kupfer(II)-tetraammin-Komplexes, die hier den Zahlenwert von $10^{13,3}$ hat.

   Das in [L 79] erwähnte Auflösen von $Cu(OH)_2(s)$ bei weiterer $NH_3(aq)$-Zugabe beruht darauf, daß das Lösungs-Fällungs-Gleichgewicht [L 68] durch die Bildung der Ammin-Komplexe gestört wird (Fällungs-Reaktionsgeschwindigkeit kleiner).

1. Auf den *delokalisierten Elektronen* [A 78-4, A 78-5] der Komplexe, wobei der Effekt durch die Interaktion mit der mesomeren Nachbarschaft (abwechselnd Einfach- und Doppelbindungen [L 60]) verstärkt wird. Auch das Hauptgruppen-Ion Mg^{2+} vermag infolge seiner Kleinheit die Ligandenelektronenpaare stark zu beanspruchen, so daß es oft koordinative Bindungen bildet. Chlorophyll vermag übrigens die absorbierte Lichtenergie für die Photosynthese zur Verfügung zu stellen, dem Aufbau organischer Substanz aus $CO_2(g)$ und $H_2O(l)$; auf dieser Basisreaktion beruht alles Leben auf dieser Erde. – Die hellrote Farbe arteriellen Blutes beruht auf den O_2-haltigen Komplexen des Hämoglobins, die dunklere blaustichige Farbe venösen Blutes auf den Komplexen ohne O_2.

2. a) Die Cyano- und Nitrito-Liganden sind je einfach negativ geladen; daher muß Fe^{2+} vorliegen. Name des Salzes: *Natrium-pentacyanonitritoferrat(II)*.

   b) Der Komplex hat die Ladung –5e. Somit ist Fe^{2+} Zentralion (die Ladung aller Liganden beträgt –7e). Name: *Natrium-pentacyanosulfitoferrat(II)*.

3. *$[Pt(NH_3)_2Cl_2]$*, da Pt^{2+}-Zentral-Ionen vorliegen und nur die beiden Cl^--Liganden geladen sind.

   Es existieren übrigens zwei verschiedene Komplexe dieser Zusammensetzung, weil das System nicht tetraedrisch gebaut sondern planar ist (Liganden in den Ecken eines Quadrats). Somit können die beiden NH_3- und Cl^--Liganden benachbart oder diagonal gegenüberstehend angeordnet sein.

   Die Tatsache, daß bei gleicher atomarer Zusammensetzung verschiedene Stoffteilchen und damit Stoffe mit unterschiedlichen Eigenschaften (!) möglich sind, nennt man Isomerie (iso: gleich, meros: Teil, d. h. hier Atome).

4. Die Komplexe $[Fe(CN)_6]^{4-}$ sind oktaedrisch gebaut, wobei die *Cyano-Liganden CN^-* über das nichtbindende Elektronenpaar an C mit dem Zentral-Ion koordiniert sind [A 79-4]. Da diese Liganden aber *nach außen hin noch die nichtbindenden Elektronenpaare an N* aufweisen, können sie koordinative Bindung an Fe^{3+} eingehen, wodurch ein dreidimensionales Netzwerk, in dessen Maschen die K^+ des Reagens, Wasser-Moleküle und die Anionen des Fe(III)-Salzes eingelagert sind. Sind diese Komplexe nicht allzu groß, so ist das Material noch wasserlöslich; anderenfalls bildet sich eine Fällung (bei größeren Konzentrationen).

5. *Nein*. Cyanoliganden können nicht zwei Koordinationsstellen desselben Zentralions besetzen; man kann sie aber als Brückenliganden [A 80-4] bezeichnen.

6. Nur *deren vier* und zwar in einer Ebene liegend [L 79]. Gilt auch für Pt^{2+} [A 80-3].

Bearbeiten Sie mit Hilfe Ihrer Spickzettel, dem PSE und den Tabellen die nachstehenden Fragen und kontrollieren Sie Ihre Antworten erst am Schluß. Was Ihre Antwort enthalten muß, ist im Antwortteil (Rückseite) hervorgehoben. Bewerten Sie jede Antwort (ganz richtig: 1 Punkt, teilweise richtig: 0,5 Punkte, falsch: Null Punkte). Qualifikationen: 11 erreichte Punkte *sehr gut*, 10 erreichte Punkte *gut*, 9 Punkte *befriedigend* und 8 Punkte *ausreichend*. Weniger Punkte: ungenügende Leistungen. Ergänzen Sie gegebenenfalls Ihre Spicker!

1. Kohlenstoffmonoxid CO ist giftig, weil es „aktive Zentren" des Hämoglobins blockiert, d. h. anstelle von O_2 – stärker als dieses – gebunden [L 57] wird. Warum ist diese Bindung stärker und worauf beruht die Giftigkeit?
2. Spielen nichtbindende Elektronenpaare bei der chemischen Bindung eine Rolle?
3. Welche Formel hat das Salz Kaliumhexafluorocobaltat(III)?
4. Wie heißt das Salz mit der Formel $[Co(NH_3)_6]_2(SO_4)_3$?
5. Ermitteln Sie die Formel von Hexaamminplatin(IV)-phosphat.
6. Das leuchtend gelb gefärbte Kaliumchromat hat die Formel K_2CrO_4. Es ist gut wasserlöslich und seine Lösungen sind pH-neutral. Aus welchen Teilchen muß dieser Stoff demzufolge aufgebaut sein?
   Geben Sie zudem die Oxidationsstufen aller Atomarten an.
7. K_2CrO_4 heißt rationell Kaliumtetraoxochromat(VI). Geben Sie aufgrund dieses Namens an, was mit „oxo" bezeichnet wird.
8. Welche Formel und welchen Trivialnamen hat das Tetraoxosulfat(VI)-Ion?
9. Wir haben Silber(I)-chlorid AgCl als schwerlösliches Salz kennengelernt (siehe [F 67-6]!). Bei Zugabe von NH_3(aq) geht aber eine Fällung von AgCl(s) in Lösung, weil sich der sehr stabile Diamminsilber(I)-Komplex bildet.
   Welche Formel hat dieser Komplex und wie ist er gebaut?
10. Wieviele Elektronenpaare vermag Silber(I)-Ion koordinativ zu binden?
11. Warum löst sich AgCl(s) bei Zugabe von NH_3(aq)?
12. Es gibt auch „mehrkernige" Komplexe, d. h. Gebilde mit mehreren Zentralteilchen. Bereits haben wir dazu das „Berlinerblau" [A 80-4] kennengelernt. Ein sog. zweikerniger Komplex liegt im leuchtend orange gefärbten Salz $K_2Cr_2O_7$ vor. Welche Formel und welchen Bau besitzt dieser zweikernige Komplex? Beachten Sie dazu die Symmetrieregel von [L 58].

1. CO wird deswegen stärker koordinativ gebunden, weil *sein einsames Elektronenpaar an C stärkeren Basencharakter* hat als die an O. Giftwirkung: *[L 57]*.

2. *Eine ganz wichtige!* Nur für den Zusammenhalt des mehratomigen Atomverbands, d. h. die kovalente Bindung, spielen sie keine Rolle (obschon die Gestalt solcher Verbände durch sie mitbestimmt wird, Elektronenpaarabstoßung [L 58]). Für zwischenpartikulare Säure/Base-Beziehungen nach LEWIS (koordinative Bindung, Wasserstoffbrücken [L 27]) sind sie aber wichtig.

3. $K_3[CoF_6]$ (Ionen K^+ und die Hexafluorocobaltat(III)-Ionen $[CoF_6]^{3-}$).

4. Da Sulfat-Ionen SO_4^{2-} doppelt negativ sind, muß der Hexaamminkomplex dreifach positiv geladen sein ($[Co(NH_3)_6]^{3+}$), also *Hexaammincobalt(III)-sulfat.*

5. Da Ammin-Liganden neutral sind, ist der Hexaamminplatin(IV)-Komplex vierfach positiv geladen ($[Pt(NH_3)_6]^{4+}$). Weil Phosphat-Ionen dreifach negativ geladen sind, muß das Salz folgende Formel haben: *$[Pt(NH_3)_6]_3(PO_4)_4$*.

6. Dieses Salz muß die Ionen K^+ enthalten und – da der pH nicht steigt [A 77-2] – die Chromat-Ionen CrO_4^{2-}. Im Chromat-Ion gilt: Cr^{+VI} und 4 O^{-II}; die Ionen sind tetraedrisch gebaut (Valenzstrichformel analog [A 77-4]).

7. Da „tetra" das Zahlwort für vier ist, muß „oxo" die *Bezeichnung für Sauerstoff-Liganden O^{-II}* sein.

8. Es handelt sich um das *Sulfat-Ion* mit der *Formel SO_4^{2-}* (S^{+VI}, 4 O^{-II}).

9. Der Komplex muß die Formel *$[Ag(NH_3)_2]^+$* haben. Als einziges Kriterium für die Prognose seines Baus steht uns die Symmetrieregel [L 58] zur Verfügung, nach der wir einen *linearen Bau* erwarten müssen (N-Ag-N auf einer Geraden liegend); dies entspricht in der Tat dem experimentellen Befund!

10. Aufgrund der Tatsache, daß Silber(I)-Ion einen Diammin-Komplex bildet und Ammin-Liganden einzähnig sind, kann Ag^+ offensichtlich nur *zwei Ligandenelektronenpaare* koordinativ binden, d. h. in sein Elektronensystem integrieren (Ag^+ muß zwei „Elektronenpaarlücken" aufweisen).

11. Weil das *Lösungs-Fällungs-Gleichgewicht*
    $AgCl(s) \rightleftarrows Ag^+(aq) + Cl^-(aq)$
    durch Bildung des $[Ag(NH_3)_2]^+(aq)$ fortwährend *gestört* wird (Fällungsreaktionsgeschwindigkeit wird kleiner), da NH_3 die stärkere Base als H_2O ist.

12. Es muß sich um das Bichromat-Ion (bi = di, 2) *$[Cr_2O_7]^{2-}$* handeln, das *analog* dem Cl_2O_7-Molekül *[AK 11-7]* gebaut ist: Die beiden „Kerne" Cr^{+VI} sind je tetraedrisch von Oxo-Liganden O^{-II} umgeben, wobei derjenige zwischen den beiden Kernen als Brückenligand fungiert.

A81

1. Aus der quadratischen Bestimmungsgleichung $x^2/(0,1-x) = 10^{-4,76}$ errechnet man $x^2 = 10^{-5,76}$ und $x = 10^{-2,88}$. Damit ist der *pH = 2,88* (zweite Stelle nach dem Komma unsicher). Aufgrund der Grobangabe des Protolysengleichgewichts würde man pH 3 prognostizieren [A 52-2], was erneut zeigt, daß die qualitativen Grobangaben der Tabelle im Anhang mit dem ungefähren Teilchenzahl-Verhältnis Sinn machen.

2. Da $pK_S(H_2PO_4^-) = 7,21$, ist $K_S(H_2PO_4^-) = 10^{-7,21}$ und x^2 der Bestimmungsgleichung $10^{-8,21}$. Daraus errechnet sich $x = 10^{-4,1}$ und *pH = 4,1.* Mit der Grobabschätzung wäre pH 4 vorausgesagt worden [L 62].

3. *x muß gegenüber der Ursprungskonzentration sehr klein* sein (1 % und weniger), *was bei schwachen Säuren (pK$_S$-Werte zwischen 4,5 und 9,5) der Fall ist.* In diesen Fällen wird durch die Vernachlässigung der Nennerwert wenig beeinflußt. Bei Säuren mit pK_S gegen 4,5 (wie z. B. Essigsäure mit $pK_S = 4,76$) macht der Fehler im Nenner etwa 1 % aus, bei noch schwächeren Säuren (pK_S gegen 9,5) wird der Fehler noch kleiner.

4. *Bei starken Säuren* gilt diese Beziehung mit guter Näherung *bis zu Ursprungskonzentrationen von 10^{-5} mol/L,* da der Fehler durch die Autoprotolyse des Wassers in der Größenordnung von 1 % [F 49-1] liegt. Bei schwachen Säuren hingegen wird dieser Fehler bereits bei Essigsäure-Lösungen mit $c(CH_3COOH, aq)$ von etwa 10^{-3} mol/L erreicht und bei Säuren wie NH_4^+ ($pK_S = 9,21$) schon bei Lösungen der Konzentration 10^{-2} mol/L überboten. Daher sind wir auf der sicheren Seite, wenn wir das Berechnungsverfahren von [L 81] für *schwache Säuren für Ursprungskonzentrationen, die nicht kleiner als 10^{-2} mol/L sind,* anwenden. – Bei kleineren Ursprungskonzentrationen kann die Autoprotolyse des Wassers nicht mehr vernachlässigt werden, was aber nicht von Bedeutung ist, weil solche Lösungen wenig praktische Bedeutung haben (schmecken z. B. nicht mehr sauer).

5. Unter Vernachlässigung von x im Nenner wird $x^2 = 0,3 \cdot 10^{-7,21}$, woraus sich für x der Wert von $10^{-3,87}$ und damit *pH 3,87* errechnet [Säure: $H_2PO_4^-(aq)$].

6. Da es sich bei der Phosphorsäure um eine starke Säure handelt ($pK_S = 1,96$), kann die Bestimmungsgleichung $x^2/(0,1-x) = 10^{-1,96}$ nicht mehr unter Vernachlässigung von x im Nenner gelöst werden. Die Auflösung ohne Vernachlässigung ergibt $x = 10^{-1,55}$ und damit *pH 1,55,* die Grobabschätzung *pH 1;* wie man sieht, ist hier die Differenz größer als in den vorangegangenen Fällen; bei starken Säuren mit pK_S-Werten zwischen 4 und 0 ergeben Vernachlässigungen etwas größere Fehler. Diese Vernachlässigungen sind nur bei schwachen Säuren statthaft; sind die pK_S-Werte negativ, so liegt vollständige Dissoziation vor.

1. Da $pK_B(HPO_4^{2-}) = 6{,}79$, ist $x^2 = 10^{-7,79}$ und $x = 10^{-3,9}$, was einen pOH von 3,9 und damit *pH 10,1* ergibt. Wiederum erkennen wir, wie gut die Grobangaben über die Protolysengleichgewichte sind, da mit ihnen hier pH 10 ermittelt wird.

2. Da die molare Masse von KCN 65 g/mol ist, entsprechen 6,5 g der Stoffmenge von 0,1 mol. Weil $pK_S(HCN) = 9{,}4$, ist $pK_B(CN^-) = 4{,}6$. Die Auflösung der quadratischen Gleichung (x im Nenner darf vernachlässigt werden) ergibt $x^2 = 10^{-5,6}$ und $x = 10^{-2,8}$. Damit wird pOH = 2,8 und *pH = 11,2*.

3. 60 g $NaH_2PO_4 \triangleq 0{,}5$ mol. Daher muß der pH einer Lösung mit $c(H_2PO_4^-, aq) = 0{,}5$ mol/L berechnet werden. An und für sich ist das Ion $H_2PO_4^-$ ein sog. Ampholyt (amphi = gr. beidseitig), d. h. es kann grundsätzlich sowohl als Säure als auch als Base wirken. Da $pK_S(H_2PO_4^-) = 7{,}21$ (schwache Säure) und $pK_B(H_2PO_4^-) = 12{,}04$, d. h. die Basenkonstante um rund fünf Zehnerpotenzen kleiner als die Säurekonstante ist, wirkt $H_2PO_4^-$ in Wasser als Säure. Aus $x^2 = 0{,}5 \cdot 10^{-7,21}$ (x darf im Nenner vernachlässigt werden) errechnet man *pH 3,76*.

4. Da Na_3PO_4 die molare Masse von 164 g/mol hat, entsprechen 16,4 g der Stoffmenge von 0,1 mol. Man hat also den pH einer Lösung mit $c(PO_4^{3-}, aq) = 0{,}1$ mol/L zu berechnen. Da $pK_S(HPO_4^{2-}) = 12{,}32$, ist $pK_B(PO_4^{3-}) = 1{,}68$. Um also $c(OH^-, aq)$ zu berechnen, muß die quadratische Gleichung ohne Vernachlässigung von x im Nenner (nur für pK_B bzw. pK_S zwischen 4,5 und 9,5 zulässig!) aufgelöst werden. Man erhält pOH = 1,44 und damit *pH = 12,56*. Mit der Grobabschätzung würde pH 13 erwartet [A 62-6].

5. Bei pH 10 ist $c(OH^-, aq) = 10^{-4}$ mol/L. Nach der Gleichgewichtsbeziehung

$$HPO_4^{2-}(aq) + H_2O(l) \rightleftarrows H_2PO_4^-(aq) + OH^-(aq)$$

ist daher auch $c(H_2PO_4^-, aq) = 10^{-4}$ mol/L (Autoprotolyse von H_2O vernachlässigt).
Weil $K_B(HPO_4^{2-}) = 10^{-6,79}$ ist, gilt: $10^{-6,79} = \dfrac{10^{-4} \cdot 10^{-4}}{c(HPO_4^{2-}, aq)}$

Woraus $c(HPO_4^{2-}, aq)$ mit *0,062 mol/L* berechnet wird.

6. Chlorid-Ionen Cl^- können mit Wasser grundsätzlich wie folgt reagieren:

$$Cl^-(aq) + H_2O(l) \rightleftarrows HCl(aq) + OH^-(aq)$$

Da $K_B(Cl^-) = 10^{-20}$ mol/L, muß dieses Gleichgewicht ganz extrem auf der linken Seite liegen. Für eine Kochsalzlösung mit $c(Cl^-, aq) = 1$ mol/L läßt sich durch Auflösen der quadratischen Gleichung eine durch $Cl^-(aq)$ verursachte *Vermehrung der $c(OH^-, aq)$ von 10^{-10} mol/L* berechnen, was *einem Tausendstel der Konzentration dieser Ionen in reinem Wasser* (10^{-7} mol/L) entspricht.

1. Man muß *gleiche Stoffmengen (mol) der beiden Salze in Wasser auf-lösen,* weil eine Formeleinheit NaH_2PO_4 ein Ion $H_2PO_4^-$ und eine Formeleinheit Na_2HPO_4 ein Ion HPO_4^{2-} enthält, wobei die Konzentrationen nicht kleiner als 10^{-2} mol/L sein dürfen [A 81-4]. Beachten Sie dazu auch [A 63-5], die Pufferkapazität!

2. Aus 1 mol HPO_4^{2-} (aq) muß 0,5 mol $H_2PO_4^-$(aq) [und verbleibend 0,5 mol HPO_4^{2-}(aq)] erzeugt werden, was *0,5 mol (HCl(g)* erfordert ($\triangleq$ 18 g HCl).

3. 4 g NaOH $\triangleq$ 0,1 mol. Im Liter Wasser ergibt dies $c(OH^-$, aq) = 0,1 mol/L und pH 13; damit ist $\Delta pH = 6$ (Wasser hat pH 7). Im Liter unseres Phosphat-Puffers wird $c(H_2PO_4^-$, aq) = 0,9 mol/L und $c(HPO_4^{2-}$, aq) = 1,1 mol/L, womit nach HENDERSON–HASSEL-BALCH ein pH von 7,3 resultiert, was einem ΔpH von nur 0,09 Einheiten entspricht (siehe [L 63]).

4. 5,3 g $NH_4Cl \triangleq$ 0,1 mol. Die 0,5 L Lösung mit $c(NH_3$, aq) = 0,2 mol/L enthalten ebenfalls 0,1 mol NH_3(aq). Somit ist $c(NH_4^+$, aq)/$c(NH_3$, aq) = 1 und damit der *pH 9,21* (entsprechend dem $pK_S(NH_4^-)$ von 9,21).

5. Nach erfolgter Neutralisation verbleiben in der Mischung 0,6 mol CH_3COOH(aq) und 0,4 mol CH_3COO^-(aq) (neben den Na^+-Ionen, die den pH nicht beeinflussen). Nach der HENDERSON–HAS-SELBALCHschen Gleichung gilt daher:

$$pH = 4{,}76 - \lg \frac{0{,}6}{0{,}4} \quad \text{oder pH} = 4{,}76 - 0{,}18, \text{ d. h. } pH\ 4{,}58$$

6. Bei pH 7 muß das Säure/Base-Paar $H_2PO_4^-$(aq)/HPO_4^{2-}(aq) vorliegen (pH 7 liegt nahe bei pH 7,21, bei dem ein gleichteiliges Gemisch dieses Säure/Base-Paars vorliegt). Daher muß zuerst die Phosphorsäure (Stoffmenge 0,1 mol) in $H_2PO_4^-$(aq) überführt werden, wozu 0,1 mol NaOH nötig sind. – Um zu bestimmen, wie groß $c(HPO_4^{2-}$, aq) bei pH 7 ist, d. h. welche Stoffmenge NaOH zusätzlich zuzufügen ist, dienen die folgenden beiden Gleichungen:

1. $7 = 7{,}21 - \lg \dfrac{c(H_2PO_4^-, \text{aq})}{c(HPO_4^{2-}, \text{aq})}$ HENDERSON–HASSELBALCHsche Gleichung

2. $c(H_2PO_4^-$, aq) $+ c(HPO_4^{2-}$, aq) = 0,1 mol/L
(Weil aus jedem deprotonierten $H_2PO_4^-$(aq) ein HPO_4^{2-}(aq) entsteht)

Die Auflösung der beiden Gleichungen mit zwei Unbekannten ergibt $c(HPO_4^{2-}$, aq) = 0,038 mol/L. Daher müssen 0,038 mol $H_2PO_4^-$(aq) in HPO_4^{2-}(aq) überführt werden.

Man muß also dem Liter Phosphorsäure mit $c(H_3PO_4$, aq) = 0,1 mol/L insgesamt 0,138 mol NaOH(s) zufügen, damit der pH = 7 wird; dies sind *5,52 g.*

1. Aus der Gleichung von [L 84] folgt, daß bei pH 8 $c(HIn, aq)/c(In^-, aq) = 1/10$ ist, d. h. von elf Teilen zehn als $In^-(aq)$ vorliegen, was *90,91 %* sind.

2. Bei pH 3 ist $c(HIn, aq)/c(In^-, aq) = 3,98$ oder gerundet 4. Somit liegt von fünf Teilchen eines in der deprotonierten Form In^- vor, was einem Anteil von *20 %* entspricht.

3. Da pK_S(Methylorange) rund 3,6 ist [F 84-2], ist ab pH 4,6 mit Sicherheit nur noch die Farbe von In^- erkennbar. Der Zusatz von NaOH(s) erzeugt Acetat-Ionen:

   $$NaOH(aq) + CH_3COOH(aq) \rightarrow NaCH_3COO(aq) + H_2O(l)$$

   Bei pH 4,6 muß $c(CH_3COOH, aq)/c(CH_3COO^-, aq) = 1,45$ sein, weil

   $$pH = pK_S(CH_3COOH) - \lg \frac{c(CH_3COOH, aq)}{c(CH_3COO^-, aq)}$$

   oder $4,6 = 4,76 - \lg \dfrac{c(CH_3COOH, aq)}{c(CH_3COO^-, aq)}$

   Von 2,45 Teilen liegen also 1,45 Teile als $CH_3COOH(aq)$ und ein Teil als $CH_3COO^-(aq)$ vor, d. h. $c(CH_3COO^-, aq) = 0,04$ mol/L (genau 0,0408 mol/L). Daher müssen 0,04 mol NaOH(s) zugefügt werden, was *1,6 g* NaOH(s) entspricht.

4. Da die Mischfarbe nach [L 84] bei $pH = pK_S(HIn)$ in Erscheinung tritt, ist dies im Falle von Methylorange bei pH 3,6 der Fall. Welche $c(H_2PO_4^-, aq)$ ist notwendig, damit die Lösung diesen pH erreicht? Diese Ursprungskonzentration berechnet sich nach [L 81], da $pK_S(H_2PO_4^-) = 7,21$ wie folgt:

   $$\frac{x^2}{c(H_2PO_4^-, aq) - x} = 10^{-7,21}$$

   In unserem Fall ist der pH = 3,6 und damit $x = 10^{-3,6}$, d. h. der Zähler x^2 wird gleich $10^{-7,2}$. Da x im Nenner vernachlässigt werden kann, sieht man sofort, daß $c(H_2PO_4^-, aq) = 1$ mol/L sein muß, der Liter also *120 g* NaH_2PO_4(aq) enthält.

5. Lösungen von NaH_2PO_4 reagieren sauer. Bei pH 8 erkennt man nur noch die Farbe von In^- von Lackmus (da $pK_S(HIn) = 7$). Bei Zusatz von NaOH erfolgt Deprotonierung von $H_2PO_4^-(aq)$, wodurch $HPO_4^{2-}(aq)$ gebildet wird. Mit der HENDERSON-HASSELBALCHschen Gleichung läßt sich errechnen, daß bei pH 8 gilt:
   $c(H_2PO_4^-, aq) = 0,014$ mol/L und $c(HPO_4^{2-}, aq) = 0,086$ mol/L. Es müssen also 0,086 mol NaOH(s) zugegeben werden, d. h. *3,44 g*.

6. Der NH_4^+/NH_3-Puffer hat pH 9,21. Da pK_S (HIn, Phenolphthalein) = 9 ist, ist $c(HIn, aq)/c(In^-, aq)$ bei pH 9,21 gleich 0,616, d. h. von 1,616 Teilen sind 0,616 Teile HIn vorhanden, was *38,1 %* ausmacht.

1. Nebenstehend ist die Titrationskurve für unseren Fall maßstabgetreu dargestellt. Neben dem Äquivalenzpunkt und den benachbarten Punkten sind noch die pH-Werte nach Zugabe von 800 mL, 900 mL und 990 mL, 1 010 mL und 1 100 mL Natronlauge angegeben. Man

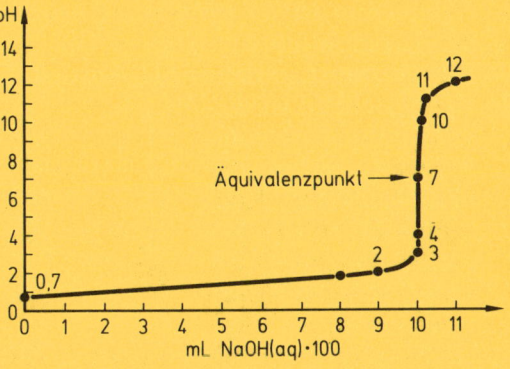

erkennt, daß der pH-Sprung von sechs Einheiten praktisch auf einer senkrecht stehenden Geraden liegt.

2. Da der Farbumschlag von Methylorange bei pH 4,6 vollständig ist (also vor Erreichung des Äquivalenzpunktes), macht *der Fehler trotzdem weniger als ein Promille* aus, da nach den Angaben von [L 85] für die pH-Änderung von 4 auf 7 nur ein Promille der insgesamt benötigten Natronlauge ausreicht. Für Phenolphthalein gelten ähnliche Verhältnisse: Ein Promille Überschuß an NaOH(aq) ergibt pH 10, bei dem 90,9 % des Phenolphthaleins in der roten Form In^- vorliegt [L 84]. Bromthymolblau und Lackmus, deren $pK_S(HIn)$ 7 beträgt, verursachen einen noch geringeren Fehler.

3. 1 mL unserer Natronlauge enthält $0{,}2 \cdot 10^{-3}$ mol NaOH(aq); daher enthalten 20 mL $4 \cdot 10^{-3}$ mol NaOH(aq). Dieser Überschuß ist in rund 2 L enthalten. Damit ist $c(OH^-, aq) = 0{,}002$ mol/L, was einen pOH von 2,7 und damit *pH 11,3* ergibt.

4. Die Reaktionsgleichung lautet:
$$H_2SO_4(aq) + 2\,NaOH(aq) \rightarrow Na_2SO_4(aq) + 2\,H_2O(l)$$
In 15,6 mL dieser Natronlauge befinden sich $15{,}6 \cdot 10^{-4}$ mol NaOh(aq). Daher enthalten die 10 mL der Schwefelsäure-Lösung die Hälfte dieser Stoffmenge an $H_2SO_4(aq)$, also $7{,}8 \cdot 10^{-4}$ mol. Ein Liter enthält hundertmal mehr; daher ist $c(H_2SO_4, aq) = $ *$7{,}8 \cdot 10^{-2}$ mol/L.*

5. $CaCO_3(s) + 2\,HCl(aq) \rightarrow CaCl_2(aq) + CO_2(g) + H_2O(l)$ [L 66]
Die Lösung hat *pH 7.*

6. Da 50 mL Natronlauge derselben Konzentration für die Neutralisation der überschüssigen Säure verbraucht wurden, hatten nur 150 mL der Salzsäure $(150 \cdot 10^{-4}$ mol) mit dem Kalk reagiert. Nach [A 85-5] war also nur die Hälfte dieser Stoffmenge Kalk vorhanden, als0 $7{,}5 \cdot 10^{-3}$ mol. Da die molare Masse von $CaCO_3$ 100 g/mol beträgt, entspricht dies der Masse von $7{,}5 \cdot 10^{-1}$ g, was einem Massenanteil der Portion Erde von 5 g von *0,15 oder 15* % entspricht.

A86 Antworten zu F86

1. *Gemeinsam ist der pH-Sprung beim Äquivalenzpunkt* (Endpunkt der Titration faßbar). *Unterschied: Kurvenbeginn;* bei schwachen Säuren zuerst stärkerer pH-Anstieg.

2. Nebenstehend ist die-se Titrationskurve an-gegeben, wobei die pH-Werte für Kon-zentrationen von 0,1 mol/L eingezeichnet sind. Der erste Äqui-valenzpunkt (1. Äp)

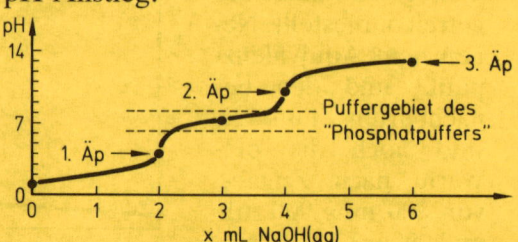

gilt für eine $NaH_2PO_4(aq)$, der 2. für eine Lösung von Na_2HPO_4 und der 3. für eine $Na_3PO_4(aq)$ dieser dreiprotonigen Säure. Der Verlauf der Kurve bis 1. Äp entspricht dem einer starken Säure [A 85-1]; der pH bei x mL NaOH(aq) dem $pK_S(H_3PO_4)$. Zwischen den Äquivalenzpunkten 1 und 2 verläuft die Kurve analog [L 86], weil die schwache Säure $H_2PO_4^-(aq)$ titriert wird; bei 3x mL NaOH(aq) hat der pH den Wert von $pK_S(H_2PO_4^-) = 7,21$. Dann flacht die Kurve zum 3. Äp ab, analog [L 86]. Bei 5x mL NaOH(aq) entspricht der pH dem $pK_S(HPO_4^{2-})$.

3. *Sicher nicht,* weil der Umschlag bereits bei pH 4,6 vollständig ist [A 85-2], was bereits durch die Hälfte der bis zum Äquivalenzpunkt benötigten NaOH(aq) (ergibt pH 4,76) erzeugt würde. Ganz allge-mein muß $pK_S(HIn)$ möglichst genau mit dem pH des Äquivalenz-punktes übereinstimmen, d. h. das Indikator-Umschlagsgebiet im senkrecht verlaufenden Kurventeil der Titrationskurve liegen.

4. a) Punkt 1 hat pH = 2,73, Punkt 4 pH = 3,76; *ΔpH = 1,03.*
   b) Punkt 4 hat pH = 3,76, Punkt 5 pH = 5,76; *ΔpH = 2.*
   c) Punkt 5 hat pH = 5,76, Punkt 2 pH = 8,88; *ΔpH = 3,12.*
   „Sonderfall b)": *Puffergebiet des Essigsäure/Acetat-Puffers* (ent-sprechend der Abbildung [A 86-2]).

5. Die pK_S-Werte schwacher Säuren (pK_S zwischen 4,5 und 9,5) ent-sprechen den *pH-Werten der Titrationskurven, die bei der Hälfte der zur Erreichung des Äquivalenzpunktes notwendigen Menge von NaOH erreicht wird* (siehe auch [A 86-2]).

6. 1. pH der $NH_3(aq)$-Lösung: 11,26
   2. pH der der $NH_4Cl(aq)$-Lösung: 5,1
   3. pH = $pK_S(NH_4^+)$ = 9,21
   4. pH = 10,21 (9,09 % titriert)
   5. pH = 8,21 (91 % titriert. Anschließend bestimmt der Überschuß an HCl(aq) den pH.

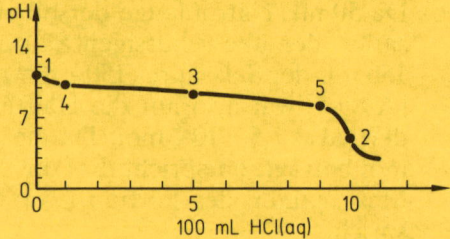

Bearbeiten Sie mit Hilfe Ihrer Spickzettel, dem PSE und den Tabellen die nachstehenden Fragen und kontrollieren Sie Ihre Antworten erst am Schluß. Was Ihre Antwort enthalten muß, ist im Antwortteil (Rückseite) hervorgehoben. Bewerten Sie jede Antwort (ganz richtig: 1 Punkt, teilweise richtig: 0,5 Punkte, falsch: Null Punkte). Qualifikationen: 11 erreichte Punkte *sehr gut,* 10 erreichte Punkte *gut,* 9 Punkte *befriedigend* und 8 Punkte *ausreichend.* Weniger Punkte: ungenügende Leistungen. Ergänzen Sie gegebenenfalls Ihre Spicker!

1. Welchen pH hat eine Essigsäure-Lösung mit $c(CH_3COOH, aq)$ = 0,36 mol/L?
2. Wie groß sind K_S und K_B von Hydrogenphosphat-Ion und welchen pH hat eine Lösung von Natriumhydrogenphosphat der Konzentration 0,25 mol/L?
3. Woraus bestehen Pufferlösungen?
4. Aus welchem Grund puffert ein System im Bereich des Äquivalenzpunktes, wo der markante pH-Sprung in Erscheinung tritt, nicht?
5. Eine organische Säure hat die Konstitutionsformel $HOOC(CH_2)_2COOH$. Wie viele pH-Sprünge müssen bei der Titration einer wäßrigen Lösung dieser Säure mit Natronlauge auftreten? (Denken Sie an die Formel der Essigsäure.)
6. Auf welche Weise lassen sich pK_S-Werte schwacher Säuren ermitteln?
7. Man mischt gleiche Volumina von Natronlauge mit $c(NaOH, aq)$ = 0,1 mol/L und Essigsäure-Lösung mit $c(CH_3COOH, aq)$ = 0,3 mol/L. Welcher pH stellt sich ein?
8. Welchen pH haben wäßrige Lösungen des Salzes Ammoniumacetat?
9. Zu einem Liter einer Essigsäure-Lösung mit $c(CH_3COOH, aq)$ = 0,1 mol/L gibt man 4,1 g Natriumacetat. Beim Auflösen erfolgt dabei keine Volumenzunahme. Welchen pH hat die Lösung)?
10. Man löst in einem Liter einer Ammoniak-Lösung mit $c(NH_3, aq)$ = 0,2 mol/L eine Stoffportion von 5,3 g Ammoniumchlorid, wobei praktische keine Volumenzunahme erfolgt. Welchen pH hat die entstehende Lösung?
11. Welche Werte haben die Säure- und die Basenkonstanten von sog. schwachen Säuren und Basen?
12. 10 mL einer Schwefelsäure-Lösung unbekannter Konzentration werden mit Natronlauge mit $c(NaOH, aq)$ = 0,1 mol/L bis zum Umschlag des pH-Indikators Lackmus [A 85-2] titriert. Dafür werden 6,85 mL Natronlauge gebraucht.
Wie groß war die Konzentration der Schwefelsäure?

1. In Analogie zu [L 81] ergibt die Auflösung der quadratischen Gleichung *pH 2,6.*
2. Da $pK_S(HPO_4^{2-})$ = 12,32, ist $K_S(HPO_4^{2-}) = 10^{-12,32}$.
   Aus $pK_S(H_2PO_4^-)$ = 7,21 folgt: $pK_B(HPO_4^{2-})$ = 6,79 und $K_B(HPO_4^{2-}) = 10^{-6,79}$.
   Da die Basenkonstante um 5,5 Zehnerpotenzen größer als die Säurekonstante ist, wirkt $HPO_4^{2-}(aq)$ als Base. Analog [L 82] berechnet sich *pH = 10,3.*
3. Aus *korrespondierenden Säure/Base-Paaren (beide schwach).*
4. Beim Äquivalenzpunkt sind die *Konzentrationen der Säure (bzw. der Base* [A 86-6]) *sehr klein,* so daß das System nicht puffert. Die Pufferwirkung ist am größten, wenn die Konzentrationen der Teilchen des Säure/Base-Paars gleich sind.
5. Man erkennt, daß dieses Säuremolekül zwei Gruppierungen -COOH enthält. Demzufolge muß es sich um eine zweiprotonige Säure handeln, d. h. bei der Titration müssen *zwei pH-Sprünge* in Erscheinung treten, der erste Äquivalenzpunkt bei der Lösung von $NaHOOC(CH_2)COO(aq)$ und der zweite bei $Na_2OOC(CH_2)COO(aq)$.
6. Durch experimentelle *Ermittlung der Titrationskurven* [A 86-5].
7. Die entstehende Lösung enthält Natriumacetat der Konzentration von 0,05 mol/L (da Volumenverdopplung) und überschüssige Essigsäure der Konzentration von 0,1 mol/L (da Volumenverdopplung). Analog [A 83-5] ist somit der *pH = 4,46.*
8. Da $pK_S(NH_4^+) = 10^{-9,21}$ und $pK_B(CH_3COO^-) = 10^{-9,24}$, sind die Ionen $NH_4^+(aq)$ als Säuren praktisch gleichstark wie die Ionen $CH_3COO^-(aq)$ als Basen. Somit heben sich die Wirkungen im Wasser auf, so daß solche Lösungen *pH 7* haben.
9. 4,1 g $NaCH_3COO \triangleq$ 0,05 mol. Somit ist $c(CH_3COOH, aq)$ = 0,1 mol/L und $c(CH_3COO^-, aq)$ = 0,05 mol/L, was wie in [AK 17-7] *pH 4,46* ergibt.
10. 5,3 g $NH_4Cl \triangleq$ 0,1 mol. Somit ist $c(NH_4^+, aq)$ = 0,1 mol/L und $c(NH_3, aq)$ = 0,2 mol/L. Also gilt:

$$pH = 9,21 - \lg \frac{c(NH_4^+, aq)}{c(NH_3, aq)} \text{, d. h. } pH = 9,51.$$

11. Die Säurekonstanten K_S haben *Zahlenwerte von $10^{-4,5}$ bis $10^{-9,5}$* (pK_S-Werte von 4,5 bis 9,5), die Basenkonstanten ebenfalls Zahlenwerte von $10^{-4,5}$ bis $10^{-9,5}$ (pK_B von 4,5 bis 9,5). Diese Säuren/ Basen haben große Bedeutung in Puffersystemen [L 83] und als pH-Indikatoren [L 84].
12. Analog [A 85-4] gilt: Verbrauchte Natronlauge $6,85 \cdot 10^{-4}$ mol NaOH(aq). Daher enthalten die 10 mL Schwefelsäure-Lösung $3,425 \cdot 10^{-4}$ mol $H_2SO_4(aq)$. Im Liter hat es 100mal mehr. Daher gilt: $c(H_2SO_4, aq)$ = 0,03425 mol/L.

1. Da in der Zink-Halbzelle *Zink-Ionen Zn^{2+} in Lösung gehen, würde der Elektrolyt dieser Halbzelle positiv aufgeladen.* Der Elektrolyt der *Kupfer-Halbzelle* hingegen erhielte eine *negative Überschußladung,* weil Ionen Cu^{2+}(aq) zu metallischem Kupfer reduziert werden und somit die Sulfat-Ionen SO_4^{2-}(aq) überwögen.

2. In der Zink-Halbzelle würde der *Raum um das Zinkblech positiv aufgeladen;* daher könnten die (negativ geladenen) *Elektronen nicht mehr abfließen.* Gleichzeitig würde der Raum um die Kupfer-Elektrode negativ aufgeladen, so daß Elektronen, die auf die Kupfer-Elektrode fließen sollten, abgestoßen würden.

3. An der Zink-Elektrode gehen Zn^{2+}-Ionen in Lösung und an der Kupfer-Elektrode scheidet sich metallisches Kupfer ab. Die Zunahme von Zn^{2+}(aq) und die Abnahme von Cu^{2+}(aq) kann prinzipiell wie folgt ausgeglichen werden:
   1. Überschüssige *SO_4^{2-}(aq)-Ionen wandern* von der Kupfer-Halbzelle durch das Diaphragma in die Zink-Halbzelle. Dadurch ist die Ladungsneutralität der Elektrolyte sichergestellt; pro Zn^{2+}-Ion, das in Lösung geht, fließt ein SO_4^{2-}-Ion zu oder, pro Cu^{2+}(aq), das reduziert wird, fließt ein SO_4^{2-}(aq)-Ion ab.
   2. *Zn^{2+}(aq)-Ionen wandern* von der Zink-Halbzelle in die Kupfer-Halbzelle. Dadurch erhält der Elektrolyt der Zink-Halbzelle keine positive Überschußladung und in der Kupfer-Halbzelle werden die reduzierten Cu^{2+}(aq) kontinuierlich durch Zn^{2+}(aq) ersetzt.

4. Im ersten Fall von [A 87-3] hätte man in der Kupfer-Halbzelle am Ende der Reaktion reines Wasser (Cu^{2+}(aq) zu Cu(s) reduziert und SO_4^{2-}(aq) abgeflossen) und in der Zink-Halbzelle eine Zinksulfat-Lösung doppelter Konzentration, wenn gleiche Ursprungskonzentrationen und gleiche Elektrolytvolumina der Halbzellen vorlagen. Es wäre also dasselbe, wie wenn die Moleküle eincs Gases spontan nur die Hälfte des zur Verfügung stehenden Volumens unter Aufbau des doppelten Druckes einnehmen und in der anderen Hälfte Vakuum erzeugen würden, was jeglicher Erfahrung widerspricht! – Ginge der Vorgang in dieser Weise, so ließe sich im Prinzip Meerwasser entsalzen (ausreichende Süßwassermengen ist eines der größten Menschheitsprobleme!) und noch Energie gewinnen! – Selbstverständlich müssen *Zn^{2+}(aq)-Ionen durchs Diaphragma wandern,* so daß *letzten Endes beide Halbzellen $ZnSO_4$(aq) enthalten* (Genaueres später).

5. *Nein,* weil reines Wasser den Strom kaum leitet (zu großer Innenwiderstand). Man könnte aber irgendeine Ionenlösung gebrauchen, die das Zn(s) nicht angreift.

6. *Nichts!* Wenn nämlich der Vorgang Zn(s) + Cu^{2+}(aq) → Zn^{2+}(aq) + Cu(s) freiwillig von links nach rechts verläuft, so kann der Umkehrvorgang nicht freiwillig verlaufen (siehe [L 41] und [L 42]).

1. Da aus Feststoff und gelösten Teilchen wiederum Feststoff und gleichviel gelöste Teilchen entstehen, ist die Entropieänderung ΔS *eher vernachlässigbar.*

2. Für einen freiwillig verlaufenden Vorgang muß ΔG <Null sein. Da nun nach [A 88-1] die Entropieänderung ΔS eher vernachlässigbar ist, fällt der Summand $(-T\Delta S)$ nicht ins Gewicht; daher muß der *Vorgang exotherm (ΔH <0) sein.*

3. Für den Reduktionsschritt $Cu^{2+}(aq) + 2\,e^- \rightarrow Cu(s)$ gilt:

   1. Ablösen der Hydrathülle, also $Cu^{2+}(aq) \rightarrow Cu^{2+} + n \cdot H_2O$ ist $\Delta H_H > 0$ (endotherm, da Bindungsspaltung [L 38]). Hier werden übrigens 65 kJ/mol benötigt.
   2. Einfang der Elektronen, also $Cu^{2+} + 2\,e^- \rightarrow Cu(g)$. Bindungsbildung, also exotherm *(ΔH_I <0).* Hier werden dabei 2713 kJ/mol frei! ($\Delta H_I = -2\,713$ kJ/mol.)
   3. Bildung des Kupfer-Gitters, also $Cu(g) \rightarrow Cu(s)$. Da Bindungen gebildet werden, ist ΔH <0 (exotherm). Hier ist $\Delta H_S = -342$ kJ/mol.

   Für den Oxidationsschritt $Zn(s) - 2\,e^- \rightarrow Zn^{2+}(aq)$ gilt:

   1. Für $Zn(s) \rightarrow Zn(g)$ ist die Sublimationsenthalpie aufzuwenden (Bindungsspaltung, also $\Delta H_S > 0$). Hier gilt: $\Delta H_S = 131$ kJ/mol.
   2. Für $Zn(g) \rightarrow Zn^{2+}$ ist die Ionisierungsenthalpie aufzuwenden (Abspaltung der Valenzelektronen, also $\Delta H_I > 0$). Hier gilt: $\Delta H_I = 2649$ kJ/mol.
   3. Beim Übergang $Zn^{2+} \rightarrow Zn^{2+}(aq)$ wird die Hydratisierungsenthalpie ΔH_H frei (Bindungsbildung, ΔH_H <0). Hier gilt: $\Delta H_H = -153$ kJ/mol.

   Für die Gesamtreaktion $Cu^{2+}(aq) + Zn(s) \rightarrow Zn^{2+}(aq) + Cu(s)$ ist somit $\Delta H = -363$ kJ/mol (Summe aller Teilschritte); die Reaktion ist exotherm [A 88-2].

4. *Nein.* Betrachtet man die Werte der Ionisierungsenthalpien in [A 88-3], so fällt auf, daß sie verglichen mit den anderen Energie-Teilbeträgen sehr groß sind, was auf den ersten Blick im Widerspruch zur Tatsache zu stehen scheint, daß Metalle kleine Elektronegativitätswerte haben. Allerdings haben Nichtmetallatome noch viel größere Ionisierungsenthalpien!

5. *Salzsäure vermag eben auch die Elektronen* („Kitt des Metallgitters") *aufzunehmen,* indem die $H^+(aq)$ mit ihnen Wasserstoffgas bilden [L 55]. Daher erhält das Zinkmetall im Unterschied zum Kontakt mit Wasser keine negative Überschußladung, die den weiteren Austritt von Zink-Atomrümpfen Zn^{2+} hindern würde.

6. Einerseits fließen im DANIELL-Element von [L 87] Elektronen also negative Ladung) von links nach rechts und andererseits positive Ionen ebenfalls von links nach rechts [A 87-4]. Damit ist der Stromkreis ebenso geschlossen, als wenn gleichgeladene Teilchen (z. B. Elektronen [L 70]) „rundherum" fließen.

1. Wenn kein Strom fließt (Metalldraht unterbrochen), so stellt sich an beiden Elektrodenoberflächen das Redoxgleichgewicht $Zn(s) - 2\,e^- \rightarrow Zn^{2+}(aq)$ ein. In der konzentrierteren Lösung ist die Tendenz der Zn^{2+}-Ionen, sich ins Gitter einzulagern, größer (sog. Abscheidungsdruck). Jedes eingelagerte Ion vermindert aber die negative Überschußladung. Somit hat *die Elektrode, die in die verdünntere Zn^{2+}-Lösung eintaucht,* das kleinere Elektrodenpotential. Es gilt allgemein, daß E umso kleiner ist, je kleiner $c(Me^{n+}, aq)$ ist!

2.
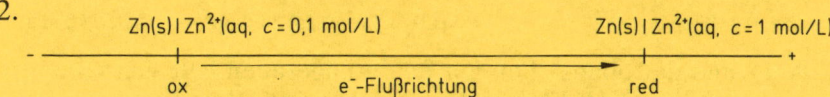

In der Konzentrationszelle von [L 89] fließen also die Elektronen von links nach rechts. In der linken Halbzelle erfolgt die Oxidation (Elektrode wird „angefressen") $Zn(s) - 2\,e^- \rightarrow Zn^{2+}(aq)$ und rechts erfolgt die Reduktion $Zn^{2+}(aq) + 2\,e^- \rightarrow Zn(s)$, d. h. es wird feinkristallines $Zn(s)$ abgeschieden.

3. Wiederum sind theoretisch zwei Fälle möglich, um die Ladungsneutralität der Elektrolyte zu gewährleisten (analog [A 87-3]): Entweder fließen die bei der Elektrode mit dem kleineren Potential (links) in Lösung gehenden $Zn^{2+}(aq)$-Ionen in die andere Halbzelle oder aber Sulfat-Ionen $SO_4^{2-}(aq)$ im entgegengesetzten Sinn (von rechts nach links). Der erstgenannte Fall wäre ein perpetuum mobile, d. h. eine Einrichtung, die fortwährend von selbst Energie erzeugt: Flössen nämlich die in Lösung gehenden Zink-Ionen, so blieben die Konzentrationen der Halbzellen-Elektrolyte konstant; man könnte dann – wenn die eine Elektrode (links) zu dünn geworden wäre – die Elektroden herausnehmen und in den jeweils anderen Elektrolyt eintauchen (auf der Elektrode rechts hat es ja abgeschiedenes Zink). Dann würde der Vorgang wieder weiterlaufen und könnte unter Energiegewinnung beliebig wiederholt werden. – In unserem Fall müssen *Sulfat-Ionen fließen,* bis *in beiden Halbzellen* $c(ZnSO_4, aq) = 0{,}55$ mol/L ist.

4. *E der linksstehenden Elektrode [A 89-2] steigt, weil $c(Zn^{2+}, aq)$ um das Blech zunimmt* (siehe [A 89-1]). *E der anderen Elektrode sinkt, weil $c(Zn^{2+}, aq)$ abnimmt.* Werden beide $c(Zn^{2+}, aq)$ gleichgroß, so werden auch die Elektrodenpotentiale E gleichgroß. Dann ist das *Gesamtsystem im Gleichgewicht;* es passiert dann nichts mehr!

5. *Null,* weil $Zn(s) + Zn^{2+}(aq) \rightarrow Zn^{2+}(aq) + Zn(s)$ abläuft.

6. Die *Wärmebewegung* (Konzentrationsausgleich, Entropiezunahme [L 42]. Der Vorgang der Verdünnung ist *endotherm* (wie Gasexpansion [L 38], Überwindung der Anziehungskräfte zwischen den entgegengesetzt geladenen Ionen). Die nutzbare elektrische Energie stammt also aus der Umgebung ([L 37])!

1. Weil sich bei Stromfluß die die *Konzentrationen der Me^{n+}(aq)* um die Elektroden sofort *verändern,* was einen Spannungsabfall verursacht (die Elektrodenpotentiale nähern sich, analog [A 89-4]).

2. Die Standard-Wasserstoff-Elektrode hat ein um 0,76 V größeres Potential als die Standard-Zink-Elektrode, die „angefressen" wird. Daher muß man E^0 der Wasserstoff-Elektrode rechts von E^0 der Zink-Elektrode einzeichnen:

$E^0 = -0,76$ V		$E^0 = 0$ V	$E^0 = 0,34$ V	$E^0 = 0,8$ V
Zn(s) I Zn^{2+}(aq)		H$_2$(g) I H$^+$(aq)	Cu(s) I Cu^{2+}(aq)	Ag(s) I Ag$^+$(aq)

3. Aufgrund der obenstehenden Potentialgeraden läßt sich voraussagen, daß die Zink-Elektrode oxidiert wird, also Zn(s) – 2 e$^-$ → Zn^{2+}(aq) abläuft. Die zur Wasserstoff-Elektrode fließenden e$^-$ reduzieren dort H$^+$(aq) zu Wasserstoffgas: 2 H$^+$(aq) + 2 e$^-$ → H$_2$(g). Durch Addition der beiden Teilschritte erhält man:

$$Zn(s) + 2\,H^+(aq) \overset{redox}{\to} Zn^{2+}(aq) + H_2(g)$$

Das ist nun nichts anderes als das *Auflösen eines unedlen Metalls durch wäßrige Säurelösung* [L 55], eine Redoxreaktion [F 71-6], die auf diese Weise einen nutzbaren elektrischen Strom liefert (örtliche Trennung von red und ox [L 87]).

4. Diese Differenz der Standardelektrodenpotentiale beträgt *0,34 V.* Dies läßt sich auf der Potentialgeraden von [A 90-2] ablesen, auf der die Angaben von [L 90] zusammengefaßt sind.

5. Elektronen fließen immer von der Elektrode mit dem kleineren Potential zur anderen Elektrode [L 89], hier also von der Standard-Wasserstoffelektrode zur Standard-Kupferelektrode. Daher erfolgt an der Wasserstoff-Elektrode der Oxidationsschritt H$_2$(g) – 2 e$^-$ → 2 H$^+$(aq) und an der Kupfer-Elektrode der Reduktionsschritt Cu^{2+}(aq) + 2 e$^-$ → Cu(s). Auf der Kupfer-Elektrode scheidet sich also feinkristallines Kupfer ab, während in der anderen Halbzelle c(H$^+$, aq) zunimmt. Die Partikelgleichung für die Gesamtreaktion lautet somit:

$$Cu^{2+}(aq) + H_2(g) \overset{redox}{\to} Cu(s) + 2\,H^+(aq)$$

6. Wie die Beispiele [A 90-3] und [A 90-5] zeigen, handelt es sich bei den Metallen mit negativen Standardelektrodenpotentialen um unedle Metalle und bei den anderen um edle. Dies ist auch der Grund dafür, daß die Standard-Wasserstoffelektrode zum Nullpunkt der Potentialskala gemacht wurde, weil sie edle (nicht von H$^+$(aq) oxidierbar) von unedlen (von H$^+$(aq) oxidierbar) Metallen scheidet.

1. Der Quotient $c(Co^{2+}, aq)/c(Ni^{2+}, aq)$ wird eins, womit der zweite Summand der NERNSTschen Gleichung Null wird und damit $\Delta E = \Delta E^0$, also hier *0,03 V.* Allerdings haben sich *beide E gegenüber E⁰ nach links verschoben,* und zwar offensichtlich um den gleichen Betrag. *E der Nickel-Elektrode* mit $c(Ni^{2+}, aq) = 0,1$ mol/L ist *in Position b,* wie in [L 91] berechnet wurde; daher muß *E der Cobalt-Elektrode* mit $c(Co^{2+}, aq) = 0,1$ mol/L *in Position c* sein $(E = -0,31 \text{ V})$.

2. Der Quotient $c(Co^{2+}, aq)/c(Ni^{2+}, aq)$ ist hier 10^{-2}, d. h. lg MWA wird –2 und damit $\Delta E = 0,03$ V + 0,06 V oder $\Delta E = 0,09 \text{ V.}$ *E der Nickel-Elektrode* ist gleich E^0, d. h. *Position a* auf der Potentialgeraden. *E der Cobalt-Elektrode* ist um 0,09 V kleiner als das der Nickel-Elektrode, wie die Rechnung zeigte; daher gilt: $E = -0,34 \text{ V (Position d}$ auf der Potentialgeraden von [L 91]).

3. Der Quotient $c(Co^{2+}, aq)/c(Ni^{2+}, aq)$ wird 10^2 und damit lg MWA = 2. Somit gilt: $E = 0,03$ V – 0,06 V, d. h. $\Delta E = -0,03 \text{ V.}$

4. Betrachten wir die Verhältnisse auf der Potentialgeraden von [L 91]: Das Potential der Cobalt-Elektrode ist immer noch gleich E^0, da die $c(Co^{2+}, aq)$ mit 1 mol/L dieselbe wie bei Standardbedingungen ist. Der zweite Summand der NERNSTschen Gleichung, der die gegenüber den Standardbedingungen auftretende Spannungsänderung beinhaltet, hat nach [A 91-3] den Wert von 0,06 V. Das bedeutet aber, daß das Potential der Nickel-Elektrode um diesen Betrag kleiner ist als E^0 der Nickel-Elektrode, weil $c(Ni^{2+}, aq)$ kleiner ist als unter Standardbedingungen [A 89-1]. Damit gilt für die Nickel-Elektrode: $E = -0,31$ V, d. h. Position c auf der Potentialgeraden.

   Da nun Elektronen immer von der Elektrode mit dem kleineren Potential zur anderen Elektrode fließen, setzt in diesem Fall die Rückreaktion gegenüber der unter Standardbedingungen ablaufenden ein: *Nickel wird oxidiert zu Ni²⁺(aq) und Co²⁺(aq) reduziert zu Co(s);* die Elektronen fließen also im metallischen Leiter von der Nickel- zu der Cobalt-Elektrode. Es geht also Nickel in Lösung und es scheidet sich festes Cobalt ab (allerdings ist der Stoffumsatz nicht groß, da die Elektrodenpotentiale bald den gleichen Wert erreichen).

5. Das negative Vorzeichen hat nach [A 91-4] nur die Bedeutung, daß *der Vorgang entgegengesetzt zu dem unter Standardbedingungen einsetzt* (es gibt keine negativen Spannungen).

6. Im Gleichgewicht ist ΔE, die Triebkraft der Reaktion, gleich Null. Aus 0 = 0,03 V – 0,03 V lg $c(Co^{2+}, aq)/c(Ni^{2+}, aq)$ erhält man durch Umformung 0,03 V = 0,03 V lg $c(Co^{2+}, aq)/c(Ni^{2+}, aq)$. Man sieht, daß lg $c(Co^{2+}, aq)/c(Ni^{2+}, aq) = 1$ sein muß, d. h. $c(Co^{2+}, aq)/c(Ni^{2+}, aq) = 10$ ist.

1. Da $\Delta E^0 = 1{,}1$ V und $n = 2$, gilt: $K = 10^{\frac{2{,}2\,\mathrm{V}}{0{,}06\,\mathrm{V}}}$ oder $K = 10^{36{,}7}$

   K ist der Wert des Quotienten $c(Zn^{2+}, \mathrm{aq})/c(Cu^{2+}, \mathrm{aq})$! Der Vorgang läuft also praktisch vollständig ab.

2. Unter Standardbedingungen setzt ein: $Cd(s) + 2\,H^+(\mathrm{aq}) \rightarrow Cd^{2+}(\mathrm{aq}) + H_2(g)$. Weil Wasserstoffgas von Normaldruck entsteht, wird diese Stoffkonzentration im MWA gleich eins gesetzt [L 91]. Da $\Delta E^0 = 0{,}402$ V und $n = 2$, gilt:

$$\Delta E = 0{,}402\,\mathrm{V} - 0{,}03\,\mathrm{V}\,\lg\,\frac{c(Cd^{2+}, \mathrm{aq})}{c^2(H^+, \mathrm{aq})}$$

oder $\Delta E = 0{,}402\,\mathrm{V} - 0{,}03\,\mathrm{V}\,\lg\,\dfrac{10^{-1}}{10^{-8}}$

Der Konzentrationenquotient ist 10^7 und $\Delta E = 0{,}192$ V.

3. Mit sinkenden pH-Werten, d. h. Zunahme von $c(H^+, \mathrm{aq})$, wird der Konzentrationenquotient immer kleiner, womit auch der zweite Summand der NERNSTschen Gleichung immer kleiner und daher ΔE *größer wird* (es wird immer weniger von ΔE^0 subtrahiert). Man kann auch sagen, daß das Potential der Wasserstoff-Elektrode mit zunehmender $c(H^+, \mathrm{aq})$ immer größer wird, sich also immer mehr von dem der Cadmium-Elektrode entfernt. Für $H^+(\mathrm{aq})$ gilt dasselbe wie für Me^{n+} [A 89-1]!

4. Unter Standardbedingungen setzt ein: $H_2(g) + Cu^{2+}(\mathrm{aq}) \rightarrow 2\,H^+(\mathrm{aq}) + Cu(s)$. Da $\Delta E^0 = 0{,}34$ V und $n = 2$, erhält die NERNSTsche Gleichung die Form

$$\Delta E = 0{,}34\,\mathrm{V} - 0{,}03\,\mathrm{V}\,\lg\,\frac{c^2(H^+, \mathrm{aq})}{c(Cu^{2+}, \mathrm{aq})}$$

Sind die Ionenkonzentrationen je 10^{-1} mol/L, so wird der Konzentrationenquotient gleich 10^{-1} und $\lg\,10^{-1} = -1$. Daher gilt: $\Delta E = 0{,}34\,\mathrm{V} + 0{,}03\,\mathrm{V}$, d. h. $\Delta E = 0{,}37$ V.

   ΔE weicht hier von ΔE^0 ab (anders als im Fall [A 91-1]), weil das Ionenzahl-Verhältnis nicht 1/1 ist und *Koeffizienten der Reaktionsgleichungen als Potenzen im MWA erscheinen* (dieser Sachverhalt wurde in [L 92] besprochen!). In unserem Fall sinkt das Potential der Wasserstoff-Elektrode gegenüber E^0 stärker (um 0,06 V) als das der Kupferelektrode (um 0,03 V).

5. Nach [A 87-4] und [A 92-1] werden die $Cu^{2+}(\mathrm{aq})$-Ionen der Kupfer-Halbzelle praktisch vollständig durch $Zn^{2+}(\mathrm{aq})$ ersetzt, so daß *beide Halbzellen aus Zinksulfat-Lösung der Konzentration von 1 mol/L bestehen.*

6. *Auf dem Zink scheidet sich Pb(s) ab* (und zwar in Form von schönen Kristallen, sog. Bleibaum), während *bei den edlen Metallen Ag und Au nichts passiert.*

1. *Es bildet sich elementares Brom* $Br_2(l)$ (Herstellungsverfahren für elementares Brom, [L 6]), weil die Brom-Elektrode mit $E^0 = 1,065$ V das kleinere Potential als die Chlor-Elektrode ($E^0 = 1,36$ V) hat und demzufolge Elektronen von der Brom- zur Chlor-Elektrode fließen, also der Vorgang
   $Cl_2(g) + 2\,Br^-(aq) \rightarrow 2\,Cl^-(aq) + Br_2(l)$ einsetzt. Wie die NERNST-sche Gleichung zeigt, läuft dieser Vorgang praktisch vollständig ab: Erst wenn der Konzentrationenquotient den Wert von 10^{10} erreicht, wird ΔE negativ [A 91-5]!

2. Chlor ist in wäßriger Lösung in der Regel ein (starkes) *Oxidationsmittel,* weil es mit $E^0 = 1,36$ V die meisten anderen Stoffe zu oxidieren, d. h. ihnen Elektronen zu entziehen, vermag. Wegen dieser Eigenschaft findet Chlor Verwendung zur Desinfektion von Trink- und Badewasser und zum Bleichen von Textilfasern, Holz-Cellulose für die Papierherstellung u. a. m.

3. Die Wasserstoff-Halbzelle erhält einen Zuwachs an $H^+(aq)$ und die Chlor-Halbzelle einen Zuwachs an $Cl^-(aq)$. *Es müssen daher sowohl $H^+(aq)$- als auch $Cl^-(aq)$-Ionen in die andere Halbzelle fließen* (flösse nur eine Ionenart, so nähme die Elektrolytkonzentration nur in einer Halbzelle zu, was wegen [A 87-4] nicht geht).

4. Nach [L 93] ist bei pH 14 das Standardpotential der Sauerstoff-Elektrode gleich 0,4 V, also kleiner als das der Silber-Elektrode ($E^0 = 0,8$ V). Somit würden Elektronen zum Silber fließen, d. h. *Silber kann nicht oxidiert werden.*

5. Bei pH 0 ist $c(OH^-, aq) = 10^{-14}$ mol/L [A 51-6]. Mit diesem Wert und der in [L 93] erwähnten Sauerstoff-Elektrode läßt sich das Potential für pH 0 berechnen. Für $H_2(g)/H^+(aq, c = 1\ mol/L)\|O_2(g)|OH^-(aq, c = 10^{-14}\ mol/L)$ gilt, weil unter Standardbedingungen $2\,H_2(g) + O_2(g) + 2\,H_2O(l) \rightarrow 4\,H^+(aq) + 4\,OH^-(aq)$ einsetzt:

$$\Delta E = 0,4\,\text{V} - \frac{0,06\,\text{V}}{4}\ \lg\ \frac{c^4(H^+, aq) \cdot c^4(OH^-, aq)}{1}$$

(Die Konzentrationen der Gase und die des flüssigen Wassers können im MWA als eins eingesetzt werden [L 91]). Für pH 0 wird lg MWA = −56 und $\Delta E = 1,24$ V, was bedeutet, daß das Potential E der Sauerstoff-Elektrode 1,24 V ist. *Somit wird bei diesen Bedingungen Silber oxidiert.* – Das Standardpotential dieser Sauerstoff-Elektrode ist übrigens in der Tabelle aufgeführt.

6. Da die Elektrodenpotentiale von den Konzentrationen gelöster positiver Ionen im entgegengesetzten Sinn zu gelösten negativen Ionen beeinflußt werden [L 93], muß *der zweite Summand ein positives Vorzeichen erhalten* und natürlich sein *Faktor lg c(Nime-Ion, aq) durch lg c(Me-Ion, aq) ersetzt* werden.

1. Protolyse, weil *Oxo-Liganden O^{-II} der Permanganat-Ionen* zu H_2O *protoniert* werden. Redoxreaktion, weil *Elektronen von $Fe^{2+}(aq)$ auf Mn^{+VII}* des MnO_4^- *übertreten*. Komplexreaktion, weil Oxo-Liganden des MnO_4^- durch Aqua-Liganden des $Mn^{2+}(aq)$ ersetzt werden. Bei pH 8 wird der Wert des MWA gleich 10^{64} und $\Delta E = -0{,}029$ V, womit der *Vorgang nicht einsetzt*.

2. *Ja*, weil der *Endpunkt der Titration* (z. B. schwefelsaure Permanganat-Lösung mit Eisen(II)-Lösung bekannter Konzentration) wegen der großen Farbintensität von $MnO_4^-(aq)$ *scharf erfaßbar* ist (analog [L 85]). Viele Redoxtitrationen und komplexometrische Titrationen lassen sich auf einfache Weise „von bloßem Auge" durchführen, weil signifikante Farbveränderungen die Endpunkte der Reaktionen scharf feststellen lassen.

3. Es stellt sich das Gleichgewicht $Fe(s) + Cd^{2+}(aq) \rightleftarrows Fe^{2+}(aq) + Cd(s)$ ein. Nach [L 92] läßt sich K berechnen; man erhält gerundet $c(Fe^{2+}, aq)/c(Cd^{2+}, aq) = 10^{1,27}$ oder $c(Fe^{2+}, aq)/c(Cd^{2+}, aq) = 18{,}62$. Damit entfallen auf 19,62 Teile (0,01 mol/L) 18,62 Teile auf $Fe^{2+}(aq)$ und ein Teil auf $Cd^{2+}(aq)$. Daher gilt: *$c(Fe^{2+}, aq) = 9{,}5 \cdot 10^{-3}$ mol/L, $c(Cd^{2+}, aq) = 5 \cdot 10^{-4}$ mol/L.*

4. Da die $Sn^{2+}(aq)/Sn^{2+}(aq)$-Elektrode (inerte Elektrode, die in eine Lösung mit $c(Sn^{4+}, aq) = 1$ mol/L und $c(Sn^{2+}, aq) = 1$ mol/L taucht) das kleinere Standardpotential hat, erfolgt hier die Oxidation *$Sn^{2+}(aq) - 2\ e^- \rightarrow Sn^{4+}(aq)$.* An der anderen inerten Elektrode, die in eine Lösung mit $c(Fe^{3+}, aq) = 1$ mol/L und $c(Fe^{2+}, aq) = 1$ mol/L taucht, spielt sich die *Reduktion $Fe^{3+}(aq) + e^- \rightarrow Fe^{2+}(aq)$* ab. – Übrigens: Weil das letztgenannte Redoxpaar ein größeres Standardpotential als $Cu(s)/Cu^{2+}(aq)$ hat, kann man mit Lösungen von $Fe^{3+}(aq)$ (z. B. $FeCl_3$) metallisches Kupfer auflösen, wovon beim Ätzen von Kupferplatten Gebrauch gemacht wird.

5. Das Redoxsystem $Cr_2O_7^{2-}(aq) + 14\ H^+(aq) + 6\ e^- \rightleftarrows 2\ Cr^{3+}(aq) + 7\ H_2O(l)$ hat das größere Standardpotential als das Redoxpaar $Cu(s)/Cu^{2+}(aq)$. Daher wird metallisches *Kupfer oxidiert*. Die Redoxgleichung für den Vorgang lautet: $3\ Cu(s) + Cr_2O_7^{2-}(aq) + 14\ H^+(aq) \rightarrow 3\ Cu^{2+}(aq) + 2\ Cr^{3+}(aq) + 7\ H_2O(l)$

6. Die Standardpotentiale betragen 1,33 V für das Redoxpaar $Au(s)/Au^{3+}(aq)$ und 1,36 V für das Redoxpaar $Cl_2(g)/Cl^-(aq)$, womit unter Standardbedingungen der Vorgang *$2\ Au(s) + 3\ Cl_2(aq) \rightarrow 2\ Au^{3+}(aq) + 6\ Cl^-(aq)$* einsetzt. – Daß sich „der König der Metalle" Gold in einer Mischung von einem Volumenteil konzentrierter Salpetersäure und drei Volumenteilen konzentrierter Salzsäure – dem sog. Königswasser – auflöst, beruht auf intermediär gebildetem Chlor in atomarer Form gemäß $HNO_3 + 3\ HCl \rightarrow NOCl + 2\ Cl + 2\ H_2O$. In diesem „Königswasser", dem „aqua regia" der Alchimisten, geht Gold in Form des Tetrachloroaurat(III)-Komplexes $[AuCl_4]^-$ in Lösung.

1. $Cu(Cu^0) + HNO_3(H^{+I}, N^{+V}, O^{-II}) \ldots \rightarrow Cu^{2+} + NO_2(N^{+IV}, O^{-II})$
   Ansätze für die Teilschritte: $Cu^0 - 2\,e^- \overset{ox}{\rightarrow} Cu^{2+}$ und
   $HNO_3 + e^- \ldots \overset{red}{\rightarrow} NO_2 \ldots$
   In saurer Lösung gilt: $HNO_3 + H^+ + e^- \overset{red}{\rightarrow} NO_2 + H_2O$. Multipliziert man die Reduktionsgleichung mit zwei, so erhält man durch Addition der Teilschritte die Redoxgleichung:
   $Cu + 2\,HNO_3 + 2\,H^+ \overset{redox}{\rightarrow} Cu^{2+} + 2\,NO_2 + 2\,H_2O$ oder
   $Cu(s) + 4\,HNO_3(aq) \rightarrow Cu(NO_3)_2(aq) + 2\,NO_2(g) + 2\,H_2O(l)$

2. $KI\ (K^+, I^-) + H_2O_2(H^{+I}, O^{-I}) \ldots \rightarrow I_2(I^0) + H_2O\ (H^{+I}, O^{-II})$
   Reduktionsgleichung: $H_2O_2(aq) + 2\,H^+(aq) + 2\,e^- \rightarrow 2\,H_2O(l)$
   Oxidationsgleichung: $2\,I^-(aq) - 2\,e^- \rightarrow I_2(s)$
   Redoxgleichung: $2\,I^-(aq) + H_2O_2(aq) + 2\,H^+(aq) \overset{redox}{\rightarrow} I_2(s) + 2\,H_2O(l)$
   In schwefelsaurem Milieu lautet die Reaktionsgleichung:
   $2\,KI(aq) + H_2O_2(aq) + H_2SO_4(aq) \rightarrow 2\,H_2O(l) + I_2(s) + K_2SO_4(aq)$

3. Reduktionsgleichung:
   $NO_3^-(aq) + 10\,H^+(aq) + 8\,e^- \overset{red}{\rightarrow} NH_4^+(aq) + 3\,H_2O(l)$
   Oxidationsgleichung: $Zn(s) - 2\,e^- \overset{ox}{\rightarrow} Zn^{2+}(aq)$
   Redoxgleichung:
   $NO_3^-(aq) + 4\,Zn(s) + 10\,H^+(aq) \rightarrow NH_4^+(aq) + 4\,Zn^{2+}(aq) + 3\,H_2O(l)$
   Der Vorgang benötigt also saures Milieu; $NH_4^+(aq)$ wäre übrigens in alkalischem Milieu nicht beständig.

4. $N_2H_4(N^{-II}, H^{+I}), + Cu^{2+} \ldots \rightarrow N_2(N^0) + Cu(Cu^0)$
   Reduktionsgleichung: $2\,Cu^{2+}(aq) + 4\,e^- \overset{red}{\rightarrow} 2\,Cu(s)$
   Oxidationsgleichung: $N_2H_4(aq) - 4\,e^- \overset{ox}{\rightarrow} N_2(g) + 4\,H^+(aq)$
   Redoxgleichung:
   $2\,Cu^{2+}(aq) + N_2H_4(aq) \rightarrow 2\,Cu(s) + N_2(g) + 4\,H^+(aq)$
   Man erkennt, daß der Vorgang in alkalischem Milieu ablaufen muß, weil die freiwerdenden Protonen darin neutralisiert (dem Gleichgewicht entzogen) werden.

5. $V(V^0) + H_2O(H^{+I}, O^{-II}) \ldots \rightarrow [HV_6O_{17}]^{3-}(H^{+I}, V^{+V}, O^{-II}) + H_2(H^0) \ldots$
   Reduktionsgleichung: $30\,H^+(aq) + 30\,e^- \rightarrow 15\,H_2(g)$
   Oxidationsgleichung:
   $6\,V(s) + 17\,H_2O(l) - 30\,e^- \rightarrow [HV_6O_{17}]^{3-} + 33\,H^+(aq)$
   Redoxgleichung:
   $6\,V(s) + 17\,H_2O(l) \rightarrow [HV_6O_{17}]^{3-}(aq) + 15\,H_2(g) + 3\,H^+(aq)$
   Der Vorgang muß also in alkalischem Milieu (Abfangen der Protonen) ablaufen.

6. $ClO_2(Cl^{+IV}, O^{-II}) \ldots \rightarrow ClO_2^-(Cl^{+III}, O^{-II}) + ClO_3^-(Cl^{+V}, O^{-II}) \ldots$
   $ClO_2 + e^- \overset{red}{\rightarrow} ClO_2^-$ und $ClO_2 + H_2O - e^- \overset{ox}{\rightarrow} ClO_3^- + 2\,H^+$
   Redoxgleichung:
   $2\,ClO_2(aq) + H_2O(l) \rightarrow ClO_2^-(aq) + ClO_3^-(aq) + 2\,H^+(aq)$
   Es muß also in alkalischem Milieu gearbeitet werden, damit die freiwerdenden Protonen abgefangen werden.

1. Der Elektrolyt der Standard-Wasserstoff-Elektrode hat *pH 0*, da $c(H^+, aq) = 1$ mol/L ist. Nach pH $= \Delta E/(0,06$ V$)$ hat der andere Elektrolyt *pH 3,33*.

2. Für die Standard-Zink-Elektrode gilt: $c(Zn^{2+}, aq) = 1$ *mol/L*. Da $Zn(s) + Zn^{2+}(aq) \rightarrow Zn^{2+}(aq) + Zn(s)$ einsetzt, gilt analog [L 96]:

$$\Delta E = 0 \text{ V} - \frac{0,06 \text{ V}}{2} \text{ lg } \frac{c(Zn^{2+}, aq)}{c^0(Zn^{2+}, aq)}$$

oder $0,1$ V $= 0$ V $- 0,03$ V lg $c(Zn^{2+}, aq)$

Daraus erhält man $c(Zn^{2+}, aq) = 10^{-3,33}$ *mol/L oder* $4,68 \cdot 10^{-4}$ *mol/L*. Sollten Sie infolge eines Vorzeichenfehlers oder der Wahl des Reziprokwertes des Konzentrationenquotienten für $c(Zn^{2+}, aq)$ den Wert von $10^{3,33}$ mol/L erhalten haben, so sollte klar sein, daß dieses Resultat nicht stimmen kann: mehr als 1 000 (genau 2 137,96) mol Zinksalz können unmöglich im Volumen von einem Liter vorliegen!

3. Für den Vorgang $Ag(s) + Ag^+(aq) \rightleftarrows Ag^+(aq) + Ag(s)$ gilt:

$$\Delta E = 0 \text{ V} - \frac{0,06 \text{ V}}{1} \text{ lg } \frac{c_1(Ag^+, aq)}{c_2(Ag^+, aq)}$$

oder $0,1$ V $= -0,06$ V lg $\dfrac{c_1(Ag^+, aq)}{c_2(Ag^+, aq)}$

Daraus ergibt sich für $c_1(Ag^+, aq)/c_2(Ag^+, aq)$ der Wert von $10^{-1,67}$.
    Der Vergleich mit [A 96-2] zeigt, daß sich bei gleicher Zellspannung (0,1 V) die Exponenten der Konzentrationenquotienten um den Faktor 2 unterscheiden, was auf den unterschiedlichen Elektronenzahlen pro Redoxgleichung (n) beruht.

4. $K_L(AgCl) = c(Ag^+, aq) \cdot c(Cl^-, aq)$ [L 67].

5. Wenn ein fester Bodensatz vorliegt, ist die Lösung an AgCl gesättigt; für sie gilt also der Wert des Löslichkeitsprodukts. Aus $K_L(AgCl) = c(Ag^+, aq) \cdot c(Cl^-, aq)$ folgt sofort, daß bei $c(Cl^-, aq)$ $= 1$ mol/L die *Zahlenwerte* von $K_L(AgCl)$ und $c(Ag^+, aq)$ *gleichgroß* sind (nur die Einheiten sind verschieden, nämlich mol²/L² bzw. mol/L).

6. Es handelt sich um eine Silber-Konzentrationszelle analog [A 96-3]. Aus

$$\Delta E = 0 \text{ V} - \frac{0,06 \text{ V}}{1} \text{ lg } \frac{c(Ag^+, aq)}{c^0(Ag^+, aq)}$$

oder $0,556$ V $= -0,06$ V lg $c(Ag^+, aq)$

berechnet sich $c(Ag^+, aq) = 10^{-9,27}$ mol/L. Nach [A 96-5] hat $K_L(AgCl)$ denselben Zahlenwert. Somit gilt: $K_L(AgCl) = 10^{-9,27}$ mol²/L² oder $5,37 \cdot 10^{-10}$ mol²/L².

1. Etwa *4,5 V* (vergleichen Sie mit [L 97]).
2. Formel *K₂[Zn(OH)₄], da Ionen K⁺ und [Zn(OH)₄]²⁻.*
3. *Weil sie Quecksilber enthalten* (Alkali-Mangan-Batterien etwa 1 %!). Quecksilber wird in Deponien und Gewässern durch Mikroorganismen in stark giftige organische Quecksilberverbindungen überführt, die sich in der Nahrungskette anreichern. So wurden in Japan viele Menschen durch den Verzehr von Fischen und Muscheln, die solche Verbindungen anreichern, bleibend geschädigt (Lähmungen). – Aus Müllverbrennungsanlagen ohne wirksame Abgasreinigungsinstallationen entweicht das leicht verdampfbare Quecksilber in die Atmosphäre oder es fällt in den Rückständen der Reinigungsanlagen an. – Auch die gewöhnlichen Leclanché-Element enthalten – allerdings in kleineren Mengen – Quecksilber, da die Zinkbecher leicht amalgamiert werden.
4. *Zink wird oxidiert,* wie aus den bisherigen Angaben folgt (unedles Metall). Da es nach [L 97] in alkalischem Milieu zu Tetrahydroxozinkat(II) wird, gilt:

$$Zn(s) - 2\,e^- + 4\,OH^-(aq) \xrightarrow{ox} [Zn(OH)_4]^{2-}(aq)$$

Vom Quecksilber(II)-oxid HgO (Ionen Hg^{2+} und O^{2-}) können nur die *Hg^{2+}-Ionen Elektronen aufnehmen.* Dabei werden die Oxid-Ionen frei, die in wäßriger Lösung sofort OH^--Ionen bilden:

$$HgO(s) + 2\,e^- + H_2O(l) \xrightarrow{red} Hg(l) + 2\,OH^-(aq)$$

5. Durch Addition der beiden obenstehenden Partikelgleichungen der Teilschritte [A 97-4] erhält man die Redoxgleichung:

$$Zn(s) + HgO(s) + 4\,OH^-(aq) + H_2O(l) \xrightarrow{redox} [Zn(OH)_4]^{2-}(aq) + Hg(l) + 2\,OH^-(aq)$$

Subtrahiert man beidseits 2 OH^-, so erhält man:

$$Zn(s) + HgO(s) + 2\,OH^-(aq) + H_2O(l) \xrightarrow{redox} [Zn(OH)_4]^{2-}(aq) + Hg(l)$$

Es werden zwar $OH^-(aq)$-Ionen des Elektrolyts verbraucht, gleichzeitig aber auch $H_2O(l)$, so daß *die c(OH⁻, aq) praktisch konstant* bleibt.
6. Silber(I)-oxid hat die Formel Ag_2O (Ionen Ag^+ und O^{2-}). Somit gilt:

$$Zn(s) + Ag_2O(s) + 2\,OH^-(aq) + H_2O(l) \xrightarrow{redox} [Zn(OH)_4]^{2-}(aq) + 2\,Ag(s)$$

Da Silber edler als Quecksilber ist, ist beim Silber(I)-oxid-Element die größere Spannung zu erwarten; sie beträgt 1,5 V und bleibt während der Betriebsdauer praktisch konstant. Solche Elemente werden als Knopfzellen in Fotoapparaten, Armbanduhren, Taschenrechnern usw. verwendet.

1. An der Blei-Elektrode (Minuspol) erfolgt die Oxidation $Pb(s) - 2\,e^- \rightarrow Pb^{2+}$.

   Da die Blei(II)-Ionen mit dem Elektrolyt das schwerlösliche Blei(II)-sulfat bilden, entstehen hier überzählige Protonen:

   $$Pb(s) - 2\,e^- + H_2SO_4(aq) \xrightarrow{ox} PbSO_4(s) + 2\,H^+(aq)$$

   Da an der Blei(IV)-oxid-Elektrode (Pluspol) pro Formeleinheit PbO_2 vier $H^+(aq)$-Ionen (entsprechend zwei Formeleinheiten Schwefelsäure) zur Protonierung der beiden O^{-II}-Atome verbraucht, aber nur ein Sulfat-Ion zur Bildung einer Formeleinheit $PbSO_4(s)$ benötigt werden, entstehen hier überzählige Sulfat-Ionen:

   $$PbO_2(s) + 2\,e^- + 2\,H_2SO_4(aq) \xrightarrow{red} PbSO_4(s) + 2\,H_2O(l) + SO_4^{2-}(aq)$$

   Beim Entladen des Bleiakkus (d. h. bei Lieferung von Strom) läuft der nachstehend formulierte Vorgang von links nach rechts ab, beim Laden hingegen umgekehrt:

   $$Pb(s) + PbO_2(s) + 2\,H_2SO_4(aq) \underset{\text{Laden}}{\overset{\text{Entladen}}{\rightleftarrows}} 2\,PbSO_4(s) + 2\,H_2O(l)$$

2. *Ein Diaphragma trennt zwei unterschiedliche Elektrolyte,* während ein Separator nur den Direktkontakt der Elektroden verhindert (Zellenschluß). Beide Trennschichten müssen aber für gelöste Ionen durchlässig sein.

3. Große Elektrodenoberflächen bewirken *große Stromstärken* (es fließen mehr geladene Teilchen pro Zeiteinheit), da der *Stoffumsatz größer* wird. Die Spannung hingegen, die eine Folge der Gleichgewichte an den Elektrodenoberflächen ist, wird dadurch nicht verändert. – Eine Zelle des Bleiakkus liefert übrigens etwa zwei Volt; durch Hintereinanderschalten solcher Zellen können Batterien gemacht werden, die größere Spannungen haben.

4. *Sie nimmt ab,* weil erstens Schwefelsäure verbraucht (Bildung von $PbSO_4(s)$, Protonierung der Atome O^{-II}) und zweitens Wasser gebildet wird [A 98-1]. Daher kann durch Dichtemessung des Elektrolyts (mit Eintaucharäometern) auf den Ladungszustand des Bleiakkus geschlossen werden.

5. *Entgegengesetzt geladene Ionen ziehen sich* auch in Lösung *an,* und zwar umso mehr, je näher sie beisammenliegen [L 1]. Sind sie zu nahe beisammen, so erfordert das gegenseitige Verschieben zu große Kräfte.

6. Minuspol: $Cd(s) - 2\,e^- + 2\,OH^-(aq) \xrightarrow{ox} Cd(OH)_2(s)$

   Pluspol: $2\,NiO(OH)(s) + 2\,e^- + 2\,H_2O(l) \xrightarrow{red} 2\,Ni(OH)_2(s) + 2\,OH^-(aq)$

   $Cd(s) + 2\,NiO(OH)(s) + 2\,H_2O(l) \underset{\text{Laden}}{\overset{\text{Entladen}}{\rightleftarrows}} Cd(OH)_2(s) + 2\,Ni(OH)_2(s)$

   Nickel/Cadmium-Akkumulatoren haben ziemlich konstante Spannungen von 1,3 V.

1. Da die austretenden Fe^{2+}-Ionen als $Fe(OH)_2(s)$ gefällt werden, bleibt das *Anodenpotential einigermaßen konstant!* Die für diese Fälle notwendigen Hydroxid-Ionen stammen vom Reduktionsteilschritt am anderen Korn.

2. Die in [L 99] erwähnte Oxidationsgleichung ist mit zwei zu multiplizieren; dann können Reduktions- und Oxidationsgleichung zur Redoxgleichung addiert werden:
$$2\,Fe(s) + O_2(aq) + 2\,H_2O(l) \overset{redox}{\to} 2\,Fe(OH)_2(s)$$

3. Gemäß der Redoxgleichung von [A 99-2] gilt, daß auch das Reaktionsprodukt der Reaktion an der Kathode – *die Hydroxid-Ionen $OH^-(aq)$ – durch Fällung dem Gleichgewicht* an der Elektrodenoberfläche *fortwährend entzogen* werden. Da zudem *der verbrauchte Sauerstoff* $O_2(aq)$ *von der Luft fortwährend nachgeliefert* wird, verändern sich die Stoffkonzentrationen des Elektrolyts kaum. Voraussetzung dafür ist freilich, daß auch Wasser, das ebenfalls verbraucht wird, stets nachgeliefert wird, sei dies durch $H_2O(l)$ als „Nässe" oder $H_2O(g)$ als Luftfeuchtigkeit (sog. Luftfeuchte). Trocknet der Film ganz aus, so wird der elektrochemische Vorgang natürlich unterbrochen.

4. Ist in unserem schematischen Beispiel Korn 2 aufgelöst, so wird *die Umgebung des verbleibenden Korns 3 den weiteren Korrosionsverlauf bestimmen:* ist z. B. Korn 7 unedler als Korn 3, so wird Korn 7 zur Anode und damit aufgelöst. Sind wiederum darunterliegende Körner unedler, so ergeben sich löchrige Korrosionsschäden (sog. Lochfraß). Ist hingegen der edlere bzw. unedlere Charakter der Körner statistisch verteilt, so wird die Korrosion schichtabtragend erfolgen.

5. Weil sich in solchen Fällen *Lokalelemente* ausbilden, in denen die *Potentialdifferenzen viel größer* sind (Größenordnng Volt) als zwischen den Körnern desselben Metalls (Größenordnung mV, d. h. Millivolt und Bruchteile davon). Wegen des Innenwiderstands geht dabei das Anodenmaterial der Lokalemente in unmittelbarer Nähe der Kathode bevorzugt in Lösung, so daß im vorliegenden Fall die Nieten herausfallen. – Aus demselben Grunde muß bei der Konstruktion von Maschinen darauf geachtet werden, daß sich verschiedene Metalle nicht direkt berühren, da sonst Lokalelemente entstehen können. Auch der Zahnarzt darf deswegen keine sich berührenden Gold- und Amalgamfüllungen einsetzen, da sonst das unedlere Amalgam korrodiert (Freisetzung von giftigem Quecksilber).

6. $[Fe(OH)_3(H_2O)_3]$. Der Komplex ist ungeladen (und damit das Material schwerlöslich), weil die Ladung des Eisen(III)-Ions durch die drei Hydroxid-Ionen kompensiert wird. Durch Wasserabspaltung geht dieses Material nach und nach (sog. Alterung) in den Endzustand des Eisen(III)-oxids Fe_2O_3 über [L 72].

1. Aufgrund der genauen Formel $Pb_2[PbO_4]$ und des Namens Blei(II)-orthoplumbat besteht die Mennige aus *Blei(II)-Ionen Pb^{2+}* und den komplexen Orthoplumbat-Ionen $[PbO_4]^{4-}$, deren Atome die *Oxidationszahlen Pb^{+IV} und O^{-II}* haben.

2. Wird ein *Schutzüberzug aus einem edleren Metall verletzt und ist Feuchtigkeit anwesend, so wird das unedlere Metall zur Anode.* Weil nun aber die Potentialdifferenzen in den sich bildenden Lokalelementen sehr viel größer sind als zwischen den Körnern desselben Metalls [A 99-5], ist die Triebkraft (ΔE) für den Korrosionsvorgang wesentlich größer und die Korrosion erfolgt, wenn die übrigen Bedingungen gleich sind, sehr viel rascher. Weil die Korrosion wegen des kleineren Innenwiderstands in unmittelbarer Nachbarschaft zur Kathode bevorzugt abläuft, blättern durch solche Vorgänge die edleren Schutzschichten ab.

   Im alten Ägypten wurden übrigens Eisenstücke vergoldet, um sie zu schützen. Eisen war nämlich nur als Meteoreisen (Metall des Himmels, [L 72]) bekannt und damals noch kein metallischer Werkstoff.

3. Offensichtlich ist die *Schutzschicht aus Al$_2$O$_3$ nicht säurebeständig*, so daß sie gemäß $Al_2O_3(s) + 6\ H^+(aq) \rightarrow 2\ Al^{3+}(aq) + 3\ H_2O(l)$ aufgelöst wird. Anschließend reagiert auch das unedle Aluminiummetall mit Säure, gemäß:
   $Al(s) + 3\ H^+(aq) \rightarrow Al^{3+}(aq) + 1{,}5\ H_2(g)$ [L 55].

4. *In unverletztem Zustand* schützt die edlere Schutzschicht, da sie den *Zutritt von Feuchtigkeit verhindert. In verletztem Zustand hingegen verläuft die Korrosion viel rascher und die Schutzschicht beginnt abzublättern* [A 100-2].

5. Wenn die *Zink-Schutzschicht auch in verletztem Zustand* schützt, muß Zink mit seiner carbonathaltigen Hydroxid-Schutzschicht unedler als das Eisen sein, im Gegensatz zum Chrom [F 100-4]. Bei Anwesenheit von Feuchtigkeit *wird somit die Zink-Schicht zur Anode und Zn(s) wird nach und nach oxidiert.* Das darunterliegende Eisen wird zur Kathode und steht damit gewissermaßen unter einem „Elektronendruck", so daß die Oxidation des Eisens verhindert wird. – Man bezeichnet das Zink in einem solchen Fall als „Opferanode", weil es anstelle des zu schützenden Eisens „geopfert" wird. Opferanoden aus Zink- oder Magnesiumblöcken werden z. B. an die Stahlplatten von Meerschiffen und Bohrinseln angebracht (Meerwasser ist sehr korrosiv) oder an eiserne Rohrleitungen, die in den Erdboden verlegt werden.

6. Weil offensichtlich auch hier – wie bei [A 100-3] – die *negativen Partikeln der Schutzschicht protoniert* werden (Hydroxid-Ionen werden zu Wasser, Carbonat-Ionen zu CO_2(g) und Wasser [L 66]). *Anschließend wird das darunterliegende unedle Metall von der Säure oxidiert.*

Bearbeiten Sie mit Hilfe Ihrer Spickzettel, dem PSE und den Tabellen die nachstehenden Fragen und kontrollieren Sie Ihre Antworten erst am Schluß. Was Ihre Antwort enthalten muß, ist im Antwortteil (Rückseite) hervorgehoben. Bewerten Sie jede Antwort (ganz richtig: 1 Punkt, teilweise richtig: 0,5 Punkte, falsch: Null Punkte). Qualifikationen: 11 erreichte Punkte *sehr gut,* 10 erreichte Punkte *gut,* 9 Punkte *befriedigend* und 8 Punkte *ausreichend.* Weniger Punkte: ungenügende Leistungen. Ergänzen Sie gegebenenfalls Ihre Spicker!

1. Auf welche Weise erfolgt der Ladungsausgleich im Elektrolyt des Bleiakkus?
2. Warum müssen in elektrochemischen Stromquellen Separatoren den Direktkontakt der Elektroden verhindern?
3. Was passiert, wenn man ein Kupferblech in eine Silber(I)-Salzlösung eintaucht?
4. Welche Voraussetzungen müssen erfüllt sein, damit eine elektrochemische Stromquelle wiederum aufgeladen werden kann?
5. In welcher Weise schützt eine Schutzschicht aus einem edleren Metall in unverletztem bzw. verletztem Zustand vor Korrosion?
6. Welche Elektrode ist beim Entladevorgang im Bleiakku die Kathode und wie steht es in dieser Hinsicht beim Ladevorgang?
7. Was versteht man unter einer sog. Opferanode und was bewirkt sie?
8. Was passiert bei Protolysen, bei Redoxreaktionen und bei Komplexreaktionen?
9. Wann findet die sog. Wasserstoffkorrosion und wann die sog. Sauerstoffkorrosion statt? Welche Partikeln sind in diesen Fällen die Oxidationsmittel?
10. Wir betrachten die nachstehend angegebene elektrochemische Zelle:
    $Cd(s)/Cd^{2+}(aq, 0,9\ mol/L)\ //\ Fe(s)/Fe^{2+}(aq, 0,2\ mol/L)$
    a) Wie groß ist ΔE?
    b) Welche Elektrodenvorgänge spielen sich bei Stromfluß ab?
11. Geben Sie zwei Möglichkeiten an, mit denen man den pH wäßriger Lösungen messen kann.
12. Wie muß der pH für die folgende Disproportionierungs-Reaktion [F 95-6] gewählt werden: Überführung von MnO_4^{2-} (sog. Tetraoxomanganat(VI)-Ion) in Braunstein MnO_2 und Permanganat-Ion $[MnO_4]^-$ (sog. Tetraoxomanganat(VII)-Ion)?

1. Nach [A 98-1] entsteht beim Entladevorgang an der Bleielektrode ein Überschuß an $H^+(aq)$ und an der anderen Elektrode ein Überschuß an $SO_4^{2-}(aq)$. Daher wandern *diese beiden Ionenarten nach der anderen Elektrode.*

2. *Weil bei Direktkontakt der Entladevorgang abläuft* (sog. Zellenschluß).

3. *Es scheidet sich metallisches Silber ab*, da Silber edler als Kupfer ist (siehe Standardpotentiale). Das sich abscheidende Silber erscheint übrigens schwarz, weil es sich um allerkleinste Kriställchen handelt (keine große und glatte Fläche).

4. Die *Reaktionsprodukte müssen im Elektrolyt unlöslich* sein und *fest auf den Elektrodenoberflächen haften.* Zudem dürfen beim Laden keine Partikelarten des Elektrolyts elektrolysiert werden, wie z. B. Wasser.

5. Eine edlere Schutzschicht schützt *nur in unverletztem Zustand. In verletztem Zustand* wird *das zu schützende Metall* zur Anode und *löst sich viel rascher* als ohne edlere „Schutzschicht" auf, da die Potentialdifferenzen groß sind [A 100-2].

6. *Beim Entladevorgang* fließen der Blei(IV)-oxid-Elektrode vom Metall her – stammend von der Blei-Elektrode – Elektronen zu; daher ist die *Blei(IV)-oxid-Elektrode die Kathode und die Blei-Elektrode die Anode.* Beim Ladevorgang ist es gerade umgekehrt: Die Blei-Elektrode erhält vom metallischen Leiter her Elektronen und wird daher zur Kathode.

7. Eine Opferanode wird bei Korrosionsvorgängen *anstelle des zu schützenden Metalls oxidiert (geopfert).* Sie setzt das zu schützende Metall gewissermaßen unter einen Elektronendruck [A 100-5].

8. Vergleichen Sie Ihre Angaben mit denen in *[L 94].*

9. Die *Wasserstoffkorrosion* erfolgt *unterhalb pH 5,* die *Sauerstoffkorrosion ab pH 5* [L 99]. Oxidationsmittel bewirken Oxidationen, d. h. sie vermögen Elektronen aufzunehmen; bei der Wasserstoffkorrosion sind es die *$H^+(aq)$-Ionen,* bei der Sauerstoffkorrosion die gelösten *Sauerstoff-Moleküle $O_2(aq)$.*

10. a) Unter Standardbedingungen setzt ein:
    $Fe(s) + Cd^{2+}(aq) \rightarrow Fe^{2+}(aq) + Cd(s)$.

    Daher gilt: $\Delta E = 0{,}038\,V - 0{,}03\,V \lg \dfrac{0{,}2}{0{,}9}$ also $\Delta E = 0{,}018\,V$

    b) Elektrodenvorgänge:
    $Fe(s) - 2\,e^- \rightarrow Fe^{2+}(aq)$ und $Cd^{2+}(aq) + 2\,e^- \rightarrow Cd(s)$.

11. Mit *pH-Metern* [L 96] oder mit Universal*indikatoren* [L 56] (pH-Papieren).

12. *Saures Milieu*, weil:
    $3\,MnO_4^{2-}(aq) + 4\,H^+(aq) \rightarrow MnO_2(s) + 2\,MnO_4^-(aq) + 2\,H_2O(l)$

Sachregister

Die Reihenfolge der Auflistung entspricht der des Grundkurses ab [L 51]. Für schwache Säuren und Basen ist das ungefähre Teilchen-zahl-Verhältnis des jeweiligen Säure/Base-Paars angegeben, wenn diese in Ausgangskonzentrationen von 1 bis 10^{-2} mol/L in Wasser aufgelöst werden. In [L 81] und [L 82] wird gezeigt, daß diese qualitativen Angaben recht gut stimmen.

Säuren [$c(H_3O^+$, aq) entspricht der Konzentration der deprotonierten Form c (B^-, aq)]:

$$H_2O(l) + HB(aq) \rightleftarrows H_3O^+(aq) + B^-(aq)$$

Salzsäure HCl(aq)	In Lösung praktisch nur Cl^-- und H_3O^+-Ionen
Essigsäure CH_3COOH	$CH_3COOH(aq)/CH_3COO^-(aq)$ etwa 100/1
Ammonium-Ion NH_4^+	$NH_4^+(aq)/NH_3(aq)$ etwa 10 000/1
Schwefelsäure H_2SO_4	In Lösung praktisch nur SO_4^{2-}- und H_3O^+-Ionen
Hydrogensulfat-Ion HSO_4^-	In Lösung praktisch nur SO_4^{2-}- und H_3O^+-Ionen
Phosphorsäure H_3PO_4	In Lösung praktisch nur $H_2PO_4^-$- und H_3O^+-Ionen
Dihydrogenphosphat-Ion $H_2PO_4^-$	$H_2PO_4^-(aq)/HPO_4^{2-}(aq)$ etwa 1000/1
Salpetersäure	In Lösung praktisch nur NO_3^-- und H_3O^+-Ionen
Kohlensäure $H_2CO_3(aq)$	$H_2CO_3(aq)/HCO_3^-(aq)$ etwa 100/1 (aber $c(H_2CO_3$, aq) immer sehr klein, siehe [L 65])

Basen [$c(OH^-$, aq) entspricht der Konzentration der protonierten Form c (HB, aq)]:

$$B^-(aq) + H_2O(l) \rightleftarrows HB(aq) + OH^-(aq)$$

Acetat-Ion CH_3COO^-	$CH_3COO^-(aq)/CH_3COOH(aq)$ etwa 10 000/1
Ammoniak NH_3	$NH_3(aq)/NH_4^+(aq)$ etwa 100/1
Hydrogenphosphat-Ion HPO_4^{2-}	$HPO_4^{2-}(aq)/H_2PO_4^-(aq)$ etwa 1000/1
Phosphat-Ion PO_4^{3-}	In Lösung praktisch nur HPO_4^{2-}- und OH^--Ionen
Hydrogencarbonat-Ion HCO_3^-	$HCO_3^-(a)/H_2CO_3(aq)$ etwa 1000/1
Carbonat-Ion CO_3^{2-}	In Lösung praktisch nur HCO_3^-- und OH^--Ionen

T2

pK$_S$-Werte wichtiger Säuren (Tabelle zu Kapitel 17, L 81 bis L 86)

$$pK_S = -\lg K_S$$

Formel	Name	pK$_S$	korrespondierende Base
HCl	Chlorwasserstoff	–6	Cl$^-$ (Chlorid-Ion)
CO$_2$(aq)	Kohlensäure	6,46	HCO$_3^-$ (Hydrogencarbonat-Ion)
HCO$_3^-$	Hydrogencarbonat-Ion	10,4	CO$_3^{2-}$ (Carbonat-Ion)
CH$_3$COOH	Essigsäure	4,76	CH$_3$COO$^-$ (Acetat-Ion)
HCN	Cyanwasserstoff	9,4	CN$^-$ (Cyanid-Ion)
NH$_4^+$	Ammonium-Ion	9,21	NH$_3$ (Ammoniak)
HNO$_3$	Salpetersäure	–1,32	NO$_3^-$ (Nitrat-Ion)
H$_3$O$^+$	Hydroxonium-Ion	–1,74	H$_2$O (Wasser)
H$_2$O	Wasser	15,74	OH$^-$ (Hydroxid-Ion)
OH$^-$	Hydroxid-Ion	24	O^{2-} (Oxid-Ion)
H$_3$PO$_4$	Phosphorsäure	1,96	H$_2$PO$_4^-$ (Dihydrogenphosphat-Ion)
H$_2$PO$_4^-$	Dihydrogenphosphat-Ion	7,21	HPO$_4^{2-}$ (Hydrogenphosphat-Ion)
HPO$_4^{2-}$	Hydrogenphosphat-Ion	12,32	PO$_4^{3-}$ (Phosphat-Ion)
H$_2$SO$_4$	Schwefelsäure	–3	HSO$_4^-$ (Hydrogensulfat-Ion)
HSO$_4^-$	Hydrogensulfat-Ion	1,92	SO$_4^{2-}$ (Sulfat-Ion)
[Al(H$_2$O)$_6$]$^{3+}$	Hexaaquaaluminium(III)-Ion	4,9	[Al(OH)(H$_2$O)$_5$]$^{2+}$ (Hydroxo-pentaaquaaluminium(III)-Ion)
[Fe(H$_2$O)$_6$]$^{3+}$	Hexaaquaeisen(III)-Ion	2,2	[Fe(OH)(H$_2$O)$_5$]$^{2+}$ (Hydroxo-pentaaquaeisen(III)-Ion)
[Zn(H$_2$O)$_6$]$^{2+}$	Hexaaquazink(II)-Ion	9,7	[Zn(OH)(H$_2$O)$_5$]$^+$ (Hydroxo-pentaaquazink(II)-Ion)

Bindungsenthalpien zweiatomiger Moleküle in kJ/mol [L 39]

Molekül	F_2	Cl_2	Br_2	I_2	N_2	O_2	H_2	CO	HF	HCl	HBr	HI
B [kJ/mol]	155	248	193	151	949	500	437	1075	567	432	365	298

Durchschnittliche Bindungsenthalpien B von Atombindungen in kJ/mol [L 39]

Bindung	C–H	C–F	C–Cl	C–Br	C–I	C–C	C=C	C≡C
B [kJ/mol]	415	462	336	290	231	347	612	838

Bindung	C–O	C=O	N–H	O–H
B [kJ/mol]	357	748	392	465

Bindungsenthalpie der C=O-Bindung in CO_2: 806 kJ/mol

Sublimationsenthalpie von Kohlenstoff (Graphit)[C(s) → C(g)]: 718 kJ/mol

Gitterenthalpien der Alkalihalogenide [L 40] in kJ/mol:

	F^-	Cl^-	Br^-	I^-
Li^+	1034	845	808	753
Na^+	917	778	741	695
K^+	812	707	678	640
Rb^+	774	678	653	615
Cs^+	728	649	624	590

Hydratisierungsenthalpien einiger Ionen [L 40] in kJ/mol:

$Li^+(aq)$	−508	$Mg^{2+}(aq)$	−1908	$F^-(aq)$	−551
$Na^+(aq)$	−398	$Ca^{2+}(aq)$	−1578	$Cl^-(aq)$	−376
$K^+(aq)$	−314	$Sr^{2+}(aq)$	−1431	$Br^-(aq)$	−342
$Rb^+(aq)$	−289	$Ba^{2+}(aq)$	−1289	$I^-(aq)$	−298

T 4

Einige Standard-Elektrodenpotentiale („elektrochemische Spannungsreihe"):

(Gebräuchlich sind auch die Begriffe „Standardpotential", „Normal-potential" und „Redoxreihe")
Standard-Bedingungen: 25 °C, Druck beteiligter Gase 1,013 bar, Konzentration c(aq) beteiligter Ionen 1 mol/L.

Redox-Paar	$E°$
$Li^+(aq) + e^- \rightleftarrows Li(s)$	$-3,045$ V
$Na^+(aq) + e^- \rightleftarrows Na(s)$	$-2,714$ V
$Mg^{2+}(aq) + 2e^- \rightleftarrows Mg(s)$	$-2,37$ V
$Al^{3+}(aq) + 3e^- \rightleftarrows Al(s)$	$-1,66$ V
$Mn^{2+}(aq) + 2e^- \rightleftarrows Mn(s)$	$-1,18$ V
$Zn^{2+}(aq) + 2e^- \rightleftarrows Zn(s)$	$-0,76$ V
$Cr^{3+}(aq) + 3e^- \rightleftarrows Cr(s)$	$-0,74$ V
$Fe^{2+}(aq) + 2e^- \rightleftarrows Fe(s)$	$-0,44$ V
$Cd^{2+}(aq) + 2e^- \rightleftarrows Cd(s)$	$-0,402$ V
$Co^{2+}(aq) + 2e^- \rightleftarrows Co(s)$	$-0,28$ V
$Ni^{2+}(aq) + 2e^- \rightleftarrows Ni(s)$	$-0,25$ V
$Sn^{2+}(aq) + 2e^- \rightleftarrows Sn(s)$	$-0,136$ V
$Pb^{2+}(aq) + 2e^- \rightleftarrows Pb(s)$	$-0,126$ V
$2 H^+(aq) + 2e^- \rightleftarrows H_2(g)$	0 V
$Sn^{4+}(aq) + 2e^- \rightleftarrows Sn^{2+}(aq)$	$0,154$ V
$Cu^{2+}(aq) + 2e^- \rightleftarrows Cu(s)$	$0,34$ V
$O_2(g) + 2 H_2O + 4e^- \rightleftarrows 4 OH^-(aq)$	$0,4$ V
$I_2(s) + 2e^- \rightleftarrows 2 I^-(aq)$	$0,536$ V
$Fe^{3+}(aq) + e^- \rightleftarrows Fe^{2+}(aq)$	$0,771$ V
$Ag^+(aq) + e^- \rightleftarrows Ag(s)$	$0,8$ V
$Br_2(l) + 2e^- \rightleftarrows 2 Br^-(aq)$	$1,065$ V
$O_2(g) + 4 H^+(aq) + 4e^- \rightleftarrows 2 H_2O(l)$	$1,24$ V
$[Cr_2O_7]^{2-}(aq) + 14 H^+(aq) + 6e^- \rightleftarrows 2 Cr^{3+}(aq) + 7 H_2O$	$1,33$ V
$Au^{3+}(aq) + 3e^- \rightleftarrows Au(s)$	$1,33$ V
$Cl_2(g) + 2e^- \rightleftarrows 2 Cl^-(aq)$	$1,36$ V
$PbO_2(s) + 4 H^+(aq) + 2e^- \rightleftarrows Pb^{2+}(aq) + 2 H_2O$	$1,47$ V
$[MnO_4]^-(aq) + 8 H^+(aq) + 5 e^- \rightleftarrows Mn^{2+}(aq) + 4 H_2O$	$1,51$ V
$F_2(g) + 2e^- \rightleftarrows 2 F^-(aq)$	$2,65$ V

Periodensystem
der chemischen Elemente

Periodensystem der

Haupt-

Neben-

I	II	
6,939 ₃**Li** — 2, 1	9,012 ₄**Be** — 2, 2	
22,99 ₁₁**Na** — 2, 8, 1	24,31 ₁₂**Mg** — 2, 8, 2	
39,10 ₁₉**K** — 2, 8, 8, 1	40,08 ₂₀**Ca** — 2, 8, 8, 2	44,96 ₂₁**Sc** — 2, 8, 9, 2
85,47 ₃₇**Rb** — 2, 8, 18, 8, 1	87,62 ₃₈**Sr** — 2, 8, 18, 8, 2	88,91 ₃₉**Y** — 2, 8, 18, 9, 2

Lanthanide (6. Periode) und Actinide (7. Periode)

Element	Masse	Ordnungszahl	Schalen
Cs	132,9	55	2, 8, 18, 18, 8, 1
Ba	137,3	56	2, 8, 18, 18, 8, 2
La	138,9	57	2, 8, 18, 18, 9, 2
Ce	140,1	58	2, 8, 18, 20, 8, 2
Pr	140,9	59	2, 8, 18, 21, 8, 2
Nd	144,2	60	2, 8, 18, 22, 8, 2
Pm		61	2, 8, 18, 23, 8, 2
Sm	150,4	62	2, 8, 18, 24, 8, 2
Eu	151,9	63	2, 8, 18, 25, 8, 2
Gd	157,2	64	2, 8, 18, 25, 9, 2
Tb	158,9	65	2, 8, 18, 27, 8, 2
Dy	162,5	66	2, 8, 18, 28, 8, 2
Ho	164,9	67	2, 8, 18, 29, 8, 2
Er	167,3	68	2, 8, 18, 30, 8, 2
Tm	168,9	69	2, 8, 18, 31, 8, 2
Yb	173,0	70	2, 8, 18, 32, 8, 2
Lu	174,9	71	2, 8, 18, ... , 2

Element	Masse	Ordnungszahl	Schalen
Fr		87	2, 8, 18, 32, 18, 8, 1
Ra		88	2, 8, 18, 32, 18, 8, 2
Ac		89	2, 8, 18, 32, 18, 9, 2
Th	232,0	90	2, 8, 18, 32, 18, 10, 2
Pa		91	2, 8, 18, 32, 20, 9, 2
U	238,1	92	2, 8, 18, 32, 21, 9, 2
Np		93	2, 8, 18, 32, 22, 9, 2
Pu		94	2, 8, 18, 32, 23, 8, 2
Am		95	2, 8, 18, 32, 25, 8, 2
Cm		96	2, 8, 18, 32, 25, 9, 2
Bk		97	2, 8, 18, 32, 26, 9, 2
Cf		98	2, 8, 18, 32, 27, 8, 2
Es		99	2, 8, 18, 32, 28, 8, 2
Fm		100	2, 8, 18, 32, 29, 8, 2
Md		101	2, 8, 18, 32, 30, 8, 2
No		102	2, 8, 18, 32, 31, 8, 2
Lr		103	2, 8, 18, 32, 32, 9, 2

hemischen Elemente

-Gruppen

						4,003 $_2$He 2	**Periode 1** 1. Schale (K)

Gruppen

III	IV	V	VI	VII	VIII		

| | | | | | | 10,81 $_5$B 2 3 | 12,01 $_6$C 2 4 | 14,01 $_7$N 2 5 | 15,99 $_8$O 2 6 | 18,99 $_9$F 2 7 | 20,18 $_{10}$Ne 2 8 | **Periode 2** 1. Schale (K) 2. Schale (L) |

| 26,98 $_{13}$Al 2 8 3 | 28,09 $_{14}$Si 2 8 4 | 30,97 $_{15}$P 2 8 5 | 32,06 $_{16}$S 2 8 6 | 35,45 $_{17}$Cl 2 8 7 | 39,95 $_{18}$Ar 2 8 8 | **Periode 3** 1. Schale (K) 2. Schale (L) 3. Schale (M) |

| 47,90 $_{22}$Ti 2 8 10 2 | 50,94 $_{23}$V 2 8 11 2 | 51,99 $_{24}$Cr 2 8 13 1 | 54,94 $_{25}$Mn 2 8 13 2 | 55,85 $_{26}$Fe 2 8 14 2 | 58,93 $_{27}$Co 2 8 15 2 | 58,71 $_{28}$Ni 2 8 16 2 | 63,54 $_{29}$Cu 2 8 18 1 | 65,37 $_{30}$Zn 2 8 18 2 | 69,72 $_{31}$Ga 2 8 18 3 | 72,59 $_{32}$Ge 2 8 18 4 | 74,92 $_{33}$As 2 8 18 5 | 78,96 $_{34}$Se 2 8 18 6 | 79,91 $_{35}$Br 2 8 18 7 | 83,80 $_{36}$Kr 2 8 18 8 | **Periode 4** 1. Schale (K) 2. Schale (L) 3. Schale (M) 4. Schale (N) |

| 91,22 $_{40}$Zr 2 8 18 10 2 | 92,91 $_{41}$Nb 2 8 18 12 1 | 95,94 $_{42}$Mo 2 8 18 13 1 | $_{43}$Tc 2 8 18 13 2 | 101,1 $_{44}$Ru 2 8 18 15 1 | 102,9 $_{45}$Rh 2 8 18 16 1 | 106,4 $_{46}$Pd 2 8 18 18 | 107,9 $_{47}$Ag 2 8 18 18 1 | 112,4 $_{48}$Cd 2 8 18 18 2 | 114,8 $_{49}$In 2 8 18 18 3 | 118,7 $_{50}$Sn 2 8 18 18 4 | 121,7 $_{51}$Sb 2 8 18 18 5 | 127,6 $_{52}$Te 2 8 18 18 6 | 126,9 $_{53}$I 2 8 18 18 7 | 131,3 $_{54}$Xe 2 8 18 18 8 | **Periode 5** 1. Schale (K) 2. Schale (L) 3. Schale (M) 4. Schale (N) 5. Schale (O) |

| 178,5 $_{72}$Hf 2 8 18 32 10 2 | 180,9 $_{73}$Ta 2 8 18 32 11 2 | 183,8 $_{74}$W 2 8 18 32 12 2 | 186,2 $_{75}$Re 2 8 18 32 13 2 | 190,2 $_{76}$Os 2 8 18 32 14 2 | 192,2 $_{77}$Ir 2 8 18 32 15 2 | 195,1 $_{78}$Pt 2 8 18 32 17 1 | 196,9 $_{79}$Au 2 8 18 32 18 1 | 200,6 $_{80}$Hg 2 8 18 32 18 2 | 204,4 $_{81}$Tl 2 8 18 32 18 3 | 207,2 $_{82}$Pb 2 8 18 32 18 4 | 208,9 $_{83}$Bi 2 8 18 32 18 5 | $_{84}$Po 2 8 18 32 18 6 | $_{85}$At 2 8 18 32 18 7 | $_{86}$Rn 2 8 18 32 18 8 | **Periode 6** 1. Schale (K) 2. Schale (L) 3. Schale (M) 4. Schale (N) 5. Schale (O) 6. Schale (P) |

$_{04}$Ku

Elektronegativitätswerte einiger Hauptgruppenelemente (nach Allred und Rochow)

				H: 2,2				
Li: 1,0	Be: 1,5	B: 2,0		C: 2,5	N: 3,1	O: 3,5	F: 4,1
	Mg: 1,2	Al: 1,5		Si: 1,7	P: 2,1	S: 2,4	Cl: 2,8
	Ca: 1,0						Br: 2,7
							I: 2,2

---

ob 41
obelium 102

(Sauerstoff) 8
smium 76

alladium 46
(Blei) 82
osphor 15
atin 78
utonium 94
lonium 84
aseodym 59
omethium 61
otactinium 91

Quecksilber (Hg) 80

Radium 88
Radon 86
Rhenium 75
Rhodium 45
Rubidium 37
Ruthenium 44

Samarium 62
Sauerstoff (O) 8
Sb (Antimon) 51
Scandium 21
Schwefel 16
Selen 34
Silber (Ag) 47

Silicium 14
Sn (Zinn) 50
Stickstoff (N) 7
Strontium 38

Tantal 73
Technetium 43
Tellur 52
Terbium 65
Thallium 81
Thorium 90
Thulium 69
Titan 22

Uran 92

Vanadin 23

Wasserstoff (H) 1
(Wismuth) Bismuth 83
Wolfram 74

Xenon 54

Ytterbium 70
Yttrium 39

Zink 30
Zinn (Sn) 50
Zirkonium 40

Atom- und Ionenradien (in pm)
[1 pm = 10⁻¹² m]

H 30, H^- 154

F 64, F^- 136
Cl 99, Cl^- 181
Br 114, Br^- 195
I 133, I^- 216
At 140

O 66, O^{2-} 140
S 104, S^{2-} 184
Se 117, Se^{2-} 198
Te 137, Te^{2-} 221
Po 140

N 70
P 110
As 121
Sb 141
Bi 146

C 77
Si 117
Ge 122, Ge^{4+} 53
Sn 140, Sn^{4+} 71
Pb 175, Pb^{4+}

B 88
Al 143, Al^{3+} 50
Ga 122, Ga^{3+} 62
In 162, In^{3+} 81
Tl 171, Tl^{3+}

Zn 133, Zn^{2+} 74
Cd 149, Cd^{2+} 97
Hg 150, Hg^{2+}

Cu 128, Cu^+ 96
Ag 144, Ag^+ 126
Au 144, Au^+

Sc 160, Sc^{3+} 81
Y 180, Y^{3+} 93
La 188, La^{3+}

Be 112, Be^{2+} 31
Mg 160, Mg^{2+} 65
Ca 197, Ca^{2+} 97
Sr 215, Sr^{2+} 113
Ba 217, Ba^{2+}

Li 152, Li^+ 60
Na 186, Na^+ 95
K 231, K^+ 133
Rb 244, Rb^+ 148
Cs 262, Cs^+